U0313833

机械装备故障检测与诊断

主　编　杨小强　殷　勤　薛金红
副主编　周春华　公聪聪

北　京
冶　金　工　业　出　版　社
2024

内 容 提 要

本书共8章，在简述机械装备故障检测与诊断技术概况，机械装备诊断方法、诊断参数与诊断标准，机械装备故障及其诊断方法的基础上，分别介绍了温度检测与诊断技术、机械装备失效机理分析、传动系统检测与诊断、液压系统故障诊断、电气控制系统故障诊断、总线网络故障检测与诊断，以及基于物联网技术的机械装备监测系统设计等内容。

本书可供从事机械装备维修工作的技术人员、管理人员等阅读，也可作为高等院校机械电子工程及机械设备维修等专业师生的参考书。

图书在版编目(CIP)数据

机械装备故障检测与诊断/杨小强，殷勤，薛金红主编.—北京：冶金工业出版社，2024.1

ISBN 978-7-5024-9714-9

Ⅰ.①机… Ⅱ.①杨… ②殷… ③薛… Ⅲ.①机械设备—故障诊断 Ⅳ.①TH17

中国国家版本馆CIP数据核字(2024)第034358号

机械装备故障检测与诊断

出版发行 冶金工业出版社　　**电　　话** (010)64027926

地　　址 北京市东城区嵩祝院北巷39号　　**邮　　编** 100009

网　　址 www.mip1953.com　　**电子信箱** service@mip1953.com

责任编辑 王梦梦　美术编辑 吕欣童　版式设计 郑小利

责任校对 梁江凤　责任印制 窦　唯

三河市双峰印刷装订有限公司印刷

2024年1月第1版，2024年1月第1次印刷

787mm×1092mm 1/16；16.75印张；405千字；257页

定价 99.00元

投稿电话 (010)64027932 投稿信箱 tougao@cnmip.com.cn

营销中心电话 (010)64044283

冶金工业出版社天猫旗舰店 yjgycbs.tmall.com

(本书如有印装质量问题，本社营销中心负责退换)

前　言

随着机械装备的信息化、智能化及其结构复杂程度的提高，机械装备的维修和保障任务也变得越来越繁重和复杂，出现故障的种类也越来越多。机械装备出现故障时，轻则降低或失去其预定功能，重则造成机毁人亡等严重的灾难性事故。为了提高机械装备整机与系统的可靠性和系统服务的可用性，对故障进行快速检测、定位、诊断和隔离已成为装备保障领域关注和研究的焦点。

当前国内外尤其是国内研究机械设备与装备故障检测与诊断中如何运用专家系统、神经网络方法、模糊系统方法、遗传算法、生物免疫算法、多传感器信息融合等人工智能方法和技术进行故障检测与诊断的成果很多，但应用于机械设备、车辆和工程装备故障检测与维修保障的技术与方法的研究成果却非常少。虽然市面上各种具体的机械设备（对象）典型故障的故障检测与维修排除案例手册类图书比较贴近装备故障检测与维修保障的实际状况，但大多只针对具体案例进行分析，缺乏从全局和机械装备总体上介绍故障分析与排除的图书；大多重视故障检测与排除的末端分析，而与故障诊断理论与技术的结合方面不够深入，特别是当前机械装备中大量采用的嵌入式测试系统、总线通信技术的故障判断与排除的方面的介绍较少，针对性、系统性、实用性与实效性不足。

基于上述背景，本书在传统的机械装备电子电气设备故障检测方法、液压系统故障失效分析与故障检测方法、机械装备常用故障检测方法与维修保障技术基础之上，将各种故障检测与故障诊断技术与装备机电液压系统的故障机理分析、故障检测流程及隔离步骤、总线网络故障诊断方法有机融合，力图从理论、技术和具体实践操作三个维度指导和帮助读者解决机械装备尤其是复杂机械设备电气系统、液压系统、传动系统等和总成的深度故障检测、快速故障定位与复杂机电装备的故障检测与维修保障的技术问题。

本书内容全面、重点突出、针对实用性强，普及性与专业性兼具，不仅可供从事机械装备维修工作的技术人员、管理人员等阅读，也可供高等院校机械电子工程及机械设备维修等专业的师生参考。

本书编写团队由装备维修保障专业资深教授和一线装备测试工程师组成，编写人员包括杨小强、殷勤、薛金红、周春华和公聪聪。

由于时间和水平所限，书中不足之处，敬请广大读者批评指正。

编　者

2023 年 6 月

目　　录

1 绪　　论

1.1 机械装备故障检测与诊断技术概述

机械装备（包括机械车辆、工程装备等）是复杂的技术和结构集成系统，其运行的载荷、作业工况甚至环境和气候等工况条件复杂多变，运动件的自然磨损、意外损伤和车辆振动等，都会造成连接关系的变化，影响机械装备技术状况。机械装备技术状况是指定量测得的表征某一时刻装备外观和性能参数值的总和。由于复杂多变的工作条件的影响，机械装备的技术状态将随着使用年限的增加而恶化，其安全性、动力性、经济性和可靠性将逐渐下降，排气污染和噪声加剧，故障发生率增加。这不仅对机械装备的运行安全、运行消耗、作业效率、运行成本和环境造成极大的影响，甚至还直接影响到装备的使用寿命，因而研究机械装备故障的变化规律，定期检测装备的使用性能，诊断出故障部位并及时准确地排除故障，就成为机械装备使用管理中的一项重要内容。

1.1.1 机械装备检测与诊断技术的作用

机械装备在使用过程中，其技术状况变差、出现故障是不可避免的。如果能够利用机械装备检测与诊断技术，对装备的运行状态作出判断，及时发现故障，并采取相应对策，则可以提高机械装备的使用可靠性，避免装备恶性事故发生，同时可充分发挥机械装备的效能，减少维修保障费用，获取更大的经济效益。因此，机械装备的检测诊断技术具有重要的作用。

（1）保证运行安全。随着机械车辆和装备保有量的增加，相应的事故率也大为增加，已构成不容忽视的社会问题。面对日益严峻的机械车辆与装备的安全形势，采用现代机械装备检测诊断技术，利用先进的检测仪器与手段，能对机动车辆和装备加强安全技术检测，对机械装备的技术状况作出准确的诊断，找出故障隐患及时排除，发现问题及时维修，确保机械装备的运营安全。

（2）减少环境污染。随着机械装备的快速发展和保有量的增加，机动车辆与装备废气的大量排放使大气污染日趋严重，车辆装备的废气是有害排放物的最主要因素。对汽油机主要是指一氧化碳（CO）、碳氢化合物（HC）和氮氧化合物（NO_x）；而对柴油机而言，除 CO、HC、NO_x 以外，还有微粒等。此外，还有曲轴箱通风向大气排出的 HC、燃料供给系中燃料蒸发的 HC 等有害排放物质。这些有害气体污染了大气，危害了人类健康，破坏了环境。车辆装备向大气排放 CO_2，会使地球表面温度升高造成“温室效应”。机械装备的噪声是另一种污染，车辆装备的噪声可达 70 dB（A）以上。通过对机械车辆装备进行检测和诊断，可严格限制机械装备的废气和噪声污染，减少环境污染，另外也提高了特殊时期装备的伪装与隐身性能。

(3) 改善机械装备性能。机械装备运行一段时间，零部件经过磨合之后，性能渐渐进入最佳状态。但机械装备经长久使用，性能或技术状况又逐渐变差，不仅动力性和经济性会降低，油耗会增加，废气排放情况会变差，有时还会引发使用事故。所以，通过检查测试，提高维修效率、监督维修质量，可以保持机械装备经常处于良好的技术状况，改善装备性能，还可以延长机械装备的使用寿命。

(4) 提高维修效率，实现“视情维修”。所谓“视情维修”，是指利用诊断设备定期地检测机械装备的技术状况，按照检测结果根据实际需要对机械装备进行针对性修理。这种维修制度能够最大限度地发挥机械装备各零部件的使用潜力，减少不必要的拆卸，大大提高机械装备的使用可靠性和经济性。随着机械装备保有量的增加，修理量也不断增加。另一方面，随着技术的发展进步，机械装备的结构也越来越复杂，用传统的方法进行修理显得与现代化要求很不适应。所以，必须采用新技术，开发现代检测与诊断设备，缩短维修停车时间，提高维修效率，实现“视情维修”。

1.1.2 机械装备检测与诊断技术的发展概况

机械装备检测与诊断技术是随着机械车辆与装备的发展从无到有逐渐发展起来的一门应用技术。它是随着机械设备的发展而发展，最先出现的是传统的车辆与装备检查技术，由于不能定量地确定机械装备的性能参数或技术状况，因此逐渐出现了现代机械装备故障检测与诊断技术。

1.1.2.1 国外发展概况

国外一些工业较发达国家，早在20世纪40~50年代就研制成功一些功能单一的检测或诊断设备，发展成为以故障诊断和性能调试为主的单项检测诊断技术。进入20世纪60年代后，检测设备应用技术获得较大发展，逐渐将单项检测诊断技术连线建站（出现汽车等机动设备检测站)，成为既能进行维修诊断，又能进行安全环保检测的综合检测技术，随着微型计算机的发展，单个检测、诊断设备实现了微型计算机控制。

进入20世纪70年代以来，随着计算机技术的发展，出现了机械装备检测诊断、数据采集处理自动化、检测结果直接打印等功能的机械车辆性能检测仪器和设备。在此基础上，为了加强机械车辆装备的管理、各工业发达国家相继建立机械车辆（装备）检测站和检测线，使机械装备检测制度化。

随着现代工业的发展及电子系统的广泛应用，传统的手摸、耳听，拆拆装装地进行故障诊断的方法已难以适应。为此，工业发达国家的汽车公司及机械维修设备制造厂借鉴20世纪60年代在航天、军工方面首先发展起来的机器故障诊断技术，积极开发机械车辆与装备的诊断系统，20世纪70年代开发出了车外诊断专用设备，能对特定车辆进行多项目的检测，其机械装备诊断技术已发展成为检测控制自动化、数据采集自动化、数据处理自动化、检测结果打印自动化的综合检测技术。

自发动机电子控制装置普遍使用后，机械车辆（装备）电控系统的故障诊断已逐渐向随车诊断转移。1977年，美国通用公司在轿车上采用了发动机点火控制的随车诊断装置，它具有自动诊断功能，能检测发动机冷却液温度、电路回路故障和电压下降情况。该检测是通过微处理机程序系统进行的，并具有存储和数据检测功能。以此为开端，福特、日产、丰田等公司陆续开发了具有自行诊断功能的随车诊断装置。

20 世纪 80 年代，工业较发达国家的随车诊断已成为汽车电器故障诊断的主流，不少轿车具有故障自诊断功能，有的随车诊断设备还可根据其显示器的指令进行操作，来获取故障信息。而此时的车外诊断专用设备更具有诊断复杂故障的能力，具有汽车专家诊断系统，这种专家诊断系统就是模拟熟练的汽车诊断专家思维的计算机程序，它将汽车专家的知识移植于诊断方法之中。一些工业较发达国家的汽车检测诊断新技术已达到了广泛应用的阶段，给交通安全、环境保护、能源节约、运输成本降低等方面，带来了明显的社会效益和经济效益。

20 世纪 90 年代，机械装备自诊断技术飞速发展，其中以汽车行业的发展最为领先。车载诊断系统（OBD，On Board Diagnostic）自问世以来得到了不断的改进和完善，相继出现了 OBD-Ⅰ和 OBD-Ⅱ。早期的 OBD，是世界各个汽车制造厂商独立自行设计的，各个车型之间无法共用，必须采用不同的诊断系统；后来的 OBD-Ⅰ，采用了标准相同的 16 孔诊断插座，但仍保留与 OBD 相同的故障码，各车型之间仍然无法互换，所以必须采用不同的诊断系统；OBD-Ⅱ采用了标准相同的 16 孔诊断插座、相同的故障码及通用的资料传输标准 SAE 或 ISO 格式，即可采用相同的诊断系统完成诊断。1994 年全球约有 20%的汽车制造厂商已采用 OBD-Ⅱ标准，到 1995 年时约有 40%的汽车制造厂商采用 OBD-Ⅱ标准，从 1996 年起，全球所有的汽车制造厂商全面采用 OBD-Ⅱ标准。从 1996 年开始，所有在美国销售的新型汽车都采用 OBD-Ⅱ标准诊断系统。

2000 年后至今，国外机械装备与车辆诊断设备发展的重要特征是直接采用各种自动化的综合诊断技术，并增加难度较大的诊断项目，扩大诊断范围，提高对非常复杂故障的诊断与预测能力，使机械装备检测与故障诊断技术向新的高度发展。

1.1.2.2 国内发展概况

由于我国近代工业化发展起步较晚，因此相较西方各工业较发达国家，我国对于机器设备的故障诊断方面的起步时间相对较迟且开发与应用水平都比较低，在 20 世纪 70 年代末和 80 年代初才开始进行故障诊断方面的研究，实际应用方面的成果相对较少。在 20 世纪 90 年代中期，国家有关部门认识到故障检测诊断的意义与重要性，制定了有关的法规制度和条令条例强制要求机械设备生产制造过程中必须进行故障状态监测和诊断研究与应用，使我国的机械故障诊断技术的研究与应用得到了迅速发展。而近十年来，随着中国制造业的崛起及国家的支持，故障诊断理论和技术在各个领域都得到了推广，各行各业的故障诊断、状态监测与维修保障的理论与应用水平都在不断提高，故障诊断也逐步向基于人工智能的故障诊断阶段发展。

国内机械装备的故障检测与维修水平与国际工业较先进国家维修水平相差较大，基本上仍是沿用传统的手工检测或简单仪器设备辅助，采用排除、代换或试错等方法，逐步判断故障部位及故障原因，再进行故障的调试修理，检测维修耗时长、效率低，且易衍生出二次故障。对于相对复杂的故障，则往往依靠生产厂家或外请专业维修人员进行检测修理，或将装备运送到大型维修车间或维修中心进行故障检测诊断和维修。由于一些桥梁装备的结构复杂、质量和体积都比较大，尤其是大型机械装备，其载运和后送的成本较高，依靠后方维修中心进行送修的方式非常不经济且影响了作业单位保障能力，鉴于此，部分特殊作业单位近年列装了一些装备检测平台，如机械装备通用检测车、液压系统故障检测平台等，一定程度上提高了作业单位的维修保障能力。但对于重型机械装备，无论是生产厂还是特殊作业单位机械装备基地级大修厂，都还没有开发出比较实用的各种系统故障检测与维修装置，对该类装备的维修保障仍然是一个难题。与传统的机械车辆装备维修相比，现代机械装备的维修有以下几方面的变化：

（1）从零部件修复发展到零部件更换；

（2）从局部性能的恢复发展到整车性能的恢复；

（3）从显性故障的排除发展到隐性故障的排除；

（4）从机械、电器、液压等的单项修复发展到综合项目的修复；

（5）从解体修理发展到不解体修理。

1.1.3 故障检测与诊断技术的发展趋势

在科学技术高速发展的今天，人类越来越重视自身安全的保障和自然界的生态平衡，可持续发展受到广泛关注。因此，今后机械装备诊断设备的发展将集中在装备安全性能、排放性能和新结构的诊断方面，并向多功能综合式和自动化方向发展。同时，测试仪表也将向更加精密和小型化发展，并能随车装设在工作过程中显示。

随着机械装备结构越来越复杂，电子化程度越来越高，对机械装备故障的诊断和排除的难度也就越来越大。集现代电子技术、自动化控制技术、信息技术、计算机技术，特别是人工智能技术于一体的故障诊断与检测技术在机械装备维修工程中已得到越来越多的应用，并且机械装备维修基础理论研究已成为重要领域和前沿课题。

机械装备诊断技术的发展远景是实现故障的预测预报，通过预测可以预知机械装备或其中部件总成的未来技术状况，并确定其剩余的工作寿命和运行潜力，预报无故障期限，做到事先预防和减少危险性故障。

（1）要加强诊断方法和限值标准等基础性技术的研究。掌握机械装备技术状态的变化及其零部件发生磨损、变形、疲劳或腐蚀，引起配合特性变化的规律，建立必要的结构参数和输出过程参数的变化规律，确定诊断参数，制定定量化的诊断标准，统一规范的诊断要求及操作技术。

（2）增强随车诊断系统对机械装备运行状态的监视功能。采用大容量的存储器，使随车诊断装置能实时监测机械装备的运行状态，记录故障发生前后的各种运行参数的数值，存储机械装备运行状态下的故障信息。利用监测技术，开发出机件恶化和故障预测的软技术，对机械装备的渐发性故障进行有效的预报。

（3）采用机械装备故障的计算机仿真技术和模型分析方法，实行车外诊断与随车诊断相结合的原则，不断提高机械装备诊断设备的性能，进一步提高诊断系统的智能化水平，增加诊断项目，扩大检测范围，对机械装备的转轴、轴承、齿轮、润滑油、排放、油耗、振面等进行有效的监测，完善与硬件配套的软件建设，提高产品的可靠性。开发包括检测技术、预测技术和分析技术在内的诊断软件，制定合理的诊断程序。例如，专家系统的知识数据库、神经网络和扰动分析模式识别技术及动态模型技术等。增强故障诊断专家系统的功能，提高诊断故障的能力和准确性。

机械装备诊断与检测技术总是跟随着工业技术的发展而不断提出新的要求，以适应机械装备维修市场的需要。同时也推动了机械装备诊断技术的发展，这不仅可减少维修机械装备的劳动量，提高装备维修的经济效益，而且还能对产品质量或维修质量做出客观评价，为机械装备技术或维修技术的合理改进提供基础数据，促进机械装备维修保障产业的发展。

1.1.4 机械装备检测与诊断技术的内容

机械装备检测与诊断技术是机械装备检测技术和机械装备故障诊断技术的统称。机械装备检测是指为了确定机械装备技术状况或工作能力所进行的检查和测量。机械装备诊断是指在不解体（或仅拆下个别小件）的情况下确定机械装备的技术状况，查明故障部位及故障原因。机械装备检测诊断是确定机械装备技术状况、寻找故障原因的技术手段，检测诊断结果是合理使用机械装备和维护、修理工作的科学依据。

机械装备检测与诊断技术是以检测技术为基础，依靠人工智能科学地确定机械装备技术状态，识别、判断和预测故障的综合性技术，包括检测设备的研制、诊断参数的确定、装备故障的诊断、装备技术状态的预测等多方面的内容，主要研究机械装备的检测方法、检测原理、诊断理论及在不解体条件下的检测手段，以确定机械装备的技术状况及其故障。

现代机械装备检测和故障诊断是在不解体的条件下进行的，运用必要的仪器、设备，确定机械装备的技术状况或故障部位。随着高新技术的广泛应用，机械装备电子化程度的不断提高，对车辆故障诊断的要求也越来越高，检测与诊断的地位也越来越重要。与传统机械装备检测诊断比较，现代机械装备检测与故障诊断本身所包含的知识、侧重的内容、涉及的范围、利用的设备及采用的方法均发生了很大的变化，机械装备诊断和检测技术逐渐成为一门独立的学科，成为机械装备行业内一个极其重要的分支。

在机械装备的运用过程中，由于其本身缺陷、外界运用条件等多种因素的影响，装备技术状况不断发生变化。随着机械装备使用时间的增加，故障率将增大。机械装备诊断的目的是确定其技术状况，查找故障或者异常，并在此基础上，通过及时维护和修理，保障机械装备安全、经济、可靠地工作。因此，机械装备诊断的基础之一是对引起其技术状况变化及其故障的主要原因有所了解，并掌握科学的诊断分析方法。

机械装备检测与诊断技术是一门涉及机械、电子控制、数学、可靠性理论、测试和装备使用技术等方向的综合应用学科，它贯穿于机械装备应用、保养、维护、修理及交通安全和环境保护等各个领域，以检测技术为基础，以诊断为目的，通过对机械装备性能参数或工作能力的检测，依靠人工智能科学地确定其技术状态，识别、判断故障，甚至预测故障，为装备继续运行或进厂维修提供可靠依据。

1.2 机械装备诊断方法、诊断参数与诊断标准

1.2.1 机械装备故障诊断的方法

对于机械装备而言，站在不同的视角，其故障诊断可分为3种目前比较流行的基本方法：(1) 按装备故障诊断方法的难易程度分类；(2) 按诊断原理分类；(3) 按装备故障诊断所采用的技术手段分类。

1.2.1.1 按难易程度分类

按难易程度分为简易诊断法和精密诊断法。

（1）简易诊断法：指采用简易的、便携式的、操作灵活简单的检测诊断仪器对机械装备实施人工性的巡回检测，然后再根据预先设定的故障诊断与检测标准（尤其是许用标准）及丰富的人工经验进行分析，了解设备是否处于正常状态。若发现异常，则通过检测数据进一步了解其发展的趋势。因此，简易诊断法主要解决的是人工状态监测和一般的趋势预报问题。

（2）精密诊断法：精密诊断法是对已产生异常状态的原因采用精密的检测仪器和诊断设备，利用各种方法和手段进行综合分析，以期了解故障的类型、程度、部位和产生的原因及故障发展的趋势等问题。由此可见，精密诊断法主要解决的问题是分析故障原因和较准确地确定故障发展趋势。

1.2.1.2 按诊断原理分类

按诊断原理分为以下几种。

（1）人工直观诊断：通过技术人员的经验或借助于简单工具、仪器，以听、看、闻、试、摸、测、问等方法来检查和判断故障所在的方法。这种方法是在科学诊断方法建立之前，主要依靠人类在长期的实践中积累的大量经验，根据故障现象，进行对比与形式逻辑推理，以寻求故障的成因，即使在现代的装备故障诊断中，仍具有一定的现实意义。

（2）统计诊断法：从统计学角度出发，利用大量科学合理的统计数据，采用数学式的模式识别手段，对装备故障进行分析或预测的方法。主要包括以下几种类型：

1）贝叶斯统计法：由英国学者 T. Bayesian 提出的一种归纳推理的理论，后来被一些统计学者发展成为一种系统的统计推断方法。这种方法主要利用贝叶斯理论，把故障模式的特征向量空间划分为若干区域，观察被辨认的特征向量，并以贝叶斯准则确定模式类别和从属问题，主要应用于独立实践的判断。

2）时间序列法：根据观测数据和建模方法建立动态参数模型，利用该模型进行动态系统及过程的模拟、分析、预测的控制，从中进行主要特征提取，依据模型参数和特征构造函数进行识别和分类，以区分正常状态或异常状态及异常状态下故障的类型。该方法又可分为时域分析和频域分析两种类型。

3）灰色系统法：由我国著名学者邓聚龙首先提出的灰色系统理论，是运用控制论观点和方法研究灰色系统的建模、预测、决策和控制的科学。该方法通过分析各种因素的关联性及其量的测度，用“灰数据映射”方法来处理随机量和发现规律，使系统的发展由不知到知，由知之不多到知之较多，使系统的灰度逐渐减小，白度逐渐增加，直至认识系统的变化规律。

（3）模糊诊断法：是利用从属函数与模糊子集、模糊矩阵与 λ 截矩阵、概率统计与模糊统计等数学知识，对一些故障征兆群和故障模糊起因之间的关系进行判别和诊断的方法。

（4）故障树诊断法：首先把所要分析的故障现象作为第一级事件，即顶事件；再把导致该事件发生的直接原因并列地作为第二级事件，并用适当的逻辑门把这些中间事件与顶事件联系起来；然后再把导致第二级事件发生的原因再分别并列在第二级故障事件的下面，作为第三级事件，也用适当的逻辑门把其与第二级事件联系起来；如此逐级展开，直到把最基本的原因，即底事件查清为止。

（5）智能诊断法：是人工智能与人工诊断、知识工程、计算机与通信技术、软件工程、传感与检测技术等学科的相互交叉、相互渗透而产生的新的学科和技术。智能诊断是在状态监测系统、故障简易诊断系统、故障精确诊断系统、故障专家诊断决策系统的功能集成基础上，应用人工智能专家系统、知识工程、模式识别、人工神经网络、模糊推理等现代科学方法和技术，进行集成化、智能化、自动化诊断的方法。该方法可分为专家诊断、人工神经网络诊断、模糊逻辑诊断、基于范例的推理诊断、模式识别诊断、集成智能诊断等多种方法。

1.2.1.3 按技术手段分类

按技术手段分为以下几种。

（1）感官诊断。

1）听。根据响声的特征来判断故障。辨别故障时应注意到异响与转速、温度、载荷及发出响声位置的关系，同时也应注意异响与伴随现象，这样判断故障准确率较高。例如，发动机连杆轴承响（俗称小瓦响），与听诊位置、转速、负荷有关。转速、温度均低时，响声清晰；负荷大时，响声明显。

2）看。直接观察机械装备的异常现象。例如，漏油、漏水、发动机排出的烟色，以及松脱或断裂等，均可通过查看来判别故障。

3）闻。通过用鼻子闻气味来判断故障。例如，电线或电子元件烧坏时会发出一种焦煳臭味，从而根据闻到不同的异常气味判别故障。

4）试。试意指试验，有两个含义：一是通过试验使故障再现，以便判别故障；二是通过置换怀疑有故障的零部件（将怀疑有故障的零部件拆下换上同型号的好的零部件），再进行试验，检查故障是否消除，若故障消除则说明被置换的零部件有故障。

5）测。用简单仪器测量，根据测得结果来判别故障。例如，用万用表测量电路中的电阻、电压值等，以此来判断电路或电气元件的故障。又如，用气缸表测量气缸压力来判断气缸的故障等。

6）问。通过询问装备使用人员来了解机械装备使用条件和时间，以及故障发生时的现象和病史等，以便判断故障或为判断故障提供参考资料。例如，发动机机油压力过低，判断此类故障时应先了解出现机油压力过低是渐变不是突变，同时还应了解发动机的使用时间、维护情况及机油压力随温度变化情况等。如果维护正常，但发动机使用过久，并伴随有异响，说明是曲柄连杆机构磨损过甚，各配合间隙过大而使机油的泄漏量增大，引起机油压力过低。如果平时维护不善，说明机油滤清器堵塞的可能性很大。如果机油压力突然降低，说明发动机润滑系统油路出现了大量的漏油现象。

（2）形式逻辑判断：首先进行调查研究，全面了解故障现象和获得相关信息；其次根据相关信息提出故障模式、原因和部位假设；继而根据假设的条件，进行逻辑推理，推断出应该出现的结果；然后再将推断出的结果与实际观察到的现象进行比较与对照；最后由对照结果分析原先提出的假设是否成立。如果假设不成立，则需提出新的假设。

（3）振动诊断法：机械装备各系统或部件（总成）在动态下（包括正常和异常状态）都会产生振动。这些振动的振幅大小、频率成分，与装备故障的类别、故障部位和原因等之间有着密切的内存联系和外在表现。机械系统发生异常故障时，其振动信号的频率成分和能量分布会发生不同程度的变化，所以，利用这种变化信息对装备的故障进行简单、有效的诊断是一种比较理想和成熟的措施和方法。由于该方法不受背景噪声干扰的影响，使信号处理比较容易，因此应用更加普遍。振动诊断一般包括时域简易诊断和频域精密诊断，频域精密诊断又包括频谱分析、细化频谱分析、解调频谱分析、离线三维功率谱分析和 Wigner 分布时频分析等方法。

(4) 噪声测定法：由于制造、装配和使用等因素，机械及装备在产生异常振动的同时，向空气中辐射噪声。噪声由两部分组成：一部分是机械或装备内部零件产生的噪声通过壳体辐射到空气中形成的空气声；另一部分是壳体受到激励而产生振动，向空气中辐射的固体声。空气声和固体声构成了机器的总噪声。机械装备在产生故障时，噪声的频率特性和能量分布会出现不同程度的变化。根据不同零件产生噪声的机理和特征，采用合适的手段对检测的噪声信号进行分析，识别噪声源，就可以对装备故障进行诊断。声学诊断技术一般包括超声探测、声发射监测和噪声监测等。超声探测和声发射监测对诊断装备零部件的裂纹故障比较有效，但这两种方法所需专用设备价格较高，在机械装备的故障诊断中应用受到一定限制。

(5) 无损检验法：无损检验是一种从材料和产品的无损检验技术中发展起来的方法，它是在不破坏材料表面及内部结构的情况下检验机械零部件缺陷的方法。包括常用的铁磁材料的磁力无损探伤、非铁磁材料的渗透探伤、光学探伤、射线探伤和超声波探伤等。其局限性主要是其某些方法有时不便在动态下进行。

(6) 磨损残余物测定法：机械装备的各种液压介质（如装备润滑系统的机油、液压系统中的液压油等）中均会或多或少地裹挟着部分磨损残余物。这些残余物的数量、尺寸、形状、成分及残留物的增长速度等，均会不同程度地反映出机械装备的磨损情况（如磨损部件、磨损位置、磨损程度和大致的磨损原因等），利用这些裹挟成分所携带的信息就可以简单、间接地检诊出某些装备的运行状态。近些年来，磨损残留物测定检诊法在机械装备、车辆发动机、航空发动机等的故障诊断与状态监测方面得到了比较广泛的应用。

(7) 性能参数测定法：机械装备的性能参数主要包括显示装备主要功能的一些数据，如液压系统的压力、流量、温度、功率，发动机的功率、耗油量、转速等。当这些参数通过仪表显示给操作使用人员时，基本上反映了装备的运行状况是否正常。这种性能参数测定法是机械装备故障诊断和状态监测的辅助措施之一。

1.2.2 机械装备诊断的主要参数

诊断参数是指直接或间接反映机械装备技术状况的各种指标，是确定机械装备工作性能的主要依据。尽管在不解体条件下，可以用一些便携式或机载故障诊断仪对某些参数进行直接测量和检验，但是这种检测对象的结构参数常常会受到限制。例如，液压缸活塞杆磨损程度、多路换向阀阀芯与阀套间隙大小的确切数据、齿轮啮合的具体情况等。因此，在确定机械装备技术状况时，必须采用某些与结构参数有联系的、能够充分表达结构或技术状况、直接或间接诊断参数来判断。机械装备常见故障征兆、相应诊断参数及其诊断对象之间的对应关系见表 1-1。

表 1-1 机械装备常见故障征兆、相应诊断参数及其诊断对象之间的对应关系

故障征兆	诊断参数	诊断对象
性能变化	功率、转速、各缸功率平衡、实际输出扭矩、加速时间、制动距离、制动力、制动减速度	发动机总成、制动系统
工作尺寸变化	线性间隙、角度间隙、自由行程、工作行程	前桥、后桥、转向机构、离合器操纵机构
密封性变化	气缸压缩力、曲轴箱窜气量、轮胎压力	发动机气缸、增压器、轮胎
循环过程参数变化	起动时间、起动电压、起动电流、离合器滑转率	发动机气缸、启动系、蓄电池、发电机、离合器
声学参数变化	敲缸噪声、变速箱振动噪声	发动机、变速箱
振动参数变化	振动幅值、振动频率、振动相位、幅频特性、噪声级	发动机、传动系、柴油机供给装置
工作介质成分变化	黏度、酸值、碱度、含水量、添加剂含量、磨损颗粒组成及浓度	冷却系、液压系、润滑系、变速器、主减速器、液力变矩器
排气成分变化	一氧化碳、非甲烷有机气体、氮氧化物、烟度、颗粒排放浓度	增压系、燃料供给系、排放净化装置、电控装置
热状态变化	温度及其变化速度	冷却系、润滑系、传动系、前后桥轴承、离合器
机械效率变化	工作部件无负荷运行阻力、传动系阻力矩、转向阻力矩	工作装置、传动系、转向系
表面形态变化	可见变形、油漆脱落、渗漏、划痕、轮胎磨损、链轨磨损	机身、机械装备各总成

每种诊断参数都有不同的含义，通常决定一个复杂系统的技术状态需要进行综合诊断。根据不同的需求，采用不同的诊断参数，并进行从整机性能的总体诊断到总成或零件的深入诊断。从这些参数与工作过程之间的关系考虑，诊断参数可以分为以下 3 种。

（1）工作过程参数。在整机工作过程中检测到的、能表征被诊断对象总体状况并显示被诊断对象主要功能的参数。这些参数（如制动距离、发动机功率、离合器滑转率、实际燃油消耗率、提升速度等）是表征总成或系统技术状况的总体信息，从工作参数本身就能表征诊断对象总的技术状况，适合于总体诊断或初步诊断。

（2）伴随过程参数。普遍应用于机械装备复杂系统深入诊断的、提供信息范围较窄的、伴随主要故障出现的参数。如发热、噪声、振动、油压、排放等，是表征有关诊断对象的技术状态的局部信息，适应于对复杂系统的深入诊断。

（3）几何尺寸参数。零部件尺寸（如长度、外径、内径、高度、厚度等）及零部件、机构、总成之间最起码的相对位置关系（如同心度、平面度、锥度、平行度、间隙、工作行程、自由行程等），是表征机构或运动副之间的相对几何尺寸关系的参数，是诊断对象实体状态的直接信息。

此外，为了获得更加精确的信息，对机械装备技术状况进行更加深入地诊断，从而提高诊断精度，根据诊断条件还可以采用派生参数，如求物理量对时间的一阶、二阶导数，以及采用各种数学公式所推导和计算出来的结果等。

值得注意的是，在进行故障诊断时，工作时间是影响这些诊断参数的重要因素，在分析故障产生原因时必须加以考虑。

1.2.3 机械装备诊断参数的选取原则

在机械装备的使用过程中，诊断参数的变化规律与装备技术状况变化规律之间有一定的关系，能够表征装备技术状况的参数很多，而且同一技术性能常可采用不同参数反映。这样，为保证机械装备诊断的方便性和诊断结果的可信性，应该通过研究诊断参数值随装备技术状况变化的规律，选出最适用和最有价值的诊断参数。具体选择时，应遵循如下选用原则。

(1) 单值性：指诊断对象的技术状况参数（如间隙、磨损量等）从初始值 u_0 变化到极限值 u_i 的过程中，诊断参数 T 与技术状况参数值 u 一一对应，即诊断参数无极值：

$$\frac{\mathrm{d}T}{\mathrm{d}u} \neq 0 \tag{1-1}$$

否则，同一诊断参数将对应两个不同的技术状况参数，给诊断技术状况带来困难，所以，具有非单值的诊断参数没有实际意义。

(2) 灵敏性：亦称为灵敏度，指诊断参数值相对于技术状况参数的变化率 $k_i = \mathrm{d}T/\mathrm{d}u$ 足够大。若同一技术状况参数可用两个不同诊断参数 T_1 和 T_2 诊断，则变化率大者灵敏性好。即所选诊断参数 T_1 应满足：

$$\frac{\mathrm{d}T_1}{\mathrm{d}u} > \frac{\mathrm{d}T_2}{\mathrm{d}u} \tag{1-2}$$

选用灵敏性高的诊断参数诊断机械装备的技术状况时，可使诊断的可靠性提高。

(3) 稳定性：指同样测试条件下，多次测得同一诊断参数的测量值具有良好的一致性。把诊断参数测量值看成随机变量，其取值的稳定性及离散性可用样本方差大小衡量。即

$$\sigma_T(u) = \frac{\sqrt{\sum_{i=1}^{n} [T_i(u) - \overline{T}(u)]^2}}{n-1} \tag{1-3}$$

式中，$\sigma_T(u)$ 为诊断参数测量值的样本方差；$T_i(u)$ 为诊断参数的第 i 次测量值，$i = 1, 2, \cdots, n$；$\overline{T}(u)$ 为诊断参数 n 次测量值的平均值。

均方差越小，诊断参数的稳定性越好。稳定性不好的诊断参数，其灵敏性也降低。

(4) 信息性：是指诊断参数对机械装备技术状况具有的表征性。表征性好的诊断参数，能表明、揭示装备技术状况的特征和现象。若 T_1 和 T_2 分别表示诊断对象无故障和有故障时诊断参数的取值，则多次测量条件下，T_1 和 T_2 的取值应满足 $T_1 > T_2$ 或 $T_1 < T_2$，即二者取值不能有交叉。二者相差越大，信息性越好。若分别以 $f_2(T)$ 和 $f_1(T)$ 表示无故障诊断参数的分布函数和有故障诊断参数的分布函数，则 $f_2(T)$ 和 $f_1(T)$ 的重叠区域越小，诊断结论出现误差的可能性越小，诊断参数的信息性越强，如图 1-1 所示。

信息性的定量 $I(T)$ 表示方式为：

$$I(T) = \frac{|\overline{T}_1 - \overline{T}_2|}{\sigma_1 + \sigma_2} \tag{1-4}$$

式中，$I(T)$ 为诊断参数 T 的信息性；$\overline{T}_1$ 为无故障时诊断参数 T 的平均值；$\overline{T}_2$ 为有故障时诊断参数 T 的平均值；σ_1 为无故障时诊断参数 T 的样本方差；σ_2 为有故障时诊断参数 T 的样本方差；$I(T)$ 值越大，诊断参数的信息性越好，诊断结果越正确。

(5) 方便性：主要是指进行诊断参数测量时，检测方法的简便程度。其与测量时所采用的技术手段有关，取决于所用检测设备或仪器的检测能力、检测条件及检测要求等因素。一般可以用检测所需时间来衡量，时间越长，方便性就越差；时间越短，方便性越好。

(6) 经济性：主要是指进行诊断参数测量时，检测所需的各种费用。在能够满足检测与诊断需要的情况下，尽量降低诊断成本，减少财物消耗，以提高其维修经济性。

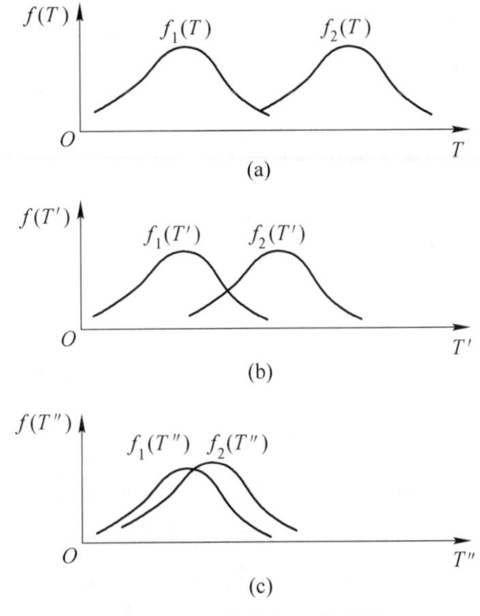

图 1-1 诊断参数的信息性
(a) 信息性强 T；(b) 信息性弱 T'；(c) 信息性差 T''

(7) 规范性：规范性原则主要是指在选择、使用各种参数时，要遵循相关制度和标准；诊断过程要符合相关操作规范。例如，在进行液压马达测试时，液压油的牌号、油温都要符合国家规定；检测制动性能时，必须考虑轴重影响；检测功率时，必须知道规定的转速等。

1.2.4 机械装备故障的诊断标准

为了实现对机械装备整机、各总成及各机构和系统的技术状态进行定量评价，并达到确定机械装备的维修周期、工艺方法和预测工作时间等目的，只有诊断参数还不够，还必须建立相应的诊断标准及其规则体系。

1.2.4.1 机械装备诊断标准的类型

机械装备诊断标准是表征机械装备整机、总成或机构工作能力状态的一系列诊断参数的界限值。诊断标准是机械装备诊断研究中的关键而复杂的问题。根据不同的分类方法，有不同类型的标准。

A 按使用范围分类

国际标准：是指由国际标准化组织制定的世界范围内都应该遵循的标准。尽管目前国际上还没有一套完整的、关于机械装备维修与故障诊断方面的国际通用标准，但是，目前已经存在一些各国公认的或国际上约定俗成的标准。例如，机油牌号的标注标准、轮胎标注标准、排放标准、制动蹄片的耐温标准等。

国家标准：是指由国务院、国家各部委或某专门委员会制定的，由国务院颁发实施的，针对涉及施工安全和环境保护等公众利益问题而制定的标准，主要涉及机械装备作业的安全性和排放性，如制动距离、工作噪声、发动机排放等标准。这类标准通常是对整车、相关总成的技术状态的基本要求，其执行具有强制性。国家标准可以换算成相应的诊断参数，如制动距离可以换算成制动力或制动减速度等。

以上国际和国内标准大多是针对工程机械等民用工程车辆的标准，但机械装备中非通用的系统或机构，如桥梁架设、特殊控制及其他一些系统，则需要制定专用的标准，一定程度上，下述的行业及企业标准更适用于机械装备特殊、特有机构或系统的故障诊断。

行业标准（制造企业标准）：由制造企业、制造厂家在设计制造过程中使用的，既与机械装备结构类型有关，又与机械装备最佳寿命、最大可靠性、最好经济性有关的标准。这类标准主要是考虑到机械装备的可靠性、耐久性和经济性等因素，一方面考虑制造工艺水平，另一方面也考虑到机械装备、总成或机构的基本性能要求。行业标准是进行机械装备故障诊断的主要依据。

企业标准（使用单位标准）：由装备使用单位等根据机械装备实际应用条件或工作环境状况制定的，能够反映机械装备具体使用工况的标准。主要是指在保证机械装备良好的技术性能的条件下，以机械装备为主要技术装备的单位，为提高车辆的完好率、延长零部件的使用寿命和降低运行成本，根据实际使用状况而制定的标准。显然，在不同的使用条件下，车辆不可能完全达到厂商提供的技术标准，例如，机械装备在海拔相差4 km 的地方，其燃油消耗率会有很大差别；在环境温度相差 50 ℃的不同地区作业，其性能参数也会有差异；在海洋、海岛或滩涂等高湿、高盐环境中的两栖机械装备的使用寿命与其他环境下相比差别很大等。其主要原因是厂商标准对于这些技术指标只考虑了常规的使用条件，而且是在限定的运行条件下进行试验后确定的，它与实际的使用条件存在很大差距。

B　按维修工艺要求分类

随着使用时间的增长，机械装备技术性能将发生不同程度的变化。但是，当诊断参数在一定范围内发生变化时，对技术状况的影响可能不大。所以，不能只根据某些参数的出厂标准对车辆的技术状态进行判断，而不考虑维护和修理对诊断参数变化的补偿作用。因此，为延长机械装备的有效使用寿命和降低使用费用，在制定诊断标准时，应将诊断参数分成以下类型。

（1）初始标准：应用于新机或刚刚经过正规大修，且无技术故障的机械装备的诊断参数标准。对于机械装备的某些总成或机构，如点火系统、供油系统、液压系统等，初始标准是按照最大经济性或最大动力性原则来确定的。初始标准可以是一个设定的参数值，也可以是一定的变化范围。例如，点火提前角偏离范围 3°~7°；各缸曲柄的质径积之差不大于 3.5 g·cm 等。

（2）许用标准：维修单位在定期检诊、维护、修理中使用的，判断机械装备在规定使用时间间隔内是否会出现故障的界限性标准，机械装备在使用过程中，如果所诊断参数在此标准之内，则其技术经济指标处于正常状况，若超出了许用标准，即使能够运行，但也坚持不到原来的维修时间间隔，例如气缸磨损达到 0.25 mm 时，就要考虑提前进行相应的维护和修理，否则，机械装备的经济能将降低，故障率将升高，使用寿命将缩短。

（3）极限标准：由国家机关或技术部门制定的、保障机械装备正常技术性能的、强制遵守的检诊标准。相当于机械装备不能继续正常使用的诊断参数值，是强制遵守的保障性指标。当诊断参数值超出规定的极限值时，其技术性能和经济指标将得不到保证。机械装备在使用过程中，通过技术检测可以将诊断结果与极限标准进行比较（例如胎花与行驶里程），从而预测机械装备的使用寿命。当诊断对象的参数值达到极限标准时，必须立即进行维修或更换。

1.2.4.2 各种诊断参数标准的确定

诊断标准的制定是一个复杂的过程，但是可以通过对相当数量的同种类型机械装备、总成、部件、零件在正常状态下诊断参数的统计分布规律，再结合考虑技术、经济、安全等各方面的因素来确定出适合大多数工程机械的诊断标准。

通常情况下，在运用统计规律确定机械装备诊断标准时，首先要随机选择相当数量的有运行能力的同种类型机型，然后对其诊断参数进行全部测量，进而在对检测结果进行统计分析的基础上，确定理论分布规律，最后，以分布规律和其他相关条件来确定诊断标准。

例如，随机选择 n 台机械装备，通过对某诊断参数的测量，可获得 X_1，X_2，X_3，…，X_n 等若干个测量值。将这 n 个数值分成 m 个区间，并绘制成直方图。然后可采用下列 3 种方式，确定相应的诊断标准。

（1）平均参数标准：取装备正常状态的概率为 75%~95%的参数范围为诊断标准。即以此范围为诊断标准，将有 75%~95%的装备处于有工作能力状态。

（2）限制上限参数标准：即检测参数必须小于这个标准数值才为正常。

（3）限制下限参数标准：即检测参数必须大于这个标准数值才为正常。

1.2.4.3 各种参数标准使用注意事项

各种参数标准使用注意事项：

（1）选用标准应该与被检诊对象具体情况相适应。例如，检测车架变形和喷油泵柱塞直径就不能用同一种标准等。

（2）特别注意与机械装备安全性有关的参数。例如，制动油压、转向间隙、共轨压力、纵向和横向稳定性等。

（3）极限标准的使用应当比其他标准更严格。因为这些标准不但直接反映机械装备能正常工作的各种基本性能，与维修单位的维修理念和维修质量有关，而且也与用户使用的安全性、经济性密切相关。

1.3 机械装备故障及其诊断方法

1.3.1 机械装备故障的分类

对装备的故障进行分类，有利于明确故障的物理概念，评价故障的影响程度，以便于分门别类进行指导，从而提出维修决策。从不同的角度考虑，装备有不同的故障类型。

（1）按工作成因分类。

1）人为故障。由于设计、加工、制造、使用、维护、保养、修理、管理、存放等方面的、人为的原因所引起的、使装备丧失其规定功能的故障。例如，零件装反、润滑油牌号用错等。

2）自然故障。由于自然方面的不可抗拒的内、外部因素所引起的老化、磨损、疲劳、蠕变等失效所引起的故障。例如，履带的正常磨损、密封器件的自然老化等。

（2）按故障危害的严重程度分类。

1）致命故障。造成机毁人亡重大事故，造成重大经济损失，严重违背制动、排放及噪声标准的故障。例如，制动突然失灵、发动机运行过程中连杆螺栓断裂、转向突然失灵等。

2）严重故障。造成整机性能显著下降，严重影响装备正常使用，且在较短时间内无法用一般随机工具和配件修好的故障。例如，发动机曲轴断裂、气缸严重拉伤等。

3）一般故障。明显影响机器正常使用，且在较短时间内用随车工具和易损件修好的故障。例如，节温器损坏、滤油器堵塞、离合器发抖等。

4）轻微故障。轻度影响正常使用，可在短时间内用简易工具排除的故障。例如，油管漏油、轮胎螺栓松动等。

（3）按照故障存在的程度进行分类。

1）暂时性故障。这类故障带有间断性，是指在一定条件下系统所产生的功能上的故障，通过调整系统参数或运行参数、不需更换零部件即可恢复系统的正常功能。

2）永久性故障。这类故障是由某些零部件损坏而引起的，必须经过更换或修复后才能消除故障。这类故障还可分为完全丧失其应有功能的完全性故障及导致某些局部功能丧失的局部性故障。

（4）按照故障发生发展的进程分类。

1）突发性故障。突然或偶然发生的、装备工况参数值突然出现很大偏差、不能通过事先检测预判到的故障。这是由于各种有害因素和偶然的外界影响共同作用的结果。例如，半轴突然断裂、转向杆突然松脱、液压缸活塞杆受外力突然变形卡死等。

2）渐进性故障。渐进性故障又称为软故障，指装备的功能参数随时间的推移和环境的变化而缓慢变化引起的，通过监控和检测可以预测和判断得到的故障。这种故障是装备的功能参数逐渐劣化所形成的，其特点是，故障发生的概率与时间有关，只是在装备有效寿命期之后才发生。例如，重型冲击桥的桥节导轨的正常磨损、气缸的正常磨损等。

3）随机性故障。随机性故障指老化、容差不足或接触不良引起的时隐时现的故障。

（5）按照发生形式的不同进行分类。

1）加性故障。加性故障指作用在系统上的未知输入，在系统正常运行时为零，它的出现会导致系统输出发生独立于已知输入的改变。

2）乘性故障。乘性故障指系统的某些参数的变化，它们能引起系统输出的变化，这些变化同时也受已知输入的影响。

1.3.2　机械装备故障原因

机械装备故障形成的内因是零件失效，外因是运行条件。引发机械装备零件失效因素很多，主要是工作条件恶劣、设计制造存在缺陷及使用维修不当三个方面。机械装备零件工作条件包括零件的受力状况和工作环境。设计制造缺陷主要是指零件因设计不合理、选材不当、制造工艺不良而存在的先天不足。机械装备在使用过程中的超载、润滑不良、过滤效果不好、违反操作规程、维护和修理不当等都会引起机械零件的早期损坏。

在机械装备运行过程中，装备的零部件之间，工作介质、燃油及燃烧产物与相应零部件之间，均存在相互作用，从而引起零部件受力、发热、变形、磨损、腐蚀等，使装备在整个使用寿命期内，故障率由低到高，技术状况由好变坏。外界环境（如道路、施工场、气候、季节等）和使用强度（如车速、载荷等）通过对上述相互作用过程的影响而成为装备故障发生和技术状况变化的重要因素。

1.3.2.1 磨损

磨损是指由于摩擦而使零件表面物质不断损失的现象，是摩擦副相互摩擦作用的结果。根据表面物质损失的机理，磨损分为以下4类。

（1）黏着磨损。黏着磨损是指相互作用的摩擦副间产生表面物质撕脱和转移的磨损。黏着磨损易发生在承受载荷大、滑动速度高、润滑条件差的摩擦表面。此时，摩擦副间产生大量热，使表面温度升高并形成局部热点，塑性变形增大，材料强度降低。这又使得摩擦副间的润滑油膜遭到破坏，进一步加剧了摩擦过程，表面温度进一步上升。如此逐渐恶化，最终形成局部热点间的“点焊”现象。“点焊”部位由于相互运动再被撕开，从而形成表面物质的撕脱和从一个摩擦表面到另一个摩擦表面的转移。产生黏着磨损的典型实例是“拉缸”和“烧瓦”。装备主减速器缺少润滑油时，其锥齿轮也很容易产生黏着磨损。在机械装备使用过程中，应注意避免黏着磨损的发生。黏着磨损的产生除与零件材料的塑性和配合表面的粗糙度有关外，还与工作温度、压力、摩擦速度和润滑等工作条件有关。因此，在装备工作过程中，要设法改善上述条件特别是润滑条件，防止黏着磨损的发生。

（2）磨料磨损。磨料磨损是指在摩擦副间微粒的作用下产生的磨损。磨料主要是来自外界空气中的尘土、油料中的杂质、零件表面的磨屑及燃烧积碳。因此，避免油料（燃油、润滑油和液压油）污染，保持“四滤”（空气滤清器、机油滤清器、燃油滤清器、液压油滤清器）技术状况良好，可大大减轻磨料磨损。易于发生磨料磨损的部位主要有气缸壁、曲轴颈、凸轮轴凸轮表面、气门挺杆、柱塞式液压泵（马达）滑靴和配油盘等。

（3）表面疲劳磨损。表面疲劳磨损是指在摩擦面间接触应力反复作用下，因表面材料疲劳而产生物质损失的现象。在交变载荷作用下，摩擦表面产生塑性变形和裂纹并逐渐积累、扩展，润滑油渗入裂纹，而在交变压力下产生的楔入作用进一步加剧了裂纹形成过程，使之加深、扩展，从而导致表面材料剥落。机械车辆上的齿轮、滚动轴承、凸轮等，在经过一定使用时间后，摩擦面所产生的麻点或凹坑均是表面疲劳磨损的典型例子。

（4）腐蚀磨损。腐蚀磨损是指在腐蚀和摩擦共同作用下导致零件表面物质损失的现象。在腐蚀介质作用下，零件表面产生腐蚀产物。由于摩擦的存在，腐蚀产物被磨掉，腐蚀介质又接触到未被腐蚀的金属，再次产生新的腐蚀产物，使腐蚀向深处发展。腐蚀产物的不断生成和磨去，使摩擦表面产生了物质损失。其腐蚀磨损速度主要受腐蚀介质影响，如图1-2所示。

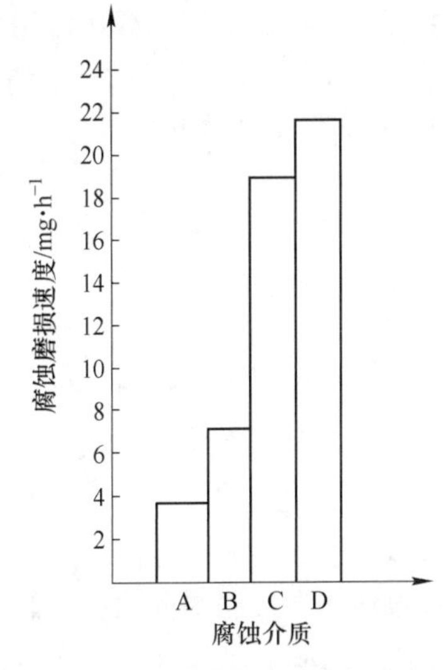

图1-2 零件表面腐蚀磨损速度与腐蚀介质的关系

A—N_2；B—20%H_2O；C—0.7%SO_2；D—0.7%SO_2+20%H_2O

1.3.2.2 变形和断裂

零件尺寸和形状改变的现象称为变形，断裂则是指零件的完全破裂。变形和断裂均是零件的应力超过材料极限应力的结果。超过屈服极限，零件产生永久变形；

超过强度极限，零件则发生断裂。

A　变形

从零件应力的来源看，产生变形的原因为：工作应力、内应力和温度应力。

零件承受外载荷时，在零件内产生工作应力。在机械装备上，有许多形状复杂，厚薄不一的铸件或焊接件。这些零件在加工过程中，常会产生较大内应力，虽然经过人工时效除去了大部分内应力，但仍有部分内应力残存下来。如薄厚不同的铸件冷却时，外层冷却快，中心部分冷却慢。这样在外层冷却收缩后，中心部分再冷却收缩时，便会产生拉应力。在厚薄不均的接触面处，薄的部分冷却快，而厚的部分冷却慢。这样，在薄壁处冷却收缩后，较厚部分再冷却收缩时，接触面处就会产生压应力。温度应力由于零件受热不均、温差大而产生。温度高的区域热膨胀大，温度低的区域热膨胀小，从而在温差大的区域，因膨胀变形量不同而产生拉应力。各种应力叠加，当超过材料的屈服极限时，便会导致零件变形。

温度差不仅产生温度应力，还可能引起变形，同时温度过高还会使材料的屈服点降低，使零件的永久性变形易于发生。图 1-3 为碳钢的屈服点随温度而变化的情况。

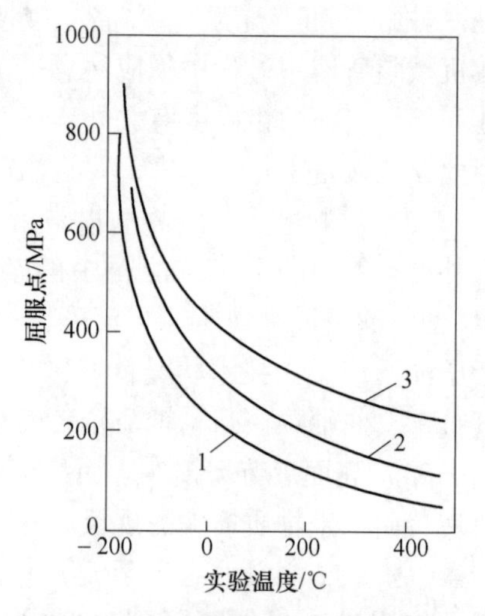

图 1-3　温度对碳钢屈服点的影响

1—低碳钢；2—中碳钢；3—高碳钢

B　断裂

断裂也是在应力作用下产生的。按产生应力的载荷性质分类，断裂可分为一次加载断裂和疲劳断裂。

一次加载断裂指零件在一次静载荷或动载荷作用下发生的断裂。载荷过大时，零件内产生的工作应力过大，若与其他形式的应力叠加后超过了材料的强度极限，便可导致零件断裂。

疲劳断裂是在交变载荷作用下，经历反复多次应力循环后发生的断裂。机械装备零件的断裂故障中，60%～80%属于疲劳断裂。

C　蚀损

蚀损是指在周围介质作用下产生表面物质损失或损坏的现象。按发生机理的不同，其可分为腐蚀、气蚀和侵蚀。

（1）腐蚀。腐蚀是指零件在腐蚀性物质作用下而损坏的现象。机械装备上较易产生腐蚀破坏的零部件有燃料供给系和冷却系的管道、车身、车架等裸露的金属件等。

（2）气蚀。气蚀又称穴蚀，是指在压力波和腐蚀共同作用下产生的破坏现象。气蚀经常发生在与液体接触并有相对运动的零件表面。如湿式气缸套外壁、水泵叶轮表面、液压泵和马达的内表面等。液体中一般溶有一定的气体，当压力降低时，便会以气泡形式析出；若液体中某些部分的压力低于液体在当时温度下的饱和蒸气压，液体也会蒸发形成气泡。压力升高后，气泡崩破产生压力波，不断冲击与其相接触的金属零件表面氧化膜并使其破坏，促使液体对金属表面的腐蚀逐步向深层发展而形成穴坑。

（3）侵蚀。由于高速液流对零件的冲刷导致其表面物质损失或损坏的现象称为侵蚀。易发生侵蚀的零部件有气门等。

D 其他

除以上原因外，老化、失调、烧蚀、沉积等也是机械装备某些零部件发生故障的重要原因。老化指是零件由于材料受物理、化学和温度变化影响而逐渐损坏或变质的故障形式。失调是指某些可调元件或调整间隙由于调整不当，或在使用中偏离标准值引起相应机构功能降低或丧失的故障形式。零部件在强电流、强火花作用下会发生烧蚀，其正常工作性能将降低或丧失。磨屑、尘土、积碳、油料结胶和水垢等沉积在某些零件工作表面，可引起其工作能力降低或丧失。

1.3.3 机械装备故障诊断信息获取

机械装备性能检测与故障诊断过程中，获取诊断信息的常用方法有直观诊断法、磨损残余物检测法、温度测量法、压力测量法、整体性能测定法、振动噪声检测法等。

(1) 直观诊断法。直观诊断法是指诊断人员凭借丰富的实践经验和一定的理论知识，在汽车不解体或局部解体的情况下，依靠直观的感觉印象，借助简单工具（如装备调试诊断仪、气缸内窥镜、厚薄规、气缸漏气率检测仪、废气分析仪等），采用眼观、耳听、手摸、鼻闻等手段进行检查、试验、分析，确定装备的技术状况，查明故障原因和故障部位的诊断方法。其诊断方法大致为问、看、听、嗅、摸、试。将直接观察的情况进行记录并存档是十分有效的手段，历史的记录对于现场的判断是十分有帮助的。

1）“问”。向机械装备驾驶操作人员了解装备使用、维护情况，包括车辆已行驶里程、使用条件、近期维护情况，故障的预兆、是渐变还是突变等。

2）“看”。看装备的工作状况，电路的连接有无脱落、损坏现象，有无油、水泄漏，有无连接松动，排气颜色是否正常，空气滤清器、燃油滤清器、液压油滤清器等有无堵塞，各部件表面有无破裂、锈蚀，车轮有无吃胎等。然后再综合分析判断故障。

3）“听”。听液压系统、发动机、工作装备各部件的工作响声是否异常，并确定其部位和原因。

4）“嗅”。嗅电控系统、液压系统、变速箱、发动机工作时有无异味，根据所发出的某些特殊气味来判断故障所在的位置，这对于诊断电系线路、离合器、制动器等摩擦部位的故障是简便有效的。

5）“摸”。用手查摸有关部位的温度和振动情况，连接是否松动等，判断其是否工作正常。

6）“试”。试车检查、了解发动机技术状况。例如，用单缸断火（油）法判定发动机某些异响的部位；突然加速查听异响的变化；用试换零件法找出故障的部位；道路试验中，根据加速性能、滑行距离来判断发动机的动力性和底盘调整润滑情况。

(2) 磨损残余物检测法。通过检测润滑油中磨损物的成分及浓度，能获得装备零部件迅速失效的信息，进而确定装备运动件中哪个零件发生磨损。磨损残余物可通过油样分析、润滑油混浊度的变化等方法来测定。机械装备零件，如轴承、齿轮、活塞环、气缸套、滑靴与配油盘等在运行过程中的磨损残余物可以在润滑油或液压油中找到。目前，测定润滑油中磨损物有三种方法：1）直接检查残余物，测定油膜间隙内电容或电感的变化，油液浑浊度的变化等方法迅速获得零部件失效的信息；2）收集残余物，判断其形态；3）抽样分析，采用光谱、铁谱分析方法可以确定机械装备运动机械配合副中什么零件发生了磨损。

(3) 温度测量法。机械装备工作时，不仅伴有振动、噪声，而且自身温度也区别于背景温度。测量装备零部件温度可采用接触法和非接触法，传统的水温传感器是一种接触测量法，红外成像法是一种非接触测量法。

(4) 压力测量法。机械装备各总成中需要检测的压力参数有机油压力、液压系统压力、发动机气缸压力、进气管真空度、燃料系供油压力、各种助力装置产生的压力等。一般的方法是将压力信号转换成电信号后，输入控制器进行处理，并由此来控制执行机构的各种操作。故障检测中各种压力的测量是一种重要的方法。

(5) 整体性能测定法。评价机械装备整体性能的指标有动力性指标、经济性指标、通过性指标、安全性指标、平顺性指标等。测定这些指标中的参数，就可以确定车辆总体性能。通过检测装备总体性能，能判断主要总成是否存在故障。

1.3.4 机械装备故障诊断分析方法

1.3.4.1 故障树分析法

故障树分析法（FTA，Fault Tree Analysis）是一种将系统故障形成的原因由总体至部分按树枝状逐渐细化的分析方法。其目的是确定故障的原因、影响及发生概率。

故障树分析法用于机械装备故障诊断，不仅可根据装备故障与引起故障的各种可能原因之间的逻辑关系构成逻辑框图，并据此对故障原因进行定性分析，还可以在此基础上，运用逻辑代数对故障出现的可能性大小进行定量分析。

故障树分析流程如图 1-4 所示。

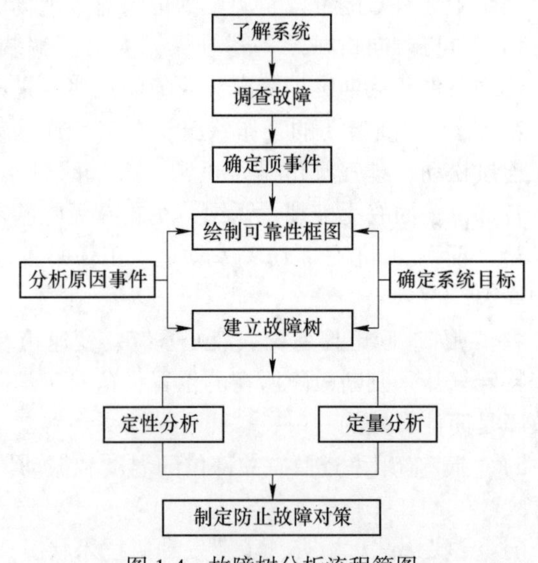

图 1-4 故障树分析流程简图

1.3.4.2 检测分析法

利用各种检测仪器和设备得到机械装备的各种工况参数，并根据这些数据来分析判断机械装备的技术状况的方法称为检测分析法。它可分为一般仪器设备检测分析法和电脑诊断分析法。

电脑诊断分析法是将故障代码提取出来分析的方法。一般来说，故障代码的提取方法有两种：一种方法是利用电控系统故障自诊断系统本身的功能，通过一定的操作程式，把机械装备电脑存储的故障码提取出来。但必须知道各公司故障代码的提取方法和故障代码的含义，否则就无法知道故障的部位和原因。这一方法对于电子控制的装备各大系统十分有效而且快捷准确。另一种方法是利用专用的机械装备电脑故障诊断仪。

1.3.4.3 故障征兆模拟分析法

在故障诊断中往往会遇到所谓隐性故障，利用故障代码法进行诊断时，无法读出故障代码，或者所读故障代码所示位置和原因不正确，而故障却仍然存在，且没有明显的故障征兆。此时，利用征兆模拟法，再现故障。故障征兆模拟试验法主要有振动法、加热法、水淋法、电器全部接通法和电阻法或电压法5种方法。

（1）振动法。振动法主要检查连接器、配线、零部件和传感器，施加适度的振动，观察故障征兆是否再现；零部件和传感器可用手指轻轻拍打，检查是否失灵，对继电器要注意不要用力拍打，否则可能会使继电器开路，产生新的故障。

（2）加热法。当怀疑某一部位是受热而引起的故障时，可用电吹风或相似的电加热器等加热可能有故障的零件，特别是那些对温度比较敏感的零件，检查故障是否重现。但必须注意，加热温度不应超过电子器件正常工作的最高温，一般不得高于60 ℃，不可直接加热各种电控单元的ECU。

（3）水淋法。当有些故障是在雨天或高湿度的环境下产生时，可使用水淋法。用水喷在怀疑有故障的零件上或在怀疑有故障的零件附近喷雾，检查是否出现故障。使用此方法时应注意：不可将水直接喷淋在电子器件上，防止水侵入ECU，应喷在散热器前面，间接改变温度和湿度。

（4）电器全部接通法。当怀疑故障可能是用电负荷过大而引起时，可使用此方法。接通车上全部电气设备，包括加热器、鼓风机、前大灯、后窗除霜器、空调和音响等，检查是否出现故障，但在使用此方法时应注意试验时间不应过长过频。

（5）电阻法或电压法。用电阻元件代替某些怀疑的电阻式传感器，并根据被代替后的反应来分析诊断传感器是否存在故障。以外接的合适电压或用合适的元器件，来代替某些怀疑损坏的传感器进行电压信号模拟试验，以便诊断该传感器是否损坏。

在模拟试验时，检测人员必须注意：应根据不同故障对象采用不同的模拟试验；模拟试验的强度和持续的时间要严格掌握；模拟试验的范围也要严格控制；应耐心观察、仔细分析模拟试验的故障表现形式，以便快速确认故障之所在。

1.3.4.4 机械装备故障诊断专家系统分析

机械装备故障诊断专家系统是一种能模拟维修专家的诊断思路进行故障诊断的计算机智能系统，该系统适用于机械装备的故障检测与诊断。

专家系统是研究、处理知识的系统，它以领域专家的知识为基础，解释并重新组织这些知识，使计算机能够模仿人类专家的思想，成为具有领域专家水平的、有解决复杂问题能力的智能系统，它主要由知识库、推理机、解释器、学习机组成。机械装备故障诊断专家系统的结构如图1-5所示。

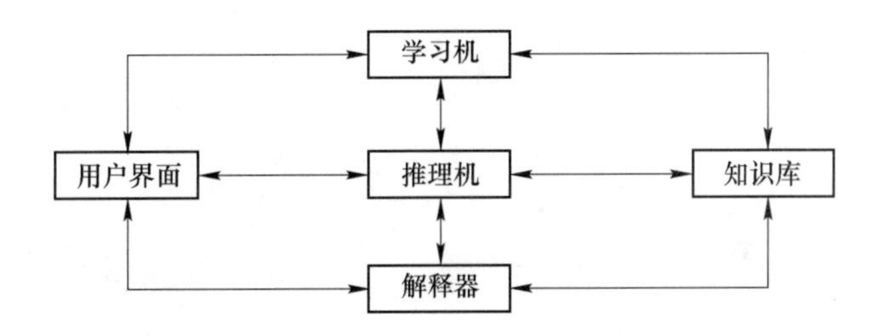

图1-5 机械装备故障诊断专家系统的结构

（1）知识库。知识库由一些产生式规则集组成。知识库规则的来源有专家的经验、有关部门颁布的标准和文献资料。

（2）推理机。机械装备故障专家系统推理是基于前面建立的维修知识数据库系统的，当输入一个故障症状时，系统会把该故障症状与数据库中的相关记录作对比，从而缩小故障搜索范围。在此小范围的基础上，再进行多次搜索，筛选出该故障症状最有可能发生故障的部位及故障原因，最后提供最优的维修策略。

（3）解释器。解释器可对系统的结论进行解释。系统在运行过程中应能够随时回答为什么系统有这种结论。其方法是：在推理过程中，按时间次序将每步推理所依据的规则及变元的转换情况记录下来存入动态数据库，形成不断延伸的“链条”。一旦外界要求解释，解释器将“链条”进行适当的组织，从而将推理过程显示给用户。

（4）学习机。学习机可向知识库增加新的知识并删除与更新知识，有的专家系统具有自学习能力和自适应能力，具有一定的智能水平。

2 温度检测与诊断技术

温度异常是机械设备故障的“热信号”，利用这种热信号可以查找机件缺陷和诊断各种由热应力引起的故障。所以，在故障诊断中，监测机件温度的作用与医学诊断中测量体温的作用是极为相似的。

温度诊断是以温度、温差、温度场、热象等热学参数为检测目标，其检测原理是以机件的热传导、热扩散或热容量等热学性能的变化为基础的，因而故障热信号的检测方法很多。根据故障热信号获取方法的不同，温度诊断可分为被动式和主动式两类。

被动式温度诊断是通过机件自身的热量来获取故障信息的，可应用于静态或运转中机件的故障诊断；主动式温度诊断是通过人为地给被测机件注入一定的热量后，再获取其故障信息的，一般只适用于静态机件的故障诊断。

由于被动式温度诊断法无须外部热源，也可以采用普通的测温仪器，并适用于各种状态下机件的热故障诊断，使其成为目前温度诊断中应用的主要方法。而主动式温度诊断法采用的热源和测温仪器比较昂贵且不便于生产现场使用，因而目前在国内应用尚不普遍，主要应用于航空和航天工业中材料缺陷检测和机件故障探查。但随着测温新技术的发展，主动式温度诊断法定将不断扩大其应用范围。

温度诊断是故障诊断中最早进入实用阶段的一项技术，它起源于手摸测温和主观判断，随着测温和计算机技术的发展，使其检测手段不断更新、诊断原理不断完善，应用范围也不断扩大。目前，红外、光纤、激光等测温新技术正不断扩大应用，计算机已用于机械热负荷的动态参数测量、数据处理和故障分析研究中，使温度诊断不仅用于查找机械的各种热故障，而且还可以弥补射线、超声、涡流等无损探测方法的不足，用来监测机件内部的各种故障隐患。各种研究和应用实例表明，温度诊断是目前故障诊断中一项最实用而有效的诊断技术。

2.1 温度诊断技术的基本原理

2.1.1 被动式温度诊断法

各种机械或电气设备，不论其机件是处于静态的或是动态的，都会因可动部分与固定部分之间的摩擦，通过电流或接触热源等原因，而使机件温度上升。如果机件超过温升限值，将引起热变形、热膨胀、烧蚀、烧伤、裂纹、渗漏、结胶等热故障。由于高温破坏的复杂性，在尚无可靠的防止高温破坏的措施和有效的耐高温材料的情况下，对机件的设计采用了限制工作温度的办法。因此，机件的温度总是在额定温度以下的某一温度时达到饱和，以保证机件正常服役。许多受了损伤的机体其温度升高总是先于故障的出现。通常，当机件温度超过其额定工作温度，且发生急剧变化时，则预示着故障的存在和恶化。因此监测机件的工作温度，根据测定值是否超过温升限值可判断其所处的技术状态。例如根据电动机轴承温度记录曲线可以判定该轴承发生了热故障。

另外，若将采集到的温度数据制成图表，并逐点连成直线利用该直线的斜率可对机件进行温度趋势分析；利用求出的该直线的斜率值，还可推算出某一时刻的温度值，将此温度值与机件允许的最高温度限值比较，可以预报机件实际温度的变化余量，以便发出必要的报警。在某些情况下,如温度变化速度太快,可能引起无法修复的故障时，则可中断机械运转。

2.1.2 主动式温度诊断法

主动式温度诊断法是人为地给机件注入一定热量然后利用探测仪器来测量热量通过机件的变化情况，并由此判断机件内部的缺陷或损伤。

当热源的辐射波均匀射入机件表面时，有一部分辐射被反射，而其余的辐射波被机件吸收，被吸收的辐射又逐渐向内外扩散，若机件是无损伤或缺陷的匀质体则其表面温度的分布是均匀的。如果机件内存在一个隔热性的损伤或缺陷，则被吸收的辐射波在损伤或缺陷部位便形成热量堆积，因而反射到机件表面的温度场在损伤或缺陷的相应部位就产生一个“热点”。

当机件内存在的损伤或缺陷是导热性的，将使注入的辐射波在损伤或缺陷处比其他部位更快地传导，因而在损伤或缺陷的相应部位就形成一个“冷点”。显然，根据机件内部存在不同性质的损伤或缺陷将改变机件的热传导特性这一原理，便可判断机件内部各种故障隐患的部位和程度。

为了有效地利用热源，减少机件表面温度测量误差，应尽量减少反射波而增大入射波。被测机件的温升限于一定的范围，一般金属机件的最高温度为 60~80 ℃，非金属机件为 35~60 ℃。损伤或缺陷部位引起的温差仅在几度范围内，故要求测温仪器能分辨 0.2 ℃左右的温度差。

另外，主动式温度诊断法对机件厚度和材料的导热系数也有一定要求，板材太厚或材料导热系数太高都将影响检测灵敏度。一般来说，由于薄片层板件或铝合金板胶结件的导热性很强，形成的温度差很快平衡，因此其检测效果不佳。相反此法用于其他金属或非金金属胶结件的检测，则能收到理想的效果。

主动式温度诊断法中采用的热源可以是热空气喷注、等离子喷注、火焰加温、感应加热线圈、红外灯、弧光灯、激光器和电热技术等。选择热源时，应根据被测机件的材料性质和具体技术条件进行选择，除了要求简单易行外，还要求对机件加热均匀而迅速，以便减小测量误差。

2.1.3 温度诊断所能发现的常见故障

许多机件在工作中同时承受外力和温度场的作用，当机件处于外力和热交换的热力系统中时，可用热应力来描述其受载状况。例如，内燃机的活塞、气缸及气缸盖，燃气轮机的叶片与转子等，它们所受的应力和变形不仅由外力引起而且还由传热现象引起。当机械开始运行或处于运行之中，那些机件将从高温热源吸收热量，形成随时间而变的不均匀温度分布；同时由于机件之间的相互接触、机件本身的复杂结构及其内部或外部的相互约束，从而产生热应力。热应力是机件形成高温变形、高温蜕变、热疲劳、热断裂、烧蚀和烧伤等各种形式热故障的根源，此外，异常温度还是机械流体系统油液老化和变质的重要原因之一。

因此，通过温度监测，可以掌握机件的受热状况并据此判断机件各种热故障的部位和原因。温度诊断所能发现的常见故障可归纳为以下几类。

（1）发热量异常。当内燃机、加热炉内燃烧不正常时，其外壳表面将产生不均匀的温度分布。如在其外壳的适当部位安装一定数量的温度传感器对其温度输出作扫描记录，便可了解温度分布的不均匀性或变化过程，从而发现发热量异常故障。

（2）液体系统故障。液压系统、润滑系统、冷却系统和燃油系统等流体系统常常会因油泵故障、传动不良、管路、阀或滤清器阻塞、热交换器损坏等原因而使相应机件的表面温度上升。通过温度监测，很容易检查出流体系统中这类故障的原因。

（3）滚动轴承损坏。滚动轴承零件损坏、接触表面擦伤、烧伤，由磨损引起的面接触等一起故障时，则会使其内部发热量增加，而其内部发热量的增加将使轴承座表面温度升高。因而通过轴承内部或外部的温度监测，均可发现轴承损坏故障。

（4）保温材料的损坏。各种高温设备中耐火材料衬里的开裂和保温层的破损，将表现出局部的过热点和过冷点。利用红外热像仪显示的图像，很容易查找到这类耐火材料或保温材料的损坏部位。

（5）污染物质的积聚。当管道内有水垢，锅炉或烟道内结灰渣、积聚腐蚀性污染物等异常状况时，因隔热层厚度有了变化，便改变了这些设备外表面的温度分布。采用热像仪扫描的方法可发现这些异常。

（6）机件内部缺陷。当机件内部存在缺陷时，由于缺陷部位阻挡或传导均匀热流，堆积热量而形成“热点”或疏散热量而产生“冷点”，使机件表面的温度场出现局部的微量温度变化，只要探测到这种温度变化，即可判断机件内部缺陷的存在，如常见的腐蚀、破裂、减薄、堵塞及泄漏等各种缺陷。

（7）电气元件故障。电气元件接触不良将使接触电阻增加，当电流通过时发热量增大而形成局部过热；相反，整流管、可控硅等器件存在损伤时将不再发热从而出现冷点。因此，采用红外热像仪扫描可对高压输电线的电缆、接头、绝缘子、电容器、变压器及输变电网等电气元件和设备的故障进行探查。

（8）非金属部件的故障。碳化硅陶瓷管热交换器的管壁存在分层缺陷时，其热传导率特性将发生变化，而热传导率又与温度梯度有关，通常热传导率每变化 10%，能获得大约 1 ℃的温差变化。利用快速红外热像仪显示的热图，能发现这类非金属部件热传导特性的异常，从而发现故障隐患。

（9）疲劳过程。红外温度检测技术还可以检查裂纹和裂纹扩展，连续监测裂纹的发展过程，确定机件在使用中表面或近表面的裂纹及其位置。美国曾研制了一种用于疲劳裂纹和近表面缺陷的红外探测系统，它能够迅速地将正在进行检验的飞机、导弹的机件出现裂纹的位置实时显示出来。

中国科学院金属研究所已从几种金属材料在高速旋转弯曲疲劳过程中红外辐射的能量变化获得了材料在疲劳过程中的动力学图像。研究结果表明，疲劳断裂的温升与疲劳过载有关系，使用红外传感方法可以预测疲劳过载、早期疲劳裂纹发生和疲劳破坏报警。同时证明对高速旋转部件进行故障检测和裂纹增值研究是有价值的，将进一步扩大温度诊断应用范围。

2.2　接触式温度测量

接触式温度测量是通过测温元件与被测机械相互接触而实现装备零部件的温度测量，主要有膨胀式温度计、压力表式温度计、电阻温度计、半导体测温计和热电偶温度计等。

2.2.1　热电偶测温法

热电偶是工业上最常用的温度测量仪器，其优点是：

（1）测量精度高。因热电偶直接与被测对象接触，不受中间介质的影响。

（2）测量范围广。常用的热电偶测量范围为-50~1600 ℃，某些特殊热电偶最低可测到-269 ℃，最高可测到2800 ℃。

（3）构造简单，使用方便。热电偶通常是由两种不同的金属材料组成，而且不受大小和接头的限制，外有保护套管，使用起来非常方便。

此外，还有制作方便、热惯性小的优点。既可用于液体温度测量，也可用于固体温度测量；既可用于静态测量，也可用于动态测量。能直接输出直流电压信号，便于温度信号的测量、传输、自动记录和控制。因此，在温度诊断中广泛应用。

2.2.1.1　热电偶测温原理

热电偶测温是基于热电效应的原理进行的。热电效应是指当两种不同导体两端结合成一封闭回路时，若两结合点温度不同，则回路中将产生热电势。因此，热电偶是将热能转换为电能的传感器。

当 A、B 两根导线连接成闭合回路时（见图 2-1），回路中产生热电势：

$$E_{AB}(T,\ T_0) = e_{AB}(T) - e_{AB}(T_0) - \int_{T_0}^{T} \sigma_A \mathrm{d}T + \int_{T_0}^{T} \sigma_B \mathrm{d}T \tag{2-1}$$

式中，σ 为材料的汤姆逊系数，与材料的特性有关。

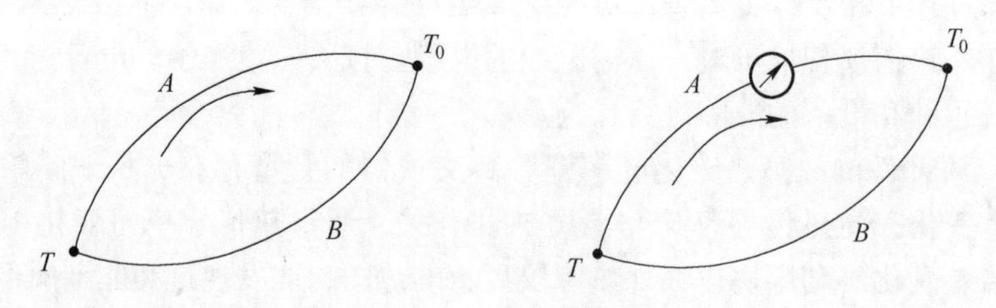

图 2-1　热电效应

从热电效应可以看出：

（1）对于特定的两种材料制成的热电偶，其热电势 $E_{AB}(T,\ T_0)$ 只与两端温度 T、T_0 有关。

（2）若保持冷端温度 T_0 不变，则热电热是热端温度 T 的函数：

$$E_{AB}(T,\ T_0) = E_{AB}(T) \tag{2-2}$$

因此，热电偶具有以下性质：

（1）热电偶的热电势只与结合点温度有关，与 *A*、*B* 材料和中间温度无关。

（2）其在回路中插入第三种导体材料，只要第三种材料两端温度保持不变，将不影响原回路的热电势。

基于热电偶的性质，得到热电偶的用途如下：

（1）可用第三根导线引入电位计显示温度而不影响原回路电位势［见图 2-2（a）］。

（2）对于被测物体是导体，如金属表面、液态金属等，可直接将热电偶的两端 *A*、*B* 插入液压金属［见图 2-2（b）］或焊接在金属表面［见图 2-2（c）］，这时被测导体（液压金属或金属表面）就成为第三种导体。

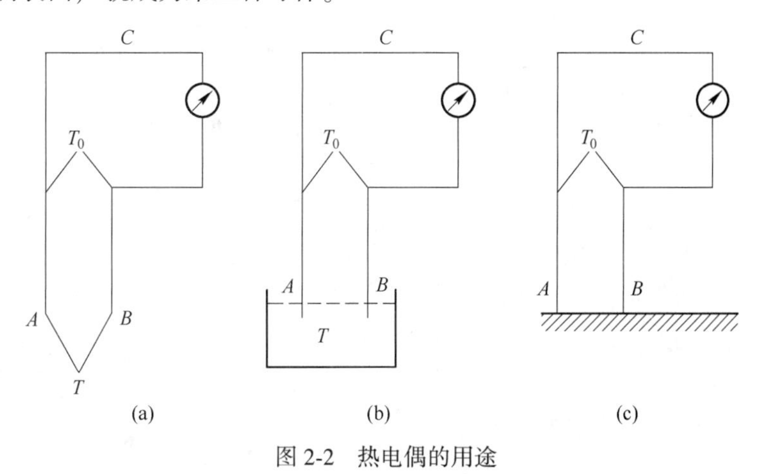

图 2-2　热电偶的用途

2.2.1.2　常用热电偶

常用热电偶可分为标准热电偶和非标准热电偶两大类。标准热电偶是指国家标准规定了其热电势与温度的关系、允许误差，并有统一的标准分度表，它有与其配套的显示仪表可供选用。非标准化热电偶在使用范围或数量上均不及标准化热电偶，一般也没有统一的分度表，只用于特殊场合的测量。

理论上任何两种导体都可以配制成热电偶。实际上纯金属虽然复现性好，但因其产生的热电势太小而无实用价值；非金属热电势大，熔点高，但其复现性和稳定性差，应用上也存在问题，目前仍处于研究和探索性应用中。

目前常用的热电偶主要有纯金属与合金、合金与合金两种类型的热电偶。纯金属-合金热电偶有铂铑$_{10}$-铂铑等；合金-合金热电偶有镍铬-考铜、镍铬-镍硅等。表 2-1 列出了常用热电偶及其特性。

表 2-1　常用热电偶及其特性

项　目		热电偶名称			
		铂铑$_{39}$-铂铑$_6$（WRLL）	铂铑$_{10}$-铂铑（WRLB）	镍铬-镍硅（WREV）	镍铬-考铜（WREA）
分类号		LL-2	LB-3	EV-2	EA-2
热电极识别	正极	铂铑$_{39}$合金	铂铑$_{10}$合金，较硬	镍铬合金，无磁性	镍铬合金，色较暗
	负极	铂铑$_6$ 合金	纯铂，较软	镍硅合金，有磁性	考铜合金，银灰色

续表 2-1

项目		热电偶名称			
		铂铑$_{30}$-铂铑$_{6}$ (WRLL)	铂铑$_{10}$-铂铑 (WRLB)	镍铬-镍硅 (WREV)	镍铬-考铜 (WREA)
测温上限/℃	长时间	1600	1300	1000	600
	短时间	1800	1600	1300	800
100 ℃热电势/mV		0.034	0.643	2.1	6.95
主要特性		性能稳定，精度高，适用于氧化性与中和性介质，但热电势小，价贵，40 ℃以下冷端温度不用修正	复制精度和测量准确度较高，适用于精密测量及作基准热电偶，热电势较强，价贵	复制性好，热电势大，线性好，化学稳定性较好，价格便宜，是工业生产中最常用的一种热电偶	热电势大，灵敏度高，价廉，但考铜合金丝受氧化易变质，质材较硬，不易得到均匀的线径

为了保证热电偶可靠、稳定地工作，对热电偶的结构有如下要求：

（1）组成热电偶的两个热电极焊接必须牢固；

（2）两个热电极彼此之间应很好地绝缘，以防短路；

（3）补偿导线与热电偶的连接要方便可靠；

（4）保护套管应能保证热电极与有害介质充分隔离。

工业热电偶主要由热电偶丝、绝缘套管、保护套管和接线座等组成，如图 2-3 所示。

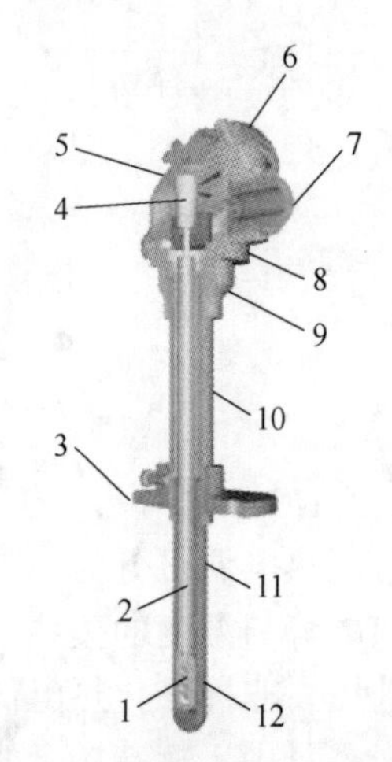

图 2-3 热电偶结构示意图

1—热电偶工作端；2—绝缘珠管；3—法兰；4—接线柱；5—接线盒外罩；6—固定螺钉；7—引出线套管；8—接线绝缘座；9—接线盒底座；10—上保护套管；11—下保护套管；12—绝缘套

2.2.1.3 热电偶的终端补偿

热电偶测温时只有当热电偶的冷端温度 T_0 恒定时，热电偶的热电势 $E_{AB}(T, T_0)$ 才是热端温度 T 的函数 $E_{AB}(T)$ 。这时测量热电势 $E_{AB}(T)$ 即可得到热端温度 T 。但由于热电偶一般用贵金属材料制造，材料比较贵重，热电偶不可能做得很长，这时很难保证冷端温度 T_0 恒定。这样，即使是同一热端温度 T ，当冷端温度变化时，其热电势也会改变。例如，当热端温度 T 不变，冷端温度由 T_0^1 变到 T_0^2 时，设热电偶的热电势在冷端温度 T_0^1 时为 $E_{AB}(T, T_0^1)$ ，在冷端温度 T_0^2 时为 $E_{AB}(T, T_0^2)$ ，因 $T_0^1 \neq T_0^2$，所以 $E_{AB}(T, T_0^1) \neq E_{AB}(T, T_0^2)$ ，两者产生了误差。因此热电偶需进行终端补偿。终端补偿有冰浴法、导线补偿法、冷端温度修正和冷端补偿器等多种方法。

（1）冰浴法。将热电偶冷端置于冰点恒温槽中，使冷端温度恒定在 0 ℃时进行测温。冰浴法适用于实验室或精密温度测量。

（2）导线补偿法。将 A'、B' 作为补偿导线，用补偿导线代替部分热电偶丝作为热电偶的延长部分（见图 2-4），使冷端移到距离被测介质较远的地方。补偿导线的热电特性须与所取代的热电偶丝一样。需要注意的是，对于具有补偿导线的热电偶，其冷端温度应该是补偿导线的末端温度。

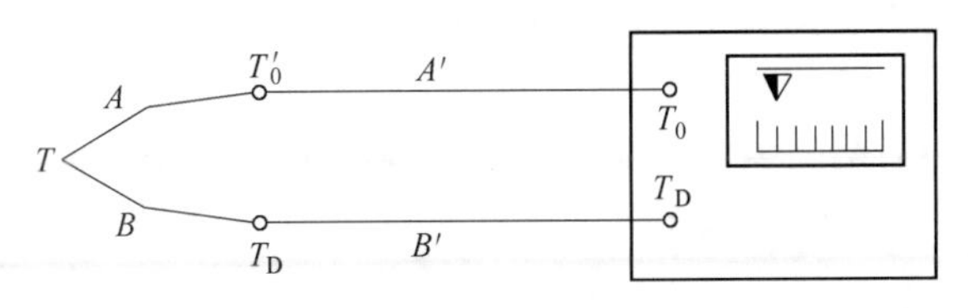

图 2-4 导线补偿法

(3) 冷端温度修正。热电偶分度表是以冷端温度 0 ℃为基础而制成的，如果直接利用分度表，根据显示仪表的读数求得温度必须使冷端温度保持为 0 ℃。如果冷端温度不为 0 ℃，如冷端温度恒定在 T_0>0 ℃ 时，则测得的热电势将小于该热电偶的分度值，为了求得真实温度，可利用 $E_{AB}(T_1, \ T_3) = E_{AB}(T_1, \ T_2) + E_{AB}(T_2, \ T_3)$ 修正。

(4) 冷端补偿器（电桥补偿）。利用不平衡电桥所产生的不平衡电压来补偿热电偶参考端温度变化而引起的热电动势的变化。

在常温下（取冷端温度 T_0=20 ℃）使电桥平衡，当 t_0 偏离 20 ℃，如 t_0 升高时，R_{cu} 随 t_0 升高而增大，则桥路输出 u_{ab} 也随之增大，而热电偶回路中的总热电动势随 t_0 的升高而减小。适当选择桥路电流，使 u_{ab} 的改变量与热电动势的改变量相同，使 u_{ab} 与热电势叠加后保持电动势不变，从而实现冷端补偿（见图 2-5）。

采用这种温度补偿电桥时，应将显示仪表的零位预先调整到电桥平衡温度。

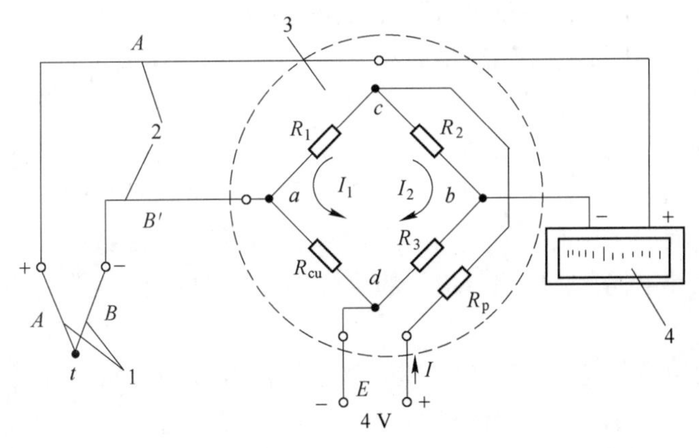

图 2-5 冷端补偿器的应用

1—热电偶；2—补偿导线；3—冷端补偿器；4—显示仪表

2.2.1.4 连续热电阻测温法

连续热电偶的结构与普通矿物绝缘电缆很相似，但内部两根导体是一对不同材料的热电偶导体，导体间用具有负温度系数的特殊绝缘 NTC 材料分隔开，连续热电偶结构示意图如图 2-6 所示。

图 2-6 连续热电偶结构

与常规热电偶不同，两根热电偶丝不需要焊接在一起，甚至不需要相互接触，而是通过隔离它们的特殊绝缘材料形成热电偶。在沿连续热电偶电缆长度上，若某点的温度超过电缆其余部分各点上的温度时，在此点热电偶两导体间具有NTC特性的绝缘材料的电阻将减少。从而形成一个“临时热点”T_1。若在另一时刻，电缆上又出现一个温度更高的点T_2，则T_2点处的电阻小于T_1点处的电阻，在T_2点处形成新的“临时热点”。“临时热点”总是对应着电缆上温度最高的点。临时形成的热电偶连续具有与常规单点热电偶连接相同的功能。连续热电偶工作原理如图2-7所示。

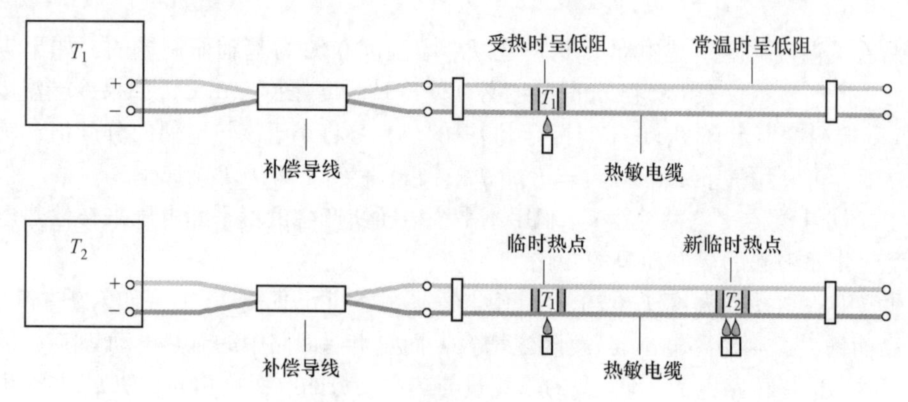

图2-7　连续热电偶工作原理

连续热电偶表面温度检测系统与电阻型表面温度检测系统不同。电阻型表面温度检测系统是通过测量两导体间的电阻值来推断温度的，由于两导体端间的电阻值取决于整个敏感电缆上的平均温度。因此它不能测得热电偶的实际温度，连续热电偶表面温度检测系统则不然，它测量的是热电偶产生的电压（热电势）而不是绝缘材料的电阻值。NTC特性的绝缘材料电阻值随温度升高而急剧下降，仅仅是使两导体间的电气连接情况发生变化，在受热点形成热电偶的“临时热点”。由于并不测量电阻的实际数值，因此其值大小并无特殊意义，在连续热电偶上，电阻值最低的点被认为是温度最高的点，在此点产生的热电势最大。

连续热电偶可以看作是许多支热电偶并联。普通热电偶的端电阻非常小，故多个热电偶并联时其输出电压对应各热电偶的平均温度，而连续热电偶的端电阻大，且在温度最高点处的端电阻远远小于其余部分的端电阻，因此其输出电压总是近似对应于电缆感受到的最高温度计。采用高输入阻抗的检测仪表与连续热电偶相连，对于连续热电偶而言几乎相当于无负载绝缘电阻的变化，对仪表的输出稳定性没有什么影响。

2.2.2　热电阻测温法

金属材料或半导体材料的电阻值会随着温度而变化，电阻值和温度之间具有单一的函数关系。利用这一函数关系来测量温度的方法，称为热电阻测温法，而用于测温的材料称为热电阻。

热电阻性能稳定，测量精度高。工业上广泛用于测量−200～850 ℃范围内的温度。

制作电阻的金属和合金应具有以下条件：温度系数较高，电阻温度关系线性良好，材料的化学与物理性能稳定，容易提纯和复制，机械加工性能好等。常用热电阻的金属材料有铂、铜、镍、铟、锗等。半导体材料电阻主要有锗电阻、热敏电阻、碳电阻等。

按感温元件的材料分，热电阻可分为金属热电阻和半导体热敏电阻两类。

2.2.2.1 金属电阻温度计

A 电阻温度系数

热电阻材料应具有较高的电阻温度系数（α 值）。金属的纯度对电阻温度系数影响很大，纯度越高，α 值越大。温度系数的定义为

$$\alpha = \frac{R_{100} - R_0}{R_0 \times 100} = \left(\frac{R_{100}}{R_0} - 1\right) \times \frac{1}{100} \tag{2-3}$$

式中，R_0 和 R_{100}分别为 0 ℃和 100 ℃时热电阻的电阻值。

目前最常用的金属电阻有铂电阻和铜电阻两种。铂的纯度通常用 $W(100) = R_{100}/R_0$ 表示，R_{100}/R_0 越大，纯度越高，α 值也越大。

B 铂热电阻

铂丝具有下列特点：纯度高、物理化学性能稳定、电阻值与温度之间线性关系好、电阻率高、机械加工性能好、长时间稳定的复现性可达 0.0001 K。

通常使用的铂电阻温度传感器零度阻值为 100 Ω，电阻变化率为 0.3851 Ω/℃。铂电阻温度传感器精度高，稳定性好，应用温度范围广，是中低温区（-200~850 ℃）最常用的一种温度检测器，不仅广泛应用于工业测温，而且被制成各种标准温度计（涵盖国家和世界基准温度）供计量和校准使用。

铂电阻温度/电阻特性：

$$R_t = \begin{cases} R_0[1 + At + Bt^2 + C(t - 100)t^3] & \text{当} -200\ ℃ < t < 0\ ℃ \\ R_0(1 + At + Bt^2) & \text{当}\ 0\ ℃ < t < 850\ ℃ \end{cases} \tag{2-4}$$

式中，R_t 为 t ℃时的电阻值；R_0 为 0 ℃时的电阻值；A、B、C 为与铂纯度有关的分度常数。

C 铜热电阻

工业用铜热电阻的测温范围为-50~150 ℃，它的电阻-温度关系可以近似表示为

$$R_t = R_0(1 + \alpha t) \tag{2-5}$$

铜热电阻温度计的优点是价格便宜，容易得到较纯的铜。它具有较高的电阻温度系数 α，而且电阻和温度的关系是线性的。

缺点是容易氧化，因此只能在较低温度和无水分及无腐蚀性的环境下工作。它的电阻率小，因此铜热电阻的体积大，热惯性也大。

国内工业用铜热电阻的分度号有 Cu50 和 Cu100 两种，其 R_0 分别为 50 Ω 和 100 Ω。

2.2.2.2 半导体热敏电阻温度计

热敏电阻是一种电阻值随温度呈指数变化的多晶半导体感温元件，由过渡金属氧化物的混合物组成。

根据热敏电阻的温度特性划分，热敏电阻有负温度系数热敏电阻、正温度系数热敏电阻和临界温度系数热敏电阻。

用于低温的元件由锰、镍、钴、铜、铬、铁等复合氧化物烧结而成，具有负温度系数。用于高温的元件由氧化钴等稀土元素的氧化物烧结而成，具有正温度系数。用于温度

测量的热敏电阻主要是负温度系数热敏电阻，温度测量范围是-100~300 ℃。

热敏电阻的形状有珠型和片型等多种。

热敏电阻的主要特点：输出信号大，灵敏度比热电偶和金属热电阻高；体积小，结构简单，便于成形；热容量小，响应时间短；复现性好；互换性好；稳定性好等。

2.2.3　其他接触式测温方法

2.2.3.1　易熔合金式测温法

易熔合金测温法是利用易熔合金（易熔塞）测量温度。它是基于纯金属及某些合金（共熔合金）具有各自固定的熔点，把这些具有固定熔点的金属（合金）丝嵌入被测零部件的表面，当零部件经过一定时期的运转后观察金属丝是否熔化来确定该点的温度范围。

此法的优点是安装方便，尤其对运动零部件的测温简单易行，测试结果直观。但是每次只能测一种工况下的温度值，且各点的绝对温度值难以精确确定。

以活塞温度测量为例，安装好多个易熔塞后，在稳定的待测工况下，机械运行时间应在15~20 min，然后取出活塞，清除积碳，仔细确定哪些易熔塞已经熔化，哪些半熔化或未熔化，将其结果标注在试验前已经填好的易熔塞标号表中。

2.2.3.2　硬度塞测温法

硬度塞测温法是基于金属材料淬火后，若在不同的温度下进行回火，则该金属材料的表面硬度也将不同，回火温度越高，则表面硬度越低。因此，只要选择适当的金属材料加工成小螺钉，经过淬火后，将其装入被测物体的表面，在机械运行一定的时间后，取出这些螺钉，放在硬度计上打出表面硬度，根据预告绘制的温度-硬度曲线，即可测温度值。

该方法的优点是安装方便，不需引线，易进行温度场的测量；但测量精度不高，而且硬度计要求有一定经验的专业人员进行操作，以免因操作不当带来过大的误差。

2.2.3.3　示温涂料测温法

示温涂料测温法是利用某些物质的颜色随温度变化的特性来进行测温的。例如，复盐碘化汞（HgI_2）、碘化亚铜（Cu_2I_2），当温度达到70 ℃时会从红色变为黑色。若发现某点示温涂料由红色变为黑色时，就可知道该点温度达到了70 ℃。

示温涂料测温法通常要求示温涂料随温度变化的过程不可逆。为了便于进行零件温度分布的实际观察，可以通过选取某种具有多点温度下相继变色的物质，或者可以通过混合多种具有单个变色温度的颜料而制取示温涂料。

变色温度与温度的延续时间有关，延续时间越长，变色温度就越下降，因此，有时要用变色温度-时间关系曲线校正测试结果。

根据示温涂料法原理可制成变色表面温度示温片和示温带。测温时，只要将表面温度指示片（或示温带）黏附在机械零部件的干燥表面，并保持良好接触。当被测表面温度达到该指示器所代表的温度时，便显示出数字或图形，根据该指示器标出的温度数值，便可判断出被测表面的温度。这种方法的测温范围在40~260 ℃。

2.2.3.4　示温蜡片测温法

示温蜡片测温法是利用某些物质在不同温度下能够发生熔化或变色的特性进行测温。如国产的示温蜡片的额定显示温度有60 ℃、70 ℃、80 ℃、90 ℃、100 ℃ 5种。使用时可根据被测机械部件额定工作温度选择相应的测温蜡片贴在监测部件，当被测部件温度超过示温蜡片额定温度时，示温蜡片熔化脱落，从而发现过热现象。另外，如果需要了解机械表面温度变化，则可在机械的相应部位贴上 2~3 种温度在变化范围内的示温片，便可反映出温度的细微变化。根据这个原理制成了结构简单、便携的测温笔，它可根据画在机械表面的笔痕变色时间长短来判定温度范围。目前已有 70 ℃、80 ℃、100 ℃和 125 ℃等品种的测温笔。

2.3 非接触式测温法

非接触测温主要是利用热辐射来测量物体温度。

任何物体温度高于绝对零度时，其内部带电粒子在原子或分子内会始终不断地处于振动状态，并能自发地向外发射能量。这种依赖于物体本身温度向外辐射能量的过程称为热辐射。辐射能以波动形式表现出来，其波长的范围极广，从短波、X 光、紫外光、可见光、红外光到电磁波。在温度测量中主要是可见光和红外光。

辐射测温的物理基础是基本的辐射定律，它的温度可以和热力学温度直接联系起来，因此可以直接测量热力学温度。

辐射测温有以下优点：

（1）非接触测量，测量过程中不干扰被测物体的温度场，从而测量精度较高；

（2）响应时间短，最短可以达到微秒级，容易进行快速测量和动态测量；

（3）测温范围广，从理论上讲，辐射测温无上限；

（4）可以进行远距离遥测。

但辐射测温也有以下的缺点：不能测量物体内部的温度；受发射率的影响较大；受中间环境介质的影响较大；设备复杂，价格较高等。

根据测温的原理不同，辐射测温可以分为全辐射测温法、亮度测温法、红外测温法、光纤测温法等。

2.3.1 全辐射温度计

全辐射温度计测温的理论基础是斯忒藩-玻耳兹曼定律，它通过测量辐射物体的全波长的热辐射来确定物体的辐射温度。

全辐射温度计测的是被测对象的辐射温度，在实际测量中，需要将辐射温度换算成真实温度（见图 2-8）。全辐射温度计能自动测量温度，其输出量为电量，适于远传和自动控制，是在线温度检测常用的一种仪表。

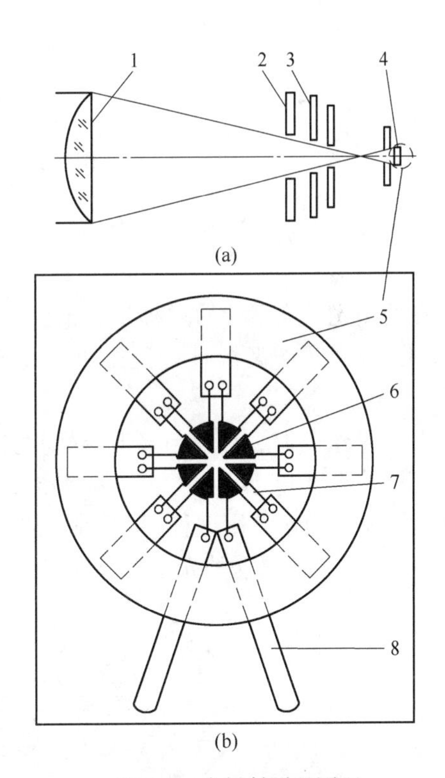

图 2-8 全辐射测温原理
（a）辐射感温器的工作原理图；
（b）热电堆的原理图
1—透镜；2—可变光阑；3—固定光阑；
4—接受元件；5—云母片；6—受热靶面；
7—热电偶丝；8—引出线

2.3.2　亮度温度计

亮度温度计是根据普朗克定律，通过测量物体在一定波长下的单色辐射亮度来确定它的亮度温度的，又称为单波段温度计。亮度温度计可以分为两类：光学高温计和光电高温计。

2.3.2.1　光学高温计

如图 2-9 所示，调整物镜系统，使被测物成像在高温计灯泡的灯丝平面；调整目镜系统，使人眼清晰地看到被测物和灯丝的成像。再调整电测系统可变电阻，改变灯丝电流，使被测物或辐射源的亮度在红色滤光片的光谱范围内处于平衡，即相互间处于相同的亮度温度。由于高温灯泡在检定时其亮度温度与通入电流之间的对应关系已知，因而可确定被测物体在红色滤光片波长范围内的亮度温度。

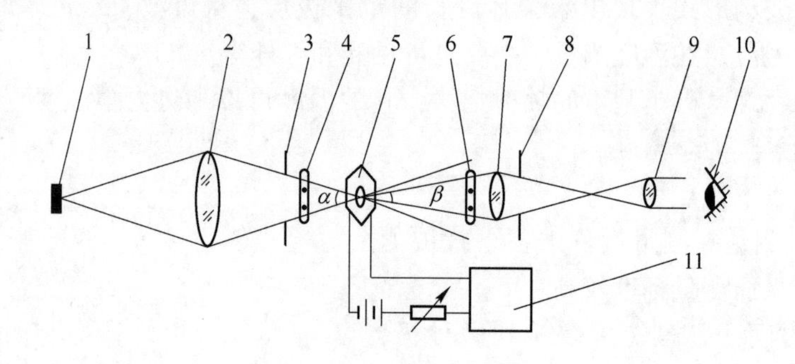

图 2-9　隐丝式光学高温计

1—被测物体或辐射源；2—物镜；3—物镜光阑；4—吸收玻璃；5—高温计小灯泡；6—红色滤光片；7—显微镜物镜；8—目镜光阑；9—显示镜目镜；10—人眼；11—电测仪器

在使用光学高温计的过程中，最经常的工作是用人眼进行亮度平衡。即通过调节电流，用人眼观察的高温计灯丝瞄准区域均匀地消失在辐射源或被测物体的背景上，即“隐丝”或“隐灭”。

在“隐丝”时，灯丝与瞄准目标相交的边界无法分辨出来。即它们在高温计视野上具有相同的亮度和亮度温度。高温计电流过高或过低都不能出现“隐丝”，也就是不能产生亮度平衡。由于使用这种高温计测温时，必须使被测物背景与小灯泡灯丝间的亮度达到“隐丝”程度，所以这种光学高温计又称为隐丝式光学高温计（见图 2-10）。

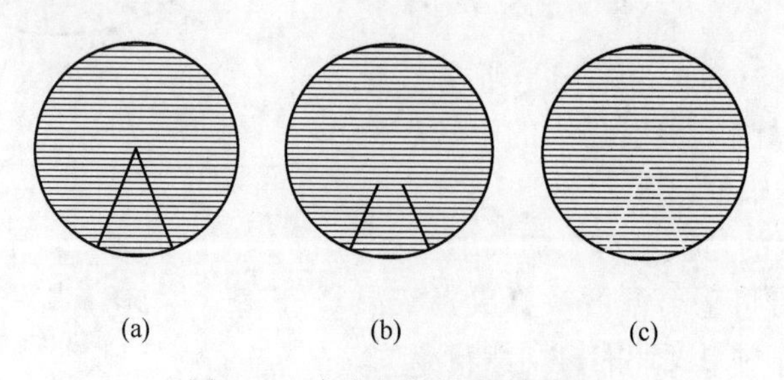

(a)　(b)　(c)

图 2-10　亮度比较情况示意图

（a）电流过低；（b）正确；（c）电流过高

2.3.2.2 光电高温计

光电高温计测温靠手动的办法改变光电高温计小灯泡电流，并用人眼进行观察，实现亮度平衡。该方法受到人为因素影响，会出现测量误差。

光电高温计采用硅光电池作为光敏元件，代替人眼睛感受被测物体辐射亮度的变化，并将此亮度信号转换成电信号，经滤波放大后送检测系统进行后续转换处理，最后显示出被测物体的亮度温度。

与光学高温计相比，光电高温计具有下列特点：灵敏度高，准确度高，使用波长范围宽，测温范围宽，响应时间短，自动化程度高等。

2.3.3 比色高温计

比色高温计利用物体的单色辐射现象来测温，但它是利用同一被测物体在两个波长下的单色辐射亮度之比随温度变化这一特性作为测温原理的。

在用比色高温计测量物体温度时，没有必要精确地知道被测物体的光谱发射率，而只需知道两个波长下光谱发射率的比值即可。一般来说，测量光谱发射率的比值要比测量光谱发射率的绝对值简便和精确。采用比色高温计测量物体表面温度时，可以减少被测表面发射率的变化和光路中水蒸气、尘埃等的影响，提高了测量精度。

图 2-11 是单通道单光路比色温度计的结构示意图。被测物体的辐射能经物镜聚焦。经过通孔反射镜而到达光电探测器，即硅光电池上。通孔反射镜的中心开设一通光孔，其大小可根据距离系数而变，其边缘经抛光后进行真空镀铬。同步电动机带动光调制转盘转动。转盘上装有两种不同颜色的滤光片，交替通过两种波长的光。硅光电池输出两个相应的电信号至变送器进行比值运算、线性化。图 2-11 中，反射镜、倒像镜和目镜组成瞄准系统，用于调节该温度计。

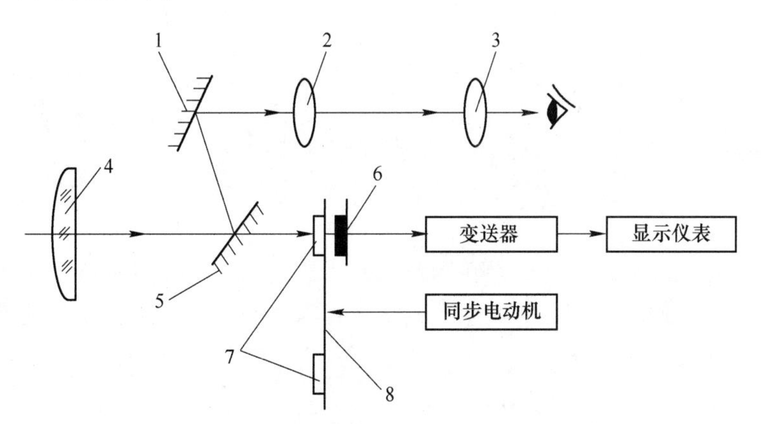

图 2-11 单通道单光路比色温度计

1—反射镜；2—倒像镜；3—目镜；4—物镜；
5—通孔反射镜；6—硅光电池；7—滤光片；8—光调制转盘

由于采用一个检测元件，仪表稳定性较高；但结构中带有光调制转盘，使温度计的动态品质有所下降；牌号相同的滤光片之间透过率（或厚度）的差异会影响测量准确度。

2.3.4　红外测温

红外线是一种不可见的电磁波，波长为 0.75 ~ 1000 μm，由于其在电磁波的波谱图中位于红光之外，所以称为红外线。红外测温原理与辐射测温相同，不同是辐射测温所选用的波段一般为可见光，而红外测温所选用的波段为红外线 。

红外温度计将被测物体表面发射的红外波段辐射能量通过光学系统汇聚到红外探测元件上，使其产生电信号，经放大、模数转换等处理，最后以数字形式显示温度值。

红外测温方法几乎可在所有温度测量场合使用。例如，各种工业窑炉、热处理炉温度测量、感应加热过程中的温度测量。尤其是钢铁工业中的高速线材、无缝钢管轧制，有色金属连铸、热轧等过程的温度测量等。在一般社会生活方面，如快速非接触人体温度测量、防火监测等。

如图 2-12 所示，物镜是由椭球面-球面组合的反射系统，主镜为椭球反射面，反射面真空镀铝，反射率达 95%以上。光学系统的焦距通过改变次镜位置调整，使最佳成像位置在热敏电阻表面。次镜到热敏电阻的光路之间装有透过波长 2 ~ 15 μm、倾斜 45°的锗单晶滤光片，它使红外辐射透射到热敏电阻上，而可见光反射到目镜系统，以便对目标瞄准。

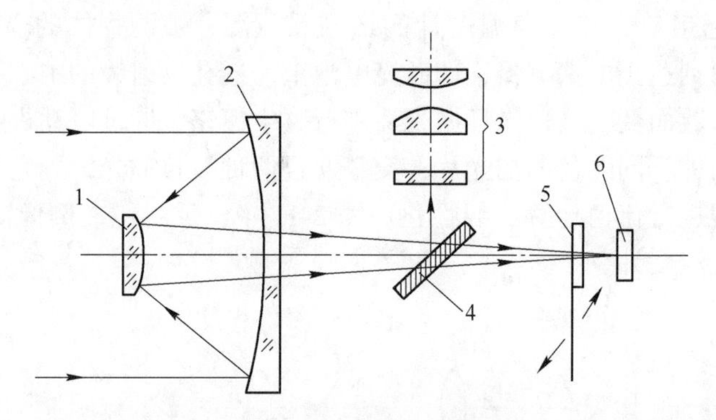

图 2-12　红外测温仪原理图

1—次镜；2—主镜；3—目镜系统；4—锗单镜滤光片；5—机械调制片；6—热敏电阻

机械调制片是边缘等距开孔的旋转圆盘，光线通过圆盘小孔照射到热敏电阻上，圆盘由电动机带动旋转，使照射到热敏电阻上光线强度为交变的，再经热敏电阻转换为交流电信号以便进行交流放大。

2.4　机械装备故障的温度诊断及温度检测系统应用

机械装备的温度诊断就是利用测温技术，测量机械装备的温度或温度分布，根据其温度或温度分布的变化来判断机械装备故障的一种方法。

2.4.1　红外温度诊断

红外温度诊断应用相当广泛，几乎遍及各行各业。如红外诊断可进行电力设备的状态监测，通过定期对大型发电厂和变电站、输电线路等设备和接头进行热像监视，测量其温度变化和温度分布，确定机械设备内部缺陷位置；在冶金工业中用热像图监视温度对钢的轧制质量进行控制；在化工工业中检测热交换器等化工设备的密封性、焊缝焊接性、管路堵塞等；在医学上用于肿瘤的早期诊断等。本节介绍红外在机械装备故障诊断中应用的几种类型。

2.4.1.1 磨损故障的红外诊断

A 轴承磨损的红外测量

机械装备中大量使用了轴承、齿轮等旋转零部件，这些零部件在旋转过程中因相对运动件之间的相互摩擦会产生热量，这些热量会通过润滑油、空气循环等散失一部分，但有相当部分的热量会传给箱体等部件，并通过箱体向外扩散。由于性能好的轴承相对运动的运动件之间相互摩擦小，工作过程中轴承产生的热量就少，在箱体上从热源—轴承到箱体外缘的温差就小，因此测量到的等温线相对稀疏［见图 2-13（a）］；而工作异常的轴承相对运动的运动件之间摩擦较大，在工作过程中产生的热量较多，这些热量来不及扩散，在箱体上从热源—轴承到箱体外缘的温差相对较大，因此测量到的等温线相对密集［见图 2-13（b）］。因此，通过等温线的疏密就可比较两个相同工作条件的轴承故障状态。

B 箱体温升产生的热变形的检测

如当一根轴在两端箱体上的轴承一个性能好、一个性能差时，由于性能差的轴承摩擦产生的热量多，因此箱体热膨胀大、变形大；性能好的轴承摩擦产生热量少，箱体热膨胀小、变形小，从而导致轴的两端产生倾斜（见图 2-14）。轴的倾斜不仅影响装备的正常运行，而且会增加轴承的磨损、加剧轴承的损坏。

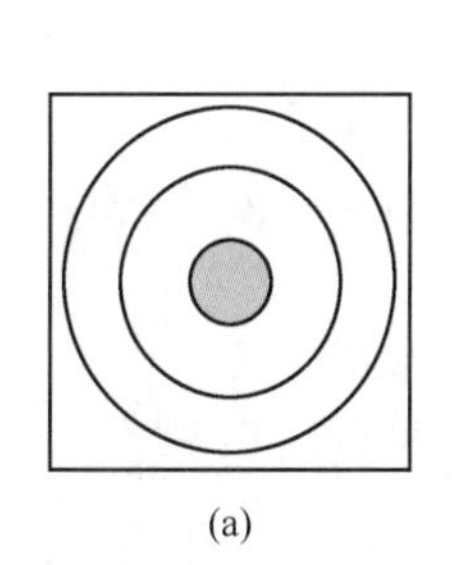
(a)

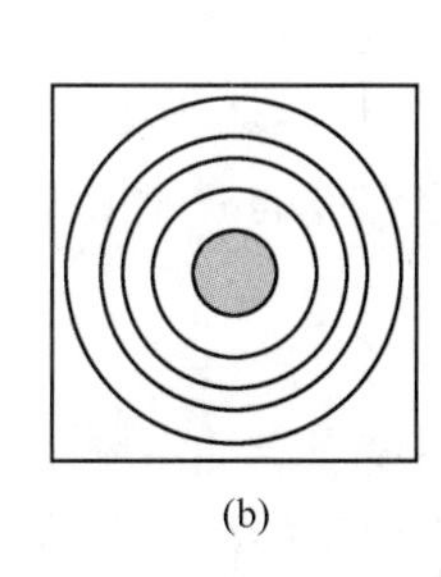
(b)

图 2-13 轴承磨损的红外诊断示意图

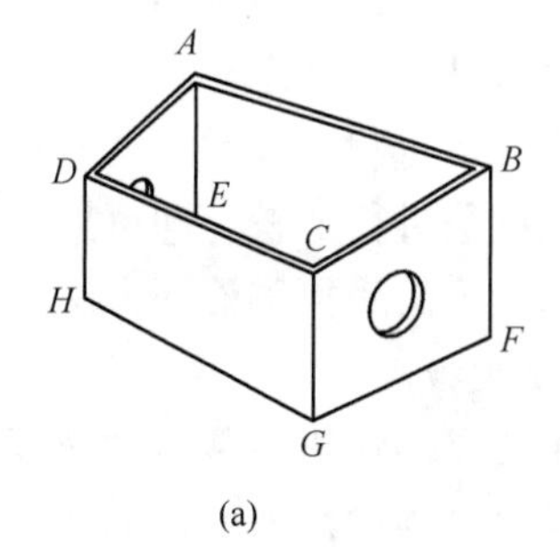

(a)

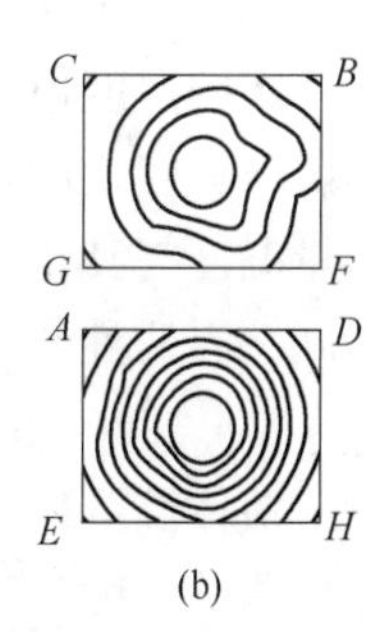

(b)

图 2-14 机床主轴箱热变形
（a）主轴箱模型；（b）主轴箱两端温度场

一般直接测量热变形比较困难，用红外测温实测两侧箱体四周温度分布，即可了解箱体两侧的热变形。若箱体两侧温差大，则可判断热变形大的轴承有故障，这时及时更换故障轴承即可。

2.4.1.2 红外无损探伤

红外不仅可用于旋转机械的故障诊断，而且可用于判断金属材料内部有无缺陷，即材料的无损探伤。

红外无损探伤的原理为：当加热实测金属材料时，热量将沿金属表面流动。若材料内部无缺陷，热将均匀分布［见图 2-15（a）］；若材料内部存在缺陷，则热流场将随之改变，形成不规则区域［见图2-15（b）］。因此，测量被测金属材料的表面温度分布图，即可发现金属材料内部缺陷所在。

红外无损探伤具有以下特点：

（1）加热过程及被测设备都比较简单；

（2）各种材料的缺陷一般都能测量。

红外无损探伤可分为主动红外探伤和被动红外探伤两类。

图2-15 红外无损探伤
（a）无缺陷；（b）有缺陷

红外无损缺陷主动探伤的方法是：用一外部热源加热被测金属材料，同时（以后）测量材料表面温度（或温度分布），即可判断材料内部缺陷。它主要应用于多层复合材料、蜂窝材料的缺陷和脱胶的探查，焊接件焊接质量的检测等。

红外无损缺陷被动探伤的方法是：加热或冷却试件，在一个显著区别于室温的温度下保温到热平衡，利用被测物体自身的红外辐射不同于环境辐射的特点来检测物体表面温度或温度分布，表面温度梯度不正常则表明试件中存在缺陷。被动式红外无损缺陷探伤的主要特点是不需要外部热源，特别适用于现场检测。

2.4.2 温度诊断对象及其诊断方法

温度诊断是最早用于人体疾病诊断的一种方法。正常时，人体有一定的温度值，当人体温度超过一定的极限值时，就表明人体患病。

与人体疾病诊断相类似，当机械装备及其零部件（总成）正常工作时，各部分机件有一定的温度值；当机件工作状态异常时，机件就会发热导致温度升高，当其温度超过正常值时，就说明该机件运行状态异常或其自身出现故障。因此，只要将机械装备零部件的测量温度与其正常温度值进行比较，即可判断零部件的故障情况。实际中，根据诊断对象不同，有两种类型的温度故障检测诊断方法。

2.4.2.1 液体温度检测

液体温度检测主要是测量机械装备中液压系统、燃油系统、润滑系统与冷却系统中液体介质的温度，通常又分为稳定温度检测和动态温度检测。前者是指稳定的或变化缓慢的温度检测，如冷却水温度、机油温度、液压油温度、环境温度等；后者是指随时间急速变化的温度检测，如燃气温度、排气温度、燃烧火焰温度的测量等。

一般液体温度诊断广泛使用的温度传感器是热电偶温度计、热电阻温度传感器等，测温方法是接触式测温。表2-2列出了各种流体温度监测仪器及监测部位。

表2-2 流体温度监测仪器及监测部位

监测参数	监 测 仪 器	监 测 部 件
进气温度	热电偶温度计	总进气管中
排气温度	热电偶温度计	排气管总管法兰以下部位
进出水温度	电阻温度计、压力式液体温度计	冷却液进出口
润滑油温度	电阻温度计、压力式液体温度计	润滑油主油道，避免在死油区

续表 2-2

监测参数	监 测 仪 器	监 测 部 件
液压油温度	电阻温度计、压力式液体温度计	主泵出油口、液压油箱
环境温度	液体温度计	在被测对象周围约 1.5 m 处

2.4.2.2 零部件温度检测

零部件温度检测主要是指测量机械装备发动机、传动系统和液压系统中的各种零件、部件、总成的表面温度和体内温度，如发动机活塞、活塞环、气缸壁、气缸盖、气门座、喷油器、热交换装置、齿轮、轴承及电气元件、器件等的温度。

零部件温度检测一般采用直接测温方法，如触摸法、示温法、硬度塞法、热电偶及非接触测量。

温度检测中以零部件内部温度测量最为困难，热电偶、热电阻等测温能够对机械装备部件（总成）在各种工况下的对象体内温度实现连续监测。当配用示波器、温度显示记录设备等时还可记录被测零部件温度曲线。

2.4.2.3 温度检测应用实例

A 排气门温度的检测

内燃机的排气门是热负荷最严重的零件之一。排气门常见的一些故障，如粘接、烧蚀、积碳等，通常都是由过高的温度引起的。因而，准确地检测排气门温度，对于判断排气门故障原因极为重要。

测温时，在被测排气门杆中心处，利用硬质合金钻头钻一个小深孔，孔底部距气门座底平面 1.5 mm。将双孔瓷管内的热电偶丝插入深孔中，热电偶的头部与底面焊接在一起。孔内加石英粉作为绝缘填充物。为保护热电偶，气门杆顶部加一小罩帽，导线从小罩帽两端缺口处引出，然后环氧树脂粘牢。图 2-16 所示是排气门测温装置简图。

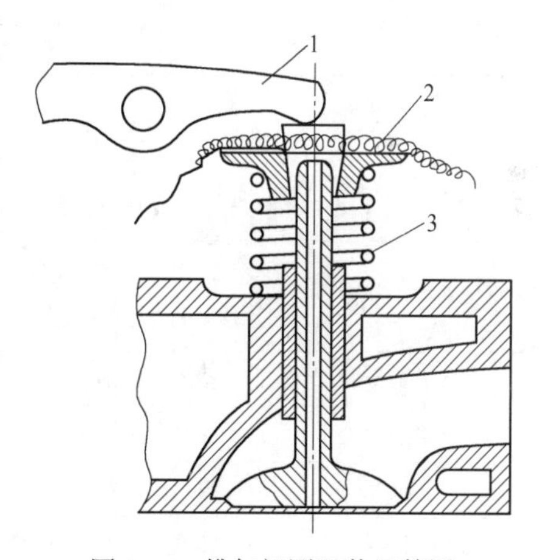

图 2-16 排气门测温装置简图
1—气门摇臂；2—小软簧；3—热电偶丝

B 活塞温度检测

发动机活塞温度是反映发动机性能的关键参数。美国 RICARDO 公司认为柴油机铝合金活塞有 3 个危险区，其相应最高允许温度分别为：活塞顶部 370~400 ℃；活塞头道环槽为 200~220 ℃；活塞销处为 260~270 ℃。如果活塞顶部温度超过 400 ℃，活塞顶部会烧熔或开裂。如果活塞头道环槽温度超过 220 ℃，就会使活塞发生黏结，在环槽底部产生积碳，使环槽迅速磨损。如果活塞销的温度超过 270 ℃，则会导致材料强度极限的下降，在承载压力作用下销孔发生严重变形。所以，在诊断发动机故障的过程中必须对相应活塞的热负荷状况有所了解，寻找活塞温度的主要因素，或探索活塞温度对发动机工作过程的影响等。

测量活塞温度的热电偶丝的外表需涂一种称为聚酯酰亚胺的绝缘漆，它在 -200~400 ℃的范围具有较高的机械和绝缘性能，同时具有耐水、耐油的性能。除了小型发动机可将热电偶直接焊接到活塞上外，一般都需将热电偶的热接点焊在与活塞相同材料的套帽上。图 2-17 是活塞测温装置。

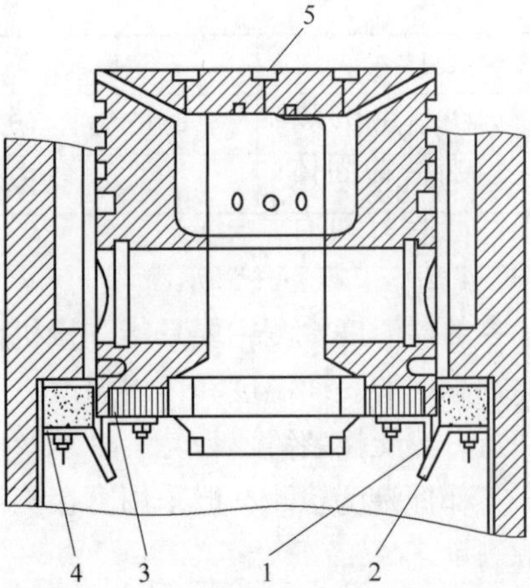

图 2-17　发动机活塞测温装置
1—直片状动触头；2—直片状静触头；3—动触头固定环；4—静触头固定环；5—热电偶热接点

2.4.3　机械装备温度检测系统应用实例

在一些特殊用途的车辆装备上，为保护乘员的安全会安装灭火系统。该系统通过火焰感受器、线式火焰传感器、光学探测器等检测装备内部的超温和火焰信号，及时向控制器发出火警信号，触发控制器进行灭火抑爆处理。本节以某型工程装备为例，阐述其灭火系统的组成、原理与所用火焰探测传感器特性。

2.4.3.1　灭火系统的功用

灭火装置用于自动探测机械装备内部火情，发出火警信号，控制灭火系统喷出灭火剂，熄灭装备中的火灾，保护车辆乘员和车辆免受二次效应和火灾的伤害。

2.4.3.2　灭火系统的组成

灭火系统由综合控制器、采集驱动盒、线状火焰传感器、电缆等部分组成（见表 2-3）。

表 2-3　灭火系统的组成

名　称	功　能	数　量
控制盒（综合控制器）	控制整个灭火系统的运行及向装备主控器发送报警信息，接收指令处理输出驱动信号	1 个
采集驱动盒	接收传感器的信息，进行调理变换输出信号至灭火综合控制器	1 个
线式火焰传感器	探测和识别火情	6 m
火焰感受器	探测和识别火焰等信息	4 个
灭火瓶	喷出灭火剂进行灭火	3 个
灭火管及喷嘴	传输灭火剂并进行喷洒灭火	1 套

2.4.3.3　火焰传感器

火焰传感器可以检测火焰或者波长在 760～1100 nm 范围的光源，打火机检测火焰距离在 80 cm 左右，火焰越大，距离越远。探测角度为 60°左右，对火焰光谱特别敏感；可通过调节 PCB 上的电位器实现灵敏度的调节。

火焰传感器也可以用来检测光线的亮度，但其传感器对火焰特别灵敏。火焰传感器利用红外线对火焰非常敏感的特点，使用特制的红外线接收管来检测火焰，然后把火焰的亮度转化为高低变化的电平信号，输入到中央处理器中，中央处理器根据信号的变化做出相应的程序处理。

火焰一般由各种燃烧生成物、中间物、高温气体、碳氢物质及无机物质为主体的高温固体微粒构成。火焰的热辐射具有离散光谱的气体辐射和连续光谱的固体辐射。不同燃烧物的火焰辐射强度、波长分布有差异，但总体来说，其对应火焰温度的近红外波长域及紫外光域具有很大的辐射强度，根据这种特性可制成火焰传感器，如图2-18所示。

图2-18 红外火焰传感器

2.4.3.4 工作原理

工作原理为：

（1）系统采用数字化控制，响应光学探测器、线状火焰传感器、热电偶火焰传感器的报警信号，处理动力舱超温和火焰信号，及时发出火警和喷射信号。

（2）系统的工作状态、火警状态、灭火瓶状态、故障状态，通过CAN总线与驾驶员任务终端或车长任务终端之间进行传递。

（3）光学探测器应用双光学谱探测，采用计算机控制同时带有CAN接口，CPU具有温度补偿。

（4）线状火焰传感器采用计算机采集进行智能火情的判断、分析，同时带有CAN接口。

（5）采集驱动盒同时控制3个灭火瓶的工作，通过CAN接口接收来自综合控制器的火警信息及操作命令，发动驱动灭火瓶灭火的驱动电流，同时采集灭火瓶状态信息，通过CAN接口，向车电系统传输灭火瓶状态信息。

（6）当装备发生火灾时，光学探测器或火焰感受器能及时发出火警信号。控制盒根据火灾情况、灭火瓶状态，启动灭火瓶喷出灭火剂。同时使发动机停机，声光报警，进排气风扇停转。如果一瓶灭火剂用完后仍未灭掉，自动接通另一瓶继续灭火。灭火后，系统能使进排气风扇自动接通，以排出车内存留的灭火剂、有毒蒸汽及燃烧产物。

3 机械装备失效机理分析

机械装备是由机械、液压、电气、仪表等系统有机组合而成的统一体，机械装备的失效机理分析也是由多个方面因素综合影响的复杂问题。从系统的观点来看，装备的失效（故障）包括两层含义：一是系统偏离正常功能，这主要是系统或元件的工作条件不正常而产生的，通过参数调节或元件的修复又可恢复到正常功能；二是功能失效，这是指系统连续偏离正常功能，且其程度不断加剧，使系统的基本功能不能保证。也就是说，如果机械装备的各个系统及零部件在实际工作中，降低或丧失了规定的功能，出现了不能满足其技术性能和运转品质要求的情况，就可认为装备出现了故障。因此，通过机械装备液压、电气和机械等装置的失效分析，研究机械装备液压、电气等系统的工作原理、结构特点，根据机械装备的使用特点与失效（故障）表现形式，确定系统或零部件的失效（故障）原因、失效机理，进行装备及系统的故障诊断与排除，可有效地提高装备可靠性、使用寿命和维修效率。

3.1 失效与失效分析

所谓失效（故障）是指产品丧失规定的功能，对不可修复的产品而言称之为失效，对可修复产品而言称之为故障。失效分析是判断产品的失效模式和现象，通过分析和验证，模拟重现失效的现象，查找产品失效机理和原因，提出预防再失效的对策的技术活动和管理活动。因此，失效分析的主要内容包括明确分析对象、确定失效模式、研究失效机理、判定失效原因、提出预防措施（包括设计改进）。

失效分析的理想目标是“模式准确、原因明确、机理清楚、措施得力、模拟再现、举一反三”。

3.1.1 失效的分类

失效从不同角度的分类各有不同，具体如下。

（1）按功能分类。由失效的定义可知，失效的判据是看规定的功能是否丧失。因此，失效的分类可以按功能进行分类。例如，按不同材料的规定功能可以用各种材料缺陷（包括成分、性能、组织、表面完整性、品种、规格等方面）来划分材料失效的类型。对机械产品要按照其相应规定功能来分类。

（2）按材料损伤机理分类。根据机械失效过程中材料发生变化的物理、化学的本质机理不同和过程特征差异分类。

（3）按装备失效的时间特征分类。

1）早期失效：可分为偶然早期失效和耗损期失效。

2）突发失效：可分为渐进（渐变）失效和间歇失效。

（4）按装备失效的后果分类。可分为部分失效、完全失效、轻度失效、危险性（严重）失效、灾难性（致命）失效。

（5）按分析目的分类。按分析目的的不同可分为：

1）狭义的失效分析：主要目的在于找出引起产品失效的直接原因。

2）广义的失效分析：不仅要找出引起产品失效的直接原因，而且要找出技术管理方面的薄弱环节。

3）新品研制阶段的失效分析：对失效的研制品进行失效分析。

4）产品试用阶段的失效分析：对失效的试用品进行失效分析。

5）定型产品使用阶段的失效分析：对失效的定型产品进行失效分析。

6）修理品使用阶段的失效分析：对失效的修理品进行失效分析。

3.1.2 失效模式

所谓失效模式是指失效的外在宏观表现形式和过程规律，一般可以理解为失效的性质和类型，例如机械装备电气与电控系统中的导线断裂、短路、折损、退化，油路系统的泄漏增多，机械系统的磨损加大、摩擦副的温度升高等类型，如同人类生病时的病症。即使失效机理不明，产品的失效模式也是可以观察到的。失效模式可以概括为：（1）变形：失去原有形状，可以是局部变形，也可以是弹性的、塑性的或蠕变的；（2）磨损：如磨粒磨损、疲劳磨损和振动磨损；（3）腐蚀：包括局部、均匀及缝隙腐蚀、点腐蚀，也有化学腐蚀和电化学腐蚀、应力腐蚀、晶间腐蚀；（4）断裂：有超载断裂、裂纹引起的低应力脆断、低温脆断、应力腐蚀断裂、蠕变断裂、氢损断裂等；（5）疲劳：如出现疲劳裂纹、泄漏或断裂。

失效模式的判断应首先从对事故或失效现场痕迹及残骸的分析入手，并对结构的受力特点、工作和使用环境、制造工艺、材料组织与性能等进行分析。如某两栖机械装备排水泵电机工作不良，出现间歇性停机故障且转速不均匀，经拆机检查，发现其碳刷与换向器结合面磨损烧蚀剧烈，导致接触不良，仔细观察换向器的云母绝缘垫片，发现有损坏现象，这是由于受启动—运行—停机和负荷变动等所造成的热循环影响，绝缘材料（云母片）与导电体（铜片等）发生反复变形，使换向器组件的绝缘性能下降，引起机械老化，这些因素的综合影响导致电机故障，因此其失效模式为电机换向组件的机械老化和过度磨损。

3.1.3 失效机理

所谓失效机理是导致零件、元器件和材料失效的物理或化学过程。失效机理从微观上可追溯到原子、分子尺度和结构的变化，但与之对应的是它迟早要表现出一系列宏观（外在的）性能、性质变化。失效机理是对失效的内存本质、必然性和规律性的研究，它是对失效内存本质认识的理论提高和升华。失效机理依产品种类和使用环境的不同而不同，但往往都以磨损、疲劳、断裂、腐蚀、氧化、老化、冲击断裂等简单的形式表现出来，失效机理相当于生病时的病理。

失效过程的诱发因素有内部的和外部的两种。在研究失效机制时，通常从外部诱发因素和失效表现形式入手，进而再研究较隐蔽的内存因素。在研究批量性失效规律时，常用数量统计方法，构成表示失效机制、失效方式或失效部位与失效频度、失效百分比或失效经济损失之间的排列图或帕雷托图，以找出必须首先解决的主要失效机制、方位和部位。任一产品或系统的构成都是有层次的，失效原因也具有层次性，如系统—单机—部件(组件)—零件（元件)—材料。上一层次的失效原因即下一层次的失效对象，最底层对象就是本质的失效原因。通过失效机理分析，可以找出改进措施，以提高产品的可靠性。

3.1.4　失效分析在工程中的应用

随着电子光学、端口学、痕迹学、表面科学、电子金相学等有关微电子技术的异军突起，装备、系统及其零部件失效的物理、化学过程已能从微观方面阐明失效的本质、规律和原因。

(1) 失效分析是装备质量管理中必不可少的重要环节，任何一次失效都可以看成是装备在服役条件下所做的一次最真实、最可靠的科学试验。通过失效分析可以判断失效的模式，找出失效的原因和影响因素，也可以找出薄弱环节，从而改进设计和工艺，提高装备质量。同理，失效也是检验、评定装备安全度的最佳依据，是不断反映装备所固有的及质量控制中的薄弱环节。

(2) 失效分析是可靠性工程的技术基础之一。可靠性是装备的关键性质量指标。从宏观统计入手的可靠性分析虽然可以得到装备的可靠性参数和宏观规律，但不能回答装备是怎样失效及为什么失效。而失效分析则从处理故障和寿命问题入手，是在开发、设计阶段防止缺陷、进行可靠性设计和预测的基础。可靠性分析的前提之一就是确认装备零部件是否失效，分析其失效类型、失效模式和机理。可靠性分析要求把握失效分析通道中心环节，做好“3F”工作（FRACAS 失效报告、分析及纠正系统，FTA 故障树的分析，FMEA 失效模式、影响及分析)。

(3) 失效分析是安全性的重要保证。安全性工作的环节很多，失效分析是其中的一项关键工作。例如机械原因引起的严重飞行事故后，失效分析的作用尤为突出。2012 年 9 月，某工程装备在野外驻训过程中出现装备两侧中部钢甲板撕裂及车架变形事故后，通过失效分析及时准确地判明失效模式和失效原因，采取了无损检测、扩修、加固和表面强化等一系列预防措施，从而杜绝此类事故的再次发生，保证了该装备作业过程的安全性与可靠性。

(4) 失效分析是维修工程的基础。维修是保持装备本身就有的功能，而修理是排除零部件或系统失效（故障)，恢复装备所具备的功能。人们在长期与失效作斗争的基础上形成了科学的维修规程和维修方法。

统计表明，在产品（装备）的不同发展阶段由于质量缺陷带来的经济损失呈指数级增长，所以无论是设计人员还是维修人员都应牢记各种惨痛的失效事故，通过各种设计禁忌、防错设计、规范使用与保养等手段将潜在故障消灭在设计和使用维护中。

3.2　机械装备的失效模型与失效机理

机械装备的失效是某种特定的原因导致，主要源自制造商对用户需求和期望的忽视和/或理解不透、设计不当或物料组合不当、制造或组装工艺不当、缺乏适当的技术、用户使用不当和产品质量失控等。失效是一个复杂的概念，其规律与所受的环境应力、工作应力及选取的材料等因素有关，一般是用模型去描述失效的进程，常用的简化模型有：应力-强度、损伤-韧性、激励-响应和容差-规格等。特定的失效机理取决于材料或结构缺陷、制造或损伤特性，还取决于制造参数和应用环境。影响事物状态的条件称为应力（载荷），例如机械应力和应变、电流与电压、温度、湿度、化学环境和大气压等。影响应力作用的因素有材料的几何尺寸、构成和损伤特性，还有制造参数和应用环境。

3.2.1 常用的失效模型

一般认为失效是一种二元状态，即某装备（产品）正常或损坏，然而实际情况下失效过程要比二元状态复杂得多，失效是作用在产品上的应力与产品材料、组件交互作用的结果。一般产品所承受的应力与产品材料的变化是随机的，因此要想正确理解产品的失效进程，需要充分分析产品材料、组件与应力的响应。本节介绍常用的 4 个失效简化模型。

3.2.1.1 应力-强度模型

当产品承受的应力仅超过所允许的强度时，产品都会失效。一个未失效的产品就像新的一样，如果应力没有超过所允许的强度，应力无论如何都不会对产品造成永久性影响。这种失效模式更多地取决于环境中关键事件的发生，而不是时间或循环历程。强度被视为随机变量，可用这一模型的有钢棒受拉应力、晶体管发射极-集电极间施加的电压等。

假设 δ 表示材料的强度，s 表示受到外界的应力，二者都是随机变量，其密度函数分别为 $f(s)$、$g(\delta)$，则产品的故障累积概率可以表示为

$$F = 1 - \int_{-\infty}^{\infty} f(s)\left[\int_{s}^{\infty} g(\delta)\,\mathrm{d}\delta\right]\mathrm{d}s = \int_{s}^{\infty} G_{\delta}(s) f(s)\,\mathrm{d}s \tag{3-1}$$

或

$$F = 1 - \int_{-\infty}^{\infty} g(\delta)\left[\int_{-\infty}^{\delta} f(s)\,\mathrm{d}s\right]\mathrm{d}\delta = \int_{-\infty}^{\infty}\left[1 - F_{s}(\delta)\right]\lg(\delta)\,\mathrm{d}\delta \tag{3-2}$$

式中，$G_{\delta}(s) = \int_{-\infty}^{s} g(\delta)\,\mathrm{d}\delta$；$F_{s}(\delta) = \int_{-\infty}^{\delta} f(s)\,\mathrm{d}s$。

3.2.1.2 损伤-韧性模型

应力可以造成不可恢复的累积损伤，如腐蚀、磨损、疲劳、介质击穿等。累积损伤不会使产品使用性能下降。当损伤超过所允许的韧性时，也就是损伤累积到物体的韧性极限时，物体都会失效。当应力消除时，累积损伤不会消失，韧性经常被看作是随机变量。有许多机械零件如轴承、齿轮、密封圈、活塞环、离合器及过盈连接等，它们构成不同形式的摩擦副，在外力作用下，有的还受热力、化学和环境因素的影响，经过一定时间的磨损而出现故障。

假设磨损量 ω 是随着时间的增加而增大的，并且材料的磨损量和一定磨损量下的耐磨寿命服从随机的统计分布。试验和统计资料表明机械产品的磨损量和耐磨寿命服从正态分布、对数正态分布及威布尔分布。设磨损量的概率密度函数为 $f_{t}(\omega)$，耐磨寿命密度函数为 $f_{\omega}(t)$，各函数的下脚标分别表示给定的寿命或给定的磨损量。

假设磨损量的变化具有稳定性磨损过程，即磨损量与时间呈线性关系：

$$\omega = \omega_{0} t \tag{3-3}$$

式中，ω_{0} 为单位时间的磨损量。

磨损量的单位可以是磨损尺寸或磨损体积，当零件的累积工作时间达到 t 时，零件的

可靠度为

$$R(t) = P\{t(\omega) > t\} = \int_t^{\infty} f_\omega(t)\,\mathrm{d}t \tag{3-4}$$

式中，$t(\omega)$ 为零件磨损量为 ω 条件下的耐磨寿命。

假设 $f_\omega(t)$ 服从正态分布，即

$$f_\omega(t) = \frac{1}{\sqrt{2\pi}\sigma_t}\mathrm{e}^{-\frac{1}{2}\left(\frac{t-\mu_t}{\sigma_t}\right)^2} \tag{3-5}$$

用 $Z = \dfrac{t - \mu_t}{\sigma_t}$ 置换成标准正态分布：

$$R(t) = \int_Z^{\infty} \frac{1}{\sqrt{2\pi}}\mathrm{e}^{-\frac{\mu^2}{2}}\mathrm{d}\mu = 1 - \varphi(Z) \tag{3-6}$$

式中，μ_t、σ_t 分别为平均耐磨寿命和耐磨寿命标准差。

同时，如果给定规定时间 t，按照磨损量分布密度预计零件的可靠度，那么在规定允许的磨损量 ω 时：

$$R(t) = P\{\omega(t) < \omega\} \tag{3-7}$$

式中，$\omega(t)$ 为磨损时间达到 t 时零件的累积磨损量。

假定给定磨损时间 t 的磨损量密度函数 $f_t(\omega)$ 服从正态分布，即

$$f_t(\omega) = \frac{1}{\sqrt{2\pi}\sigma_\omega}\mathrm{e}^{-\frac{1}{2}\left(\frac{\omega-\mu_\omega}{\sigma_\omega}\right)^2} \tag{3-8}$$

用 $Z = \dfrac{\omega - \mu_\omega}{\sigma_\omega}$ 置换成标准正态分布：

$$R(t) = \int_0^{Z} \frac{1}{\sqrt{2\pi}}\mathrm{e}^{-\frac{\mu^2}{2}}\mathrm{d}\mu = \varphi(Z) \tag{3-9}$$

式中，μ_ω、σ_ω 分别为平均磨损量和磨损量标准差。

以上分析为理想情况，通常零件磨损量按照要求给定时间有一个允许的磨损分布 $f_t(\omega^*)$，然而在实际的试验结果中，这种实测到 t 时间的磨损分布是服务另外参数的正态分布 $f_t(\omega)$。这两种正态分布的均值和标准差分别为 μ_ω^*、σ_ω^* 和 μ_ω、σ_ω，要求在任何情况下在 t 时间内满足 $\omega(t) < \omega^*(t)$，这种情况类似于强度可靠性的干涉情况，随机变量 $y = \omega - \omega^* > 0$ 的概率，即可靠度在 t 时间为

$$R(t) = P\{\omega - \omega^* > 0\} = 1 - \varphi(Z) \tag{3-10}$$

式中，$Z = \dfrac{\mu_{\omega^*} - \mu_\omega}{\sqrt{\sigma_{\omega^*}^2 + \sigma_\omega^2}}$。

3.2.1.3　激励-响应模型

如果系统的一个组件坏了，只有该组件被激励时才发生响应失效，并导致系统失效。如车辆的紧急制动装置、大多数计算机程序或电话交换系统均属于这种情况。这种失效模式更多取决于关键事件何时发生，而不是时间或循环历程。

3.2.1.4　容差-规格模型

容差-规格模型用于仅当局限在规格范围内，系统的性能特征才能符合要求的情况下。

任何性能质量渐进退化的部件和系统都属于这种模型。

设产品的设计参数为p_1、p_2、…、p_n，其性能特征值V_i可以用如下关系式表示：

$$V_i = f(p_1, p_2, \cdots, p_n) \quad (i = 1, 2, \cdots, m) \tag{3-11}$$

将式（3-11）在其名义值处按泰勒级数展开，取其第一项，略去高阶项可以得到性能特征值V_i的变化ΔV_i与设计参数Δp_j之间的线性表达式：

$$\Delta V_i = \sum_{j=1}^{n} \frac{\partial V_i}{\partial p_j}\bigg|_0 \Delta p_j \tag{3-12}$$

式中，$\partial V_i / \partial p_j$为性能特征值$V_i$对设计参数$p_j$的偏导数；下标0表示名义值；$\Delta p_j$为设计参数$p_j$的偏差。

利用式（3-12）可以求出ΔV_i的正负极限值。

为了确定系统性能特征对部件参数偏的灵敏度S_{ij}的影响，引入如下关系式：

$$S_{ij} = \frac{\Delta V_i / V_{i_0}}{\Delta p_j / p_{j_0}} \tag{3-13}$$

从而得到灵敏度对应的性能特征值偏差ΔV_i为

$$\Delta V_i / V_{i_0} = \sum_{j=1}^{n} S_{ij} \Delta p_j / p_{j_0} \tag{3-14}$$

3.2.2 系统失效机理

失效机理是导致失效的物理、化学、势力学或其他过程。该过程是应力作用在部件上造成损伤，最终导致系统失效。本质上，它是上面介绍的模型中的一种或多种组合。分析和试验表明，失效不仅与所施加的应力大小有关，也与其自身的各种先天缺陷有关。因此，需要了解应力施加过程中材料失效发展过程，即其失效机理。通常，产品的失效机理可以分为疲劳、磨损、老化等不同类型。

3.2.2.1 *疲劳失效机理分析*

当对材料施加循环应力时，由于损伤的积累，材料失效发生时所承受应力远低于材料的最大拉伸强度。疲劳失效开始时，会出现很小的、只能用显微镜才能观察到的微裂纹，其位置通常在材料的不连续点或材料的缺陷处，这些地方会导致局部应力或塑性应变集中，这种现象称作疲劳裂纹萌生。一旦裂纹开始萌生，在循环应力作用下，裂纹会稳定地扩展，直至在所施加应力振幅作用下变得不稳定引起断裂。一般而言，由于应变振幅较大而在$10 \sim 10^4$个循环内就发生的疲劳失效，称作低周期疲劳。高周期疲劳是指较低应变或应力振幅在$10^3 \sim 10^4$个循环后才发生的疲劳失效。材料的疲劳特性可以用应力-寿命（S-N）曲线或应变-寿命曲线来描述，同时用概率因子来补充，这些曲线绘制了应力或应变振幅与失效时应力反向的平均数量的关系，或者应力或应变振幅与物体具体失效比例的关系。

一般认为一个部（组）件在交变应力作用下，材料的损伤是线性累积的。一旦材料的累积能量达到一定值（所做的功为W）时会引起元件故障。设在某一交变应力S_i作用下，机械材料的循环寿命次数为N_i，所做的功为W_i，元件施加的交变载荷为：交变应力S_1作用下循环n_1次，交变应力S_2作用下循环n_2次，……，如此不断改变应力等级直至元件故障，其所做的功为 $W=\sum W_i$ ，那么存在 $W_i/W=n_i/N_i$ 呈线性比例关系。假定每个交变应力作用下元件发生的故障是随机的，在时间上服从指数分布，那么这些故障事件同时发生的概率为

$$\prod e^{-\frac{n_i}{N_j}}=e^{-\sum\frac{n_i}{N_j}} \tag{3-15}$$

当上述概率值为 e^{-1} 时所经历的时间就是平均寿命，即

$$\sum\frac{n_i}{N_i}=1 \tag{3-16}$$

解式（3-16）可以求得循环寿命次数的期望值 $\sum n_i$ 。

3.2.2.2　磨损失效机理分析

磨损是在接触力作用下，两个相互接触的表面经历相对滑移运动而产生的材料侵蚀。磨损可以是黏附、研磨或在液体冷却部件上由于气穴现象而产生的冷管的液体侵蚀。磨损率通常是一种材料特性，同时它与材料硬度直接相关。对材料表面进行处理可以提高硬度，并提高耐磨损性。磨损腐蚀可以导致材料的均匀脱落，如往复式内燃机中活塞的磨损、喷沙或喷丸处理的除锈方式等。另一方面磨损侵蚀也可能是不均匀的，如齿轮表面的凹坑等。

根据摩擦学理论，可以得到如下关系：

$$r=kp^mq^n \tag{3-17}$$

式中，r 为磨损速度；k 为一定工况下的耐磨系数；p 为摩擦表面的压力；q 为摩擦表面的相对速度；m、n 为取值在 1~3 的系数。

显然，当产品的配对摩擦副工作时，其磨损的速度与摩擦表面压力、相对速度成幂律关系，增大摩擦表面压力和相对速度会加速零件的磨损，且其磨损量是累积的。

3.2.2.3　老化失效机理分析

老化是温度变化引起装备零部件材料特性变化的不可逆的过程，老化包括脆性、韧性破坏、变形、材料性能变化、腐蚀、黏附、表面性能变化（如硬度、粗糙度等）和磨损等，老化的过程就是零部件出故障前的物理化学过程。常发生的液压产品老化是密封圈老化，其老化的产生和发展与其所受环境和工作温度变化有关。通常的密封圈采用橡胶材料，当温度发生变化并超出规定状态时则会引发橡胶圈老化、性能下降，导致密封、减振性能下降，引起装备、系统性能的不可靠。

造成密封圈老化的原因有氧化作用造成的橡胶老化、臭氧造成的氧化膜龟裂、热作用下的活化作用、光作用下的“光外层裂”、机械应力反复作用下的分子链断裂等。橡胶密封圈老化的体积变化可用式（3-18）表示：

$$1-\varepsilon=Be^{-K\tau\alpha} \tag{3-18}$$

式中，ε 为橡胶密封圈的老化率；B 为试验常数，随温度变化；K 为密封圈和老化速度系数；τ 为老化时间；α 为经验常数。

ε 可采用式（3-19）计算获得。

$$\varepsilon=\frac{H_0-H}{H_0-H_1}\times 100\% \tag{3-19}$$

式中，H_0 为试样原始截面直径；H 为试样压缩老化后的截面直径；H_1 为限制器高度。

虽然式（3-19）给出的橡胶老化率经验公式考虑了温度变化效应对橡胶材料老化的影响，但其中橡胶密封圈式样的几何尺寸变化参数的获取非常困难，且没有考虑压缩力及其时间对压缩老化的影响，因此从密封圈材料结构入手分析其老化模型。

3.2.2.4 腐蚀失效机理分析

腐蚀是材料化学或电化学降解的过程。腐蚀的常见形式是均匀腐蚀、原电池腐蚀和坑蚀。腐蚀反应速度取决于材料、离子污染物的电解液、几何形状因素和局部电偏压。

均匀腐蚀是均匀地发生在整个金属-电解液的化学或电化学的反应，腐蚀过程的连续性和腐蚀速度取决于腐蚀材料的特性。如果腐蚀材料形成一层不溶于水、无孔性的附着层，它就可以控制腐蚀速度并最终使得腐蚀停止。原电池腐蚀发生在两个或两个以上不同金属相互接触时，每种金属都有唯一的电化学势，所以当两种金属接触时，电化学势高的金属就成为阴极（该处发生还原反应），另一种金属也成为阳极（该处发生氧化反应或称腐蚀），此时形成原电池效应。原电池腐蚀速度取决于阳极的电离速度（即阳极材料溶入溶液的速度，同时也取决于两种接触金属材料间的电化学势差），势差越大，原电池腐蚀的速度就越高。由于电荷是守恒的，因此原电池腐蚀速度也取决于阴极反应的速度。此外，阴极与阳极的面积比也对原电池腐蚀有很大影响。

坑蚀在局部区域发生，并形成凹坑。这种在坑内的腐蚀情况加速了腐蚀过程，随着阳极的阳离子进入溶液中，它们进行水解并形成氢蚀，这就提高了坑内的酸度，从而破坏了附着的腐蚀材料，进而暴露出更多的新的金属受到腐蚀。由于坑内氧气含量较低，阴极还原反应只会在坑口发生，这样就限制了坑的横向扩展。

表面氧化是另一种在金属材料中常见的腐蚀类型，它取决于氧化物形成的自由能。例如，铝和镁氧化的驱动力很大，但铜、铬和镍的氧化驱动力就要小得多。氧化层的特性通常决定了继续腐蚀的速度，因为表面上稠密的氧化层可以充当内部材料保护层的作用，而不像多孔性、低密度的氧化层，这些氧化层提供的保护特性有着明显的区别。

腐蚀在所有工程结构中都是一个非常普遍的问题，尤其是在恶劣化学环境下的工程结构，如化学工程处理设备，在盐雾环境下的海军设备、两栖机械装备，海上石油钻塔和桥梁等。

3.3 液压系统的故障模式和故障机理

电液比例控制系统是以电液比例阀或电液比例泵为主要控制元件的电液控制系统，具有推力大、结构简单、抗污染能力强、价格低廉、工作可靠、易于推广使用等特点。在机械装备中得到了广泛的应用。电液比例控制系统以液压泵输出的大功率液压动力为能源、以电信号为控制指令，由液压控制元件（电液比例阀）将电信号转换为液压信号，利用液压执行机构（液压缸、马达等）来驱动，其工作原理如图 3-1 所示。

由图 3-1 可以看出，液压系统是一个集电-液-机械于一体的复杂系统，主要由液压能源和电液控制系统两大部分组成。

（1）液压能源系统：主要由液压泵、发动机（电动机）、空气滤清器、油液滤清器、油箱等组成。

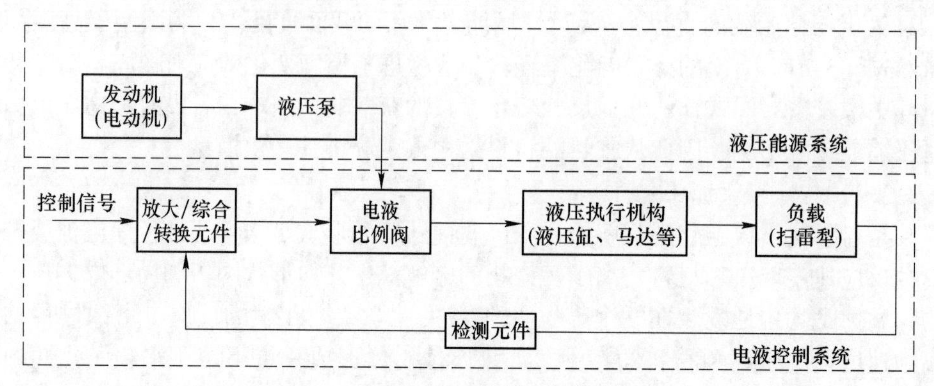

图 3-1　电液比例控制系统工作原理

（2）电液控制系统：主要由信号放大器、电液比例阀、液压执行机构（液压缸、马达等）、检测元件（传感器及相关电路）和控制计算机等组成。

液压系统在工作过程中，动力元件如液压泵等由于设计参数、制造工艺、维护保养和工作环境的影响，往往会引起磨损、疲劳、汽蚀和老化等多种形式的失效。机械装备液压系统常用的液压泵包括齿轮泵、柱塞泵等。液压柱塞泵常见的故障模式、故障特点及检测方法见表 3-1。

表 3-1　液压柱塞泵常见的故障模式、故障特征及检测方法

<table>
<tr><th>故障模式</th><th>故障特征</th><th>检测方法</th></tr>
<tr><td>吸油管及过滤器堵塞或阻力大</td><td rowspan="6">排量不足，执行机构动作迟缓</td><td rowspan="6">用流量计测量泵出口流量；测量入口的油压、油温，观察油箱内油面的调度</td></tr>
<tr><td>油箱油面过低</td></tr>
<tr><td>泵体内没有充满油</td></tr>
<tr><td>柱塞回程不够</td></tr>
<tr><td>变量机构失灵，达不到工作要求</td></tr>
<tr><td>油温不当，吸气，造成内泄或困油</td></tr>
<tr><td>吸油口堵塞或通道较小</td><td rowspan="11">压力不足或压力脉动较大</td><td rowspan="11">测量泵出口处的压力；入口处的油温、油压，出口处的油温、油压，泵的转速</td></tr>
<tr><td>油温较高，黏度下降，泄漏增加</td></tr>
<tr><td>变量机构不协调</td></tr>
<tr><td>中心弹簧疲劳，内泄增加</td></tr>
<tr><td>缸体和配流盘之间磨损，柱塞和缸体磨损，内泄增大</td></tr>
<tr><td>变量机构偏角太小，流量过小</td></tr>
<tr><td>系统溢流阀压力上限设定不标准</td></tr>
<tr><td>油从旁路泄回油箱</td></tr>
<tr><td>压力油经溢流阀卸荷</td></tr>
<tr><td>泵运转太慢</td></tr>
<tr><td>压力表损坏，指示值不正确</td></tr>
</table>

续表 3-1

故障模式	故障特征	检测方法
泵内有空气	噪声过大	测量泵体振动（人工判断）
轴承装配不当，或单边磨损		
过滤器滤芯被堵塞，吸油困难		
油液不干净		
油液黏度过大，吸油阻力大		
油箱的油面过低或液压泵吸气导致噪声		
泵与发动机（电动机）安装不同心使泵吸气导致噪声		
管路振动		
柱塞与滑靴连接严重松动或脱落		
缸体与配流盘磨损	内部泄漏	测量出口处的流量
中心弹簧损坏，使缸体与配流盘间失去密封性		
轴向间隙过大		
柱塞与缸体磨损		
油液黏度过低，导致内泄		
传动轴上密封损坏	外部泄漏	
连接松动，密封不严		
泵壳受压		
联轴器与泵轴同轴度太差		
内漏较大	液压泵发热	测量入口处和出口处的油温；测量出口处的压力、流量；轴的转速
冷却不充分		
泵动力传递消耗太大		
溢流阀处于卸荷状态		
系统压力偏高		
吸气严重		
相对运动面磨损严重		
油液黏度过大，转速过大		
控制油路出现阻塞	变量机构失灵	拆卸、检查液压泵的负载调节机构
变量头、变量体出现磨损		
伺服活塞、变量活塞及弹簧折断		
柱塞和缸孔卡死、油液污染严重或油温变化、黏度过大	泵不能转动或转速过低	测量轴的转速
滑靴脱落，柱塞卡死		
过载或振动，有外来物混入轴承	轴承故障	测量泵输入轴的振动

电液比例液压系统主要由液压控制元件（电液比例阀等各种阀类）、液压执行元件（液压缸或马达）及检测元件（位移、压力传感器等）组成。电液比例控制系统常见的故障有因电控部分短路、断路、参数漂移、信号采集与输出电路信号不稳定等电路方面的故障，也有因液压元件磨损、卡死、内外泄漏等机械故障。常见的故障现象和原因见表3-2。

表 3-2 电液比例控制系统的常见故障和故障原因

故障现象	故障原因
执行元件动作不到位或超过极限	控制量检测传感器损坏
执行元件运行动作或速度不平稳	信号采集与处理系统损坏
执行元件运行误差过大	电液比例阀故障
液压缸压力过高	电液比例阀故障，如卡死等；液压缸卡死，对应溢流阀调压过高
液压缸压力过低	溢流阀调压过低，电液比例阀、液压缸泄漏
系统压力无法建立	电液比例阀卡死，泄漏，电气断线
电液比例阀零偏电液逐渐增大	比例阀寿命故障，如阀泄漏、磨损，液压缸泄漏、磨损、卡死，比例阀堵塞

另外，液压系统中油液的污染也是系统失效的重要原因，根据资料统计，污染导致的系统失效占液压系统故障的70%以上，元件磨损造成的系统失效占20%。由于污染失效难以实时检测，并且油液污染常常直接造成控制阀或执行元件卡死故障，因此在故障检测时定期检测油液污染度之外，还可通过检测比例阀和执行机构的状态实现油液污染的诊断，而液压系统的磨损可通过检测泄漏实现故障诊断。

3.3.1 液压泵（马达）故障机理分析

液压泵和液压马达是液压系统中的能量转换元件，从工作原理上讲，液压马达同液压泵一样，都是容积式的，都是靠密封工作容腔的交替变化来实现能量转换的，同时都有配油机构。所以说液压泵可以作为液压马达使用，反之也一样。但是，由于液压泵和液压马达的使用目的和性能要求不同，同类型的液压泵和液压马达在结构上还会存在一定差异，在实际使用中，大多并不能互换。鉴于液压泵与液压马达结构相似且工作原理基本可逆，本书仅介绍液压泵的故障机理，对于马达的故障机理分析可参照泵进行。液压泵的种类很多，按其结构型式可能分为图3-2所示的几种。

不同形式的液压泵在性能上各有特点。液压泵由发动机或电动机等原动机驱动，其主要的性能指标为：压力、排量、流量、功率、效率、输出特性的平稳性等。

3.3.1.1 齿轮泵的故障机理分析

图3-3所示为外啮合式齿轮泵的结构原理图，一对相互啮合的齿轮，把泵体和泵盖围成的空间分成不连通的吸油腔和排油腔。当主动齿轮 O 按箭头方向顺时针旋转时，被动齿轮 O' 逆时针旋转，处于吸油腔一侧的轮齿连续退出啮合，使该腔容积增大，形成一定的真空度，油箱的油在大气压作用下，进入吸油腔；吸油腔的油充满齿槽，并随着齿轮的旋转被带到排油腔一侧；而处于排油腔一侧的轮齿则连续进入啮合，使排油腔容积变小，

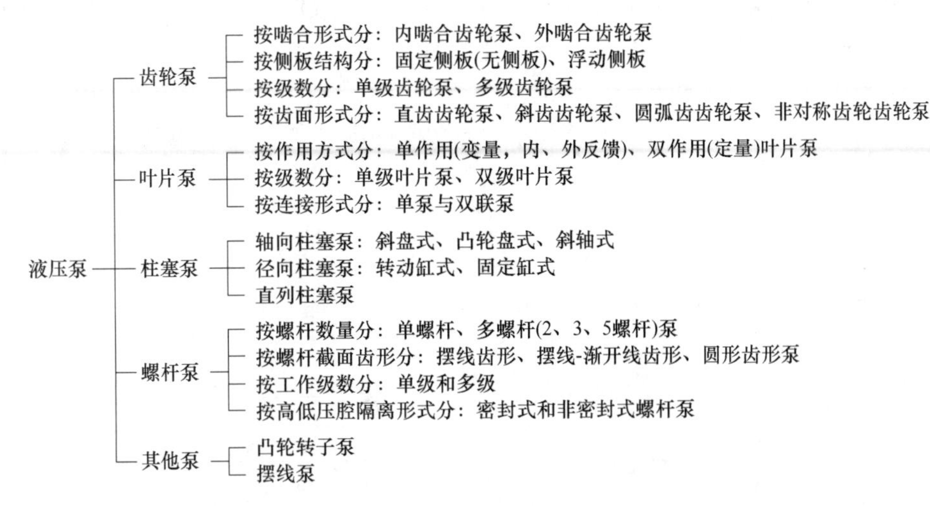

图 3-2　液压泵的分类

油液受挤压，经排油口排出。齿轮连续旋转，泵就连续不断地吸、排油。

齿轮泵常见的故障有输出流量不足、噪声大、压力不足、压力波动大、振动大、油液泄漏、过热等。

（1）齿轮泵输出流量不足，或者根本吸不上油。此故障是指齿轮泵在原动机（发动机、电动机等）的带动下工作，但泵排出的流量很小，不能达到额定流量。具体表现在液压系统中油缸的推进速度慢了下来或者液压马达的转速变慢，蓄能器的充液速度下降，需要很长时间才能使蓄能器的充填压力上升，控制阀响应迟钝等故障，产生的原因如下所示。

如图 3-4 所示，取 2—2 截面列出流体运行的伯努利方程如下：

$$\frac{p_s}{\rho_g} + \frac{v_s^2}{2g} = \frac{p_a}{\rho_g} - H_s - \sum \xi \frac{v_s^2}{2g} \tag{3-20}$$

则

$$H_s = \frac{p_a - p_s}{\rho_g} - \left(\sum \xi - 1\right) \frac{v_s^2}{2g} \tag{3-21}$$

式中，p_a 为大气压力；H_s 为吸入高度；p_s 为齿轮泵吸入压力；v_s 为 2—2 截面处流速；ρ_g 为液压油密度；g 为重力加速度；ξ 为速度水头损失系数。

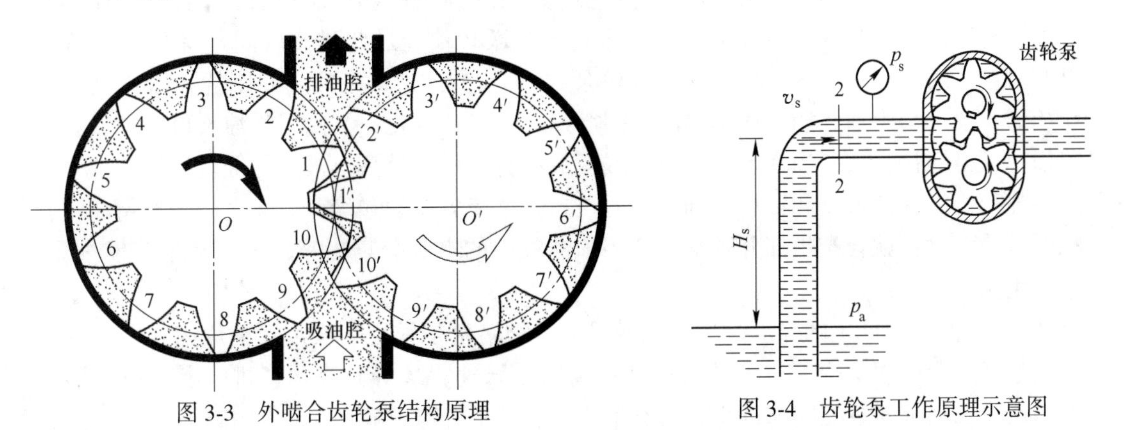

图 3-3　外啮合齿轮泵结构原理

图 3-4　齿轮泵工作原理示意图

分析式（3-20）和式（3-21）可知，若吸入高度 H_s 太高，则大气压力不足以将液压油压入泵的吸油腔。齿轮泵齿顶圆与泵体内孔的间隙过大，齿轮侧面与前后盖板间端面间隙过大，都容易造成高低压腔相通，导致 p_s 增大，$p_a - p_s$ 减小，液压油不能克服 H_s 高差进入油泵内。当油温过高时，油液黏度变小，导致泵的内泄增大，这时式（3-21）的速度水头损失增大，H_s 相应减小，也会导致泵的流量不足。另外，当油液过滤器堵塞时，也会出现吸油不畅的问题。

（2）油泵噪声大。齿轮泵的噪声主要来源有：流量脉动的噪声、困油产生的噪声、齿形精度差产生的噪声、空气进入产生的噪声、轴承旋转不均匀产生的噪声等。具体原因有以下 4 点。

1）因密封不严吸进空气产生的噪声。齿轮泵的压盖和泵盖之间的配合不好、泵体与前后盖接合面密封不严、泵后盖进油口连接处接头松动或密封不严、泵轴油封损坏等都会产生噪声。另外，如图 3-5 所示，油箱内油量不足、滤油器或回油管未插入油面以下，油箱内回油管露出油面导致偶然性的因系统内瞬间负压使空气反灌进入系统，油泵的安装位置距液面太高，吸油滤油器被污物堵塞或设计选用滤油器的容量过滤导致吸油阻力增大而吸进空气等，这些原因都会引起油泵噪声过大。

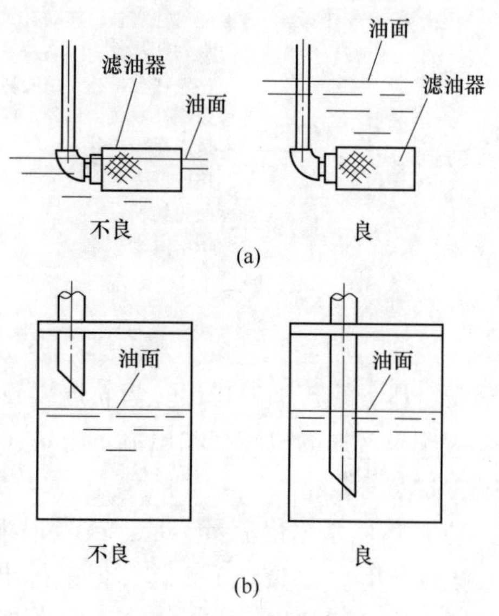

图 3-5　齿轮泵油箱
（a）油箱内的测量；（b）油箱内的回油管

2）因机械原因产生的噪声。主要原因有：液压油中的污物进入泵内导致齿轮等磨损拉伤产生噪声，在泵与电机连接的联轴器安装不同心、有磁擦现象而产生噪声，齿轮加工质量问题引起噪声，齿轮内孔与端面不垂直或前后盖上两轴承孔轴心线不平行，造成齿轮转动不灵活，运转时会产生周期性的振动和噪声，泵内零件损坏或磨损产生噪声。

3）困油现象产生的噪声。液压传动使用中的齿轮泵、叶片泵、柱塞泵等，均为容积式泵。它们都是利用两个或两个以上密封容积变化来实现吸油和压油的，吸油腔和压油腔必须隔开一段距离和区间，油液从吸油区到压油区必须经过此过渡区间（叶片泵）或者以此过渡区间隔开吸油区和压油区（齿轮泵）。油液在此过渡区间（封闭的）既不与压油腔相通，也不与吸油腔通，而本身的密闭容积大小又在变化，又由于油液不可压缩，密闭容积内压力变化很大。当密闭油腔容积减至最小时，压力最高，被困的油从齿轮的啮合缝隙中强行挤出，使齿轮和轴承受到很大的径向力，产生振动和噪声。反之，当封闭油腔容积增至最大时，就会产生部分真空，使溶于油液中的空气分离出来，油液产生蒸发气化，也产生振动和噪声。

4）其他原因产生的噪声。进油滤油器被污物堵塞是常见的噪声大的原因之一，油液黏度过高也会产生噪声，过大的海拔和过高的泵转速也会导致噪声，进、出油口通径太大，齿轮泵轴轴向装配间隙过小、齿形上有毛刺等也会导致噪声。

(3) 压力不足。齿轮泵的压力取决于外界负荷，在外界负荷很小的情况下压力很低，如果负荷较大，不能有相应的压力输出，就会出现压力不足问题。造成压力不足的原因主要是径向间隙与轴向间隙过大等。当间隙过大时，压油腔高压油流回吸油腔，容积效率降低，压力下降。一般而言，齿轮端面泄漏占总泄漏的 80%，因此端面间隙的影响至关重要，不同流量其间隙大小不同，齿轮泵流量间隙见表 3-3。

表 3-3 齿轮泵流量间隙

<table>
<tr><th>流量/L · min^{-1}</th><th>端面间隙/mm</th><th>径向间隙/mm</th></tr>
<tr><td>2.5~10</td><td>0.015~0.04</td><td>0.10~0.16</td></tr>
<tr><td>16~32</td><td>0.02~0.045</td><td>0.13~0.16</td></tr>
<tr><td>40~63</td><td rowspan="2">0.02~0.055</td><td>0.14~0.18</td></tr>
<tr><td>80 及以上</td><td>0.15~0.20</td></tr>
</table>

对于低压齿轮泵，由于其前后端盖内表面与齿轮端面配合，端盖内表面易磨损；而对于中高压齿轮泵，由于弹性侧板或浮动轴套内表面与齿轮端面配合，因此齿轮的耐磨性好，弹性侧板或浮动轴套易磨损。一般在安装时，在压油腔所对应的浮动轴套背面装一个密封圈，可以使得浮动轴套受力均匀、磨损减少、间隙也减小，从而保证输出压力。

另外，溢流阀压力调定值过低或失灵、电机功率与齿轮泵不匹配等也能造成输出压力不足。

(4) 油液泄漏。齿轮泵工作时由于油温升高会使泄漏量增加，造成泵的容积效率下降。齿轮泵的内泄漏主要出现在三个部位：齿轮的端面泄漏、齿轮的径向泄漏和齿轮的啮合区泄漏。内泄漏可以通过控制齿轮泵的配合间隙、保证齿轮和轴承的制造与装配精度以防止过大的间隙和偏载，以及采用齿轮端面间隙自动补偿方法，利用压力油或者弹簧力来减小或消除两齿轮的端面间隙。齿轮泵外泄漏的主要原因是泵盖与密封圈配合过松、密封圈老化或轴的密封面划伤，使高压油沿密封环周边挤出，导致泄漏。

(5) 轴承磨损。轴承磨损是影响齿轮泵寿命的重要因素，由于齿轮泵存在径向不平衡力，作用在齿轮上的径向推力总是把齿轮压向吸油腔。另外，由于齿轮传动力矩存在，使得主动轮与从动轮均受到径向不平衡力，从动轮轴承受到径向合力增加，主动轮受到径向合力减少，因此从动轮轴承容易损坏。当齿轮泵存在困油现象，也会产生径向不平衡力，造成轴承损坏。

(6) 齿轮泵发热。齿轮泵轴向间隙过小、杂质污物吸入泵内被齿轮毛刺卡住、齿轮泵装配缺陷、泵与驱动轴连接的联轴器同轴度差等原因都会引起齿轮泵过度发热。另外，油液黏度过高或过低，侧板和轴套与齿轮端面严重摩擦，环境温度高，油箱的容积过小，散热不良等也会造成油泵温度过高。

3.3.1.2 叶片泵的故障机理分析

叶片泵在机床液压系统中应用最为广泛。它具有结构紧凑、体积小、运转平稳、噪声小、使用寿命长等优点。但也存在着结构复杂、吸油性能较差、对油液污染比较敏感等缺点。叶片泵可分为单作用叶片泵（变量叶片泵）和双作用叶片泵（定量叶片泵）两大类。

图 3-6 为双作用叶片泵的结构示意图，它主要由定子、转子、叶片、配流盘、泵体、

端盖和其他附件等组成。这种泵具有相对转子中心对称分布的两个吸油腔和压油腔，因而在转子每转一周的过程中，由相邻叶片、定子的内表面、转子的外表面和两侧的配油盘所组成的每个密闭空间要完成两次吸油和压油，所以称为双作用叶片泵。双作用叶片泵采用了两侧对称的吸油腔和压油腔结构，所以作用在转子上的径向压力是相互平衡的，不会给高速转动的转子造成径向的偏载，因此双作用叶片泵又称为卸荷式叶片泵。单作用叶片泵与双作用叶片泵类似，也是由转子、定子、叶片和端盖等组成，但其只有一对吸油槽和排油槽，转子每旋转一周，叶片之间的各个密封腔吸油、排油各一次。由于转子受排油槽压力的作用不平衡，偏心负荷较大，因此称为非卸荷式叶片泵。

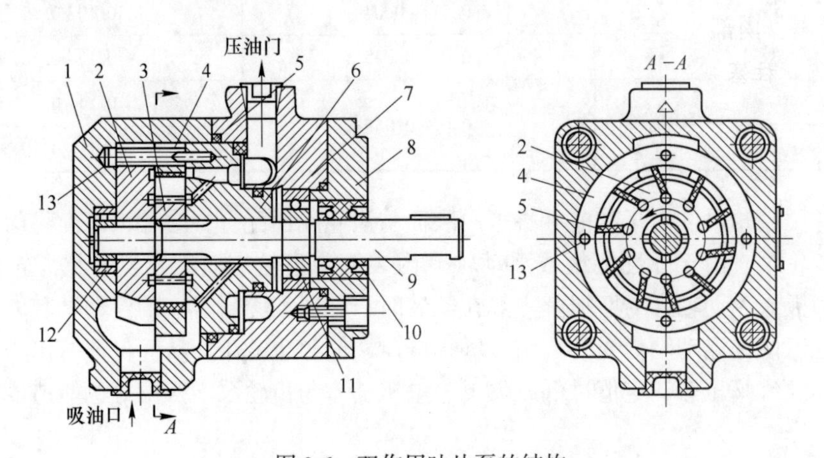

图 3-6　双作用叶片泵的结构

1—后泵体；2，6—左右配流盘；3—转子；4—定子；5—叶片；7—前泵体；8—前端盖；9—传动轴；10—密封圈；11，12—滚动轴承；13—螺钉

叶片泵常见故障模式如下。

（1）泵不出油。由于驱动电机损坏、泵与驱动轴连接件损坏、泵轴断裂、叶片烧蚀、油路堵塞等因素，会造成泵不出油。检测电机或传动箱、连接件、泵轴状态和油路情况可以有效了解叶片泵的故障特征，从而做出正确的诊断。

（2）噪声及振动过大。滤油器堵塞、吸油管路气密不够、油液黏度过高或过低、油液污染、油箱油面过低、叶片损坏、轴承损坏、凸轮环磨损、联轴器损坏均会导致振动和噪声加大。

（3）流量不稳定。叶片泵转速未达到额定转速、系统中有泄漏、油液变质、油液污染加剧、油路气密不够、滤油器堵塞及转子或分流板磨损等均会造成流量不稳定。

（4）供油压力不足。叶片泵的叶片损坏或者调压阀弹簧过软及折断、系统中有泄漏、泵长期运转使泵盖螺钉松动、吸入管漏气等因素会导致供油压力不足。

（5）油液泄漏。叶片泵密封损坏、进出油口连接部件松动、密封面磕碰、外壳体有砂眼等会造成叶片泵出现外泄漏。

（6）过度发热。油温过高、油液黏度过低、内泄漏过大、工作压力过高、回油直接到泵出口等会造成泵体温度过高。

叶片泵的故障机理分析如下：（1）油液污染。若油液被污染，油液里的杂质会造成过滤器滤芯堵塞、叶片卡死，同时油液中的污染物还会在高速碰撞时形成局部液压冲击，造成叶片及其定子内部冲击磨损，产生振动和噪声。(2) 液压油黏度变化。液压油作为叶片泵的工作介质，其黏性对于工作正常与否至关重要。油液黏度过大，油液流动困难，吸油的真空度大，易产生气穴现象，导致冲击振动。同时，油液的阻力大、泵的吸油困难也会造成供油流量不足等。而油液黏度过小，吸油真空度不够，吸油不充分；流动性好又会造成泄漏增大（主要是内泄漏)。压力油泄漏后压力又会转化为热，造成油温升高，导致泵的容积效率下降，压力提不高、流量不稳定等。(3) 零部件损坏。叶片泵的泵轴断裂或泵与驱动轴的连接件损坏，会造成无法传动或传动不稳，导致无油排出或流量不稳定、零部件损坏、运动传输受破坏及产生噪声。叶片损坏如烧蚀、粘连等，会造成摩擦增大并产生噪声，内部相邻叶片间不能形成密闭容积，导致流量不稳定或无油排出等。

3.3.1.3 柱塞泵的故障机理分析

柱塞式液压泵是靠柱塞在缸体内往复运动改变柱塞腔容积的大小来实现吸油和压油的液压泵。柱塞泵的种类很多，按柱塞的运动形式可分为轴向柱塞泵和径向柱塞泵，其中轴向柱塞泵的柱塞平行于缸体的轴线，沿轴向运动；径向柱塞泵的柱塞垂直于缸体的轴线，沿径向运动。轴向柱塞泵密封性容易保证，转动部件是接近圆柱体的回转体，结构紧凑，径向尺寸小，转动惯量小，故转速高，可达 1200 r/min，便于制成变量泵，可通过多种方式自动调节流量。柱塞式液压泵的缺点是结构复杂，零件精度要求高，使用条件要求苛刻。

轴向柱塞泵根据其倾斜结构的不同分为斜盘式和斜轴式两类。

(1) 斜盘式柱塞泵。斜盘式柱塞泵的结构如图 3-7 所示，主要由滑靴、柱塞、缸体、配流盘、传动轴、斜盘、回程盘、变量活塞等组成。柱塞球头与滑靴球窝组成万向副，柱塞底部的高压油液通过滑靴中间的节流孔及滑靴与斜盘之间的环形缝隙泄漏，在滑靴与斜盘之间形成一层起润滑作用的薄油膜，最后流到液压泵壳体腔中。圆柱形缸体通过花键与

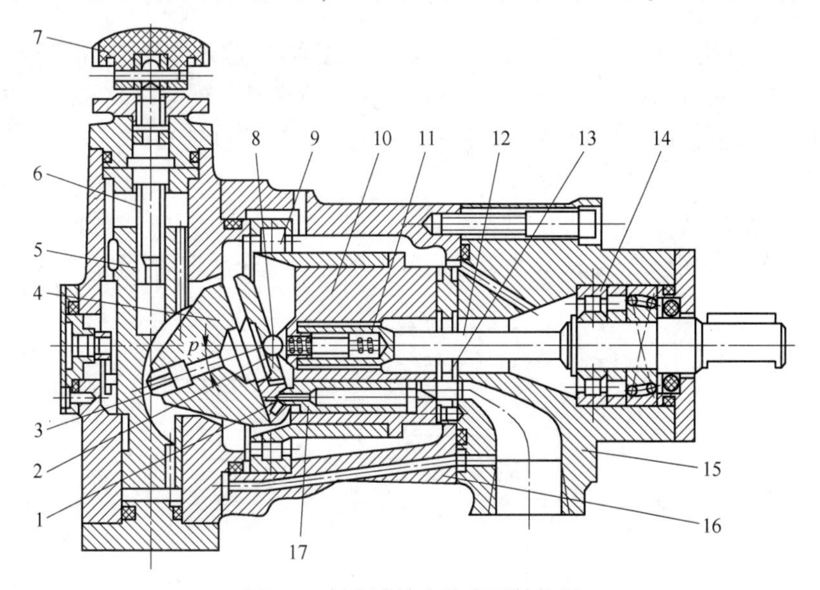

图 3-7 斜盘式轴向柱塞泵结构图

1—滑靴；2—回程盘；3—销轴；4—斜盘；5—变量活塞；6—螺杆；7—手轮；8—钢球；9—大轴承；10—缸体；11—中心弹簧；12—传动轴；13—配流盘；14—前轴承；15—前泵体；16—中间泵体；17—柱塞

传动轴相连，其上沿圆周方向均匀分布有容纳柱塞的腔孔。斜盘是一个平面圆盘，其轴线相对缸体轴倾斜一个角度。配流盘上开有两个腰形槽口，分别与吸油口和压油口相通。为提高容积效率，配流盘工作表面应与缸体底面紧密贴合。配流盘和壳体之间一般用定位销定位，不能相对转动。回程盘的作用是拖住柱塞，使滑靴与斜盘表面贴合。

缸体与传动轴一起做旋转运动，与斜盘相对的倾斜角相配合，迫使柱塞在柱塞腔内做往复直线运动。传动轴每转动一周，各柱塞在缸体内做一次往复运动，经历半周吸油、半周排油。当柱塞由柱塞腔往外伸出时，柱塞腔容积不断增大，此时柱塞腔与配流盘的吸油槽相通进行吸油；当柱塞缩入柱塞腔时，柱塞腔容积变小，油液通过配流盘压油槽输出。改变斜盘倾角的大小既可改变柱塞行程，进而改变泵的排量。

（2）斜轴式柱塞泵。斜轴式柱塞泵的结构如图3-8所示。斜轴式柱塞泵的传动轴与缸体轴线相交成一个角度，传动轴通过双万向铰带动缸体旋转。传动轴与斜盘成一体设计，斜盘通过球头连杆与柱塞连接。由于传动轴与斜盘的位置是不变的，当传动轴带动缸体旋转时，球头连杆迫使柱塞在缸体内做往复运动，完成吸油和压油。改变缸体与斜盘之间的夹角，即可改变泵的排量。

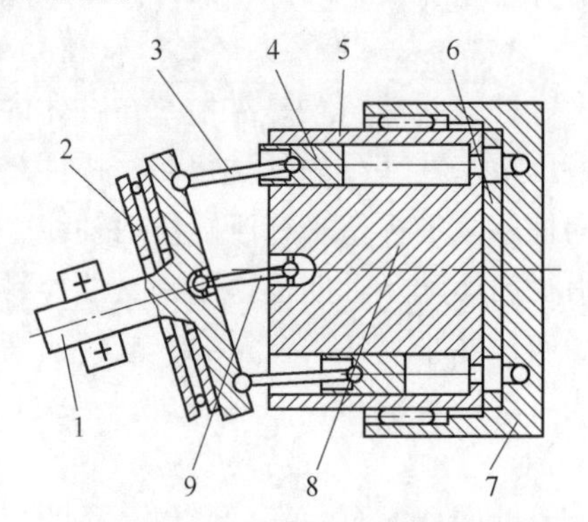

图 3-8　斜轴式柱塞泵结构图

1—传动轴；2—推力轴承；3—球头连杆；4—柱塞；5—缸体；6—配流盘；7—缸体摆动架；8—摆动架支撑中心；9—双万向铰

由于球头连杆是二力杆，改善了柱塞与缸体的摩擦磨损及缸体与配流盘之间的摩擦磨损，因此该泵的机械效率和容积效率均较高，泵的寿命长，但结构复杂，加工工艺复杂。

（3）柱塞式液压泵的故障模式与故障机理。柱塞式液压泵最常见的故障模式有柱塞球头松动、柱塞磨损、轴承故障、轴不对中和配流盘偏磨等。下面对球头松动、轴承故障、轴不对中和配流盘偏磨进行故障机理分析。

1）球头松动故障。对于斜盘式柱塞泵，球头松动是指滑靴与柱塞泵球头之间的间隙过大；对于斜轴式柱塞泵，球头松动是指柱塞杆与柱塞座之间的总间隙过大，运行过程中球头相对于球窝的位置如图3-9所示。

液压泵工作时，缸体在绕自身轴线转动的同时，柱塞和柱塞泵之间也产生相对运动。为了保证柱塞的灵活转动，在柱塞球头与滑靴球窝之间留有一定的间隙 δ 。柱塞在运动过

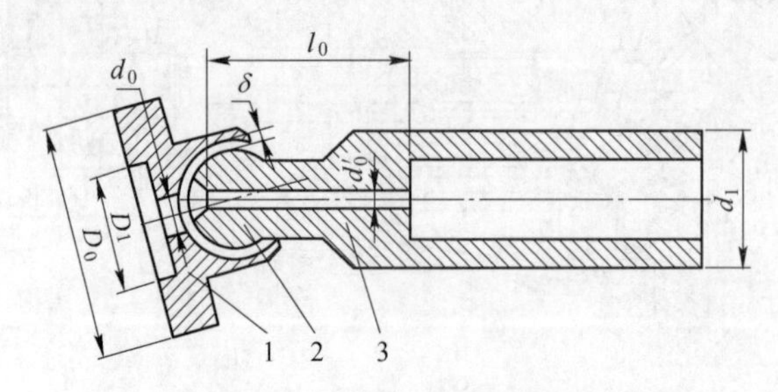

图 3-9　运行过程中球头相对于球窝的位置

1—滑靴；2—球头；3—柱塞；

D_0 —滑靴外径；D_1 —滑靴内径；d_0 —滑靴节流孔直径；δ —滑靴与球头间的游隙；

d'_0—柱塞内部节流孔直径；d_1 —柱塞直径；l_0 —柱塞节流孔长度

程中同时受到球窝的作用力、柱塞腔中油液的液压力及与柱塞内壁之间的摩擦力，此三力平衡使柱塞沿其轴向的加速行程缩短，所以撞击前的相对速度不大，冲击较弱。

当某一柱塞球头与滑靴球窝发生松动时，间隙增大到一定程度，即出现故障。例如某型号的斜盘式液压泵按照设计要求，当球头与球窝间隙 $\delta \geqslant 0.06$ mm 则认为出现球头松动故障，当液压泵出现球头松动时，柱塞的加速行程增大，撞击前的相对速度较大，冲击的能量加大，产生明显的附加振动。在缸体转动过程中，柱塞在缸体内做往复运动。柱塞进入吸油区后，当缸体转过一定角度时，柱塞球头与滑靴球窝发生一次碰撞；当柱塞进入压油区时，高压油作用在柱塞上，使柱塞球头迅速向滑靴球窝方向运动，从而又一次产生冲击。缸体转动一周，球头与柱塞发生两次碰撞，经过传动轴和轴承将能量传递到壳体上。

由以上分析可知，通过在泵出口设置压力传感器和加速度传感器，可以获取液压泵球头松动故障诊断的信息。

2）轴承故障。滚动轴承是旋转机械中最常采用的部件之一，也是最容易产生故障的部件，其基本结构如图 3-10 所示。

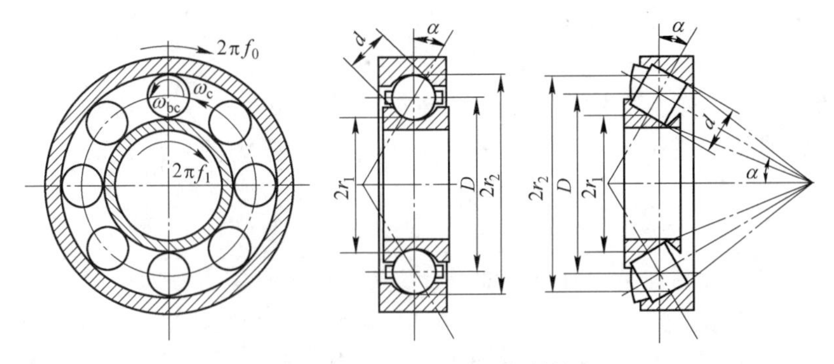

图 3-10 滚动轴承的基本结构

d —滚动体的直径；D —轴承的节圆直径；α —接触角；r_1 —内圆滚道平均直径；r_2 —外圆滚道平均直径；f_0 —轴承外环转动频率；f_1 —轴承内环转动频率；ω_c —轴承节圆转动角速度；ω_{bc} —滚动体自转角速度

故障成因：由于异物的落入、润滑不良、安装不良或受到过大的冲击荷载作用，会使滚动轴承出现磨损、压痕、开裂、胶合、表面剥落及点蚀等故障。故障机理：当滚动轴承的某一零件表面存在故障时，在轴承的旋转过程中，故障表面会周期性地撞击滚动轴承上的其他零件表面而产生间隔均匀的脉冲力，脉冲力的幅值受轴承荷载分布的调制。这些脉冲力会激起轴承座或其他机械部件的固有频率产生共振。当内外圈轴承故障产生时，可能有内外滚道滚动体或保持架的缺陷。滚动体通过缺陷部位时，发出冲击而产生周期性故障冲击脉冲。冲击的周期由产生缺陷的部位决定，因此可以通过缺陷引起的频率识别缺陷产生的部位。

当内圈有一处损伤时，其故障振动脉冲特征频率为

$$f_n = \frac{1}{2} f_r Z \left(1 + \frac{d}{D} \cos\alpha \right) \tag{3-22}$$

式中，f_r 为滚动体自转频率；Z 为滚动体的个数。

当外圈有一处损伤时，外环故障的特征频率为

$$f_w = \frac{1}{2} f_r Z \left(1 - \frac{d}{D}\cos\alpha\right) \tag{3-23}$$

当滚动体上有一处损伤时，其故障特征频率为

$$f_E = \frac{f_r D}{d}\left(1 - \frac{d^2}{D^2}\cos\alpha\right) \tag{3-24}$$

由以上分析可知，通过在泵壳体设置加速度传感器可以获取轴承磨损故障诊断的信息。

3）轴不对中故障。轴套在安装或使用不当情况下会产生轴不对中故障，此时轴在旋转过程中承受径向交变力为

$$F_L = (k_i e/4)(1 + \cos 2\pi f_s t) \tag{3-25}$$

式中，e 为偏心距；k_i 为联轴器的刚度；f_s 为轴的转动频率。

由式（3-25）可知，轴每转一周，其所承受的径向力交变两次。在径向力作用下，轴会产生振动，其振动频率为轴转动频率的两倍。因此，轴不对中故障的振动信号 $V(t)$ 为

$$V(t) = V\cos(4\pi f_s t + \varphi_0) \tag{3-26}$$

4）配流盘偏磨故障。疲劳裂纹、表面磨损和汽蚀等现象会使内外油封受到破坏，从而引起干摩擦。配流盘在运行的过程中受到高压油的压紧力的封面带对缸体的油压分离力为

$$p_f = (1 - \varphi) p_y \tag{3-27}$$

式中，p_f 为配流窗口和封面带对缸体的油压分离力；p_y 为缸体因柱塞中高压油液作用而产生的压紧力；φ 为压紧系数，一般取 0.05~0.1，兼顾密封和间隙，以保证润滑作用。

当封油带受到破坏时，将使油压分离力上、剩余压紧力 $p_y - p_t$ 增大，缸体与配流盘的力矩系数增大；此时缸体向配流盘高压区倾斜，使缸体与配流盘高压区间的油膜变薄，接触应力增大，该应力的反复作用将使配流盘表面发生疲劳磨损或脱落，甚至于出现干摩擦现象，使泵的运动间隙增大、容积效率下降。若接触面出现干摩擦，必然会在配流盘高压区对应的壳体处产生附加的振动信号。

3.3.2　液压控制阀故障机理分析

液压控制阀主要用于对液压系统中油液的压力、流量和液流方向进行调节和控制。控制阀按其在机械装备液压系统中所起的作用，可以按图 3-11 的品种进行分类。

所有的液压阀都是由阀体、阀芯和驱动阀芯动作的元件组成。阀体上除有与阀芯配合的阀体孔和阀座孔外，还有外接油管的进出油口。阀芯的主要形式有滑阀、锥阀和球阀。驱动装备可以是手调机构，也可以是弹簧、电磁或液压力。液压阀是利用阀芯在阀体内的相对运动来控制阀口的通断及开口大小，来实现压力、流量的方向控制的。液压阀的开口大小、进出口间的压力差及通过阀的流量之间的关系都符合孔口流量公式，

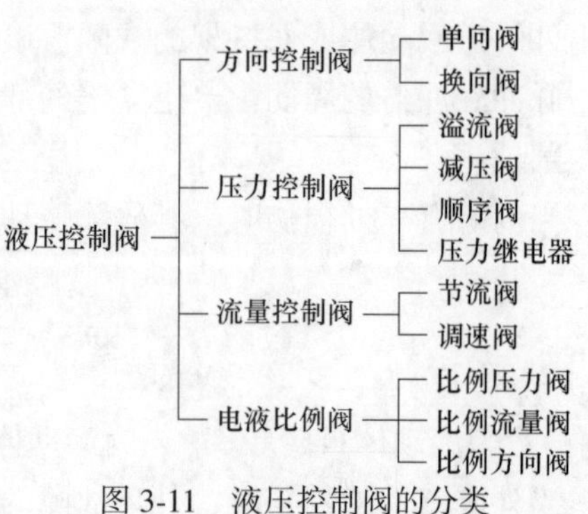

图 3-11　液压控制阀的分类

只是各种阀控制的参数各不相同。表3-4~表3-6列出了几种液压阀的常见故障模式和故障原因。

表3-4 液控单向阀的常见故障模式与故障原因

故障现象	故障模式	故障原因
反方向不密封有泄漏	单向阀不密封	单向阀在全开位置卡死；阀芯与阀孔配合过紧；弹簧变形成侧弯；单向阀锥面和锥座接触不均匀；阀芯与阀座不同轴；油液污染严重
反向打不开	单向阀打不开	控制压力过低；控制管路接头漏油或管路供油不通畅；控制阀芯卡死；控制阀端盖处漏油；单向阀卡死

表3-5 溢流阀的常见故障模式与故障原因

故障现象	故障模式	故障原因
调不上压力	主阀故障	主阀芯阻尼孔堵塞；主阀芯在开启位置卡死；主阀芯复位弹簧折断或弯曲，主阀芯不能复位
	先导阀故障	调压弹簧折断；锥阀损坏
	远控口电磁阀故障	电磁阀未通电；滑阀卡死；电磁铁线圈烧毁或铁芯卡死；电气线路故障
压力调不高	主阀故障	主阀芯锥面密封性差；主阀芯锥面磨损；阀座磨损；主阀芯锥面与阀座不同心；主阀压盖处有泄漏
	先导阀故障	调压弹簧折断；锥阀与阀座结合处密封性差
压力突然升高	主阀故障	主阀芯工作不灵敏，在关闭状态突然卡死
	先导阀故障	先导阀阀芯与结合面突然粘住；调压弹簧卡滞
压力突然下降	主阀故障	主阀芯阻尼孔突然被堵死；主阀芯工作不灵敏；在关闭状态突然卡死；主阀盖处密封垫突然破损
	先导阀故障	先导阀阀芯突然断裂；调压弹簧突然折断
	远控口电磁阀故障	电磁铁突然断电，使溢流阀卸荷
压力波动	主阀故障	主阀芯动作不灵活，有时有卡住现象；主阀芯阻尼孔时堵时通；主阀芯锥面与阀座锥面接触不良，磨损不均匀；阻尼孔径太大，造成阻尼作用差
	先导阀故障	调压弹簧弯曲；锥阀与阀座接触不良，磨损不均匀；调节压力的螺钉由于螺母松动而使压力变化
振动与噪声	主阀故障	主阀芯工作时径向力不平衡，导致性能不稳定；阀体与主阀芯几何精度差，棱边有飞边；阀体内有污染物，使配合间隙不均匀
	先导阀故障	锥阀与阀座接触不良，磨损不均匀，造成调压弹簧受力不平衡，使得锥阀振荡加剧；调压弹簧与锥面不垂直，造成接触不均匀；调压弹簧侧向弯曲
	系统存在空气	泵吸入空气
	回油不畅	通过流量超过允许值
	远控口管径选择不当	溢流阀远控口至电磁阀间的管子通径过大，引起振动

表 3-6 流量阀的常见故障模式与故障原因

故障现象	故障模式	故障原因
调节节流阀手轮不出油	压力补偿阀不动作	由于阀芯和阀套几何精度差或弹簧弯曲变形造成压力补偿阀在关闭位置卡死
	节流阀故障	油液污染造成节流口堵塞；手轮与节流阀装配位置不合适；节流阀阀芯配合间隙过小；控制轴螺纹被污染物堵住
	系统未供油	换向阀阀芯未换向
执行机构速度不稳定	压力补偿阀故障	由于阀芯卡死或弹簧弯曲变形造成压力补偿阀工作不灵敏
		补偿阀阻尼小孔堵死或阀芯阀套配合间隙过小造成压力补偿阀在全开位置卡死
	节流阀故障	节流口有污染物造成时堵时通；节流阀外载荷变化引起流量变化
	油液品质劣化	温度过高造成通过节流口流量变化；带温度补偿高速阀的补偿杆敏感性差，已损坏
	单向阀故障	单向阀密封性不好

3.3.2.1 电液比例控制阀

电液比例控制阀由直流比例电磁铁与液压阀两部分组成。其液压阀部分与一般液压阀区别不大，而直流比例电磁铁和一般电磁阀所用电磁铁不同，采用比例电磁铁可得到与给定电液成正比例的位移输出和吸力输出。输入信号在通入比例电磁铁前，要先经电路放大器处理和放大。放大器多制成插接式装置与比例阀配套使用。比例阀按控制的参量可分为：比例压力阀、比例流量阀和比例方向阀三大类。机械装备中电液比例换向及速度控制应用比较广泛，下面简要介绍电液比例换向阀和电液比例调速阀。

直动式电液比例换向阀如图 3-12 所示，其构成是通过将电磁换向阀中的普通电磁铁换成比例电磁铁实现。由于使用了比例电磁铁，阀芯不仅可以换位，而且换位的行程可以连续地或按比例地变化，因而连通油口的通流面积也可以连续地或按比例地变化，所以比例换向阀不仅能控制执行元件的运行方向，而且能控制其速度。电液比例调速阀也是用比例电磁铁取代节流阀或调速阀的手调装置，以输入电信号控制节流口开度，便可连续地或按比例地远程控制其输出流量，实现执行部件的速度调节。图 3-13 所示为电液比例调速阀的结构原理及符号。图 3-13 中的节流阀芯由比例电磁铁的推杆操纵，输入的电信号不同，则电磁力不同，推杆受力不同，与阀芯左端弹簧力平衡后，便有不同的节流口开度。由于定差减压阀已保证了节流口前后压差为定值，所以一定的输入电液就对应一定的输出流量，不同的输入信号变化，就对应着不同的输出流量的变化。实际应用过程中，通常会组合使用不同的比例阀的结构。

电液比例阀的常见故障模式与故障原因见表 3-7。需要说明的是，表中分别列出各种阀的故障模式与原因，但许多故障模式及原因是共有的，比如比例压力阀的比例电磁铁无电液通过、使调压失灵等故障，完全可以参照第 1 种比例电磁铁故障进行，故未在表中说明。另外，比例压力阀和普通压力阀所共同存在的故障，也应参照普通压力阀的故障分析进行，其他几类阀的分析也类似，请读者注意。

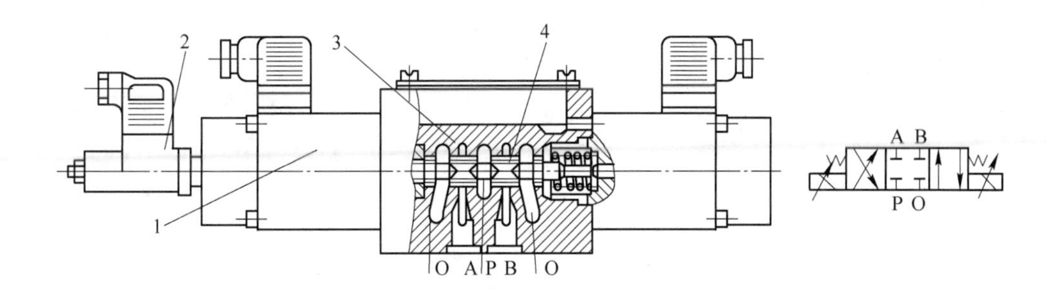

图 3-12 直动式比例换向阀
1—比例电磁铁；2—位移传感器；3—阀体；4—阀芯

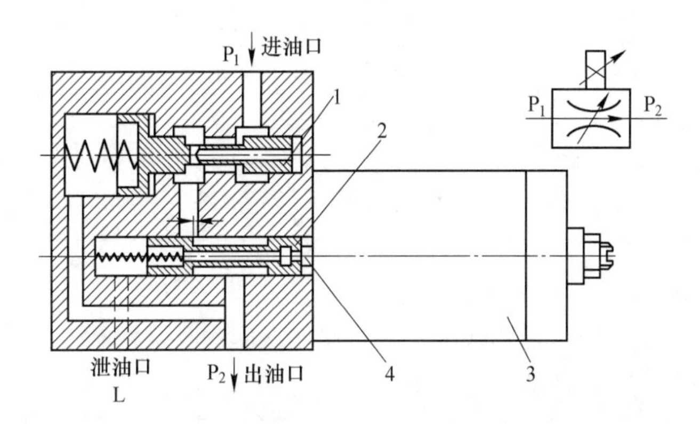

图 3-13 电液比例调速阀
1—定差减压阀；2—节流阀阀芯；3—比例电磁铁推杆操纵装置；4—推杆

表 3-7 电液比例阀的常见故障模式与故障原因

部 件	故障现象	故障模式	故障原因
比例电磁铁	电磁铁不能工作（不能通入电流）	电磁铁驱动回路断路	接线插座（基座）老化、接触不良、电磁铁引线脱焊
	电磁铁不能工作	线圈断线	老化
	电磁铁输出力不足	线圈温升过高	通入电流过大、阀芯被污物卡死、漆包线绝缘不良
	阀的力滞环增加	衔铁与导磁套摩擦副磨损	磨损，推杆导杆与衔铁不同心
	比例放大器失效	电路故障	放大器电路元件损坏
比例压力阀	调压失灵	比例电磁无电流	比例电磁铁故障、控制电流故障、压力阀故障
	压力不正常（电流为额定电流）	先导式溢流阀故障	溢流阀调定压力不足
	压力不正常（电流过大）	电磁铁线圈回路断路	线圈内部断路，比例放大器连线短路

续表 3-7

部　件	故障现象	故障模式	故障原因
比例压力阀	设定压力不稳定	铁芯运动异常	铁芯和导套之间污物堵塞，铁芯和导套磨损导致间隙增大
	压力响应迟滞，改变缓慢	铁芯、主阀芯运动受阻	比例电磁铁内空气未放干净，电磁铁铁芯固定节流孔（旁路节流孔）堵塞
比例流量阀	流量不能调节，节流调节作用失效	比例电磁铁无电流	比例电磁铁故障、控制电流故障、压力阀故障
	流量不稳定	力滞环增加	径向不平衡力及机械摩擦，导磁套衔铁磨损
比例方向阀	响应变慢或无响应	阀芯阀套间隙淤积失效	阀芯与阀套间污染物堵塞
	响应异常	阀芯卡阻失效	阀芯与阀套间不均匀磨损
	方向控制功能丧失	阀芯阀套间隙冲蚀失效	阀芯或阀套节流棱边磨损损坏
其他	阀内、外渗油	密封圈老化	寿命已到或油液不合适

3.3.2.2　负载敏感式比例多路阀

目前机械装备上广泛应用了负载敏感多路比例换向阀。这种阀可实现无级控制，与负载变化无关，可实现多缸组合动作，满足多个执行元件同时工作要求，并具有高集成性，节约安装空间，适合于在机械装备上使用，图 3-14 为其控制回路与外形示意图。其常见故障与原因分析见表 3-8（以 PSL/PSV 负载敏感型比例多路阀为例）。

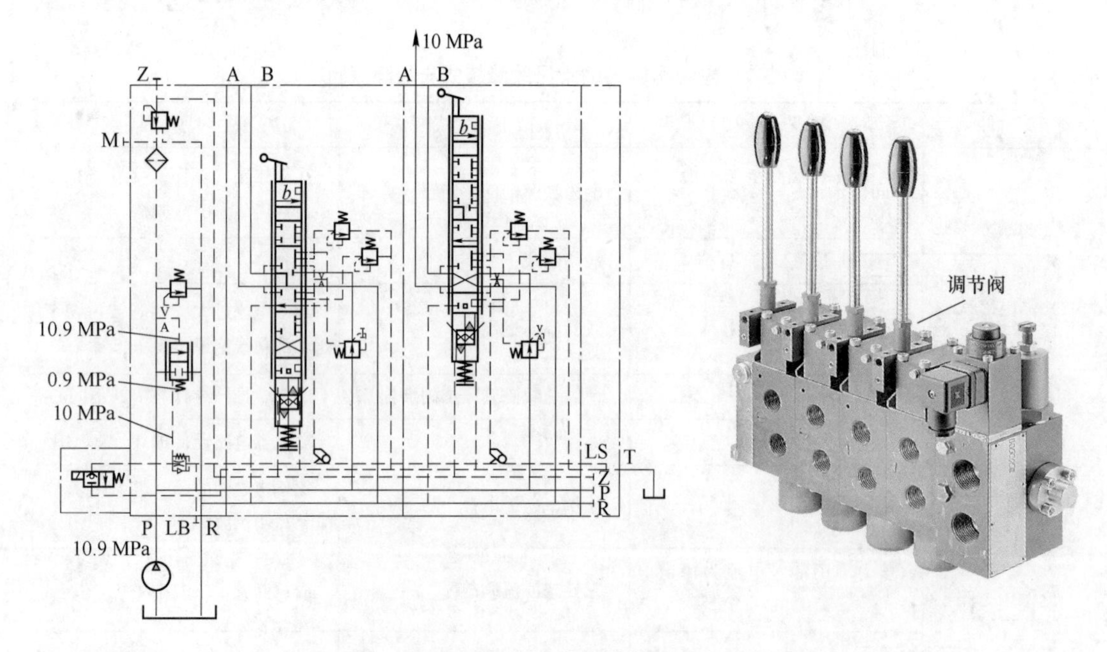

图 3-14　PSL/PSV 比例多路阀控制回路与阀外形图

表 3-8　PSV/PSL 负载敏感式比例多路阀常见故障模式与故障原因

故障现象	故障模式	故 障 原 因
卸荷压力始终保持 20 MPa 以上	压力控制失效	LS 回油背压高；卸荷口被堵（LS 回油箱口堵住）；三通流量阀未全部打开；三通流量调节阀的泄漏太大
执行元件达不到最大压力		连接块中的限压阀开启了或阀座漏油；WNIF（D）开启了或漏油；负载信号没有或太低；连接块中的减压阀或螺堵（仅手动操纵的）往回油路漏油
某一油路上的执行元件不能达到最高压力		梭阀（装在阀的螺堵中）泄漏；阀体中的梭阀（阀座）在连接块方向漏油；次级限压阀开启泄漏
流量太小（执行元件的动作太慢）（单个阀的功能动作）	流量控制失效	阀芯的额定流量太小；手柄座处或限制挡块处的限位太大了；泵的流量太小；二通流量调节阀没有完全开启；连接块中的三通流量调节阀动作不正确
当第二个功能（执行元件则具有较低的压力）动作时，执行元件（第一个功能）迅速减速		对于两个功能一起动作，泵的流量太小；流量调节器失效导致三通流量调节阀不能正确地调节；二通流量调节阀压力补偿失效
当阀芯朝一个或两个方向移动时没有响应		LS 采集处堵塞
所有阀片的电液控制都没有动作		终端块处的回油（外泄或内泄）可能堵住了；连接块中大过滤器被脏物堵住了；连接块中的减压阀卡住了；电气控制的供电有问题
某一片阀的电液控制没有动作		电气控制失灵；阀体中的比例减压阀卡住了
阀芯保持在换向中间位置，通往执行元件的液流未停止		双联电磁铁的控制失灵；比例减压阀卡住了；P 油口与 R 油口接反
流量的控制不平稳不连续（功能跳跃）		比例放大板调整不正确
手柄不能活动	机械性能失效	手柄座或弹簧组件卡住；阀芯卡住
阀片间漏油	漏油	安装时片间产生扭力；连接阀杆拉伸，无弹力；片间密封圈损坏
阀体和弹簧罩之间泄漏		回油管路中的压力过高，致使弹簧罩变形
双联电磁铁的插头处泄漏		电磁铁损坏
手柄座处漏油		运输过程中的磕碰

3.3.3　液压执行元件故障机理分析

液压执行元件包括液压缸和液压马达等。液压马达的工作原理和故障模式与液压泵类似，不再赘述。这里仅针对液压缸故障机理进行分析。液压缸的结构如图 3-15 所示。液压缸的主要故障模式和故障原因见表 3-9。

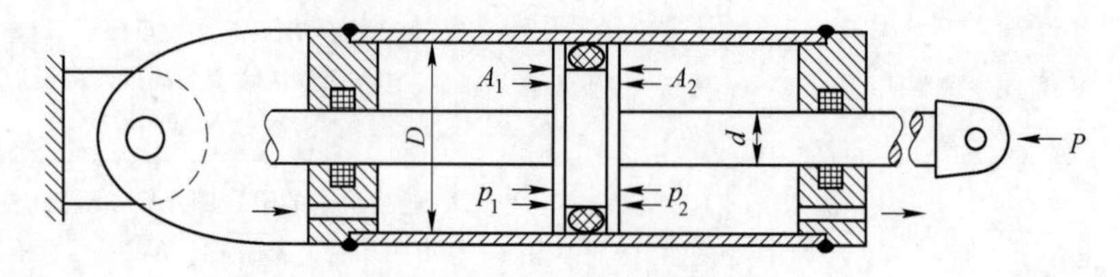

图 3-15　液压缸的结构
D —缸筒直径；d —活塞杆直径

图 3-15 为直线式液压缸，其输出力 P 可以表示为

$$P = p_1A_1 - p_2A_2 \tag{3-28}$$

式中，p_1 为左腔压力；A_1 为活塞左侧受力面积；p_2 为右腔压力；A_2 为活塞右侧受力面积；调整 D 和 d 可以改变 A_1 和 A_2。

表 3-9　液压缸的主要故障模式与故障原因

故障现象	故障模式	故 障 原 因
活塞杆不能动作	系统压力不足	液压泵提供压力不足
	液压缸卡死	污染物造成活塞与缸筒卡死
推力不足或工作速度下降	内泄漏	缸体和活塞的配合间隙过大；密封件损坏造成内泄漏
	液压缸故障	缸体和活塞的配合间隙过小，密封过紧，运动阻力大；运动零件不同心或单面剧烈摩擦；活塞杆弯曲造成剧烈摩擦；油液污染使得活塞或活塞杆卡死；油温过高加剧泄漏
液压缸产生爬行	液压缸内进入空气	液压泵吸油压力低
	液压缸故障	液压缸轻微卡滞；运动密封件装配过紧；活塞杆与活塞不同轴；导向套与缸筒不同轴；活塞杆弯曲；液压缸运动件之间间隙过大；导轨润滑不良
	控制阀信号不稳	电液比例阀驱动信号不稳定
外泄漏	液压缸密封圈老化	温度变化使得密封圈老化变形
	油温过高	温度过高使用黏度变差
	油液黏度过低	油液长期使用变质
冲击	缓冲装置损坏	缓冲间隙过大；缓冲装置中的单向阀失灵

3.3.4　油箱故障模式和机理

油箱在液压系统中的主要功用是储存液压系统所需的足够油液，散发油液中的热量，分离油液中气体及沉淀污物。另外，对中小型液压系统，往往把泵装置和一些元件安装在油箱顶板上使液压系统结构紧凑。油箱从结构上分有总体式和分离式两种，其中分离式油箱采用单独的、与主机分开的装置，具有布置灵活，维修保养方便，可减少油箱发热和液压振动对黏度的影响，便于设计成通用化系列化产品等优点，在机械装备中得到了广泛应用，图3-16所示为分离式液压油箱的结构示意图。该油箱主要由箱体、顶盖、隔板、油液过滤器、空气滤清器、放油塞、油面指示器和进出油管等组成。油箱中的隔板用于将吸回油区分开使得油液循环流动，以方便散热和沉淀杂质。

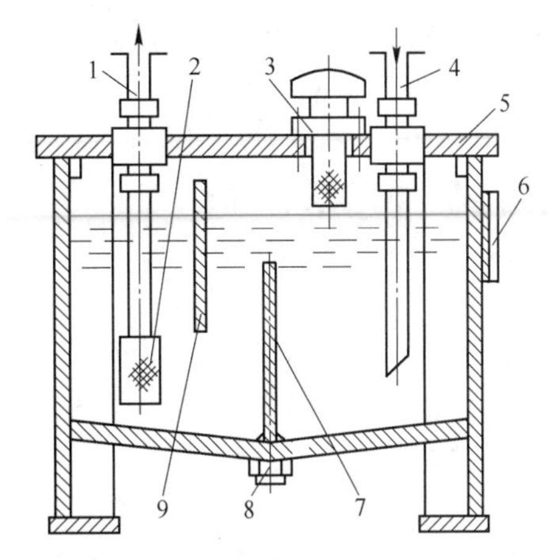

图3-16 分离式液压油箱的结构示意
1—吸油管；2—网式过滤器；3—空气滤清器；4—回油管；5—顶盖；6—油面指示器；7，9—隔板；8—放油塞

油箱的主要故障模式与故障原因见表3-10。

表3-10 油箱的主要故障模式与故障原因

故障现象	故障模式	故障原因
油温剧烈升高	温升	环境温度高；液压系统的各种损失（溢流、减压等）产生的能量转换大；油液黏度选择不当（过高或过低）
油箱内油液污染	油液污染	油箱内有油漆剥落片、焊渣剥离片等；油箱防尘措施不好，由外界空气进入了尘埃及腐蚀性气体；由于温差，凝结在油箱顶盖的水珠进入油箱或油冷却器破损而漏水
油箱内油液空气难以分离	油中含有气泡	箱盖上的空气滤清器堵塞
油箱振动和噪声	振动噪声	回油管端与箱壁距离太小；液压泵进油阻力过大；油箱内部油温高且不稳定；油箱防振结构被破坏

3.3.5 滤油器的故障模式和机理

为了提高液压系统的可靠性和元件的使用寿命，对液压系统的清洁度要求也随之提高。液压油优良的物理性质和化学性质及油液的洁净是保证系统正常工作、不发生故障的先决条件。为此液压系统中应当按要求安装各种油液及空气滤清器，以清除各种杂质。

油液滤清器被安装在传输管路的关键位置，用来过滤有可能损坏损伤部件的油液杂质。滤油器一般通过过滤介质，即金属丝编成方格的网状织物或其他形式的滤芯，来滤除所有大于其孔尺寸的污物。当污物在过滤介质上积聚造成堵塞时，油液就无法通过滤油器，从而造成过滤压差陡增，实时监测滤油器压差信号可以确保滤油器的滤芯得到适时的清洗和更换。

3.4 电气系统的故障模式和故障机理

对机械装备电子电气系统及时有效的故障诊断和维护是保证机械装备安全、可靠运行的关键。由于机械装备内部不仅同一系统的不同部分之间互相关联，紧密结合，而且不同系统或总成间也存在着紧密的联系，在运行过程中形成一个整体。在机械装备中，导致故障的各种因素相互交杂，时刻影响着装备的安全运行。有时一个传感器、一个 ASIC 芯片或系统本身的微小故障，甚至一些偶然因素影响就会导致整个装备性能恶化，造成比较严重的后果。对机械装备电气电子设备的故障模式进行分析是实现机械装备电气系统故障检测和诊断的前提。

机械装备常用电子元器件的失效模式大致可分为 6 类，即开路、短路、丧失功能、特性劣化、重测合格率低和结构不良等。常见的有烧毁、管壳漏气、管脚腐蚀或折断、芯片表面内涂树脂裂缝、芯片粘接不良、键合点不牢或腐蚀芯片表面铝腐蚀、铝膜伤痕、光刻/氧化层缺陷、漏电流大、阈值电压漂移等。按照导致的原因可将失效机理分为 6 类。

（1）设计问题引起的劣化，指设计图、电路和结构等方面的设计缺陷。

（2）体内劣化机理，指二次击穿、CMOS 闭锁效应、中子辐射损伤、重金属沾污和材料缺陷引起的结构性能退化、瞬间功率过载等。

（3）表面劣化机理，指钠离子沾污引起沟道漏电、γ 辐射损伤、表面击穿（蠕变）、表面复合引起小电流增益减小等。

（4）金属化系统劣化机理，指铝电迁移、铝腐蚀、铝化伤、铝缺口、台阶断铝、过电应力烧毁等。

（5）封装劣化机理，指管脚腐蚀、漏气、壳内有外来物引起漏电或短路等。

（6）使用问题引起的损坏，指静电损伤、电浪涌损伤、机械损伤、过高温度引起的破坏、干扰信号引起的故障、焊剂腐蚀管脚等。

3.4.1 电阻器类器件的失效模式分析

电阻器类元件包括电阻元件和可变电阻元件，固定电阻通常称为电阻，可变电阻通常称为电位器。电阻器类元件在电子设备中使用的数量很大，并且是一种发热消耗功率的元件，由电阻器失效导致电子设备故障的比率比较高，据统计约占 15% 。电阻器的失效模式和原因与产品的结构、工艺特点、使用条件等有密切关系。电阻器失效可分为两大类，即致命失效和参数漂移失效。现场使用统计表明，电阻器失效的 85%～90%属于致命失效，如断路、机械损伤、接触损坏、短路、绝缘、击穿等，只有 10%左右的是由阻值漂移导致失效。

电阻按其构造形式可分为：线绕电阻和非线绕电阻；按其阻值是否可调可分为固定电阻器和可变电阻器（电位器）。从使用的统计结果来看，它们的失效机理是不同的。非线绕电阻器和电位器主要失效模式为引线开裂、膜层不均匀、膜材料与引线接触不良、开路、阻值漂移、引线机械损伤和接触损坏；而线绕电阻器和电位器主要失效模式为开路、引线机械损伤和接触损坏。电阻器的失效机理视电阻器的类型不同而不同，主要有以下几类。

（1）碳膜电阻器。引线断裂、基体缺陷、膜层均匀性差、膜层刻槽缺陷、膜材料与引线端接触不良、膜与基体污染等。

（2）金属膜电阻器。电阻膜不均匀、电阻金属膜破裂、基体破裂、引线不牢或者断裂、电阻膜分解、银迁移、电阻膜氧化物还原、静电荷作用、引线断裂和电晕放电等。

（3）线绕电阻器。接触不良、电流腐蚀、引线不牢、线材绝缘不好和焊点熔解等。

（4）可变电阻器。接触不良、焊接不良、引线脱落、接触簧片破裂或引线脱落、杂质污染、环氧胶质量差和轴倾斜等。可变电阻器或电位器主要有线绕和非线绕2种。它们的共同失效模式有：参数漂移、开路、短路、接触不良、动噪声大，机械损伤等。但是，实际数据表明：实验室实验与现场使用之间主要的失效模式差异较大，实验室故障以参数漂移居多，而现场以接触不良、开路居多。

因为电位器接触不良的故障在现场使用中普遍存在，如在电信设备中达90%，在电视机中约占87%，所以接触不良对电位器是致命的。

造成接触不良的主要原因如下：

（1）接触压力太大、簧片应力松弛、滑动接点偏离轨道，或导电层、机械装配不当，或很大机械负荷（如碰撞、跌落）导致接触簧片变形等；

（2）导电层或接触轨道因氧化、污染，而在接触处形成各种不良导电的膜层；

（3）导电层或电阻合金线磨损或烧毁，致使滑动点接触不良。

电位器开路失效主要是由局部过热或机械损伤造成的。例如，电位器的导电层电阻合金线氧化、腐蚀、污染或者由于工艺不当（如绕线不均匀，导电膜层厚薄不均匀等）所引起电的过负荷，产生局部过热，使电位器烧坏而开路；滑动触点表面不光滑，接触压力又过大，将使绕线严重磨损而断开，导致开路；电位器选择与使用不当，或电子设备的故障危及电位器，使其处于过负荷或在较大负荷下工作等，这些都将加速电位器的损伤。

电阻容易产生变质和开路故障。电阻变质后往往是阻值变大的漂移。电阻一般不进行修理，而直接更换新电阻。线绕电阻当电阻丝烧断时，某些情况下可将烧断处理重新焊接后使用。电阻变质多是由于散热不良，过分潮湿或制造时产生缺陷等造成的，而烧坏则是因电路不正常，如短路、过载等所引起。电阻烧坏常见有2种现象，一种是电流过大使电阻发热引起电阻烧坏，此时电阻表面可见焦煳状，很易发现；另一种情况是由于瞬间高压加到电阻上引起电阻开路或阻值变大，这种情况电阻表面一般没有明显改变，在高压电路中经常可发现这种故障现象的电阻。

3.4.2　电容器类器件的失效模式分析

电容器常见的失效模式主要有：击穿、开路、电参数退化、电解液泄漏及机械损伤等。出现这些失效的主要原因有以下3个方面。

（1）击穿。介质中存在疵点、缺陷、杂质或导电离子；介质材料的老化；电介质的电化学击穿；在高湿度或低气压环境下极间边缘飞弧；在机械应力作用下电介质瞬时短路；金属离子迁移形成导电沟道或边缘飞弧放电；介质材料内部气隙击穿或介质电击穿；介质在制造过程中机械损伤；介质材料分子结构的改变及外加电压高于额定值等。

（2）开路。击穿引起电极和引线绝缘；电解电容器阳极引出金属箔因为腐蚀（或机械折断）而开路；引出线与电极接触不良或绝缘；引出线与电极接触点氧化而造成低电平开路；工作电解质的干涸或冻结；在机械应力作用下工作电解质和电介质之间的瞬时开路等。

（3）电参数退化。潮湿与电介质老化遇热分解；电极材料的金属离子迁移；残余应力存在和变化；表面污染；材料的金属化电极的自愈效应；工作电介质的挥发和变稠；电极的电解腐蚀或化学腐蚀；引线和电极接触电阻增加；杂质和有害离子的影响。

由于实际电容器是在工作应力和环境应力的综合作用下工作的，因此会产生一种或几种失效模式和失效机理，还会有一种失效模式导致另外失效模式或失效机理的发生。例如，温度应力既可以促使表面氧化、加快老化的影响程度、加速电参数退化，又会促使电场强度下降，加速介质击穿，而且这些应力的影响程度还是时间的函数。各失效模式有时是互相影响的。因此，电容器的失效机理与产品的类型、材料的种类、结构的差异、制造工艺及环境条件、工作应力等许多因素等有密切关系。

3.4.3　电感和变压器类器件的失效模式分析

电感和变压器类元件包括电感、变压器、振荡线圈和滤波线圈等。其故障多由外界引起，例如，当负载短路时，流过线圈的电流超过额定值，变压器温度升高，造成线圈短路、断路或绝缘击穿。当通风不良、温度过高或受潮时，亦会产生漏电或绝缘击穿的现象。

变压器的故障现象及原因常见的有以下几种：当变压器接通电源后，若铁心发出嗡嗡的响声，则故障原因可能是铁心未夹紧或变压器负载过重；发热高、冒烟、有焦味或保险丝烧断，则可能是线圈短路或负载过重。

3.4.4　集成电路类器件的失效模式分析

集成块类的常见故障及原因有以下几种。

（1）电极开路或时通时断：主要原因是电极间金属迁移、电腐蚀和工艺问题。

（2）电极短路：主要原因是电极间金属迁移电扩散、金属化工艺缺陷或外来异物等。

（3）引线折断：主要原因有线径不均匀、引线强度不够、热点应力和机械应力过大和电腐蚀等。

（4）机械磨损和封装裂缝：主要原因是原材料缺陷、可移动离子引起的反应等。

（5）可焊接性差：主要是引线材料缺陷、引线金属镀层不良、引线表面污垢、腐蚀和氧化造成。

（6）无法工作：一般是工作环境等因素造成的。

3.4.5　接触器件的失效模式与失效机理

所谓接触元件，就是用机械的压力使导体与导体之间的彼此接触，并具有导通功能元件的总称。主要可分为开关、连接器（包括接插件）、继电器和起动器等。接触元件的可靠性较差，往往是电子设备或系统可靠性不高的关键所在，应引起人们的高度重视。根据现场使用中故障的统计，整机故障原因中 81%是接触元件故障所引起的。

一般来说，开关和接插件以机械故障为主，电气失效为次，主要是磨损、疲劳和腐蚀所致。而接点故障、机械失效等则是继电器等接触器件的常见故障模式。

3.4.5.1　继电器常见的失效机理

接触不良：触点表面嵌藏尘埃污染物或介质绝缘物、有机吸附膜或碳化膜、摩擦聚合物、有害气体污染膜、电腐蚀、插件未压紧到位、接触弹簧片应力不足和焊剂污染等。

触点黏结：火花和电弧等引起接触点熔焊、电腐蚀严重引起接点咬合缩紧等。

短路（包含线圈短路）：线圈两端的引出线焊接头接触不良、电磁线漆层有缺陷、绝缘击穿引起短路、导电异物引起短路。

线圈断线：潮湿条件下的电解腐蚀、潮湿条件下的有害气体腐蚀等。

线圈烧毁：线圈绝缘的热老化、引出线焊头绝缘不良引起短路而烧毁等。

接触弹簧片断裂：弹簧片有微裂纹、材料疲劳损坏或脆裂、有害气体在温度和湿度条件下产生的应力腐蚀、弯曲应力在温度作用下产生的应力松弛等。

接点误动作：结构部件在应力作用下发生谐振。

灵敏度恶化：水蒸气在低温时冻结、衔铁运动失灵或受阻、剩磁增大影响释放灵敏度。

3.4.5.2 接插件及开关常见失效机理

接触不良：接触表面尘埃沉积、有害气体吸附膜、摩擦粉末堆积、焊剂污染、接点腐蚀、接触簧片应力松弛和火花及电弧的烧损。

绝缘不良（漏电、电阻低、击穿）：表面有尘埃和焊剂等污染、受潮、有机材料检出物及有害气体吸附膜与表面水膜融合形成离子性导电通道、吸潮长霉和绝缘材料老化及电晕和电弧烧蚀碳化等。

接触瞬断：弹簧结构及构件谐振。

弹簧断裂：弹簧材料的疲劳、损坏或脆裂等。

机械失效：主要是弹簧失效、零件变形、底座裂缝和推杆断裂等引起的。

绝缘材料破损：主要原因是绝缘体存在残余应力、绝缘老化和焊接热应力等。

动触头断刀（对于加压型波段开关）：机械磨损、火花和电弧烧损等。

跳步不清晰（对于开关）：凸轮弹簧或钢珠压簧应力松弛、凸轮弹簧或钢珠压簧疲劳断裂等。

吊克力下降（对于连接器）：接触簧片应力松弛、错插和反插及斜插使弹簧过度变形。

3.4.6 电子电路故障模式分析

电子电路故障主要是由于高温环境、潮湿盐雾、振动冲击、电磁脉冲等引起。

（1）高温环境。在高温作用下，潜在的缺陷如体缺陷、扩散不良或杂质分布不均匀、氧化物缺陷、裂纹、导线焊接缺陷、污染物（包括湿气）和最后密封缺陷等将加速失效。接触处的膨胀系数差异形成热与机械应力，将加速潜在的制造缺陷。

（2）潮湿盐雾。在潮湿环境里，包装内的湿气会直接引入腐蚀过程并激化一些污染物如剩余气离子，它可能是影响长期工作可靠性的最重要的单项因素，导致器件内的材料退化所需的湿气量可以少到一层水分子。沙尘会造成湿气积聚并引入污染物从而加速腐蚀影响。而盐雾会加速湿气影响，如果气密不良则会造成严重的腐蚀污染问题，可能造成线头腐蚀。

（3）振动冲击。冲击会加速潜在缺陷造成的失效，这些缺陷包括本体材料裂纹，定位偏离和叠装错误，电阻率梯度，极板和模片之间产生气隙和裂纹、接点缺陷、气密部位缺陷等。振动与冲击的破坏主要是器件永久变形、扩大裂缝、破坏插座之间的密封，使性能不稳定和调零困难、元件松弛、读数不准、内部线路断开、导线损坏、电器损坏等。

（4）电磁脉冲。在强电磁脉冲环境里，靠近设备表面敷设的电线（电缆、天线、数据传输线等）可能会受到电磁脉冲的作用而产生浪涌电流，造成烧蚀、击穿、工作不稳或无法工作等不良影响。

3.4.7　电机故障分析

无论是起动机还是发电机，都是电机，都可看成动、静两组电感器件（线圈）借助于电磁场的相互作用而构成的统一体。同时还有碳刷等接触器件、整流与机械器件等组成。电机的故障机理主要取决于电感器件和接触器件的故障机理，即线圈老化与内部短路、线头断路，接触表面腐蚀、烧蚀与接触阻抗等。

（1）电机故障统计分析（见表 3-11）。

（2）电机的老化分析。电机主要受 4 个方面因素的作用而逐渐老化，造成绝缘下降，内部短路。

1）电气老化。当绝缘材料承受高压时，绝缘表面或内部空隙发生放电，侵蚀绝缘材料使其绝缘性能下降。

2）热老化。绕线外层合成树脂系列绝缘材料在温度升高时分子间的一系列分解、挥发、氧化等过程，结果是绝缘性能下降、材料变脆。

3）机械老化。受启动—运行—停机和负荷变动所造成的热循环影响，绝缘材料与导电体发生反复变形，使电机的绝缘性能下降。此外，受电磁力、振动和重力作用，绝缘劣化也会加速，这方面尤以转子绕组更明显。

4）环境因素引起的变化。电机周围环境中有灰尘、腐蚀性气体、水分、附着的油类、放射性等不利因素的存在，加剧了老化过程。

（3）电机接触器件的故障。碳刷、滑环等接触器件在工作中，接触面之间的循环造成最明显的故障是接触元件损坏和这些元件接触不良。由于反复循环工作，使接触件持续暴露于可能的腐蚀性污染物之中。这些循环除了会产生接触面上的物理磨损外，还会使界面电阻加大，工作期间接触温度升高和电气连接恶化。

表 3-11　电机故障部位分布百分比

故障现象	所占比例/%
线圈短路、烧坏	18
绝缘下降	17
碳刷、整流部分接触不良	25
滚动轴承故障	25
转子不平衡	6
轴套磨损	2
其他	7

3.4.8　电控系统通信总线的故障分析

3.4.8.1　机械装备典型控制总线

随着信息技术、计算机技术的不断发展，机械装备的功能与结构越来越复杂，采用的工控机、嵌入式控制器、单片机等各种类型的计算机也越来越多。这些不同的计算机或处理器之间相互连接、协调工作并共享信息构成了机械装备车载计算机网络系统（简称车载网络）。车载网络运用多种传输技术、采用多条不同速率的总线分别连接不同类型的节点，并使用网关服务器来实现整车的信息共享和网络管理。

机械装备上的电气系统通常包括发动机电控系统、底盘车电控制系统、自动换挡控制器、灭火控制系统、三防控制系统、指控计算机和机械装备上装作业控制系统等，各系统之间彼此依赖、协同工作，系统之间的信息交互通过通信总线完成。通信总线上传递的数据分别为各种传感器测量到的机械装备状态参数值、装备的故障信息和各种控制器的运行状态信息（正常或故障模式下运行、在线或离线等）。

目前机械装备的电气系统一般是通过将通信系统将微控制器、传感器和执行器连接起来构成。欧洲的汽车和机械装备制造商最先采用了 CAN 总线标准 ISO 11898，可支持高达 1 Mb/s 的各种通信速率。随后 J1939 则广泛应用于卡车、大客车、建筑设备、工程机械等工业领域的高速通信，其通信速率为 250 kb/s。美国的 GM 公司从 2002 年开始在所有的车型上使用其专属的所谓 GMLAN 总线标准。根据有关资料介绍，GM 公司和 Ford 公司在制定自己的乘用车高速 CAN 总线通信协议时，也是基于 CAN2.0、ISO 11898 和 J2284 的相关内容来完成的。

CAN2.0 技术规范是在 1991 年制定并发布的，包括 A 和 B 两部分。CAN2.0A 给出了曾在 CAN 技术规范 1.2 版本中定义的 CAN 报文格式（标准格式），而 CAN2.0B 则给出了标准和扩展两种格式。此后，1993 年 ISO 正式颁布了道路交通运载工具-数字信息交换-高速通信控制局域网（CAN）国际标准（ISO 11898）。CAN 技术规范 2.0A 和 2.0B 及 CAN 国际标准 ISO 11898 是设计车辆和机械装备高速网络系统的基本依据和基本规范。图 3-17 为某装备的 CAN 总线节点示意图，图 3-17（a）采用了 CAN2.0B 总线规范，而图 3-17（b）采用的是 CAN2.0A 总线规范。

基于 CAN2.0A 和 CAN2.0B 技术规范的通信方式在机械装备上均得到广泛应用，其中 CAN2.0A 协议主要用于机械装备作业装置电气系统的数据通信，且多采用 CANopen 通信协议，典型的如桥梁装备、综合扫雷装备等。CAN2.0B 主要用于机械装备的动力系统电控装置中，如某桥梁装备的发动机电控系统等，这主要是因为发动机电控系统所采用的 SAE J1939 协议是基于 CAN2.0B 规范的，为保持数据结构的兼容性和一致，机械装备上也采用 CAN2.0B 技术规范。

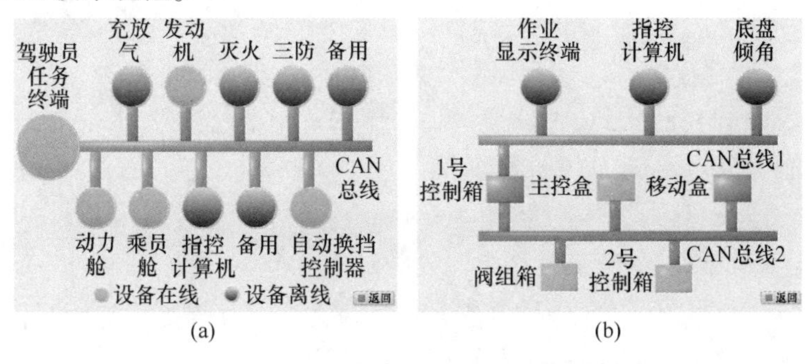

(a) (b)

图 3-17 某机械装备 CAN 总线节点示意图

（a）车电 CAN 节点分布图；（b）上装电控系统节点分布图

3.4.8.2　CAN 总线常见故障及原因分析

CAN 总线常见故障及原因分析如下。

（1）机械装备电源系统提供的工作电压由于突发电磁干扰、冲击振动等偶发因素引起电源电压过低时（低于 20 V），会造成电控单元（如某机械装备的阀组控制箱、驾驶员任务终端、车长显示终端、动力舱控制器等）出现短暂的停止工作状态，从而使整个装备的 CAN 总线多路信息传输系统出现短暂的无法通信。

（2）CAN 总线故障一般都是由线路接触不良（实）、线路断路及线路短路等造成的，部队实际维修工作中发现接触不实和断路故障最为常见。

（3）线路接触不实故障大多出现在导线连接的端子处（航控插头内部连接处），大多数故障出现在线路连接处、线尾端子与金属连接处。另外，各种开关、继电器之间的氧化和烧蚀也会造成线路接触不实故障。特别是东南沿海地区，夏季天气潮湿、沿海地区自然含盐量高、腐蚀性强，更易造成装备线路接触不实故障。有些桥梁装备又多在水边工作，潮湿现象更为严重，电控线路的腐蚀损坏发生率要高得多。概括起来，一方面是由线路接触不实故障严重后产生的，而另一方面是导线和线束被磨损造成的。

（4）短路故障形成的原因主要有电器零件损坏后造成短路故障、导线及线束被磨损后造成短路故障。

对于 CAN 总线故障，现场通常采用简易方法进行检测，包括下述 3 个步骤：

1）检测各节点电源是否正常，电压是否是其额定供电电压。

2）检查 WAKE-UP 唤醒线连接是否正常，电压约等于电源电压。

3）检查 CAN_H、CAN_L 接线是否正常，接口之间是否为 60 Ω 匹配电阻，是否接反。

4　机械装备传动系统检测与诊断

传动系统是机械装备底盘的主要组成部分，机械装备作业装置也是通过传动系统获取动力。传动系统一般由离合器、变速器、传动箱、传动轴、主减速器、差速器和半轴等构成，其作用是把发动机输出的动力传给驱动轮。传动系统的技术状况不良将使机械装备的动力性和燃油经济性变差。离合器、变速器、传动箱等主要部件性能不良对机械装备的操纵方便性也有很大影响。

4.1　传动系统的检测

根据《机动车运行安全技术条件》(GB 7258—2012)，车辆及装备传动系统应满足如下要求：机动车的离合器应接合平稳、分离彻底，工作时不得有异响、抖动和不正常打滑等现象；踏板自由行程应符合整车技术条件的有关规定；换挡时齿轮啮合灵便，互锁和自锁装置有效，不得有乱挡和自行跳挡现象；运行中无异响；换挡时，变速杆不得与其他部件干涉，在变速杆上必须有驾驶员在驾驶座位上容易识别变速器挡位位置的标志；若变速杆上难以布置，则应布置在变速杆附近的易见部位；传动轴在运转时不得发生振抖和异响，中间轴承和万向节不得有裂纹和松旷现象。

传动系统的技术状况检测有经验检测法和仪器检测法两类。经验检测法是从上述规定和所测车型的有关技术数据出发，通过观察和实际操作，按一定步骤凭经验检测传动系统的技术状况，如离合器分离不彻底，变速器异响、乱挡、漏油等。

4.1.1　传动系统的功率损失与效率测量

传动系统的功率损失可在具有储能飞轮的底盘测功机上或惯性式底盘测功机上对传动系统进行反拖试验而测得，根据所测得的驱动轮输出功率和传动系统功率损失，可换算出装备传动系统的传动效率。在具有储能飞轮的底盘测功机滚筒上进行滑行试验，可测得汽车的滑行距离，可反映汽车传动系统传动阻力的大小。

利用试验台反拖可测得传动系统所消耗的功率。在惯性式底盘测功机或带有储能飞轮可模拟机械装备在相应车速下行驶动能的底盘测功机上，若在测得装备驱动车轮的输出功率后，立即踩下离合器踏板，储存在飞轮系统中的装备行驶动能会反过来拖动装备驱动轮和传动系统运转，运转阻力作用于滚筒，因此底盘测功机可测得反拖驱动轮和传动系统所消耗的功率。

如果将同一车速下驱动轮输出功率与反拖驱动轮和传动系统所消耗的功率相加，可求得该车速所对应的发动机转速下发动机的输出功率，根据发动机输出功率和装备驱动轮输出功率可得到传动系统的机械效率。传动系统的传动效率检测，把装备驱动轮输出功率与发动机输出的有效功率进行比较，可按式（4-1）求出传动系统的传动效率，即

$$\eta_K = \frac{P_K}{P_e} \tag{4-1}$$

式中，η_K 为传动系统的机械传动效率；P_K 为装备驱动轮输出功率；P_e 为发动机输出功率。

由于机械装备目前尚无统一的技术标准，现参照机械车辆的传动系统技术标准进行阐述。正常情况下，机械车辆传动系统中的机械效率正常值见表4-1。需说明的是，在底盘测功机上试验时，车轮在滚筒上的滚动损失功率可达所传递功率的15%~20%，所测驱动轮功率仅占发动机输出功率的60%~70%（一般小轿车70%，装用双级主减速器或单级主减速器的载货汽车和客车分别为60%或65%）。当传动效率过低时，说明消耗于离合器、变速器、分动器、主减速器、差速器的功率增加，汽车传动系统的技术状况不良。

表4-1 机械车辆传动系统的机械效率

车辆类型		传动效率/%
小轿车		0.90~0.92
载货汽车大客车	单级主减速器	0.90
	双级主减速器	0.84
4×4 越野汽车		0.85
6×4 载货汽车		0.80

为了检验机械车辆大修竣工后的质量，《汽车修理质量检查评定标准整车大修》(GB/T 15746.1—1995）规定：汽车空载以初速度30 km/h摘挡滑行时，其滑行距离应满足表4-2的要求。汽车在底盘测功机滚筒上进行滑行试验时，滚动阻力与道路试验时的滚动阻力有一定差别，因此应参照道路试验时对滑行距离的有关规定，通过对比试验确定其滑行距离的测试标准。底盘测功机对汽车滑行距离的测试精度，首先取决于飞轮机构、滚筒装置及其他旋转部件的旋转动能是否与道路试验时汽车在相应车速下的动能相一致。汽车以某一车速在滚筒上进行滑行试验时，汽车驱动轮首先带动滚筒装置、飞轮机构以相应转速旋转，此时滚筒装置和飞轮机构具有的动能与汽车道路试验时具有的动能相等。摘挡滑行后，储存在滚筒装置、飞轮机构中的动能释放出来驱动汽车驱动轮和传动系统旋转，滚筒继续转过的圆周长与汽车路试时的滑行距离相对应。滑行距离长短可反映汽车传动系统传动阻力的大小，据此可判断汽车传动系统的技术状况。

表4-2 机械车辆的滑行距离

车辆的载货质量/t	滑行距离/m
≤4	≥160f
>4~5	≥180f
>5~8	≥220f
>8~11	≥250f
>11	≥270f

注：双轴驱动车辆，取f=0.8；单轴驱动车辆，取f=1.0。

传动功率损失、传动效率和滑行距离可反映装备传动系统的综合技术状况，但不能评价传动系统各组成部分的技术状况。

4.1.2 传动系统角间隙的检测

机械装备使用过程中，传动系统因传递动力，且配合表面或相啮合零件间有相对滑移而产生磨损，从而使间隙增大，如变速器、主减速器、差速器中的齿轮啮合间隙等。这些间隙都可使相关零件间产生相对角位移或角间隙，其角间隙之和构成传动系统的总角间隙。传动系统各总成和机件的磨损与其间隙存在密切的关系，总角间隙随装备使用时间及行驶里程近似呈线性增长。因此，总角间隙可作为诊断参数评价传动系的技术状况。由于角间隙可分段检测，还可用角间隙对传动系统有关总成或机件的技术状况进行检测。

传动系统角间隙检测所用仪器有指针式角间隙检测仪和数字式角间隙检测仪两种。

4.1.2.1 指针式角间隙检测仪

如图4-1所示，指针式角间隙检测仪由指针、测力扳手和刻度盘构成。使用时，指针固定在主传动器主动轴上，而刻度盘固定在主传动器壳体上，如图4-1（a）所示；测力扳手钳口可卡在传动轴万向节上，扳手上带有刻度盘和指针，以便指示出测力扳手所施加的力矩。测量角间隙时，测力扳手应从一个极限位置转至另一个极限位置，施加力矩不应小于30 N·m，角间隙的数值即为指针在刻度盘上的指示值。

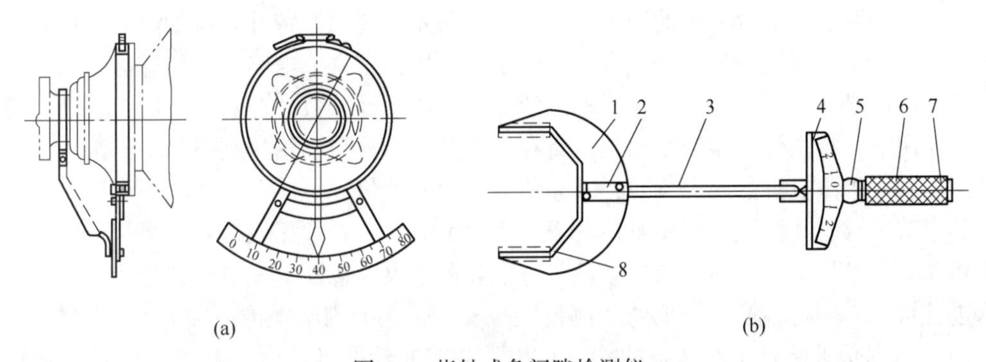

图4-1 指针式角间隙检测仪

（a）指针与刻度盘的安装；（b）测力扳手

1—卡嘴；2—指针座；3—指针；4—刻度盘；5—手柄；6—手柄套筒；7—定位销；8—可换钳口

传动系统角间隙的检测可分段进行：

（1）驱动桥角间隙的检测：变速器挂空挡位置，驻车制动器松开，行车制动器处于制动状态，测力扳手卡在驱动桥主动轴万向节的从动叉上，使其从一个极限位置转至另一个极限位置，从刻度盘上读取角间隙值。

（2）万向传动装置的角间隙的检测：放松车轮制动，必要时可支起驱动桥，拉紧驻车制动器，测力扳手卡在驱动桥主动轴万向节的从动叉上，使其从一个极限位置转至另一个极限位置，从刻度盘上读取角间隙值。

（3）离合器和变速器各挡位的角间隙的检测，放松车轮制动，必要时可支起驱动桥，离合器处于接合状态，依次挂入各挡，测力扳手卡在变速器后端万向节的主动叉上，使其从一个极限位置转至另一个极限位置，即可测得不同挡位下从离合器至变速器输出轴的角间隙。

（4）传动系统的总角间隙的检测：以上三段角间隙之和即为传动系统的总角间隙。

4.1.2.2　数字式角间隙检测仪

数字式角间隙检测仪由用导线相连的倾角传感器和测量仪构成。

倾角传感器的作用是将传感器感受到的倾角变化转变为线圈电感量的变化，从而改变检测仪电路的振荡频率。因此，传感器实际上是一个倾角-频率转换器。如图4-2所示，传感器外壳是一个上部带有V形缺口，并配有带卡扣尼龙带的长方形壳体，可固定在传动轴上，因此可随传动轴摆动，传感器内部结构是一个中心插有弧形磁棒的线圈。弧形磁棒由摆杆和心轴支承在外壳中夹板的两盘轴承上。在重心作用下，摆杆始终偏离垂线某一固定角度。弧形线圈则固定在外壳中的夹板上，当外壳随传动轴摆动时，线圈也随之摆动，因而线圈与磁棒的相互位置发生变化，从而改变了线圈电感值，电感的变化量则反映了传动轴的摆动量。当电感值可变化的线圈作为检测仪振荡电路中的一个元件时，传动轴的摆动所引起的线圈电感值的变化就改变了电路的振荡频率。传感器内的变压器油可使可动部分摆动后能迅速达到平衡状态。

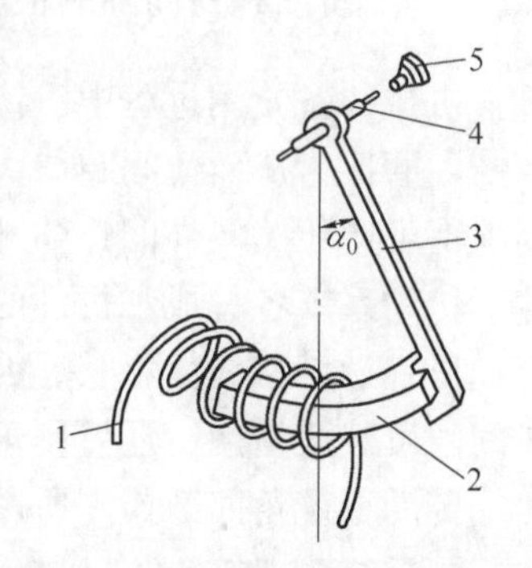

图4-2　倾角传感器结构示意图
1—弧形线圈；2—弧形磁棒；3—摆杆；4—心轴；5—轴承

测量仪实际上是一台专用的数字式频率计，采用与传感器特性相应的门时并可以初始置数，通过标定可直接显示出倾角大小。测量仪采用数字集成电路，由传感器输出的振荡信号经计数门进入主计数器，在置成的补数基础上累计脉冲数。计数结束后，在锁存器接收脉冲作用下，将主计数器的结果送入寄存器，并由荧光数码管将结果显示出来：使用时把角间隙两个极限位置的倾角相减，其差值即为角间隙值。

利用数字式角间隙检测仪检测传动系统角间隙时，也必须逐段检测。

将测量仪接好电源，用导线把倾角传感器和测量仪连接好。先按仪器说明书的要求对仪器进行自校，再将转换开关扳到“测量”位置，传感器固定在传动轴上。

（1）万向传动装置角的间隙的检测：拉紧驻车制动器处于制动状态，传动轴转至驱动桥角间隙中间位置（驱动桥角间隙一般远大于其他部位的角间隙）或将驱动桥支起，左、右旋转传动轴至极端位置，测量仪便显示出在该两个位置时传感器的倾斜角度，两个角度之差即为万向传动装置的角间隙。此角度不包括传动轴与驱动桥之间的万向节的游动角度。

（2）离合器和变速器各挡位的角间隙的检测：接合离合器，变速器挂入选定挡位，放松驻车制动器，传动轴位于驱动桥角间隙中间位置或将驱动桥支起，左、右转动传动轴至极限位置，测量仪显示出的该两位置时传感器倾斜角之差减去已测得的万向传动装置角间隙，即为从离合器至变速器输出轴的角间隙。

（3）驱动桥角间隙的检测：放松驻车制动，变速器挂入空挡，行车制动器处于制动状态，左、右旋转传动轴至极限位置，测量仪上所显示两角度之差则为驱动桥角间隙与传动轴至驱动桥之间万向节角间隙之和。

4.2　手动变速器的故障与检修

随着变速器零件的磨损、变形的增加，变速器会出现异响、乱挡、发热、漏油等故障。

4.2.1 变速器的异响

变速器的异响主要是轴承磨损松旷和齿轮间不正常的啮合而引起的，表现为挂挡后发响。

(1) 故障现象。

1) 变速器挂入挡位后发响。

2) 当车辆以高于 40 km/h 的车速行驶时发出一种不正常声响，且车速越高，声响越大，而当滑行或低速时声响减小或消失。

(2) 故障原因。

1) 轴的弯曲变形、轴的花键与滑动齿轮毂配合松旷。

2) 齿轮啮合不当或轴承松旷。

3) 操纵机构各连接处松动、变速叉变形。

4) 主从动锥齿轮配合间隙过大。

(3) 故障诊断。

变速器产生响声是由齿轮或轴的振动及其他声源开始，扩散到变速器壳壁产生共振而形成的，诊断步骤为：

1) 发动机怠速运转，变速器空挡有异响，踩下离合器踏板后声响消失，多为常啮合齿轮啮合不良。

2) 变速器各挡均有声响，多为基础件、轴、齿轮、花键磨损使形位误差超限。

3) 挂入某挡后声响严重，则说明该挡齿轮磨损严重。

4.2.2 变速器乱挡

变速器乱挡的故障现象原因和诊断如下。

(1) 故障现象。车辆起步挂挡或行驶中换挡时，所挂挡与需要挡位不符，或虽然挂入所需挡位但不能退回空挡，或一次挂入两个挡位。

(2) 故障原因。

1) 变速杆与变速杆拨动端松旷、损坏或变速杆拨动端内孔磨损过大。

2) 变速控制器弹簧压缩量达不到规定的要求。

3) 互锁销磨损过大，失去互锁作用。

(3) 故障诊断。

1) 变速杆如能任意摆动，则为夹箍销钉折断或脱落所致。

2) 挂挡时，变速杆稍偏离一点位置就会挂上不需要的挡位，这是变速杆拨动端工作面磨损过大导致。

3) 如果同时能挂上两个挡位，这是互锁机构失效所致。

4.2.3 变速器发热

变速器发热的故障现象、故障原因和故障诊断如下。

(1) 故障现象。车辆行驶一段路程后，用手触摸变速器时，有烫手的感觉。

(2) 故障原因。

故障原因：

1）轴承装配过紧。

2）齿轮啮合间隙过小。

3）缺少齿轮油或齿轮油黏度太小。

（3）故障诊断。应结合发热部位，逐项检查予以排除。

4.2.4　变速器漏油

变速器漏油的故障现象、故障原因和故障诊断如下。

（1）故障现象。变速器内的齿轮油从轴承盖或接合部位渗漏出来。

（2）故障原因。

1）变速器各部密封衬垫密封不良、油封损坏或紧固螺栓松动。

2）变速器壳破裂。

3）齿轮油过多。

4）变速器放油螺栓或通气孔堵塞。

（3）故障诊断。可根据油迹部位诊断漏油原因。

4.3　离合器检测与故障诊断

4.3.1　离合器打滑的检测

离合器打滑使发动机动力不能有效地传递至驱动轮，机械车辆动力性下降，摩擦片磨损严重，同时也影响车辆的正常行驶。造成机械装备起步困难；加速时，车速不能随发动机转速的提高而迅速上升；负载上坡传递大转矩时，打滑更为明显，严重时会烧坏摩擦片。

采用离合器打滑测定仪可对离合器打滑进行检测。如图 4-3 所示，该仪器由闪光灯、高压电极、电容、电阻等构成。

离合器打滑测定仪的基本工作原理是频闪原理，即如果在确定时刻，照射一束光脉冲于转动零件的某一转角位置，转动零件的旋转频率与光脉冲的频率相同或成整数倍时，由于人的视觉暂留现象，似乎觉得零件静止不动。

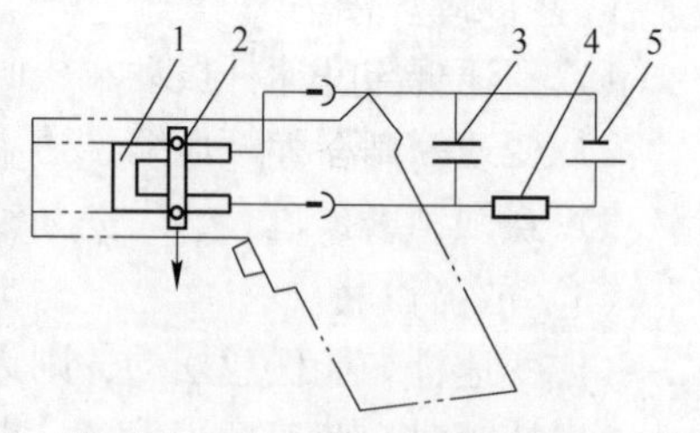

图 4-3　离合器打滑测定仪
1—闪光灯；2—高压电极；3—电容；4—电阻；5—蓄电池

检测时，可把驱动轮置于底盘测功机或车速表试验台滚筒上，也可支起驱动桥，装备变速器挂直接挡，此时若离合器不打滑，发动机转速与传动轴转速相同。必要时，可用行车制动器或驻车制动器增加传动系统负荷和离合器所传递的转矩。测定仪以机械装备的蓄电池作为电源，由发动机火花塞或一缸点火高压线通过电磁感应给测定仪的高压电极输入信号脉冲，控制闪光灯的闪光时间，因此闪光灯的闪光频率与发动机转速成整数倍。若把闪光灯发出的光脉冲投射到传动轴某一点，传动轴与发动机转速相同时，光脉冲每次照射该点，使人感到传动轴并不旋转；离合器打滑时，传动轴转速比发动机转速慢，光脉冲每次照射点均位于上次照射点的前部，使人感觉传动轴慢慢向相反的方向转动，显然其转动的快慢即可反映离合器打滑的严重程度。

4.3.2 离合器故障诊断

4.3.2.1 离合器分离不彻底

A 故障现象

(1) 机械装备起步时，将离合器踏到底仍感挂挡困难，或虽能强行挂上挡，但不抬踏板冲击力就向前驶动或造成发动机熄火。

(2) 行驶时变速器换挡困难或挂不进挡，并伴有变速器齿轮撞击声。

B 故障原因

(1) 离合器踏板自由行程过大。

(2) 从动盘翘曲、铆钉松动或新换的摩擦片过厚，或摩擦衬片破碎。

(3) 分离杠杆内端（膜片弹簧分离指端磨损）不在同一平面上，个别分离杠杆或调整螺钉折断。

(4) 双片式摩擦片中间主动盘限位螺钉调整不当，分离弹簧过软或折断。

(5) 从动盘毂花键与变速器第一轴花键齿磨损严重或锈蚀发卡，影响从动盘的移动。

(6) 离合器液压操纵机构油管内有空气。

C 故障判断与排除

(1) 检查调整离合器踏板自由行程，如自由行程过大，需要重新调整。

(2) 对于液压式操纵机构，应检查系统是否漏油，主缸、工作缸工作是否正常，工作行程是否合乎要求，并为系统放气。

(3) 检查分离杠杆高低是否一致及分离杠杆支架螺栓是否松动，必要时进行调整或拧紧。

(4) 双片式离合器应检查调整限位螺钉与中间主动盘的间隙，间隙不符合要求时，应进行调整。调整方法是：把限位螺钉拧到底，使其抵住中间主动盘，然后再退回 2/3~5/6 圈（限位螺钉与锁片间发出 4~5 响）。

4.3.2.2 离合器打滑

A 故障现象

(1) 完全放松离合器踏板，汽车不能起步或起步困难。

(2) 汽车行驶中车速不能随发动机转速的提高而提高，感到行驶无力。

(3) 上坡行驶或重载时，动力明显不足，严重时可闻到离合器摩擦片的焦臭味。

B 故障原因

离合器打滑的故障实质是离合器踏板完全放松时，主动盘与从动盘没有完全结合，离合器处于半分离状态，其主要原因为：

(1) 离合器踏板自由行程过小或没有自由行程、踏板不能完全回位，分离轴承常压在分离杠杆上，使压盘处于半分离状态。

(2) 离合器拉索失效，丧失自调功能。

(3) 分离杠杆调整不当，弯曲变形。

（4）离合器摩擦衬片变薄、硬化，铆钉外露或沾有油污等。

（5）压紧弹簧过软或折断，膜片弹簧受热退火变软或变形，致使压紧力不足。

（6）离合器与飞轮连接螺栓松动。

（7）离合器压盘或飞轮表面翘曲变形。

C　故障诊断与排除

（1）启动发动机，拉紧驻车制动，挂上低速挡，缓缓放松离合器踏板，使离合器逐渐接合，若机械装备不能起步，而发动机无负荷感能继续运转又不熄火，即为离合器打滑。

（2）装备高速行驶时，若发动机转速升高，而车速不随之相应升高，感到行驶无力，严重时有焦臭味或出现冒烟现象，则为离合器打滑。

4.3.2.3　离合器接合不平顺

A　故障现象

离合器接合不平顺具体表现为装备起步发抖或发闯。装备用低速挡起步时，虽然逐渐放松离合器踏板，并缓缓踩下加速踏板，但离合器不能平顺接合，产生振抖；严重时整车出现振抖或突然闯出。

B　故障原因

离合器发抖的实质是其主、从动盘之间接触不平顺，在同一平面内接触时间不同。离合器发闯则为主、从动盘突然接合之结果。

离合器发闯的主要原因为分离套筒迟滞、踏板回位弹簧折断或脱落、踏板轴锈涩等导致踏板回位不自如。而离合器发抖的主要原因为：

（1）离合器自由行程过小，分离杠杆内端面不在同一平面内。

（2）从动盘波形弹簧片损坏，摩擦片油污、破裂、凹凸不平或铆钉外露，接合时断时续。

（3）主、从动盘磨损不均或翘曲不平，接合时出现局部接触，压不紧而出现抖动现象。

（4）离合器压紧弹簧弹力不均，个别折断或高度不一致，膜片弹簧弹力严重不足。

（5）变速器与飞轮壳或发动机固定螺栓松动。

（6）从动盘扭转减振器损坏，膜片弹簧固定铆钉松动。

（7）从动盘、中间压盘因花键锈蚀、积污而移动发滞。

（8）分离叉轴及衬套磨损严重或分离叉支点破损。

C　故障诊断与排除

使发动机怠速运转，踩下离合器踏板，变速器挂入低速挡，再慢慢放松离合器踏板，轻踩加速踏板让装备起步，若车身有明显的振抖，并发出“咣当”的撞击声，则为离合器发抖；若装备不是平顺起步，而是突然闯出，则为离合器发闯。

4.3.2.4　离合器异响

A　故障现象

离合器异响往往在发动机启动后、装备起步前离合器接合和分离时产生。在装备行驶过程中，踩下离合器踏板时发出异响，放松踏板时异响消失；或踩下、放松离合器踏板时都有异响。

B 故障原因

（1）分离轴承损坏或润滑不良。

（2）踏板回位弹簧过软、折断，离合器踏板无自由行程。

（3）分离轴承套筒与导管脏污，其回位弹簧过软、折断，使分离轴承回位不佳。

（4）分离叉或其支架销、孔磨损松旷。

（5）从动盘摩擦片铆钉松动、外露或摩擦片破裂、减振弹簧折断等。

（6）离合器盖与压盘配合松动，从动盘花键配合松旷。

（7）双片离合器中间压盘传动销、孔磨损松旷。

C 故障诊断与排除

发动机怠速运转，拉紧驻车制动，变速器挂空挡，慢慢踩下离合器踏板，倾听响声变化；再缓缓放松离合器踏板，倾听响声变化。如此反复多次，均出现不正常响声，即为离合器异响。

4.4 自动变速器常见故障检查与排除

4.4.1 自动变速器故障诊断注意事项

机械装备自动变速器是一种机、液、电一体化的精密部件，对其故障的诊断与检修则是一项细心而认真的工作。在诊断过程中务必注意下列事项：

（1）必须确诊为自动变速器故障后方可拆卸检修。发动机、ECU（电控单元）、装备底盘都会影响到变速器的工作性能，尤其是发动机动力性差或调整不当导致加速不良、制动不能及时解除等，都容易误诊为自动变速器的故障，因而要首先对其加以排除。

（2）换装保险时一定要确保规格相同，绝不使用超过或低于规定电流值的熔断丝，检查电器元件时应使用高阻抗的数字万用表。

（3）保持变速器的清洁。在分解变速器之前必须对外部进行认真的清洗，以防油泥污染内部零件，因为自动变速器的液压阀属精密偶件，即使是细小的杂物也会引起大的故障。

（4）所有零部件必须清洗干净，液压油道及小孔都要用压缩空气吹通，确保不被堵塞。

（5）一次性零件不可重复使用。在自动变速器中使用的一次性零件有开口销、密封垫、O 形圈、油封等，每次检修后都应换新。

（6）更换的新离合器、制动器在装配前应在自动变速器油中浸泡至少 15 min。

（7）所有密封油环、离合器摩擦片、离合器钢片、旋转元件和滑动表面，在装配时都应用自动变速器油（ATF）涂抹。

（8）应确保 ATF 型号与加入量符合要求。

4.4.2 自动变速器的试验

自动变速器的测试包含失速试验、迟滞试验、油压试验、道路试验及手动换挡试验等内容。

4.4.2.1 自动变速器的失速试验

失速试验是检查发动机、变矩器及自动变速器中有关换挡执行元件的工作是否正常的一种方法。

(1) 准备工作：

1) 让装备行驶至发动机和自动变速器均达到正常工作温度。

2) 检查装备的脚制动和手制动，确认其性能良好。

3) 检查自动变速器液压油高度，确认正常。

(2) 试验步骤：

1) 将装备停放在宽阔的水平地面上，前后车轮用三角木块塞住。

2) 拉紧手制动，左脚用力踩住制动踏板。

3) 启动发动机。

4) 将操纵手柄拨入 D 位置。

5) 在左脚踩紧制动踏板的同时，用右脚将油门踏板踩到底，在发动机转速不再升高时，迅速读取此时的发动机转速。

6) 读取发动机转速后，立即松开油门踏板。

7) 将操纵手柄拨入 P 或 N 位置，让发动机怠速运转 1 min，以防止液压油因温度过高而变质。

8) 将操纵手柄拨入其他挡位（R、S、L 或 2、1），做同样的试验。

注意事项如下：

(1) 在一个挡位的试验完成之后，不要立即进行下一个挡位的试验，要等油温下降之后再进行。

(2) 试验结束后不要立即熄火，应将操纵手柄拨入空挡或停止挡，让发动机怠速运转几分钟，以便让液压油温度降至正常。

(3) 如果在试验中发现驱动轮因制动力不足而转动，应立即松开油门踏板，停止试验。

不同车型的自动变速器都有其失速转速标准。大部分自动变速器的失速转速标准为 2300 r/min 左右。若失速转速高于标准值，说明主油路油压过低或换挡执行元件打滑；若失速转速低于标准值，则可能是发动机动力不足或液力变矩器有故障。

4.4.2.2 自动变速器的迟滞试验

在发动机怠速运转时将操纵手柄从空挡拨至前进挡或倒挡后，需要有一段短暂时间的迟滞或延时才能使自动变速器完成挡位的接合（此时装备会产生一个轻微的振动），这一短暂的时间称为自动变速器换挡的迟滞时间。延时试验就是测出自动变速器换挡的迟滞时间，根据迟滞时间的长短来判断主油路油压及换挡执行元件的工作是否正常。

试验步骤如下：

(1) 让装备行驶，使发动机和自动变速器达到正常工作温度。

(2) 将汽车停放在水平地面上，拉紧手制动。

(3) 检查发动机怠速。如不正常，应按标准予以调整。

(4) 将自动变速器操纵手柄从空挡“N”位置拨至前进挡“D”位置，用秒表测量从拨动操纵手柄开始到感觉汽车振动为止所需的时间，该时间称为 N-D 延时时间。

(5) 将操纵手柄拨至 N 位置，让发动机怠速运转 1 min 后，再做一次同样的试验。

（6）做3次试验，并取平均值。

（7）按上述方法，将操纵手柄由N位置拨至R位置，测量N-R延时时间。

对于大部分自动变速器：N-D延时时间为1.0~1.2 s，N-R延时时间为1.2~1.5 s。若N-D延时时间过长，说明主油路油压过低，前进离合器摩擦片磨损过大或前进单向超越离合器工作不良；若N-R延时时间过长，说明倒挡主油路油压过低，倒挡离合器或倒挡制动器磨损过大或工作不良。

4.4.2.3 启动变速器的油压试验

油压试验是在自动变速器运转时，对控制系统各个油压进行测量。

油压过高，会使自动变速器出现严重的换挡冲击，甚至损坏控制系统；油压过低，会造成换挡执行元件打滑，加剧其摩擦片的磨损，甚至使换挡执行元件烧毁。

（1）前进挡主油路油压测试方法。

1）拆下变速器壳体上主油路测压孔或前进挡油路测压孔螺塞，接上油压表。

2）启动发动机。

3）将操纵手柄拨至前进挡“D”位置。

4）读出发动机怠速运转时的油压。该油压即为怠速工况下的前进挡主油路油压。

5）用左脚踩紧制动踏板，同时用右脚将油门踏板完全踩下，在失速工况下读取油压。该油压即为失速工况下的前进挡主油路油压。

6）将操纵手柄拨至空挡或停车挡，让发动机怠速运转1 min以上。

7）将操纵手柄拨至各个前进低挡位置，重复1)~6）的步骤，读出各个前进低挡在怠速工况和失速工况下的主油路油压。

（2）倒挡主油路油压测试方法。

1）拆下自动变速器壳体上的主油路测压孔或倒挡油路测压孔螺塞，接上油压表。

2）启动发动机。

3）将操纵手柄拨至倒挡“R”位置。

4）在发动机怠速运转工况下读取油压。该油压即为怠速工况下的倒挡主油路油压。

5）用左脚踩紧制动踏板，同时用右脚将油门踏板完全踩下，在发动机失速工况下读取油压。该油压即为失速工况下的倒挡主油路油压。

6）操纵手柄拨至空挡“N”位置，让发动机怠速运转1 min以上。

4.4.2.4 自动变速器的道路试验

自动变速器的道路试验是诊断、分析自动变速器故障的最有效的手段之一。此外，自动变速器在修复之后，也应进行道路试验，以检查其工作性能，检验维修质量。自动变速器的道路试验内容主要有：检查换挡车速、换挡质量及检查换挡执行元件有无打滑等。

在道路试验之前，应先让装备以中低速行驶5~10 min，让发动机和自动变速器都达到正常工作温度。在试验中，如无特殊需要，通常应将超速挡开关置于ON位置（即超速指示灯熄灭），并将模式开关置于普通模式或经济模式的位置。

A 升挡检查

将操纵手柄拨至前进挡“D”位置，踩下油门踏板，使节气门保持在1/2开度左右，让汽车起步加速，检查自动变速器的升挡情况。自动变速器在升挡时发动机会有瞬时的转速下降，同时车身有轻微的振动感。正常情况下，装备起步后随着车速的升高，试车者应能感觉到自动变速器能顺利地由1挡升入2挡，随后再由2挡升入3挡，最后升入超速挡。若自动变速器不能升入高挡（3挡或超速挡），说明控制系统或换挡执行元件有故障。

B　升挡车速的检查

将操纵手柄拨至前进挡“D”位置，踩下油门踏板，并使节气门保持在某一固定开度，让汽车起步并加速。当察觉到自动变速器升挡时，记下升挡车速。

一般4挡自动变速器在节气门开度保持在1/2时，由1挡升至2挡的升挡车速为25~35 km/h，由2挡升至3挡的升挡车速为55~70 km/h，由3挡升至4挡（超速挡）的升挡车速为90~120 km/h。

由于升挡车速和节气门开度有很大的关系，即节气门开度不同时，升挡车速也不同，而且不同车型的自动变速器各挡位传动比的大小都不相同，其升挡车速也不完全一样，因此，只要升挡车速基本保持在上述范围内，而且车辆或装备行驶中加速良好，无明显的换挡冲击，都可认为其升挡车速基本正常。若装备行驶中加速无力，升挡车速明显低于上述范围，说明升挡车速过低（即过早升挡）；若装备行驶中有明显的换挡冲击，升挡车速明显高于上述范围，说明升挡车速过高（即太迟升挡）。

C　升挡时发动机转速的检查

在正常情况下，若自动变速器处于经济模式或普通模式，节气门保持在低于1/2开度范围内，则车辆在由起步加速直至升入高速挡的整个行驶过程中，发动机转速都将低于3000 r/min。通常发动机在加速至即将要升挡时的转速可达到2500~3000 r/min，在刚刚升挡后的短时间内发动机转速将下降至2000 r/min，说明升挡时间过早或发动机动力不足；如果在行驶过程中发动机转速始终偏高，升挡前后的转速在2500~3500 r/min之间，且换挡冲击明显，说明升挡时间过迟；如果在行驶中发动机转速过高，常高于3000 r/min，在加速时达到4000~5000 r/min，甚至更高，则说明自动变速器的换挡执行元件（离合器或制动器）打滑，应拆修自动变速器。

D　换挡质量的检查

换挡质量的检查内容主要是检查有无换挡冲击。正常的自动变速器只能有不太明显的换挡冲击，特别是电子控制自动变速器的换挡冲击应十分微弱。若换挡冲击太大，说明自动变速器的控制系统或换挡执行元件有故障，其原因可能是油路油压高或换挡执行元件打滑，应做进一步的检查。

E　锁止离合器工作状况的检查

可以采用道路试验的方法进行检查。让装备加速至超速挡，以高于80 km/h的车速行驶，并让节气门开度保持在低于1/2的位置，使变矩器进入锁止状态。此时，快速将油门踏板踩下至2/3开度，同时检查发动机转速的变化情况。若发动机转速没有太大的变化，说明锁止离合器处于结合状态；反之，若发动机转速升高很多，则表明锁止离合器没有结合，其原因通常是锁止控制系统有故障。

F　发动机制动作用的检查

检查自动变速器有无发动机制动作用时，应将操纵从手柄拨至前进低挡（S、L或2、1）位置，在装备以2挡或1挡行驶时，突然松开油门踏板，检查是否有发动机制动作用。若松开油门踏板后车速立即随之下降，说明有发动机制动作用；否则说明控制系统或前进强制离合器有故障。

G 强制降挡功能的检查

检查自动变速器强制降挡功能时，应将操纵手柄拨至前进挡“D”位置，保持节气门开度为1/3左右，在以2挡、3挡或超速挡行驶时突然将油门踏板完全踩到底，检查自动变速器是否被强制降低一个挡位。在强制降挡时，发动机转速会突然上升至4000 r/min左右，并随着加速升挡，转速逐渐下降。若踩下油门踏板后没有出现强制降挡，说明强制降挡功能失效。若在强制降挡时发动机转速升高反常，在5000~6000 r/min，并在升挡时出现换挡冲击，则说明换挡执行元件打滑，应拆修自动变速器。

4.4.2.5 手动换挡试验

对于电子控制自动变速器而言，为了确定故障存在的部位，区分故障是由机械系统、液压系统引起，还是由电子控制系统引起的，可进行手动换挡试验。

所谓手动换挡试验就是将电子控制自动变速器所有换挡电磁阀的线束插头全部脱开，此时电脑不能通过换挡电磁阀来控制换挡，自动变速器的换挡取决于操纵手柄的位置。

手动换挡试验的步骤如下：

(1) 脱开电子控制自动变速器的所有换挡电磁阀线束插头。

(2) 启动发动机，将操纵手柄拨至不同位置，然后做道路试验（也可以将驱动轮悬空，进行台架试验）。

(3) 观察发动机转速和车速的对应关系，以判断自动变速器所处的挡位。

(4) 若操纵手柄位于不同位置时，自动变速器所处的挡位与表4-3中相同。说明电子控制自动变速器的阀板及换挡执行元件基本上工作正常。否则，说明自动变速器的阀板或换挡执行元件有故障。

(5) 试验结束后，接上电磁阀线束插头。

(6) 清除计算机中的故障代码，防止因脱开电磁阀线束插头而产生的故障代码保存在计算机中，影响自动变速器的故障自诊断工作。

表4-3 自动变速器在不同挡位时发动机转速和车速的关系

挡位	发动机转速/r·min^{-1}	车速/km·h^{-1}
1挡	2000	18~22
2挡	2000	34~38
3挡	2000	50~55
超速挡	2000	70~75

4.4.3 自动变速器故障诊断

4.4.3.1 换挡粗暴

A 故障现象

(1) 在起步时，由停车挡或空挡挂入倒挡或前进挡时，机械装备振动较严重。

(2) 行驶中，在自动变速器升挡的瞬间汽车有较明显的冲击。

B 故障原因

(1) 发动机怠速过高。

（2）节气门拉索或节气门位置传感器调整不当，使主油路油压过高。

（3）升挡过迟。

（4）真空式节气门阀的真空软管破裂或松脱。

（5）主油路调压阀有故障，使主油路油压过高。

（6）减振器活塞卡住，不能起减振作用。

（7）单向阀钢球漏装，换挡执行元件（离合器或制动器）接合过快。

（8）换挡执行元件打滑。

（9）油压电磁阀不工作。

（10）计算机有故障。

C 故障诊断与排除

导致自动变速器换挡冲击大的故障原因很多，情况也比较复杂。故障原因可能是调整不当等，对此，只要稍做调整即可排除；也可能是自动变速器内部的控制阀、减振器或换挡执行元件有故障，对此，必须分解自动变速器，予以修理；还可能是电子控制系统有故障，对此，必须对电子控制系统进行检测，才能找出具体原因。因此，在诊断故障的过程中，必须循序渐进，对自动变速器的各个部分做认真的检查。一定要在全面检测的基础上，有针对性地进行分解修理，不可盲目拆修。

（1）检查发动机怠速。装有自动变速器的汽车的发动机怠速一般为 750 r/min 左右。若怠速过高，应按标准予以调整。

（2）检查节气门拉索或节气门位置传感器的调整情况。如不符合标准，应重新予以调整。

（3）检查真空式节气门阀的真空软管。如有破裂，应更换；如有松脱，应接牢。

（4）做道路试验。如果有升挡过迟的现象，则说明换挡冲击大的故障是升挡过迟所致。如果在升挡之前发动机转速异常升高，导致在升挡的瞬间有较大的换挡冲击，则说明离合器或制动器打滑，应分解自动变速器检修。

（5）检测主油路油压。如果怠速时的主油路油压过高，则说明主油路调压阀或节气门阀有故障，可能是调压弹簧的预紧力过大或阀芯卡滞，如果怠速时主油路油压正常，但起步进挡时有较大的冲击，则说明前进离合器或倒挡及高挡离合器的进油单向阀阀球损坏或漏装。

（6）检测换挡时的主油路油压。在正常情况下，换挡时的主油路油压会有瞬间的下降。如果换挡时主油路油压没有下降，则说明减振器活塞卡滞。对此，应拆检阀板和减振器。

（7）电子控制自动变速器如果出现换挡冲击过大的故障，应检查油压电磁阀的线路，以及油压电磁阀工作是否正常、计算机是否在换挡的瞬间向油压电磁阀发出控制信号。如果线路有故障，应予以修复；如果电磁阀损坏，应更换电磁阀；如果计算机在换挡的瞬间没有向油压电磁阀发出控制信号，说明计算机有故障，应更换计算机。

4.4.3.2 发动机启动后机械装备无法行驶

A 故障现象

（1）无论操纵手柄位于倒挡、前进挡或前进低挡，装备都不能行驶。

（2）冷车启动后装备能行驶一小段路程，但稍一热车就不能行驶。

B 故障原因

(1) 自动变速器油底壳被撞坏，液压油全部漏光。

(2) 操纵手柄和手动阀摇臂之间的连杆或拉索松脱，手动阀保持在空挡或停车挡位置。

(3) 油泵进油滤网堵塞。

(4) 主油路严重泄漏。

(5) 油泵损坏。

C 故障诊断与排除

(1) 拔出自动变速器的油尺，检查自动变速器液压油的油面高度。若油尺上没有液压油，说明自动变速器内的液压油全部漏光。对此，应检查油底壳、液压油散热器、油管等处有无破损而导致漏油。如有严重漏油处，应修复后重新加油。

(2) 检查自动变速器操纵手柄与手动阀摇臂之间的连杆或拉索有无松脱。如有松脱，应予以装复，并重新调整好操纵手柄的位置。

(3) 拆下主油路测压孔上的螺塞，启动发动机，将操纵手柄拨至前进挡或倒挡位置，检查测压孔内有无液压油流出。

(4) 若主油路测压孔内没有液压油流出，则应打开油底壳，检查手动阀摇臂轴与摇臂有无松脱，手动阀阀芯有无折断或脱钩。若手动阀工作正常，则说明油泵损坏。对此，应拆卸分解自动变速器，更换油泵。

(5) 若主油路测压孔内只有少量液压油流出，油压很低或基本上没有油压，则应打开油底壳，检查油泵进油滤网有无堵塞。如有堵塞，说明油泵或主油路严重泄漏。对此，应拆卸分解自动变速器，予以修理。

(6) 若冷车启动时主油路有一定的油压，但热车后油压即明显下降，说明油泵磨损过甚，或自动变速器滤清器堵塞。对此，应更换油泵和自动变速器滤清器。

(7) 若测压孔内有大量液压油喷出，则说明主油路油压正常。故障出在自动变速器的输入轴、行星排或输出轴。对此，应拆检自动变速器。

4.4.3.3 只有倒挡没有前进挡

A 故障现象

(1) 汽车倒挡行驶正常，在前进挡时不能行驶。

(2) 操纵手柄在D位时不能起步，在S位、L位（或2位、1位）时可以起步。

B 故障原因

(1) 前进离合器严重打滑。

(2) 前进单向超越离合器打滑或装反。

(3) 前进离合器油路严重泄漏。

(4) 操纵手柄调整不当。

C 故障诊断与排除

(1) 检查操纵手柄的调整情况。如有异常，应按规定程序重新调整。

(2) 测量前进挡主油路油压。若油压过低，则说明主油路严重泄漏，应拆检自动变速器，更换前进挡油路上各处的密封圈和密封环。

(3) 若前进挡主油路油压正常，应拆检前进离合器。如摩擦片表面粉末冶金层烧焦或磨损过甚，应更换摩擦片。

(4) 若主油路油压和前进离合器均正常，则应拆检前进单向超越离合器，查其安装方向是否正确及有无打滑。如有装反，应重新安装；如有打滑，应更换新件。

4.4.3.4 只有前进挡没有倒挡

A 故障现象

装备在前进挡能正常行驶，但在倒挡时不能行驶。

B 故障原因

(1) 操纵手柄调整不当。

(2) 倒挡油路泄漏。

(3) 倒挡及高挡离合器或低挡及倒挡制动器打滑。

C 故障诊断与排除

(1) 检查操纵手柄的位置。如有异常，应按规定程序重新调整。

(2) 检查倒挡油路油压。若油压过低，则说明倒挡油路泄漏。对此，应拆检自动变速器，予以修复。

(3) 若倒挡油路油压正常，则应拆检自动变速器，更换损坏的离合器片或制动器片(制动带)。

4.4.3.5 频繁跳挡

A 故障现象

装备以前进挡行驶时，即使油门踏板保持不动，自动变速器仍会经常出现突然降挡现象，降挡后发动机转速异常升高，并产生换挡冲击。

B 故障原因

(1) 节气门位置传感器有故障。

(2) 车速传感器有故障。

(3) 控制系统电路接地不良。

(4) 换挡电磁阀接触不良。

(5) 计算机有故障。

C 故障诊断与排除

(1) 对于电子控制自动变速器，应先进行故障自诊断。如有故障代码出现，按所显示的故障代码查找故障原因。

(2) 测量节气门位置传感器。如有异常，应更换。

(3) 测量车速传感器。如有异常，应更换。

(4) 检查控制系统电路各条接地线的接地状态。如有接地不良现象，应予以修复。

(5) 拆下自动变速器油底壳，检查各个换挡电磁阀线束接头的连接情况。如有松动，应予以修复。

(6) 检查控制系统计算机各接线脚的工作电压。如有异常，应予以修复或更换。

(7) 换一个新的阀板或电脑试一下。如果故障消失，说明原阀板或电脑损坏，应更换。

(8) 更换控制系统所有线束。

4.4.3.6 行驶中自动变速器有异响

A 故障现象

(1) 在汽车运转过程中，自动变速器内始终有一异常响声。

(2) 汽车行驶中自动变速器有异响，停车挂空挡后异响消失。

B 故障原因

(1) 油泵因磨损过甚或液压油油面高度过低、过高而产生异响。

(2) 变矩器因锁止离合器、导轮单向超越离合器等损坏而产生异响。

(3) 行星齿轮机构异响。

(4) 换挡执行元件异响。

C 故障诊断与排除

(1) 检查自动变速器液压油油面高度。若太高或太低，应调整至正确高度。

(2) 用举升器将汽车升起，启动发动机，在空挡、前进挡、倒挡等状态下检查自动变速器产生异响的部位和时刻。

(3) 若在任何挡位下自动变速器前部始终有一连续的异响，则通常为油泵或变矩器异响。对此，应拆检自动变速器，检查油泵有无磨损、变矩器内有无大量摩擦粉末。如有异常，应更换油泵或变矩器。

(4) 若自动变速器只有在行驶中才有异响，空挡时无异响，则为行星齿轮机构异响。对此应分解自动变速器，检查行星排各个零件有无磨损痕迹，齿轮有无断裂，单向超越离合器有无磨损、卡滞，轴承或止推垫片有无损坏。如有异常，应予以更换。

4.5 驱动桥的检测与诊断

4.5.1 驱动桥的调整

4.5.1.1 主、从动锥齿轮轴承装配与轴承预紧度的调整

主、从动锥齿轮轴承安装时都应具有一定的预紧力，以消除轴承多余的轴向间隙，平衡前后轴承的轴向负荷，这对主、从动锥齿轮工作时保证正确的啮合和前后轴承获得比较均匀的磨损都是必要的。

A 主动锥齿轮轴承装配与轴承预紧度调整

主动锥齿轮轴承的预紧度可以通过调整垫片调整。大多数情况两轴承距离已定，可用增减两轴承内圈或外圈之间的垫片调整轴承预紧度。

有的机械装备不用调整垫片，而是通过精选隔套的长度来调整轴承的预紧度。

近年来，有的机械装备用弹性波形套替换隔套来调整预紧度。波形套采用冷拔低碳无缝钢管制造，其上有一波形框或其他容易产生轴向变形的结构，当轴承预紧后，波形套超过了弹性极限进入塑性变形范围，从而使轴承预紧度保持在规定范围内，所以弹性波形套是一种调整迅速、精确有效的装置。但由于塑性变形，波形套拆装一次就缩短一次，需要加一层垫圈，而一个垫圈经拆装 3~4 次就会因屈服点过分降低而报废，这是它的一个主要缺点。

主动锥齿轮轴承预紧度的检查是按预紧力矩来检查的，其装配和调整的方法大致

相同。

装配时，先将轴承外圈涂上机油，压入轴承座孔内，并将后轴承压入主动锥齿轮轴颈上，装入轴承座孔，依次装入调整垫片、前轴承、万向节凸缘、平垫圈，然后按规定力矩拧紧锁紧螺母，检查轴承预紧度。安装锁紧螺母时应注意：一面转动轴承座壳；一面旋紧螺母，以免轴承在座上歪斜。

检查时，将轴承座壳夹在台虎钳上，用弹簧秤沿凸缘的切向测量所需的拉力。拉力值不符合规定时需调整。注意：测量时轴承应润滑，在顺一个方向旋转不少于 5 圈后进行。

如无弹簧秤，也可凭经验检查，用手转动凸缘应转动灵活无阻滞，沿轴向推拉凸缘应感觉不到轴向间隙为合适。

B 从动锥齿轮轴承的装配与轴承预紧度的调整

从动锥齿轮轴承的装配与轴承预紧度的调整根据主减速器的结构形式不同有所区别。一般通过调整中间轴承盖两边的调整垫片的厚度来实现。将中间轴和轴承装入主减速器壳内，再装两边调整垫片和轴承盖，拧紧轴承盖固定螺钉。检查时用手转动从动锥齿轮应能灵活转动。将百分表固定在主减速器壳上，触头抵住从动齿轮背面，用撬棒左右撬动，表上指示的轴向移动量应小于 0.05 mm。如不用百分表，则撬动时感觉不到轴向移动即可。还有的车辆装备通过调整轴承盖上的调整螺母来实现。

4.5.1.2 主、从动锥齿轮啮合印痕和啮合间隙的调整

锥齿轮必须具有正确的啮合印痕和啮合间隙才能正常工作和达到正常的使用寿命。正确的啮合印痕和间隙是通过齿轮的轴向移动改变其相对位置来实现的。

主动锥齿轮可通过增减主动锥齿轮座与主减速器壳之间的调整垫片来调整，或是通过增减主动锥齿轮背面与轴承之间的垫片厚度来调整，这种结构形式在调整锥齿轮轴向位移的同时，也必须等量增减轴承预紧度调整垫片的厚度，使已经调好的轴承预紧度不会改变。

从动锥齿轮轴向位移的调整装置与轴承预紧度调整是共享的。在轴承预紧度调好之后，只要将左、右两侧的调整垫片从一侧调到另一侧，或是一侧的调整螺母松出多少，另一侧等量旋进多少，这样可以在保持轴承预紧度不变的情况下，达到啮合调整的目的。

调整齿轮啮合印痕和啮合间隙时，当印痕和侧隙出现矛盾时，应尽可能迁就印痕，侧隙可稍大些，但最大不可超过 1 mm，否则需重新选配齿轮。

4.5.2 驱动桥常见故障诊断与排除

驱动桥的主减速器、差速器、半轴等不仅承受很大的径向力、轴向力，还要承受巨大的扭力，而且经常受到剧烈的冲击载荷，因此零件会产生磨损，破坏了原先完好的技术状况，造成驱动桥异响、发热、漏油等现象，影响车辆装备的正常使用。

4.5.2.1 驱动桥异响

A 故障现象

（1）当机械装备以 40 km/h 以上的车速行驶时，驱动桥会产生一种不正常的响声，响声会随车速的提高而增大，而滑行或低速时响声减小或消失。

（2）行驶时驱动桥有异响，脱挡滑行时响声仍存在。

（3）车辆直线行驶时无异响，但转弯时会有。

（4）车辆上坡或下坡时后桥有异响，或上、下坡时都有异响。

B 故障原因

（1）齿轮或轴承严重磨损或损坏；齿轮副配合间隙过大；主、从动锥齿轮啮合不良或啮合间隙不均匀；半轴齿轮花键槽与半轴配合松旷。

（2）减速器主动齿轮或差速器的轴承松旷；后桥中某个轴承预紧力过大；主、从动锥齿轮调整不当、间隙过小。

（3）差速器行星齿轮与半轴齿轮严重磨损或啮合不良；行星齿轮支承垫圈磨薄或过厚使行星齿轮转动困难；主减速器从动齿轮与差速器壳的紧固螺钉松动。

（4）驱动桥某一部位的齿轮啮合间隙过小导致汽车上坡时发响；啮合间隙过大将导致下坡时发响；啮合不当或轴承松旷将导致上、下坡时均发响。

C 故障诊断及排除

（1）停车检查：将驱动桥架起来，启动发动机并挂上挡，然后急剧改变车速，查听驱动桥响声的来源，判断故障的所在部位；随即将发动机熄火挂入空挡，在传动轴停止转动后，用手转动主动齿轮凸缘，若有松旷感觉则是齿轮啮合间隙过大；若基本没有活动量则说明齿轮间隙过小，应分别进行调整。

（2）路试检查：根据装备行驶时不同的工况可能有不同的异响出现，查明故障的原因：若为齿轮啮合不良，要调整啮合间隙，调整后响声并未消失则应更换齿轮；若为轴承松旷，需更换轴承；若装备行驶中驱动桥有突然响声，多为车轮损坏，应立即停车检查并排除，以免打坏齿轮造成汽车停驶。

4.5.2.2 驱动桥发热

A 故障现象

装备行驶一段路程之后，用手触摸后桥有烫手的感觉。

B 故障原因

（1）轴承装配过紧。

（2）齿轮啮合间隙过小。

（3）齿轮油过少或型号不对。

C 故障诊断及排除

结合发热部位，逐项检查排除。

（1）手摸轴承部位烫手，说明轴承装配过紧，应重新调整。

（2）对于非轴承部位普遍过热，先检查桥壳内的油平面，油量不足应按规定将齿轮油加注；若油量足够，则是齿轮啮合间隙过小，应重新调整。

（3）对于双曲面齿轮式的主减速器，若齿轮油中含有较多的金属屑应进一步检查；若轮齿磨损呈顶状，则为油的型号不对，需更换规定的齿轮油；齿轮磨损严重的要更换齿轮。

4.5.2.3 驱动桥漏油

A 故障现象

齿轮润滑油从后桥减速器和半轴油封或其他衬垫处向外渗漏。

B 故障原因

（1）桥壳内油面太高。

（2）主减速器油封损坏。

（3）半轴油封安装不正或损坏。

（4）主减速器轴承预紧度过大，轴承运转中油温过高使油封老化变质，桥壳内腔压力升高也引起漏油。

（5）后桥壳盖接合面不平或衬垫损坏。

（6）后桥通气孔堵塞，桥壳内压升高。

（7）放油螺塞处漏油。

C 故障诊断及排除

（1）检查后桥润滑油油面，若过高应放出多余的油。

（2）检查后桥通气孔有无堵塞，主动齿轮和半轴齿轮的油封是否损坏，必要时予以疏通和更换。

（3）检查齿轮和轴承是否配合过紧，视情况予以调整。

（4）检查后桥壳盖平面及放油螺塞，若漏油则需修整或更换。

5 机械装备液压系统故障诊断

液压系统的故障诊断是对机械装备液压系统的运行状态进行判断，看是否发生了液压故障，当确定发生了故障之后，要判断具体的故障部位。所以，液压系统故障诊断的内容，应包括对装备液压系统的运行状态及故障的识别、预测和监视三个方面。具体来说，液压系统通常是根据计量仪表，如压力表、温度表、流量表等，对系统进行状态监测；并通过对系统噪声、振动、液压油的污染程度等的监测，判断系统的工作状态是否超过正常范围；通过对机械装备的日常维修、定期维修和综合检查，特别是从每天的日常维护来了解机械装备的状态，及时发现机械装备的异常现象。

5.1 机械装备液压系统故障与分类

机械装备的液压系统正在朝着高性能、高精度、高集成和复杂化的方向发展，液压系统的可靠性成了一个十分突出的问题。除液压系统的可靠性设计外，液压系统的故障检测和诊断技术也越来越受到重视，成为液压技术的一个发展方向。由于液压系统工作元件及工作介质的封闭特性，给液压系统的状态监测及在线故障诊断带来很大的困难，因而对液压系统的故障诊断很多时候还是采用人工巡回检测和定期维修的方式。近年来，由于计算机技术、检测技术、信息技术和智能技术的发展，大大地促进了液压系统故障检测与诊断技术的发展，出现了多种故障诊断技术，为液压系统的故障诊断与排除奠定了基础。

5.1.1 液压系统和液压元件的故障分类

液压系统和液压元件在运转状态下，出现丧失其规定性能的状态，称之为故障。所有的故障一般可分为随机故障和规律性故障两种类型。随机性故障不可预测，其间隔期无法估计，有发展过程的随机故障可用状态监测方法测定，无发展过程的随机故障则无法观察确定，只能根据记录及故障数据的分析，通过改进设计减少故障的发生。规律性故障可以预测，故其间隔期可以估计，有发展过程的规律性故障可用状态监测方法确定，无发展过程的规律性故障可有计划地进行部件更换或检修。

一般对故障可从工程复杂性、经济性、安全性，故障发生的快慢、故障起因等不同角度进行分类，大体上可分为间歇性故障和永久性故障。其中间歇性故障是指在很短的时间内发生，故障使装备局部丧失某些功能，而在发生后又立刻恢复到正常状态的故障。永久性故障则指使状态丧失某些功能，直至出现故障的零部件修复或更换，功能才恢复的故障。永久性故障可进一步做如下分类。

（1）按故障造成的功能丧失程度分类：

1）完全性故障：完全丧失功能；

2）部分性故障：某些局部功能丧失。

(2) 按故障发生的快慢分类：

1) 突发性故障：不能早期预测的故障；

2) 渐发性故障：通常测试可早期预测的故障，即故障有一个形成发展的过程；

以上两类故障还可以进一步分为：

①破坏性故障：既是突发的又是完全性的故障；

②渐衰性故障：既是部分性又是渐发性故障。

(3) 按故障的原因分类：

1) 磨损性故障：设计时便可预料到的属正常磨损造成的故障；

2) 错用性故障：使用时，负载、压力、流量超过额定值所导致的故障；

3) 固有的薄弱性故障：使用中，负载、压力、流量等虽未超过设计时的规定值，但此值本身规定不适合实际情况，设计不合理而导致出现的故障。

(4) 按危险的程度分类：

1) 危险性故障：例如安全溢流保护系统在需要动作时失效，造成工件或机床损坏，甚至人身伤亡的液压故障；

2) 安全性故障：例如起动液压设备时不能开车动作的故障。

(5) 按故障影响程度分类：有灾难性的、严重的、不严重的、轻微的等。

(6) 按故障出现的频繁程度分类：有非常容易发生、容易发生、偶尔发生、极少发生等。

(7) 按排除故障的紧急程度分类：有需立即排除、尽快排除、可慢些排除及不受限制（以不影响装备使用为原则）等故障。

5.1.2　机械装备液压系统故障的特点

5.1.2.1　故障的隐蔽性

液压部件的机构和油液封闭在密闭的壳体和管道内，当故障发生后，不如机械传动故障那样容易直接观察到，又不像电气传动那样方便测量，所以确定液压系统故障的部位和原因是比较困难的。

5.1.2.2　故障的多样性和复杂性

液压设备出现的故障可能是多种多样的，而且很多情况下是几个故障同时出现的，这就增加了液压系统故障的复杂性。例如，系统的压力不稳定，经常和振动噪声故障同时出现；而系统压力达不到要求经常又和动作故障联系在一起；甚至机械、电气部分的弊病也会与液压系统的故障交织在一起，使得故障变得多样和复杂。

5.1.2.3　故障的难以判断性

影响液压系统正常工作的原因，有些是渐发的，如因零件受损引起配合间隙逐渐增大，密封件的材质逐渐恶化等渐发性故障；有些是突发的，如异物突然卡死造成动作失灵所引起的元件的突发性故障；也有些是系统中各液压元件综合性因素所致，如元件规格选择、配置不合理等，很难实现设计要求；有时还会因机械、电气及外界因素影响而引起液压系统故障。以上这些因素给确定液压系统故障的部位及分析故障的原因增加了难度。所以当系统出现故障后，必须综合考虑各种因素，对故障进行认真检查、分析、判断，才能找出故障的部位及其产生原因。一旦找出故障原因后，往往处理和排除却比较容易，一般只需更换元件，有时甚至只需经过清洗即可。

5.1.2.4 故障的交错性

液压系统的故障，其症状与原因之间存在着各种各样的重叠和交叉。

引起液压系统同一故障的原因可能有多个，而且这些原因常常是交织在一起互相影响的。例如，系统压力达不到要求，其可能是液压泵引起的，也可能是溢流阀引起的，也可能是两者同时作用的结果，也可能是液压油的黏度不合适，或者是系统的泄漏等所造成的。

另外，液压系统中同一原因，但因其程度的不同、系统结构的不同及与它配合的机械结构的不同，所引起的故障现象也可以是多种多样的。例如，同样是系统吸入空气，可能出现不同的故障现象，特别严重时能使泵吸不进油；较轻时会引起流量、压力的波动，同时产生轻重不同的噪声；有时还会引起机械部件运动过程中的爬行。

所以，液压系统的故障存在着引起同一故障原因的多样性和同一原因引起故障的多样性的特点，即故障现象与故障原因不是一一对应的。

5.1.2.5 故障产生的随机性与必然性

液压系统在运行过程中，受到各种各样随机因素的影响，因此，其故障有时是偶然发生的，如：工作介质中的污物偶然卡死溢流阀或换向阀的阀芯，使系统偶然失压或不能换向；电网电压的偶然变化，使电磁铁吸合不正常而引起电磁阀不能正常工作等，这些故障不是经常发生的，也没有一定的规律。但是，某些故障却是必然会发生的，故障必然发生的情况是指那些持续不断经常发生，并具有一定规律的原因引起的故障，如工作介质黏度低引起的系统泄漏、液压泵内部间隙大使得内泄漏增加导致泵的容积效率下降等。因此，在分析液压系统故障的原因时，既要考虑产生故障的必然规律，又要考虑故障产生的随机性。

5.1.2.6 故障的产生与使用条件的密切相关性

同一系统往往随着使用条件的不同，而产生不同的故障。例如，环境温度低，使油液黏度增大引起液压泵吸油困难；环境温度高又无冷却时，油液黏度下降引起系统泄漏和压力不足等故障。设备在不清洁的环境或室外工作时，往往会引起工作介质的严重污染，并导致系统出现故障。另外，操作维护人员的技术水平也会影响到系统的正常工作。

5.1.2.7 故障的可变性

由于液压系统中各个液压元件的动作是相互影响的，所以，排除了一个故障，往往又会出现另一个故障。这就使液压系统的故障表现出了可变性。因此，在检查、分析、排除故障时，必须特别注意液压系统的严密性和整体性。

5.1.2.8 故障的差异性

由于设计、加工、材料及应用环境的差异，液压元件的磨损和劣化的速度相差很大，同一厂家生产的同一规格的同一批液压件，其使用寿命会相差很大，出现故障的情况也有很大差异。

5.1.3 机械装备液压系统常见故障现象

机械装备液压系统的故障最终主要表现在液压系统或其回路中的元件损坏，伴随漏油、发热、振动、噪声等现象，导致系统不能发挥正常功能甚至丧失规定的功能。主要的故障现象列举如下。

（1）泄漏：包括由于松动、磨损、老化、突然爆裂等原因引起的外漏、内漏、缓漏、急漏。液压系统内泄漏（液压泵、控制阀及执行元件——液压缸和液压马达等内泄漏），造成各执行元件工作不良或无动作；液压系统外泄漏，即液压元件、液压辅件及管路（特别是接头处）有明显外泄，造成液压系统油量不足、油压降低和环境污染。

（2）油料变质：包括氧化、高温、化学污染、老化、滤清器失效等引起的稀释、胶状沉淀、絮状悬浮、杂质过多等现象。

（3）振动及噪声：包括磨损、蠕变、调整不当、变形等原因所引起的机械振动、液力波动、机械噪声和液、气噪声等。作业或运行时其液压元件或管路振动和噪声，会造成工作不良或机件损坏。

（4）油料温度过高：负荷、摩擦、环境等因素造成的液压油温度超过规定范围。

（5）运转无力：定压太低、泄漏过量、供油不足等所引起的不能拖动额定负载的现象。

（6）执行元件动作缓慢：液压泵采油不足、泄漏、定压过低、流量不够等所造成的运动速度低于正常值的现象。

5.2 机械装备液压系统故障诊断的原则与步骤

5.2.1 机械装备液压系统故障诊断的一般原则

正确分析故障是排除故障的前提，系统故障大部分并非突然发生，发生前总有预兆，当预兆发展到一定程度即产生故障。引起故障的原因是多种多样的，并无固定规律可循。统计表明，液压系统发生故障约90%是使用、管理不善所致。为了快速、准确、方便地诊断故障，必须充分认识液压故障的特征和规律，这是故障诊断的基础。

在故障诊断过程中要遵循由外到内、由易到难、由简单到复杂、由个别到一般的总原则，具体要从下面几方面来把握：

（1）首先判明液压系统的工作条件和外围环境是否正常。需要首先搞清是机械部分或是电气控制部分故障，还是液压系统本身的故障，同时查清液压系统的各种条件是否符合正常运行的要求。

（2）区域判断。根据故障现象和特征确定与该故障有关的区域，逐步缩小发生故障的范围，检测此区域内的元件情况，分析发生原因，最终找出故障的具体所在。

（3）掌握各类故障进行综合分析。根据故障最终的现象，逐步深入找出多种直接的或间接的可能原因，为避免盲目性，必须根据系统基本原理进行综合分析、逻辑判断，减少怀疑对象逐步逼近，最终找出故障部位。

（4）故障诊断是建立在装备使用记录及某些系统参数基础之上的。建立系统使用记录是预防、发现和处理故障的科学依据；建立装备故障分析表，它是使用经验的高度概括总结，有助于对故障现象迅速做出判断；具备一定检测手段，可对故障做出准确的定量分析。

（5）验证可能故障原因时，一般从最可能会的故障原因或最易检验的地方开始，这样可减少装拆工作量，提高诊断效率。

5.2.2 机械装备液压系统故障诊断步骤

液压系统故障诊断的主要内容是根据故障症状（现象）的特征，借助各种有效手段，找出故障发生的真正原因，弄清故障机制，有效排除故障，并通过总结，不断积累丰富经验，为预防故障的发生及今后排除类似故障提供依据。

故障诊断的原则是先“断”后“诊”。故障出现时，一般以一定的表现形式（现象）暴露出来，所以诊断故障应先从故障现象着手，然后分析故障机理和故障原因，最后采取对策，排除故障，其步骤如图 5-1 所示。

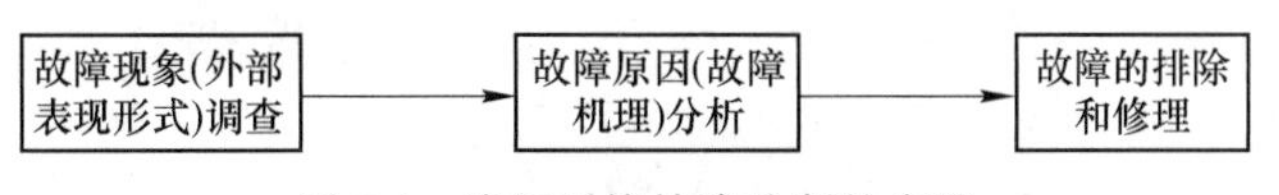

图 5-1 液压系统故障诊断的步骤

5.2.2.1 故障调查

故障现象的调查内容力求客观、真实、准确与实用，可用故障报告单的形式记录，其主要内容有：

（1）机械装备种类、型号、生产厂家、使用履历、故障类别、发生日期及发生时的状况；

（2）环境条件：温度、日光、辐射能、粉尘、水汽、化学性气体及外负载。

5.2.2.2 故障原因

故障原因查找是比较困难的，但一般情况下故障产生的原因，如图 5-2 所示，有下述几个方面。

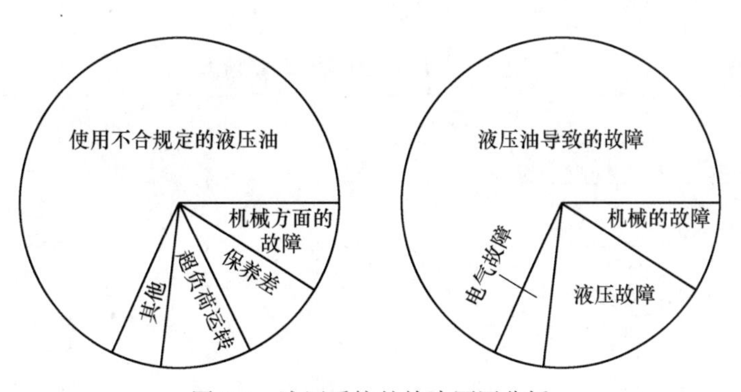

图 5-2 液压系统的故障原因分析

（1）人为因素：操作使用及维修保障人员的素质、技术水平、管理水平及工作态度的好坏，是否违章操作，保养状况的好坏等。

（2）液压系统及液压元件本身的质量状况：原设计的合理程度、原生产厂家加工安装调试质量好坏，用户的调试使用保养状况等。

（3）故障机理的分析：使用时间长短，磨损、润滑密封机理、材料性能及失效形式、液压油老化劣化、污染度等方面。

5.2.2.3 故障管理

开展故障管理是一项细致、复杂和必须持之以恒才能收到实效的工作。开展故障管理的主要做法如下。

(1) 做好宣传教育工作，调动全员参加故障管理工作。建立维修保障故障管理体系，实行区域维护责任体制和区域故障限额指标，把责、权、利统一起来，考核评比，奖惩分明。

(2) 从基础工作抓起，紧密结合装备使用要求和装备现状，确定装备故障管理与维修保障重点，采取减少装备故障的措施（见表 5-1)。要把对装备作战保障影响大、容易发生故障、故障停机时间长或对保障效能影响大、损失大及修理难度高的装备（如珍大稀装备、作战保障任务重大的装备和重要装备）列为维修保障故障管理的重点，进行严格管理。

表 5-1 减少装备故障的措施

故障阶段	初期故障期	偶尔故障期	磨损故障期
故障原因	设计、制造、装配、材质等存在的缺陷	不合理的使用与维修	装备寿命期限
减小故障措施	加强试运转（磨合）中的观察、检查和调整，进行初期状态管理，培训操作人员，合理改进	合理使用与维护，巡回检查，定期检查和状态监测，润滑、调整、日常维护保养	进行状态监测与视情维修，定期维修、合理改装

(3) 做好装备的故障记录。故障记录是实施装备维修故障管理、进行故障分析和处理的依据。必须建立检查记录、维修日记，健全原始记录。有条件的开展点检，认真填写“装备故障维修单”，报送装备维修保障管理机关。故障记录的项目及作用归纳见表 5-2。

表 5-2 故障记录的项目及作用

故障记录项目	能取得的信息	进行故障管理的内容
故障现象	功能的丧失程度、温升、振动、噪声、泄漏情况	故障机理探讨，设计改进装配制造质量，液压油管理，日常管理
故障原因	了解装备故障的性质和主要原因	改进管理工作，贯彻责任制，制定并贯彻操作规程，进行技术业务培训
故障的内容及情况	易出故障的装备及其故障部位，装备存在的缺陷和使用、修理中存在的问题	纳入检查、维护标准，改装装备，计划内检修内容，装备技术资料
修理工时	故障修理工作量，各种工时消耗，现有工时利用情况，维修工实际劳动工时	工时定额，人员配备，维修人员奖励
修理停工	修理停工程度，停歇时间占装备工作时间比率，停工对装备保障任务的影响	改进修理方式和方法，分析停工过程原因，技术培训
修理费用	故障的直接经济损失与军事损失	装备维持费用

（4）从各种来源收集到的装备故障信息，可以分使用单位和装备类别进行统计、分析，计算各类装备的故障频率、平均故障间隔期。分析单台装备的故障动态和重复故障原因，找出故障发生规律，并采取对策，将故障信息整理分析资料反馈到计划维修部门，安排预防修理和改善修理计划，并作为修改定检周期、方法和标准的依据。

（5）采用监测仪器和诊断技术，确切掌握重点装备的实际特性，尽早发现故障征兆和劣化信息，实现以状态监测为基础的装备维修。

（6）建立故障查找逻辑程序。为此，要把常见故障现象、分析步骤、产生原因、排除方法汇编起来，制成故障查找逻辑分析程序图、因果图等。这样，不但可以提高工作效率，而且技术较低和缺乏经验的装备维修人员也可以利用它迅速找出故障的部位和原因。

（7）针对故障现象、故障原因、类型、不同装备的特点，分别采取不同的对策，建立适合本单位的故障管理和设备维修管理体制。一般故障维修对策可归纳为图5-3所示的几种。

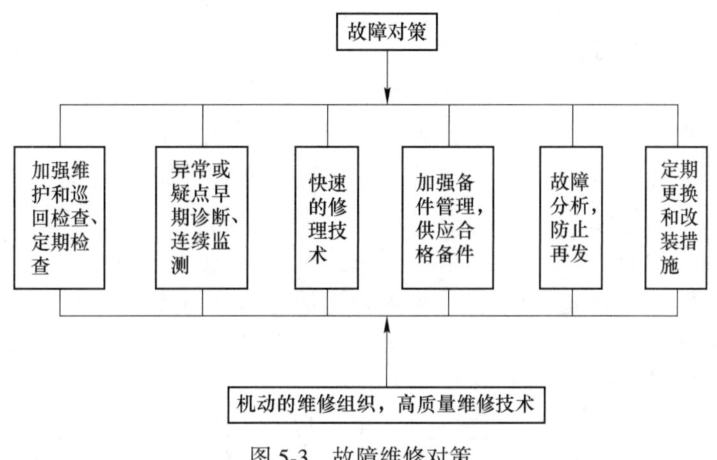

图5-3 故障维修对策

5.3 机械装备液压系统故障诊断技术与方法

5.3.1 液压系统故障检测与诊断技术

液压系统故障诊断主要有两个部分，即信号的提取与故障模式识别。

5.3.1.1 动态信号在线检测

对液压系统的主要工况参数（如压力、流量、温度、元件的运动速度、振动和噪声等）信号，利用各种传感器和信号调理电路与转换电路（包括滤波、放大等信号调理及A/D与D/A转换等过程）进行实时在线采集和检测，包括对单个液压元件（通常是系统中的重要元件）参数和整个系统特征参数的检测。该过程是整个故障检测与诊断的重要环节，要求实时、准确地获得各参数的真实信号，因此在传感器设计、选择、安装上要做大量的工作。从某种意义上说，传感器的技术水平很大程度上决定了故障诊断系统的准确性和真实性。

5.3.1.2　工作状态的识别与故障诊断

工作状态的识别与故障诊断主要包括信号特征分析、工作状态识别和故障诊断等过程。机械装备实车信号采用各种分析方法（如频域分析、时域分析、时频域分析等）进行分析和处理，以提取表达液压系统工况的特征参量，在此基础上进行工作状态的识别和故障诊断。由于实际液压系统元件常常具有严重的非线性特性，如液压阀的饱和、滞环、死区，表现出流量-压力特性的严重非线性等，给经典故障诊断方法造成了很大困难，而基于模糊诊断法、神经网络诊断法、遗传算法诊断法和专家系统诊断方法等现代智能诊断法给此类系统的故障诊断带来了方便，这一部分的工作目标主要是从繁复的信号中发现将要或已经出现的故障，其本质是模式识别，下面对这种智能诊断方法进行讨论。

（1）模糊诊断法。液压系统在工作过程中，系统及元件的动态信号多具有不确定性和模糊性，许多故障征兆用模糊概念来表述比较合理，如液压泵的振动强弱、旋转零件的偏心严重、压力偏高、磨损严重等。同一系统或元件，在不同的工况和使用条件下，其动态参数也不尽相同，因此对其评价只能在一定范围内做出合理分类，即模糊分类。模糊推理方法采用 IF-THEN 形式，符合人类思维方式。同时模糊诊断法不需要建立系统精确的数学模型，对非线性系统尤为合适，因此在液压系统故障诊断中得到了应用和发展。

（2）神经网络诊断法。人工神经元网络是模仿人的大脑神经元结构特性而建立的一种非线性动力学网络，由大量的简单非线性单元互联而成，具有大规模并行处理能力、适应性学习和处理复杂多模式的特点，在液压系统故障诊断中得到了较多的应用和发展。

（3）专家系统诊断法。由于各种液压系统及元件具有一定的相似性，因此各液压系统及元件的故障具有一定的共同特点，如各种比例/伺服阀的结构、故障都具有一定的共同点。这一领域积累了大量的专家知识，给发展液压系统故障诊断的专家系统创造了条件，具有广阔的发展前景。

（4）其他诊断方法。随着现代智能技术的发展，各种复合的智能诊断法将不断涌现，如模糊-专家系统诊断法、神经网络-专家系统诊断法等，将使单一液压系统故障诊断方法的能力得到极大提高。如基于神经网络的专家系统在知识获取、并行处理、适应性学习、联想推理和容错能力等方面具有明显的优势，而这些方面恰好是传统专家系统的主要瓶颈。这些复合智能诊断系统具有诊断速度快、容错能力强和精度高的特点，将是今后长时间的发展方向之一。

5.3.2　液压系统故障的简易诊断法

简易诊断法是靠维修技术人员利用个人实际经验和简单诊断仪器，对机械装备液压系统出现的故障进行诊断，查找故障产生的原因和部位，再进行相应的维护和排除的方法，是目前采用的最普遍的方法。

5.3.2.1　简易诊断法的依据

一般情况下，任何故障在演变为大故障之前都会伴随有种种不正常的征兆，例如：

（1）出现不正常的振动与噪声，尤其是在液压泵、液压马达、液压阀等液压元件处；

（2）液压执行元件出现工作速度下降，系统压力降低及执行机构动作无力现象；

（3）出现工作油液温升过高及有焦烟味等现象；

（4）出现管路损伤、松动等现象；

（5）出现压力油变质、油箱液位下降等现象。

上述这些现象只要勤检查、观察，就不难被发现。

5.3.2.2　简易诊断法的基本要求

简易诊断法的基本要求如下。

（1）掌握理论知识。要想排除液压系统的故障，首先要掌握液压传动的基本知识，如液压元件的构造与工作特性、液压系统的工作原理等。因为分析液压系统故障时必须从它们的基本工作原理出发，当分析其丧失工作能力或出现某种故障的原因时，是设计与制造缺陷带来的问题，还是安装与使用不当产生的问题，只有懂得其工作原理才能作出正确判断，否则排除故障会具有一定的盲目性。对于复杂、多功能的新型机械装备来说，错误的故障诊断必将造成修理费用高、停工时间长和生产效率降低等经济损失，必须避免。

（2）具备实践经验。液压系统故障多属于突发性故障和磨损性故障，这些故障在液压系统使用的不同时期表现形式与规律也是不一样的。因此诊断与排除这些故障，不仅要有专业理论知识，还要有丰富的安装、使用、保养和修理方面的实践经验。

（3）掌握液压系统的组成和工作原理。诊断和排除液压系统故障最重要的是熟悉和掌握其组成、布置及工作原理。液压系统中的每一个液压元件都有它的作用，应该熟悉每一个液压元件的结构及工作特性。

5.3.2.3　简易诊断法的具体方法

简易诊断法的具体方法如下。

（1）视觉诊断——眼睛看，观察机械装备液压系统、液压元件的真实情况。一般有六看：

1）看速度。观察执行元件（液压缸、液压马达等）运行速度有无变化和异常现象。

2）看压力。观察液压系统中各测压点的压力值是否达到额定值及有无波动现象。

3）看油液。观察液压油是否清洁、变质；油量是否充足；油液黏度是否符合要求；油液表面是否有泡沫等。

4）看泄漏。看液压管道各接头处、阀块结合处、液压缸端盖处、液压泵和液压马达轴端处等是否有渗漏和出现油垢现象。

5）看振动。看液压缸活塞杆及运动机件有无跳动、振动等现象。

6）看作业。根据所用液压元件的铭牌和作业情况，判断液压系统的工作状态。

（2）听觉诊断——耳朵听，用听觉分辨液压系统的各种声响。一般有四听：

1）高音刺耳的啸叫声通常是吸进空气；如果气蚀声，可能是过滤器被污物堵塞，液压泵吸油管松动或油箱液面太低及液压油劣化变质、有污物、消泡性能降低等原因。

2）“嘶嘶”声或“哗哗”声为排油口或泄漏处存在较严重的漏油、漏气现象。

3）“嗒嗒”声表示交流电磁阀的电磁铁吸合不良，可能是电磁铁内可动铁芯与固定铁芯之间有油漆片等污物阻隔，或者是推杆过长。

4）粗沉的噪声往往是液压泵或液压缸过载产生的，尖叫声往往是溢流阀等元件规格选择不当或调整不当引起的。

5）液压泵“喳喳”或“咯咯”声，往往是泵轴承损坏及泵轴严重磨损、吸进空气所产生的。

6）尖而短的摩擦声往往是两个接触面干摩擦所发生的，也有可能是该部位被拉伤所产生。

7）冲击声音低而沉闷，常是油缸内有螺钉松动或有异物碰击所产生的。

正常的机械装备运转声响有一定的音律和节奏保持持续的稳定，因此，熟悉和掌握这些正常音律和节奏，就能准确判断液压系统是否工作正常，同时根据音律和节奏变化的情况及不正常声音的部位，可分析确定故障发生的部位和损伤情况。

（3）触觉诊断——用手摸。用手抚摸液压元件表面。一般有四摸：

1）摸温升。用手抚摸液压泵和液压马达的外壳、液压油箱外壁和阀体表面，若接触2 s时感到烫手，一般可认为其温度已超过65 ℃，应查找原因。

2）摸振动。用手抚摸内有运动零件的部件的外壳、管道或油箱，若有高频振动应检查原因。

3）摸爬行。当执行元件、特别是控制机构的机件低速运动时，用手抚摸内有运动零件的部件的外壳可感觉到是否有爬行现象。

4）摸松紧程度。用手抚摸开关、紧固或连接螺栓等可检查连接件的松紧可靠程度。

（4）嗅觉诊断——鼻子闻。闻液压油是否发臭变质，导线及油液是否有烧焦的气味等。

（5）查阅诊断——查资料。查阅装备技术档案中的有关故障分析和修理记录，查阅目检和定检卡，查阅交接班记录和维护保养情况的记录。

（6）询问诊断——向人问。访问装备操作手，了解装备平时运行状况。

1）问液压系统工作是否正常，液压泵有无异常现象。

2）问液压油更换时间，过滤网是否清洁。

3）问发生故障前压力调节阀或速度调节阀是否调节过，有哪些不正常现象。

4）问发生故障前对密封件或液压件是否更换过。

5）问发生故障前后液压系统出现过哪些不正常的现象。

6）问过去经常出现过哪些故障，是怎么排除的，哪位维修人员对故障原因与排除方法比较清楚，总之，对各种情况必须尽可能地了解清楚。

简易诊断法虽然有不依赖于液压系统的参数测试、简单易行的优点，但由于个人的感觉不同、判断能力的差异、实践经验的多寡和故障的认识不同，对初步获得的信息取舍不同，其判断结果会存在一定差异，因此在使用简易诊断法诊断故障有疑难问题时，通常通过拆检、测试某些液压元件以进一步确定故障。

5.3.3 基于液压系统图的故障诊断方法

熟悉液压系统图，是从事液压设计、使用、调整、维修及排除液压系统故障等方面工作的装备使用与维修人员的基本功，是排除机械装备液压系统故障的基础，也是确定液压系统故障的一种最基本的方法。

液压系统图是表示液压系统工作原理的一张简图，表示该系统各执行元件能实现的动作循环及控制方式，一般还配有电磁铁动作循环表及工作循环图。液压系统中的液压元件图形采用符号图和结构示意图或者它们的组合结构所构成。

在用液压系统图排除故障时，主要方法是从“抓两端”（动力源和执行元件）开始，即首先分析动力源（油泵）和末端执行元件（油缸、马达等），然后是“连中间”——

分析中间环节，即从油泵到执行元件之间经过的管路和控制元件。“抓两端”时，要分析故障是否就出在油泵和油缸（马达）本身。“连中间”时，除了要注意分析故障是否出在液压线路上的液压元件外，还要特别注意弄清系统从一个工作状态转换到另一个工作状态时是由哪些信号检测元件（电器、机动还是手动）发出状态信号，是没有状态检测信号不动作还是发出了状态检测信号不动作，需对照实物，逐个检查；要注意各个主油路之间及主油路与控制油路之间有无接错而产生相互干涉的现象，如有相互干涉现象，要分析是设计错误还是使用调节错误。

下面以图 5-4 所示某装备液压系统图为例，说明如何根据液压系统图诊断液压系统故障的步骤与方法。

图 5-4 所示的液压系统图主要是通过手动和电动两种方式，控制翻转油缸、支撑油缸、升降油缸、推弹油缸等执行元件的运行。此处以分析半自动方式下支撑油缸不正常故障的诊断与排除方法。为了便于分析，将液压系统图中的管路和液压件编上数码号（见图 5-4 中的 1~13）。

从动作执行流程可知，在半自动方式下，支撑油缸 12 和 13 执行伸缩动作，压力油从油泵 1、过滤器输出至手动半自动切换阀（液压阀箱），然后分两路，切换阀左位为自动操作，高压油经单向阀 3 和手动阀组中位油道后，传输到电磁换向阀 5。若电磁换向阀接到油缸伸缩动作控制信号，阀芯移动，压力油从电磁换向阀 5 出油口至液控单向阀（液压锁）10 和 11，再到支撑油缸。油缸伸缩到位后，触发压力继电器 8 和 9 发出状态控制信号，PLC 收到信号后发出控制信号切断油路，使支撑油缸保持其状态。该液压系统图的“两端”，指泵 1 和油缸 12 和 13。“连中间”，则是指所连接的阀和管路；状态信号检测元件在该回路是指压力继电器 8 和 9。

自动状态下左支撑油缸不能正常支撑：即支撑油缸 12 不动作，油缸不能伸出。诊断这一故障时，先“抓两端”，此两端油缸 12 和齿轮泵 1，先检查支撑油缸本身是否因某些因素（参照 3.3.3 节执行故障机理分析内容）不动作，还是油泵无油液输出和压力不足，造成油缸不动作，如无不正常，则进入“连中间”继续查找故障。“中间”经手动半自动切换阀 2、单向阀 3、溢流阀 4、电磁换向阀 5、液控单向阀 10，根据工作原理分析，首先检查手动半自动切换阀 2 是否在自动位且是否正常，若不在自动操作位，则将其置于自动位，若其有故障（参照 3.3.2 节液压阀失效分析内容），则进行排除修理；支撑油缸伸出支撑时，电磁换向阀处于“下”工作位置，否则不能支撑，此时便要确认电磁阀线圈是否通电，如不通电，则要检查电气控制系统故障；如果电磁换向阀工作正常，则应检查液控单向阀 10 是否正常，如果该阀组内部单向阀损坏，油缸 12 的有杆腔油液不能排出，油缸也不动作，应检查该单向阀组件；另外，如果油路虽导通，但换向阀输出油液压力不足，导致进入支撑油缸无杆腔压力油压力不够，也可能使油缸 12 不动作，则要检查作为溢流阀 4 调定压力是否过低。还有一种情况，如果压力继电器 8 发生故障，其内部微动开关闭合，向电气控制系统送出虚假到位信号，电控系统 PLC 收到信号后，将发出控制信号至二位二通阀 7 使其处于导通位，导致先导溢流阀 6 开启，油泵卸荷油液回油箱，主油道无压力导致支撑油缸 12 无支撑动作。

这样便通过“抓两端”“连中间”找出无支撑动作的故障原因。

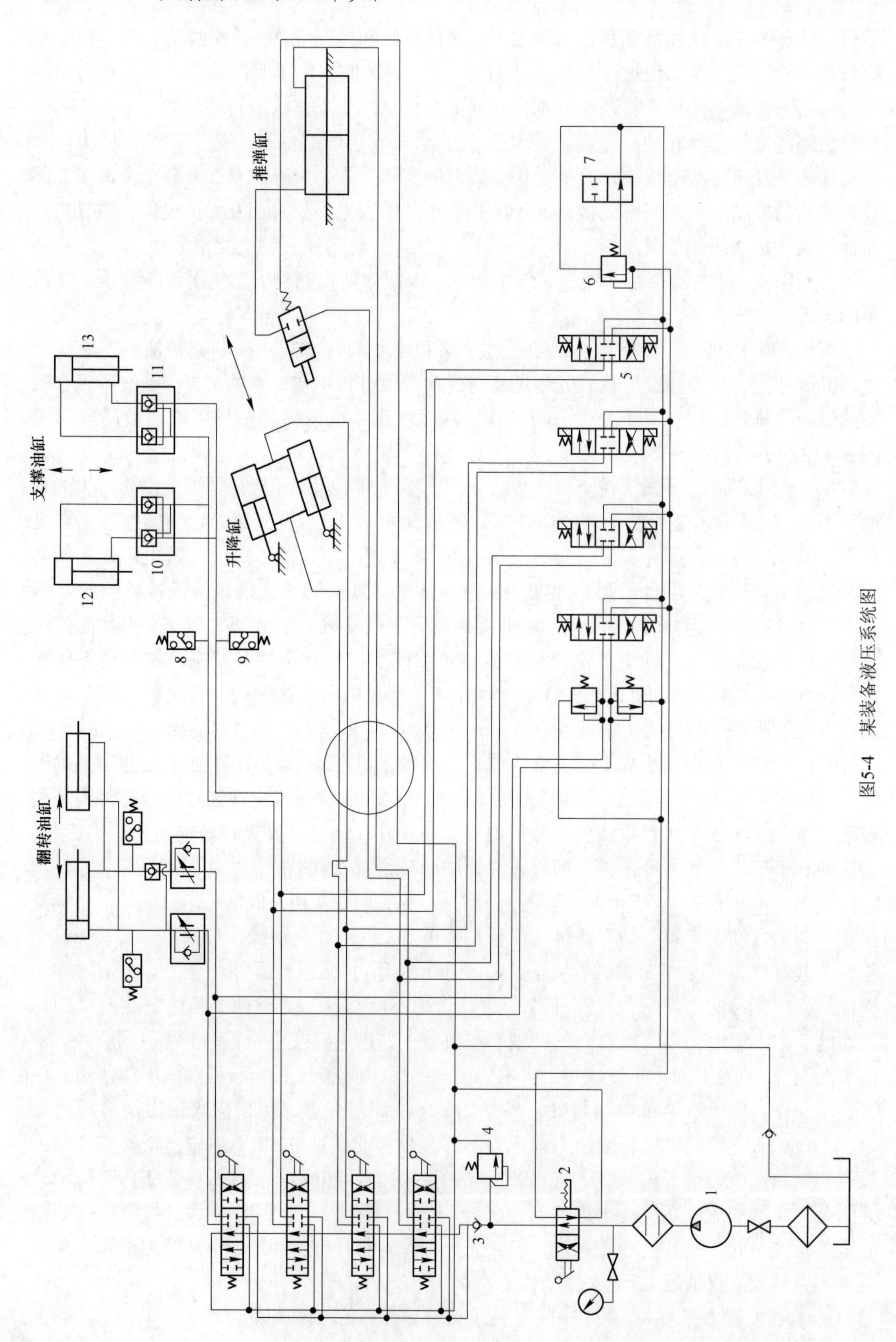

图5-4　某装备液压系统图

5.3.4 液压系统故障诊断的逻辑分析法

逻辑分析法是主要根据机械装备液压系统工作基本原理进行的逻辑推理方法，也是掌握故障判断技术及排除故障的最主要的基本方法。它是在理解液压系统原理的基础上，根据该机械装备液压系统组成中各回路内的所有液压元件有可能出现的问题导致执行元件（液压缸或液压马达）故障发生的一种逼近的推理查出法。

为了正确分析液压系统，理解液压系统，首先是了解工况，即要分析负载对力、速度、行程、位置及工作循环周期的要求；其次是分析液压系统的设计者是如何保证负载的这些工况要求的；最后做到真正认识液压系统。

认识液压系统的结构，液压系统是由哪些回路组成的，每个回路的特性是什么，回路之间是如何融合一体的，等等。所有这些都要弄清楚，一个地方理解错误，就不可能有效地排除液压系统的故障。

认识每个液压元件，这里有两个含义：（1）要确认每个元件的功能和对液压系统的适应性，即每个元件必须满足液压系统的要求；（2）要认识液压元件本身的结构、原理及其质量指标。此外，还应了解油液的品质、清洁度及过滤净化水平等。

逻辑分析法按照故障原因分析的表现形式又分为叙述法、列表法、框图法、鱼刺法等。

5.3.4.1 叙述法

在真正理解液压系统的基础上，对于一种故障现象中的基本元器件逐个进行表述性分析，直至查出真正故障原因。例如对于图5-5所示的推土机液压系统，对出现液压缸动作不灵的进行分析，得到可能有以下原因：

（1）液压油箱液面太低；

（2）滤油器堵塞；

（3）液压油污染或变质；

（4）吸油阻力太大；

（5）液压泵自吸能力差；

（6）液压泵本身故障；

（7）溢流阀出现故障；

（8）换向阀出现故障；

（9）液压缸故障。

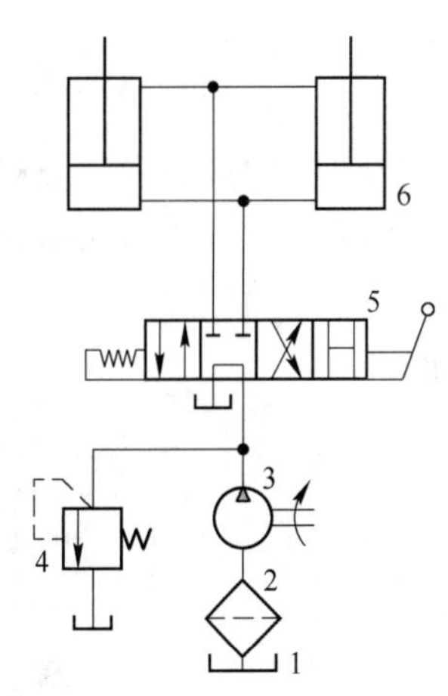

图5-5 某型推土机液压系统图
1—油箱；2—滤油器；3—液压泵；4—安全阀；5—换向阀；6—液压缸

5.3.4.2 列表法

列表法是利用表格将系统中发生的故障、故障原因及故障排除方法简明地列出的一种常用方法，见表5-3。

5.3.4.3 框图法

框图法，又称流程图法，它是根据液压系统的基本原理进行逻辑分析，减少怀疑对象，逐步逼近，最终找出故障发生的部位，再检测分析故障的原因。

框可分为两种。一种是矩形框，称叙述框，表示故障现象或要进行解决的问题，它只有一个入口和一个出口。

表 5-3 列表法示例

故　障	故障原因分析	故障排除方法
油温上升过高	1. 使用了黏度高的工作油，黏性阻力增加，油温升高； 2. 使用了消泡性差的油，由于气泡的绝热压缩，工作油变质使油温上升； 3. 在高温暴晒下工作，工作油劣化加剧，使油温上升； 4. 其他如过猛操作换向阀，经常使系统处于溢流等	更换合格合适的液压油，平稳操作，防止冲击，尽可能减少系统溢流损失等
工作油中气泡增多	1. 工作油中混入空气，停机时气泡积存于配管，执行元件排气不良时，同样会出现更多的气泡； 2. 噪声增加； 3. 油温上升	1. 检查工作油量是否过少，尤其要注意工作油在倾斜厉害的状况下长时间使用时，油面应比油泵进油口高； 2. 检查泵密封好不好，吸油管是否松动，松了要拧紧； 3. 使用消泡性好的工作油

另一种是菱形框，它表示进行故障的原因分析，是检查、判断框，一般有一个入口，两个出口，判断后形成两个分支，在两个出口处，必须注明哪一个分支是对应满足条件的（常以“是”表示），哪一个分支是对应不满足条件的（以“否”表示）。

逻辑框图法是利用矩形框（或左右两端是半圆的圆边框）、菱形框、指向线和文字组成的描述故障及故障判断过程的一种图示方法。有了框图，即使故障复杂，也能做到分析思路清晰，排除方法层次分明，解决问题一目了然。

现在通过液压系统工作压力不足的故障示例说明框图法的应用，如图 5-6 所示。

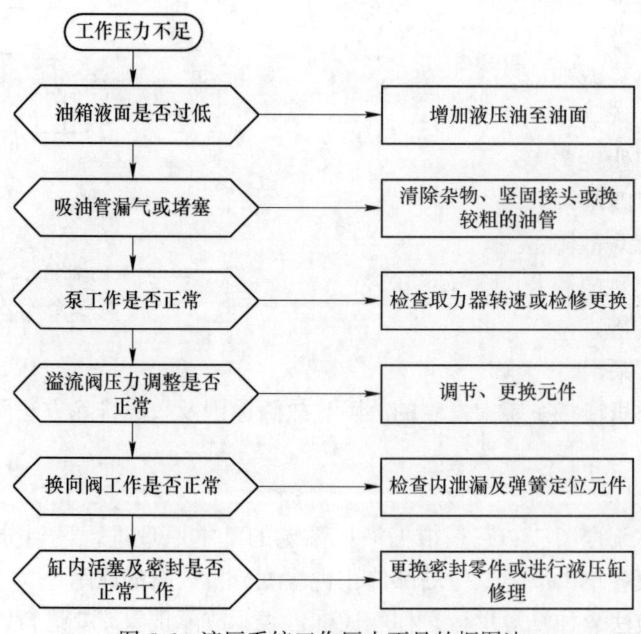

图 5-6 液压系统工作压力不足的框图法

5.3.4.4 因果图诊断法

因果图诊断法，又称鱼刺法，它是在借鉴他人经验，查阅有关资料，总结工作实践的基础上进行的。故利用因果图可容易找出影响某一故障的主要因素和次要因素。例如，液压缸泄漏故障，就可以利用这种方法查找外泄漏的原因，如图 5-7 所示。

首先分析液压缸外泄漏的主要原因，并依次标写在因果图上，然后经过分析与检测，确认主要原因。

从图 5-7 中可以初步确定产生液压缸外泄漏故障的几个方面主要因素是：活塞杆划伤、油温过高、油液黏度过低、润滑性能差、密封效果差、液压缸与活塞杆不同轴、摩擦阻力不均匀等。这些因素是机械装备液压缸产生外泄漏的主要原因。

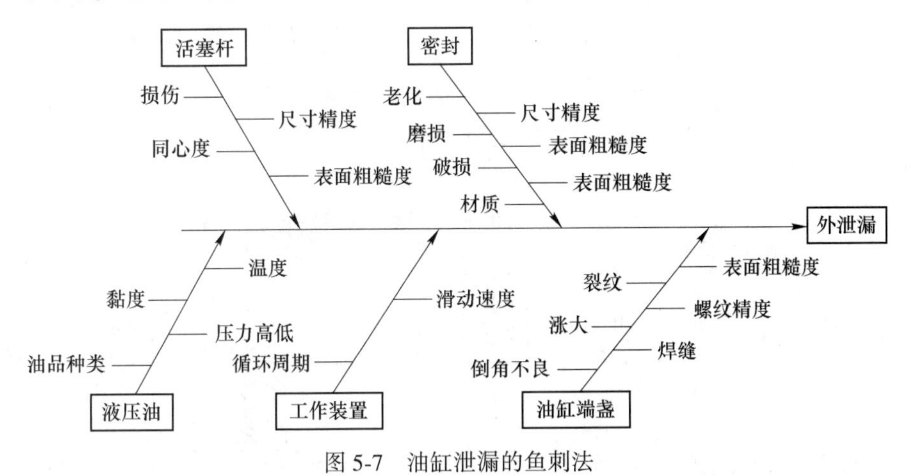

图 5-7 油缸泄漏的鱼刺法

5.3.4.5 区域分析与综合分析法

区域分析是根据故障现象和特性，确定该故障的有关区域，检测此区域内的元件情况，查明故障原因采取相应区域性的对策。

综合分析是对系统故障作出全面分析。因为产生某一故障往往是多种因素所致，需要经过综合分析，找出主要矛盾和次要矛盾所在。

例如，活塞杆处漏油或者泵轴油封漏油的故障，因为漏油部位已经确定在活塞杆或泵轴的局部区域，可以用区域分析法，找出漏油原因，可能是活塞杆拉伤或泵轴拉伤磨损，也可能是该部位的密封失效，可采取局部对策排除故障。

又如，执行元件（油缸或液压马达）不动作的故障，不能只囿于执行元件区域，产生不动作的原因除了执行元件本身外，还有可能是油泵、其他阀及整个回路有故障，此时要经过调查研究，采用综合分析的方法，找出故障原因，逐个加以排除。图 5-8 和图 5-9 可以用来作综合分析参考。机械装备液压系统的大多数故障，既要进行区域分析，又要进行综合分析。

5.3.5 液压系统故障的实验诊断法

由于故障现象各不相同，液压系统结构各异，试验的方法也千差万别。目前常用的实验方法有对比替换法、截堵法和仪器仪表检测法等。

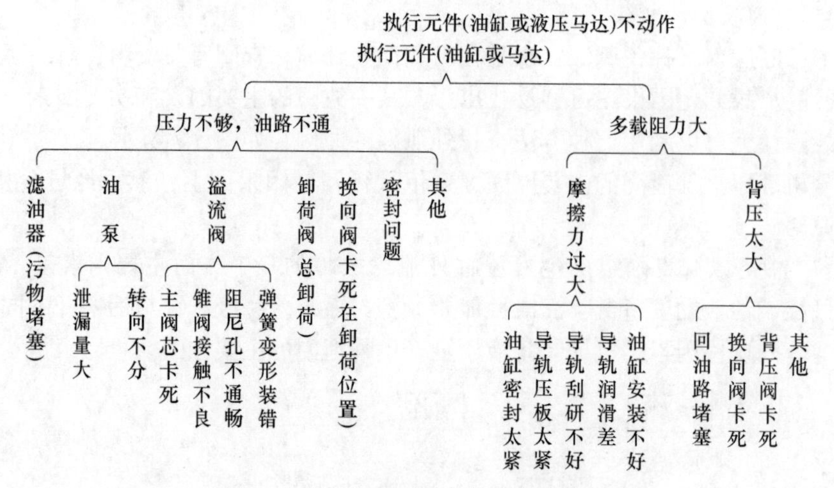

图 5-8　执行元件不动作的综合分析图

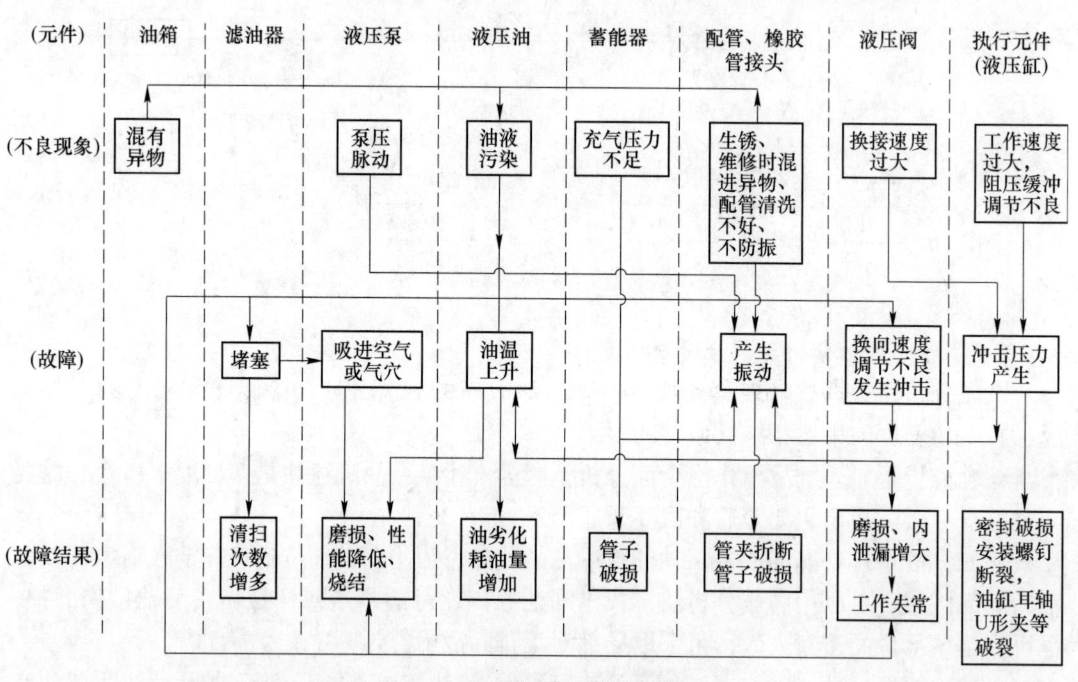

图 5-9　液压故障的因果关系图

5.3.5.1　替换法

替换法常用于缺乏测试仪器的场合检查液压系统故障。它是将同类型、同结构、同原理的液压回路上的相同元件，置换（互换）安装在同一位置上，以证明被换元件是否工作可靠。

置换法的优点在于，即使修理人员的技术水平较低，也能应用此法对液压回路的故障作出准确的诊断。但是，运用此法必须以同类型、同结构、同液压原理和相同液压元件的液压回路为前提，因而此法有很大的局限性和一定的盲目性。

5.3.5.2 截堵法

如堵住阀等元件的油口和油缸油口，可以诊断出这些液压元件是否泄漏和失效。在进行液压系统故障诊断和排除的过程中，采用截堵法是一种行之有效的方法。特别是采用分析法较困难时，该方法更容易找出故障产生的具体部位，正确、快速地予以排除。

A 截堵工具和元件

为了实施截堵法进行液压系统故障诊断和排除，需准备一整套的工具和元件。主要有管接头、法兰堵头、板式阀堵头和插装堵头。

B 一般液压系统截堵程序和截堵点

截堵程序应是先外后内，即先排除液压系统与工作油缸或液压系统和泵之间的故障关系，如图 5-10 所示。因此，先截堵 1、2 点，查找系统与主缸的故障关系。仍以压力升不上去为例（这是液压系统的主要故障，其他故障也相应可以判定），截堵后，若系统有压力，则检查主缸；若无压力，则检查液压系统；若有多缸，还要做相应截堵。还应截堵 3、4 点，检查顶出油缸有无问题；若液压系统有压力，则检查顶出油缸；若无压力，则检查液压系统。

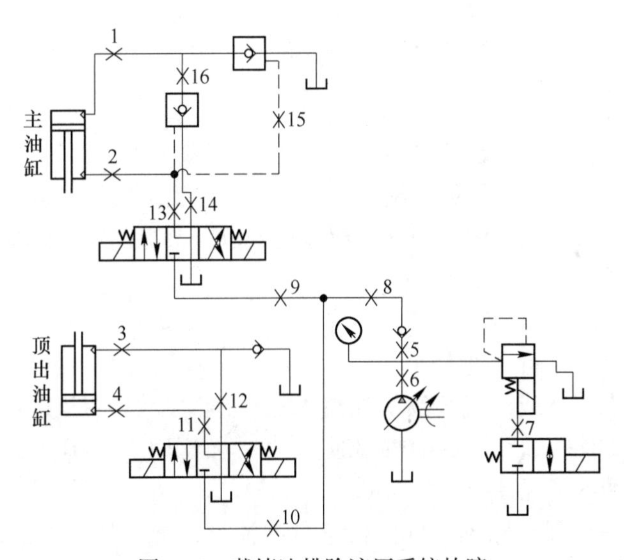

图 5-10 截堵法排除液压系统故障

当截堵 1、2、3、4 点后，系统无压力，则表示液压系统有问题，应该先截堵 5 点，以排除泵、溢流阀与系统的故障，试车若有压力，则证明泵和溢流阀没有问题；若无压力，再检查泵与溢流阀。截堵 6 点，试车时，必须注意，因为此时已无溢流阀，所以试车时只能瞬时点动，否则若泵无问题，压力突然上升，反而会损坏泵或管路。试车若有压力，则证明溢流阀有故障；若无压力，则泵有故障，检查泵。

若溢流阀有故障，拆下 6 点，截堵 7 点，试车。若有压力，证明溢流阀无故障，应检查二位二通电磁阀；无压力，则检查溢流阀。

若调压单元与液压缸均无故障，则应检查液压系统。

打开 5、6、7 点，截堵 8 点，有压力，则排除单向阀的泄漏故障；无压力，检查单向阀及相应部位。

打开8点，截堵9点或10点（二者任取其一），以截堵10点为例，试车有压力，则顶出缸部分无故障；无压力，顶出缸部分有故障。继续进行截堵，截堵11、12点（检查顶出缸电磁阀），有压力，则电磁阀无故障；无压力，证明该电磁阀泄漏严重，应修复或更换。若电磁阀无故障，继续截堵查找，此时已不必拆下11堵头，因为此处与顶出缸下腔直接连接，管路与接头有故障（泄漏）一目了然。

如果是主缸油路的故障，打开9点，截堵13、14点，试车有压力，排除主缸控制电磁阀的故障；无压力，证明电磁阀泄漏，更换或修复。继续截堵，打开13、14点，截堵15点，试车有压力，液控单向阀及控制油路无故障；无压力，截堵16点，试车有压力，则液控单向阀及控制油路无故障，基本判定16点堵头处控制油路有故障，检修排除，若无压力，液控单向阀及控制油路有故障。二者任堵其一，可以找出故障处，亦可不再堵，拆下液控阀分别检查阀芯密封情况和控制油泄漏情况，予以排除。

截堵15点后有压力，应继续检查，打开15点，此时堵头1和16均堵，可检查液压锁的故障；试车无压力检查液压锁。此时，整个系统截堵完成，不存在有压力判定问题，拆下全部堵头，恢复系统。

5.3.6 基于压力参数的故障分析与诊断

5.3.6.1 压力故障分析方法与步骤

产生压力故障的主要原因是系统的压力油路和溢流回路（回油路）短接，或者是有较严重的泄漏，也可能是油箱中的油根本没有进入液压系统或原动机驱动功率不足等。造成这类故障的原因可能是油箱中的油根本没有进入液压系统或发动机输出功率不足等。一些可能的具体原因及排除方法如下。

（1）首先检查油泵是否输出压力油。如无压力油输出，则可能是油泵的转向不对，零件磨损或损坏，吸油路阻力过大（如吸油管较小、吸油管上单向阀阻力较大、滤油网被阻塞、油液黏度大等）或漏气，致使油泵无法输出油。如果是新油泵，也可能是泵体有铸造缩孔或砂眼，使吸油腔与压油腔相通，泵的输油压力达不到工作压力，也有因油泵轴扭断而无法输出油的情况。

（2）如果油泵有高压油输出，则应检查各回油管，看是从哪个部件溢油。如溢流阀回油管溢油，但是拧紧溢流阀（安全阀）的弹簧，压力丝毫不变，则其原因可能是溢流阀的阀芯或其辅助球阀（或锥阀）因脏物存在或锈蚀而卡死在开口位置，或因弹簧折断失去作用，或因阻尼孔被脏物堵塞，油泵输出的油立即在低压下经溢流阀溢回油箱。拆开溢流阀，加以清洗，检查或更换弹簧，恢复其工作性能。

（3）检查溢流阀（安全阀）并加以清洗后，故障仍未能消除，则可能是在压力油管路中的某些阀由于污物或其他原因卡住而处于回油位置，致使压力油路与溢流阀回路短接。也可能是管接头松脱或处于压力油路中的某些阀内泄漏严重，或液压元件中的密封损坏，产生严重泄漏所致。拆开有关阀进行清洗，检查密封间隙的大小及各种密封装置，更换已损坏的密封装置。

（4）如果有一定压力并能由溢流阀调整，但油泵输油率随压力升高而显著减少，且压力达不到所需数值，则可能是油泵磨损后间隙增大（尤其是端面间隙）所致。测定油泵的容积效率即可确定油泵是否能继续工作，对磨损较严重者则进行修配或加以更换。

（5）如果整个系统能建立正常压力，但某些管道或液动机没有压力，则可能是由于管道、小孔或节流阀等地方堵塞。逐段检查压力和有无油液通过，即可找出其原因。

5.3.6.2　故障的分析、诊断与排除

（1）首先应观察压力表，若表毫无压力，则说明系统中动力元件未提供压力油液。应检查泵的转向是否正确，油箱中油液是否不足，过滤网、吸油管是否堵塞。

（2）若压力表有压力，但压力不足，则应检查各回油管路。如果溢流回路管溢油卸载，则应调定溢流阀，直到压力达到标准为止。调定时，压力无变化，则表明溢流阀有故障，应检修或更换。如果主回油管路中有油，则说明主回路中的控制阀有严重泄漏，应加以检修或更换。

（3）如果各回油管路中无油，则应检查泵站接头、管路是否松动、破损，过滤器是否清洁。若完好，则说明泵站出现故障，或者是吸油腔与高压腔相通，或密封破损卸载，应检修或更换主泵。

（4）系统工作压力低于额定压力。如果系统工作压力低于额定压力，首先应该检查系统的压力控制元件，看安全阀是否出现问题。在安全阀中，阀芯与阀座的密封不良、阀座与座圈的密封件损坏、调压弹簧疲劳或断裂，以及主溢流阀常开卡滞，都会造成系统的工作压力低于额定压力。根据零件的损坏状况，可以更换零件或进行配对研磨修复，恢复系统正常的工作压力。如果确认安全阀正常，但系统工作压力仍然低于额定压力，此时可以考虑是油缸内漏严重和油泵高压腔与低压腔击穿所致。如果油缸内漏严重，可分别操作动臂油缸和转斗油缸，检测系统压力时会得到不同的结果。如果系统压力检测结果相同，则可以断定是油泵高压腔与低压腔击穿。若油泵不能建立压力，可根据检查的结果进行维修或更换配件。

（5）系统工作压力正常时的故障。流量对系统的影响反映在工作装置的动作速度上。一般情况下，动臂提升速度慢的现象最为明显。流量、转速、油泵理论排量、容积效率、转速的影响比较容易判断，因为柴油机转速过低时，其运转的声音能够提供信息，提醒检修柴油机。影响油泵流量的主要因素是油泵容积效率。在齿轮泵中，齿轮、侧板、泵体的磨损和缺陷都会造成容积效率下降，使油泵的输出流量相应减少。但在确定油泵效率下降之前，应该检查以下几个方面：

1）液压油箱的液压油是否足够，缺乏液压油会造成油泵吸入空气，直接使流量减小。此时油泵运转会产生刺耳的尖叫声，为判断故障提供了特征。

2）分配阀动作行程是否足够，阀芯与阀体之间的开口大小直接影响流量的变化，操纵软轴调整不当、损坏和工作分配阀阀芯卡滞都会造成进入工作油缸的流量减少，影响工作装置的动作速度。通过检查分配阀阀芯的行程及操纵力的大小，可以判定是否有这类故障存在，并进行处理。

液压传动系统中，工作压力不正常主要表现在工作压力建立不起来和工作压力升不到调定值，有时也表现为压力升高后降不下来，这种不正常现象主要表现如下。

（1）液压泵的故障。

1）泵内零件配合间隙超出技术规定，引起压力脉动使压力下降。排除方法是将磨损而造成间隙过大的零件按技术规定要求予以维修。

2）单作用泵的进出口油管反接。排除方法是先确认泵的进、排油口，然后予以安装，且在启动前向泵内灌满液压油。

3）泵内零件损坏、卡死，密封件、轴承损坏，各结合面密封不严导致空气进入。排除方法是对损坏零件按技术标准要求维修或更换，为防止空气进入，做好进出油口密封，尤其注意结合面的密封，有缺陷的要更换。

（2）压力阀的故障。

1）溢流阀调压失灵。溢流阀有三种结构形式：直动式、差动式和先导式。直动式和差动式结构较之先导式简单，出现故障易排除。而先导式溢流阀在使用中有时会调压失灵，这除了阀芯径向卡紧外，还有以下几个原因。

主阀芯上阻尼孔堵塞，液压力传递不到主阀上腔和锥阀前腔，先导阀就失去对主阀压力的调节作用。主阀上腔无油压力，弹簧力又很小，所以主阀会成为一个直动式溢流阀，在进油腔压力很低的情况下，主阀芯就打开溢流，系统便建立不起来压力。

先导阀锥座上的阻尼孔堵塞，油压传递不到锥阀上，先导阀就会失去了对主阀压力的调节作用。由于阻尼小孔的堵塞，在任何压力下，锥阀都不能打开泄油，阀内无油液流动，而主阀芯上、下腔油的压力相等，主阀芯在弹簧力的作用下处于关闭状态，不能溢流，溢流阀的阀前压力随负载增加而上升。当执行机构运动到终点，外负载无限增加，系统的压力也随之无限升高。

通过对阀芯的拆卸、疏通阻尼孔可排除以上故障。

溢流阀内密封件损坏，主阀芯、锥阀芯磨损过大，会造成内外泄漏严重，弹簧变形或太软，使调节压力不稳定。应对阀零件检查，进行修复或更换。

2）减压阀压力不稳定及高压失灵。阻尼孔堵塞，弹簧变形或卡滞，滑阀移动困难或弹簧太软，阀与座孔配合不好有泄漏处。

具体来讲，由于压力产生的故障主要表现为以下几种。

①泵不供油。主要原因有：油箱油位过低；吸油困难；油液黏度过高；泵转向不对；泵堵塞或损坏；电机故障。

②主油路压力低。主要原因有：接头或密封泄漏；主泵或马达泄漏过大；油温过高；溢流阀调定值低或失效；泵补油不足；阀工作失效。

③压力或流量的波动。主要原因有：泵工作原理及加工装配误差；控制阀阀芯振动；换向时油液惯性。

④液压冲击。主要原因有：工作部件高速运动的惯性；元件反应动作不够灵敏；液流换向；节流、缓冲装置不当或失灵；泄漏增加、空气进入、油温过高。

5.3.7　基于温升的故障分析与诊断

5.3.7.1　温升的危害

液压系统的正常工作温度为40~60 ℃，液压系统过热将会引起系统和环境温度的升高，温度超过一定值就会给液压系统带来不利影响。机械装备的液压系统在使用过程中经常会出现液压系统过热引起的液压油工作温度过高，它可直接影响系统的可靠性，降低作业效率等。温升给液压系统带来的危害具体表现在以下几个方面。

（1）液压系统油温过高将导致液压系统热平衡温度升高，使油液黏度降低，系统的油液泄漏增加，系统容积效率下降，总的工作效率下降。

（2）液压系统的温度升高将引起热膨胀，不同材质的运动副的膨胀系数不同会使运动副的配合间隙发生变化。间隙变小，会出现运动干涉或“卡死”现象；间隙变大，会使泄漏增加，导致工作性能下降及精度降低，同时也容易破坏运动副间的润滑油膜，加速磨损。

（3）由于大多数液压系统的密封件和高压软管都是橡胶制品或其他非金属制品，系统温度过高会加速其老化和变质，影响其使用寿命。

（4）温度过高还会使液压油氧化加剧，使用寿命降低，甚至会变质失去工作能力。石油基油液形成胶状物质，会在液压元件局部过热的表面上形成沉积物，它可以堵塞节流小孔、缝隙、滤网等，使之不能正常工作，从而影响机械装备的正常工作，使系统的可靠性下降。

5.3.7.2　液压系统温升的原因

机械装备的液压系统在使用过程中经常会出现温升现象。同一型号的装备由于各生产厂家液压元件的配置、设计水平、制造质量、使用环境及使用维修单位的技术管理水平各不相同，其液压系统的温升情况也各有差异，液压系统温升原因归结起来主要有两大方面。

（1）系统产生的热量过多。

1）系统设计不当。液压系统设计不合理，如管路长、弯曲多、截面变化频繁等，或者选用元件质量差、系统控制方式选择不当，使系统在工作中存在大量压力损失等，均会引起系统油温升高。

2）系统磨损严重。液压系统中的很多主要元件都是靠间隙密封的，如齿轮泵的齿轮与泵体，齿轮与侧板，柱塞泵、马达的缸体与配油盘，缸体孔与柱塞等。一旦这些液压件磨损增加，就会引起内泄漏增加，致使温度升高，从而使液压油的黏度下降，黏度下降又会导致内泄漏增加，造成油温的进一步升高，这样就形成了一个恶性循环，使系统温度升高过快。

3）系统用油不当。液压油是维持系统正常工作的重要介质，保持液压油良好的品质是保证系统传动性能和效率的关键。如果不注意液压油的品质和牌号，或是误用假油，误用黏度过高或过低的液压油，都会使液压油过早地氧化变质，造成运动副磨损而引起发热。

4）系统调试不当。系统压力是用安全阀来限定的。安全阀压力调整得过高或过低，都会引起系统发热增加。如安全阀限定压力过低，当外载荷加大时，液压缸便不能克服外负荷而处于滞止状态。这时安全阀开启，大量油液经安全阀流回油箱；反之，当安全阀限定压力过高，将使液压油流经安全阀的流速加快，流量增加，系统产生的热量就会增加。

5）操作使用不当。操作使用、保养不当等也是引起系统过热的原因之一。使用不当主要表现在操纵，或者使阀杆挡位经常处于半开状态而产生节流；或者系统过载，使过载阀长期处于开启状态，启闭特性与要求的不相符；或者压力损失超标等因素都会引起系统过热。

（2）液压系统散热不足。

1）油箱等表面太脏。机械装备的作业环境一般比较粗糙、恶劣，如果散热器和油箱等散热面被灰尘、油泥或其他污物覆盖而得不到清除，就会形成保温层，使传热系数降低或散热面积减小而影响整个系统的散热。

2）风扇转速太低。如果发动机风扇转速太低、风量不足，或者发动机虽然转速正常，但因风扇皮带松弛而引起风量不足等，都会影响系统散热。

3）液压油路堵塞。回油路及冷却器因脏物、杂质堵塞，引起背压增高，旁通阀被打开，液压油不经冷却器而直接流向油箱，引起系统散热不足。

4）环境温度过高。机械装备在温度过高的环境连续超负荷工作时间太长，会使系统温度升高。另外，机械装备的作业环境与原来设计的使用环境温度相差太大等，也会引起系统的散热不足。

5.3.7.3 系统温升引起的故障分析

A 液压系统设计不合理

液压系统功率过剩，在工作过程中有大量能量损失而使油温过高；液压元件规格选用不合理，采用元件的容量太小、流速过高；系统回路设计不好，效率太低，存在多余的元件和回路；节流方式不当；系统在非工作过程中，无有效的卸荷措施，使大量的压力油损耗转化为油液发热；液压系统背压过高，使其在非工作循环中有大量压力损失，造成油温升高；可针对上述不合理设计，给予改进完善。

B 损耗大使压力能转换为热

最常见的是管路设计、安装不合理，以及管路维护保养清洗不及时致使压力损失加大，应在调试、维护时给予改善。如果选用油的黏度太高，则更换合适黏度的油液；如果管路太细太长造成油液的阻力过大，能量损失太大，则应选用适宜尺寸的管道和阀，尽量缩短管路长度，适当加大管径，减小管子弯曲半径。

C 容积损耗大而引起的油液发热

空气进入回路后，将随着油液在高压区、低压区循环，被不断地混入、溶入油液或从油液中游离出来产生压力冲击和容积损耗，导致油温急剧上升，造成油液氧化变质和零件剥蚀。因此，在液压泵、各连接处、配合间隙等处，应采取如下措施防止内外泄漏、减少容积损耗，完全清除回路里的空气。

(1) 为了防止回油管回油时带入空气，回油管必须插入油面下。

(2) 入口过滤器堵塞后，吸入阻力大大增加，溶解在油中的空气分离出来，产生所谓的空蚀现象。

(3) 吸入管件和泵轴密封部分等各个低于大气压的地方应注意不要漏入空气。

(4) 油箱的液面要尽量大些，吸入侧和回油侧要用隔板隔开，选用有液流扩散器的回油过滤器，以达到消除气泡的目的。

(5) 管路及液压缸的最高部分均要有放气孔，在启动时应放掉其中的空气。

D 机械损耗大而引起的油液发热

机械损耗经常是由液压元件的加工精度和装配质量不良、安装精度差、相对运动件间摩擦发热过多引起的。如果密封件安装不当，特别是密封件压缩量不合适，会增加摩擦阻力。

E 压力调得过高引起油液发热

不能在不良的工况下采用提高系统压力来保证正常工作。这样会增加能量损耗，使油液发热。应在满足工作要求的条件下，尽量将系统压力调到最低。

F 油箱容积过小影响散热

一般来说，油箱的容积通常为泵额定流量的3~5倍，如果油箱容积过小，则散热慢。有条件的话，应适当增加油箱容积，有效地发挥箱壁的散热效果，改善散热条件。如受空间位置、外界环境的影响，必要时应采取强迫冷却油箱中油液的措施。

G 油液发热引起的常见故障

（1）溢流阀损坏，造成无法卸荷。要是将卸荷压力调高，则压力损失过大。此时需要更换溢流阀，调整到正常的工作压力。

（2）阀的性能变差。例如阀容易发生振动就可能引起异常发热。

（3）泵、马达、阀、缸及其他元件磨损。此时应更换已磨损元件。

（4）液压泵过载。检查支承与密封状况，检查是否有超出设计要求的载荷。

（5）油液脏或供油不足。发现油变质，应清洗或更换过滤器，更换液压油，加油到规定油位。

（6）蓄能器容量不足或有故障。应换大容量蓄能器，修理蓄能器。

（7）冷却器性能变差。经过冷却器的油液不能冷却到规定温度。如果是冷却水供应失灵或风扇失灵，则检查冷却水系统，更换、修理电磁水阀、风扇。如果冷却水管道中有沉淀或水垢，则清洗、修理或更换冷却器。

5.3.7.4 液压系统过热的对策

为了保证液压系统的正常工作，必须将系统温度控制在正常范围内。当装备在使用过程中出现液压系统过热现象时，应首先查明原因，是由系统内部因素还是外部因素引起的，然后对症下药，采取正确的措施。

（1）按装备的工作环境及维护使用说明书的要求选用液压油，对有特殊要求的装备要选用专用液压油；保证液压油的清洁度，避免滤网堵塞；定期检查油位，保证液压油足量。

（2）及时检修易损元件，避免因零部件磨损过大而造成泄漏。液压泵、马达、各配合间隙处等都会因磨损而泄漏，容积效率降低会加速系统温升。应及时进行检修和更换，减少容积损耗，防止泄漏。

（3）按说明书要求调整系统压力，避免压力过高，确保安全阀、过载阀等在正常状态下工作。

（4）定期清洗散热器及油箱表面，保持其清洁以利于散热。

（5）合理操作使用机械装备，操作中避免动作过快过猛，尽量不使阀杆处于半开状态，避免大量高压液压油长时间溢流，减少节流发热。

（6）定期检查发动机的转速及风扇皮带的松紧程度，使风扇保持足够的转速和充足的散热能力。

（7）注意使机械的实际使用环境温度与其设计允许使用环境温度相符合。

（8）对设计不合理引起的系统过热问题，应通过技术革新或修改设计等手段对系统进行完善，以克服这种先天不足。

5.3.8 基于噪声、振动的诊断方法

在液压系统中存在着一些强制力，如机械传动的不平衡力、机械或液压冲击力、摩擦

力及弹簧力。这些强制力往往是周期性的，因而产生一定的波动，使系统中某些元件发生振动，振动却使得一部分作为声波向空气中发射，空气受到振动而产生声压，于是发出噪声。噪声是一种使人听起来不舒服和令人烦躁不安的声音，直接危及人的健康，对液压系统的振动、噪声进行研究，并根据振动、噪声判断系统的故障是非常有意义的。

5.3.8.1　液压系统振动和噪声来源

（1）机械系统噪声主要是指驱动液压泵的机械传动系统引起的噪声。其原因主要有：机械传动中的带轮、联轴器、齿轮等回转体回转时产生转轴的弯曲振动而引起噪声；滚动轴承中滚柱（珠）发生振动而造成噪声；液压系统安装上的原因而引起的振动和噪声。

（2）液压泵。液压泵或液压马达引起的噪声通常是整个液压系统中产生噪声的主要部分，其噪声一般随压力、转速和功率的增大而增加。引起液压泵产生噪声的原因，大致有以下几个方面。

1）液压泵压力和流量的周期变化。由于液压泵运转时会产生周期性的流量和压力的变化，引起工作腔流量和压力脉动，造成泵的构件的振动。构件的振动又引起和其接触的空气产生疏密变化的振动，进而产生噪声的声压波。

2）液压泵的空穴现象。液压泵工作时，如果吸入管道的阻力很大（滤油器有些堵塞、管道太细等），油来不及充满泵的进油腔，会造成局部真空，形成低压。如压力达到油的空气分离压时，原来溶解在油中的空气便大量析出，形成游离状态的气泡。随着泵的运转，这种带着气泡的油转入高压区，气泡受高压而缩小、破裂和消失，形成很高的局部高频压力冲击。这种高频液压冲击作用会使泵产生很大的压力振动。

综上所述，液压泵产生噪声的原因是各种不同形式的振动，这可通过实验由噪声频谱分析器测得噪声中不同频率成分的声压级，通过噪声的频率分析，即可知道噪声声压级的峰值和对应的频率范围。

（3）液压阀。液压阀产生的噪声随着阀的种类和使用条件的不同而有所不同。如按发生噪声的原因对其分类，大致可以分为机械噪声和流体噪声。

1）机械噪声是由阀的可动零件的机械接触产生的噪声，如电磁阀中电磁铁的吸合声、换向阀阀芯的冲击声等；

2）流体噪声是由流体发生的压力振动使阀体及管道的壁面振动而产生的噪声，按产生压力振动的原因还可细分为以下几种。

①气穴声。阀口部分的气泡溃灭时造成的压力波使阀体及配管臂振动而产生噪声，如溢流阀的气穴声，流量控制阀的节流声。

②流动声。流体对阀壁的冲击、涡流或流体剪切引起的压力振动，使阀体壁振动而形成噪声。

③液压冲击声。由阀体产生的液压冲击使油管、压力容器等振动而形成噪声，如换向阀的换向冲击声、溢流阀卸载动作的冲击声等。

④振荡器。伴随着阀的不稳定振动现象引起的压力脉动而造成的噪声。如先导式溢流阀在工作中导阀处于不稳定高频振动状态时产生的噪声。在各类阀中，溢流阀的噪声最为突出。

5.3.8.2　液压系统振动、噪声的机理

A　液压泵噪声

液压系统中液压泵噪声是故障产生的重要原因。液压泵噪声一般比较尖锐刺耳，并常

伴有振动，其原因比较复杂。

(1) 液压泵的压力与流量脉动大，使组成泵的各构件发生振动。可在泵出口处装设蓄能器。

(2)“困油”现象是液压泵产生噪声的重要原因。液压泵在工作时一部分油液被困在封闭容腔内，当其容积减小时，被困油液的压力升高，从而使被困油液从缝隙中挤出；当封闭容积增大又会造成局部的真空，使油液中溶解的气体分离，产生气穴现象，这些都能产生强烈的噪声，这就是困油现象。在修磨端盖或配油盘时不注意原卸荷槽尺寸是否变化，这样在使用液压泵时会因为困油而产生强烈的噪声，采取的措施是拆卸液压泵，检查困油的卸荷槽尺寸，并按图纸要求进行修正。

(3) 气穴现象是液压泵产生噪声的又一主要原因。在液压泵中，如吸油腔某点的压力低于空气分离压时，原来溶解在油液中的空气分离出来，导致油液中出现大量气泡，称为气穴现象。如果油液的压力进一步降低到饱和蒸气压时，液体将迅速汽化，产生大量蒸气泡，加剧了气穴现象。大量气泡破坏了原来油液的连续性，变成了不连续的状态，造成流量和压力脉动，同时这些气泡随油液由液压泵的低压腔运动到高压腔，气泡在压力油的冲击下将迅速溃灭，由于这一过程是瞬间发生的，会引起局部液压冲击，在气泡凝结的地方，压力和温度会急剧升高，引起强烈的振动和噪声。当气穴现象产生时不仅伴有啸叫声使人不能工作，而且系统压力波动也很大，液压系统有时不能正常运行，在气泡凝聚的地方，如长期受到液压冲击、高温和汽蚀作用，必然会造成零件的损坏，缩短液压泵的使用寿命。因此要避免气穴现象。

B 液压阀噪声

液压阀在液压系统中非常重要，它能调节流量、压力和改变油液的方向，它在工作时也会产生噪声。

(1) 溢流阀是调节系统压力，保持压力恒定的，故阀口压力大，油液流速高，内部流态复杂。其噪声的产生主要是由于流体压力的变化，当运动部件工作换向时，将引起系统压力的升高，大量的油液从溢流阀排出，反向后系统又恢复原定的压力。这种压力的变化是瞬间完成的，这时滑阀的动作与复位也是瞬间完成的，再加上弹簧伸缩的变化，滑阀配合磨损而导致流量不稳、压力波动等，就使其在工作中发生噪声。

溢流阀易产生高频噪声，主要是先导阀性能不稳定所致，其主要原因为油液中混入空气，在先导阀前腔形成气穴现象而引发高频噪声。

另外，涡旋的存在也是产生噪声的主要原因。在节流出口后产生了负压区，产生汽蚀现象。采取的措施：1）检查阀芯与阀体间隙是否过大，调整间隙；2）回油管的回油口应远离油箱底面 50 mm 以上，避免油液受阻或空气通过油管进入系统，产生气穴现象；3）及时排气并防止空气重新进入；4）阀的弹簧变形或失效造成压力波动大而引发噪声，应更换弹簧；5）阀的阻尼孔堵塞，清洗阻尼孔。

(2) 节流阀是调节系统流量大小的，其节流开口小，流速高，液流压力随流速增大而降低，当节流口压力低于大气压时，溶解于油中的空气便分离出来产生气穴现象，从而产生很大的影响。同时在射流状态下，油液流速不均匀产生的涡流也易引起噪声。解决这类噪声的办法是提高节流口下游的背压或分级节流。

(3) 换向阀用于改变油液的方向，在换向时产生瞬态液动力，换向阀换向时动作太快，造成换向时产生冲击和噪声；若阀芯碰撞阀座，应修配阀芯与阀座间隙。如果是液控换向阀，可调节系统的节流阀，以减小系统的控制流量，从而使换向动作减慢，减少冲击和噪声。

C　液压系统中液压缸噪声

液压系统中液压缸是执行元件，它把液压能转变为机械能，在工作时会产生振动和噪声，这些噪声是不容忽视的，这可能是液压缸出现故障的一个原因。液压缸产生噪声的原因主要如下。

(1) 气泡存在产生噪声。由于气体混入液压缸，使液压缸内液流不连续，从而使液压缸运动速度不平稳，如果液压缸内油液是高压，会产生缸内油液中气泡破裂声，并产生汽蚀。采取措施：水平安装的液压缸，要定期打开两端的排气阀进行排气；垂直安装的液压缸只需在上端安装一个排气阀排气。对于没有排气阀的液压缸，则需要空载全程往返快速排气。

(2) 气穴产生噪声

1) 声音低沉不尖叫。轻微时呈断续或连续的"啃——啃——"声；严重时呈连续的、剧烈的"咋咋——"或"哇哇——"声，并伴随强烈的振动。随着系统压力的升高和进气量的增加，振动和噪声由轻微到严重，急剧增加。

2) 气穴噪声引起系统压力下降，轻微时"啃——啃——"声与压力下降同步出现，严重时压力表指针出现快速摆动。

3) 出现气穴噪声，油箱油面上会产生空气泡沫层，噪声越严重，泡沫越多，泡沫层越厚。

4) 噪声部位与进气部位密切相关，如泵进气口有噪声，系统噪声与进气密切相关，只要系统进气就有噪声，隔绝进气噪声立即消失。

5) 溢流阀处有清晰的响声，阀芯做强烈的振动，并具有相应的振动声，泄油孔处不停地做断续状喷油。

5.3.8.3　根据振动、噪声的故障诊断

从液压噪声的产生原因分析可知，液压噪声的原因具有多样性、复杂性和隐蔽性，当系统出现振动故障引起噪声时，必须确诊，才能加以排除。人们从长期的实践中摸索出的方法主要是：根据噪声特点，粗略判断是哪种类型因素引起的，然后通过浇油法、探听法、手摸法、观察法、仪器精密诊断法及拆卸检查，进一步确诊故障部位。

(1) 浇油法。对怀疑是与进气有关的故障，采用浇油法找出进气部位。找进气部位时，可用油浇淋怀疑部位，如果浇到某处时，故障现象消除，证明找到了故障原因。此方法适用于查找吸油泵和系统吸油部位进气造成的气穴振动引起的噪声。

(2) 探听法。通过对各个部位进行探听，可直接找出噪声所在部位。探听时一般采用一根细长的铜管，通常噪声比较大，声音清晰处就是噪声所产生的部位。

(3) 手摸法。就是用手摸的办法，凭感觉判别故障部位。

(4) 观察法。观察油中的气泡情况，判断系统进气的程度，油箱中气泡翻滚得越厉害，进气越严重。

(5) 仪器精密诊断法。用精密诊断技术手段监测现场液压装置，其最大特点是提高了诊断结论的正确性与精确性。对液压元件壳体振动信号进行在线监测，如某元件发生振

动故障，现场振动信号的频谱图会发生变化，将测得的频谱图与标准的频谱图做对比即可判别出产生故障的零部件。

（6）拆卸检查。对于已经基本确认的故障可通过拆卸、解体进一步确认故障的部位和特征。

5.4 机械装备液压系统常见故障分析与排除

机械装备液压系统的种类繁多，结构与性能各异，因而其故障的诊断与排除也不完全相同。但这些液压系统仍有其共性，本节介绍这些带共性的液压故障及其诊断方法。

5.4.1 液压系统工作压力失常、压力上不去

工作压力是机械装备液压系统最基本的参数之一，在很大程度上决定了装备液压系统的工作性能优劣。液压系统的工作压力失常主要表现为：当以液压系统进行调整时，出现液压阀失效，系统压力无法建立、完全无压力、持续保持高压、压力上升后又掉下来及压力不稳定等情况。

一旦出现压力失常，机械装备的液压执行元件将难以执行正常操作，可能出现油缸马达不动作或运转速度过低，执行元件动作时控制阀组常发出刺耳的噪声等，导致机械装备处于非正常状态，影响装备的使用性能。

5.4.1.1 压力失常产生的原因

A 液压泵、马达方面的原因

液压泵、马达使用时间过长，内部磨损严重，泄漏明显，容积效率低导致液压泵输出流量不足，系统压力偏低。

发动机转速过低，功率输出不足，导致系统流量不足，压力偏低。

液压泵定向控制装置位置错误或装配不对，泵不工作，系统无压力。

B 液压控制阀的原因

液压系统工作过程中，发现系统压力不能提高或不能降低，很可能是换向阀失灵，导致系统持续卸荷或持续高压。

溢流阀的阻尼孔堵塞、主阀芯上有毛刺、阀芯与阀孔和间隙内有污物等都有可能使主阀芯卡死在全开位置，液压泵输出的液压油通过溢流阀直接回油箱，即压力油路与回油路短接，造成系统无压力；若上述毛刺或污物将主阀芯卡死在关闭位置上，则可能出现系统压力持续很高不能下降的现象；当溢流阀或换向阀的阀芯出现卡滞时，阀芯动作不灵活，执行部件容易出现时有动作、时无动作的现象，检测系统压力时则表现为压力不稳定。

有单向阀的系统，若单向阀的方向装反，也可能导致压力不能升高。系统的内外泄漏，例如阀芯与阀体孔之间泄漏严重，也会导致压力上不去。

C 其他方面的原因

液压油箱的油位过低、吸油管过细、吸油过滤器被杂质污物堵塞会导致液压泵吸油阻力过大（液压泵吸空时，常伴有刺耳的噪声），导致系统流量不足，压力偏低。另外，回油管在液面上（回油对油箱内油液冲击产生泡沫，导致油箱油液大量混入空气），吸油管密封不良漏气等容易造成液压系统中混入空气，导致系统压力不稳定。

5.4.1.2　压力失常的排除

严格按照液压泵正确的装配方式进行装配，并检查其控制装置的线路是否正确。

增加液压油箱相对液压泵高度，适当加大吸油管直径，更换滤油器滤芯，疏通管道，可解决泵吸油困难及吸空的问题，避免系统压力偏低；另外，选用合适黏度的液压油，避免装备在低温环境时油液黏度过大导致泵吸油困难。

针对液压控制阀的处理方法主要是检查卸荷或方向阀的通、断电状态是否正确，清洗阀芯、疏通阻尼孔，检查单向阀的方向是否正确，更换清洁油液（重新加注液压油时建议用配有过滤装置的加油设备来加油）等。

将油箱内的加油管没入液压以下，在吸油管路接头处加强密封等，均可有效防止系统内混入空气，避免系统压力不稳定。

5.4.2　欠速

5.4.2.1　欠速的影响

液压系统执行元件（液压抽缸及马达）的欠速包括两种情况：一是快速运行（快进）时速度不够快，达不到设计值和设备的规定值；二是在负荷下其工作速度随负载的增大而显著变低，特别是大型机械装备，如重型冲击桥、重型支援桥等负载较大的装备，这一现象尤其显著，速度一般与流量大小有关。

欠速首先影响装备的执行任务的效率，欠速在大负荷条件下常常出现停止运动的情况，导致机械装备不能正常工作。

5.4.2.2　欠速产生的原因

快速运行速度不够的原因：

(1) 液压泵的输出流量不足和输出压力提不高。

(2) 溢流阀因弹簧永久变形或错装成弱弹簧、主阀阻尼孔被局部堵塞、主阀芯卡死在小开口的位置造成液压泵输出的压力油部分溢回油箱，使通入系统供给执行元件的有效流量大为减少，使执行元件的运动速度不够；对于螺纹插装式溢流阀，其密封的预压缩量的大小也会影响执行元件的快速性。

(3) 系统的内外泄漏严重：快进时一般工作压力较低，但比回油路压力要高许多。当液压缸的活塞密封破损时，液压缸两腔因串联而使内泄漏变大（存在压差），使液压缸的快速运动速度不够，其他部位的内外泄漏也会造成这种现象。

(4) 快进时阻力大：例如，导轨润滑断油导致的镶条压板调得过紧，液压缸的安装精度和装配精度差等原因，造成快进时摩擦阻力增大。

(5) 工作进给时，在负载下工作进给速度明显降低，即使开大速度控制阀（节流阀等）也依然如此。主要原因为系统泄漏导致大负载时温升过高，油液黏度变化又增大了泄漏量；油液中混入空气或者混有杂质也会如此。

5.4.2.3　欠速的排除方法

欠速的排除方法：

(1) 排除液压泵输出流量不足和输出压力不高的故障。

(2) 排除溢流阀等压力阀产生的使压力不能提高的故障。

(3) 查找出产生内外泄漏的位置，消除泄漏；更换磨损严重的零件，消除内漏。

（4）控制油温。

（5）清洗诸如流量阀等零部件，油液污染严重时，及时换油。

（6）查明液压系统进气原因，排除液压系统内的空气。

5.4.3　爬行

液压系统的执行元件有时需要以较低的速度移动（液压缸）或转动（液压马达），此时，往往会出现明显的速度不均，出现断续的时动时停、一快一慢、一跳一停的现象，这种现象称为爬行，即低速平稳性的问题。爬行现象的产生原因有以下几点。

（1）当摩擦面处于边界摩擦状态时，存在着动、静摩擦因数的变化（动、静摩擦因数的差异）和动摩擦因数承受着速度增加而降低的现象。

（2）传动系统的刚度不足（如油中混有空气）。

（3）运动速度太低，而运动阻力较大或移动件质量较大。

不出现爬行现象的最低速度，称为运行平稳性的临界速度。

为消除爬行现象，可采用以下途径。

（1）减少动、静摩擦因数之差：如采用静压导轨和卸荷导轨、导轨采用减摩材料、用滚动摩擦代替滑动摩擦及采用导轨油润滑导轨等。

（2）提高传动机构（液压的、机械的）的刚度 K：如提高活塞杆及液压座的刚度，防止空气进入液压系统以减少油的可压缩性带来的刚度变化等。

（3）采取措施降低其临界速度及减少移动件的质量等措施。

同样是爬行，其故障现象是有区别的：既有有规律的爬行，也有无规律的爬行；有的爬行无规律且振幅大；有的爬行在极低的速度下才产生。产生这些不同现象的原因在于各有不同的侧重面，有些是以机械方面的原因为主，有些是以液压方面的原因为主，有些是以油中进入空气的原因为主，有些是以润滑不良的原因为主。机械装备的维修和操作人员必须不断总结归纳，迅速查明产生爬行的原因，予以排除。现将爬行原因具体归纳如下。

（1）静、动摩擦因数的差异大。

1）导轨精度差。

2）导轨面上有锈斑。

3）导轨压板镶条调得过紧。

4）导轨刮研不好，点数不够，点子不均匀。

5）导轨上开设的油槽不好，深度太浅，运行时已磨掉，所开油槽不均匀。

6）新液压设备，导轨未经跑合。

7）液压缸轴心线与导轨不平行。

8）液压缸缸体孔内局部锈蚀（局部段爬行）和拉伤。

9）液压缸缸体孔、活塞杆及活塞精度差。

10）液压缸装配及安装精度差，活塞、活塞杆、缸体孔及缸盖孔的同轴度差。

11）液压缸活塞或缸盖密封过紧、阻滞或过松。

12）停机时间过长，油中水分导致装备有些部位锈蚀。

13）静压导轨节流器堵塞，导轨断油。

（2）液压系统中进入空气，容积模数降低。

1）液压泵吸入空气。

①油箱油面低于油标规定值，吸油滤油器或吸油管裸露在油面上。

②油箱内回油管与吸油管靠得太近，二者之间又未装隔板隔开（或未装破泡网），回油搅拌产生的泡沫来不及上浮便被吸入泵内。

③裸露在油面至油泵进油口之间的管接头密封不好或管接头因振动而松动，或者油管开裂，吸进空气。

④因泵轴油封破损、泵体与泵盖之间的密封破损而进气。

⑤吸油管太细太长，吸油滤油器被污物堵塞或者设计时滤油器的容量本来就选得过小，造成吸油阻力增加。

⑥油液劣化变质，因进水乳化，破泡性能变差，气泡分散在油层内部或以网状气泡浮在油面上，泵工作时吸入系统。

2）空气从回油管反灌。

①回油管工作时或长久裸露在油面以上。

②在未装背压阀的回油路上，而缸内有时又为负压。

③油缸缸盖密封不好，有时进气，有时漏油。

（3）液压元件和液压系统方面的原因：

1）压力阀压力不稳定，阻尼孔时堵时通，压力振摆大，或者调节的工作压力过低。

2）节流阀流量不稳定，且在超过阀的最小稳定流量下使用。

3）液压泵的输出流量脉动大，供油不均匀。

4）液压缸活塞杆与工作台非球副连接，特别是长液压缸因别劲产生爬行。

5）液压缸内外泄漏大，造成缸内压力脉动变化。

6）润滑油稳定器失灵，导致导轨润滑不稳定，时而断流。

7）润滑压力过低，且工作台又太重。

8）管路发生共振。

9）液压系统采用进口节流方式且又无背压或背压调节机构，或者虽有背压调节机构但背压调节过低，这样在某种低速区内最易产生爬行。

（4）液压油的原因：

1）油牌号选择不对，太稀或太稠。

2）油温影响，黏度有较大变化。

（5）其他原因：

1）油缸活塞杆、油缸支座刚性差；密封方面的原因。

2）传动轴动平衡不好，转速过低且不稳定等。

根据上述产生爬行的原因，可逐一采取排除方法，主要措施如下。

（1）在制造和修配零件时，严格控制几何形状偏差、尺寸公差和配合间隙。

（2）修刮导轨，去锈去毛刺，使两接触导轨面接触面积不小于75%，调好镶条，油槽润滑油畅通。

（3）以平导轨面为基准，修刮油缸安装面，保证在全长上平行度小于0.1 mm；以V形导轨为基准调整油缸活塞杆侧母线，使二者平行度在0.1 mm之内。活塞杆与工作台采用球副连接。

(4) 缸活塞与活塞杆同轴度要求不大于0.04/1000，所有密封安装在密封沟槽内，不得出现四周上压缩量不等的现象，必要时可以外圆为基准修磨密封沟槽底径。密封装配时，不得过紧和过松。

(5) 防止空气从泵吸入系统，从回油管反灌进入系统，根据上述产生进气的原因逐一采取措施。

(6) 排除液压元件和液压系统有关故障。例如系统可改用回油节流系统或能自调背压的进油节流系统等。

(7) 采用合适的导轨润滑用油，必要时采用导轨油，因为导轨油中含有极性添加剂，增加了油性，使油分子能紧紧吸附在导轨面上，运动停止后油膜不会被挤破，从而保证了流体润滑状态，使动、静摩擦因数之差极小。

(8) 增强各机械传动件的刚度；排除因密封方面的原因产生的爬行现象。

(9) 在油中加入二甲基硅油抗泡剂破泡。

(10) 注意湍流和液压系统的清洁度。

5.4.4 液压冲击

在液压系统中，管路内流动的液体常常会因很快地换向和阀口的突然关闭，在管路程内形成一个很高的力峰值，这种现象称为液压冲击。

5.4.4.1 液压冲击的危害

液压冲击的危害：

(1) 冲击压力可能高达正常工作压力的3~4倍，使系统中的元件、管道、仪表等遭到破坏；

(2) 冲击产生的冲击压力使压力继电器误发信号，干扰液压系统的正常工作，影响液压系统的工作稳定性和可靠性；

(3) 引起振动和噪声、连接件松动、造成漏油、压力阀调节压力改变、流量阀调节流量改变，影响系统正常工作。

5.4.4.2 液压冲击产生的原因

液压冲击产生的原因：

(1) 管路内阀口迅速关闭时产生液压冲击；

(2) 运动部件在高速运动中突然被制动停止，产生压力冲击（惯性冲击）；例如油缸活塞在行程中途突然停止或反向，主换向阀换向过快，活塞在缸端停止或反向，均会产生压力冲击。

5.4.4.3 防止液压冲击的一般办法

对于阀口突然关闭产生的压力冲击，可采取下述方法排除或减轻。

(1) 减慢换向阀的关闭速度，即增大换向时间。例如采用直流电磁阀比交流电磁阀的液压冲击要小；采用带阻尼的电液换向阀，可通过调节阻尼及控制通过先导阀的压力和流量来减缓主换向阀阀芯的换向（关闭）速度，液动换向阀也与此类似。

(2) 增大管径，减少流速，以减少冲击压力，缩短管长，避免不必要的弯曲；采用软管也行之有效。

（3）在滑阀完全关闭前减慢液体的流速。例如改进换向阀控制边的结构，即在阀芯的棱边上开长方V形直槽，或做成锥形（半锥角2°~5°）节流锥面，较之直角形控制边，液压冲击大为减少。

（4）运动部件突然被制动、减速或停止时，防止产生液压冲击的方法（例如油缸）：

1）可在油缸的入口及出口处设置反应快、灵敏度高的小型安全阀（直动型），其调整压力在中、低压系统中，为最高工作压力的105%~115%。在高压系统中，为最高工作压力的125%。这样可使冲击压力不会超过上述调节值。

2）在油缸的行程终点采用减速阀，由于缓慢关闭油路而缓和了液压冲击。

3）在油缸端部设置缓冲装置（如单向节流阀）控制油缸端部的排油速度，使油缸运动到缸端停止，平稳无冲击。

4）在油缸回油控制油路中设置平衡阀（如重型冲击桥的推桥马达）和背压阀，以控制快速下降或运动的前冲冲击，并适当调高背压压力。

5）采用橡胶软管吸收液压冲击能量。

6）在易产生液压冲击的管路位置设置蓄能器，吸收冲击压力。

7）采用带阻尼的液动换向阀，并调大阻尼，即关小两端的单向节流阀。

8）油缸缸体孔配合间隙（间隙密封时）过大，或者密封破损，而工作压力又调得很大时，易产生冲击，可重配活塞或更换活塞密封，并适当降低工作压力，排除由此带来的冲击现象。

5.4.5 液压卡紧和其他卡紧现象

5.4.5.1 液压卡紧的危害

因毛刺和污物楔入液压元件滑动配合间隙造成的卡阀现象，称为机械卡紧。

液体流过阀芯阀体（阀套）间的缝隙时，作用在阀芯上的径向力使阀芯卡住，称为液压卡紧。产生液压卡紧时，会导致下列危害：

（1）轻度的液压卡紧，使液压元件内的相对移动件（如阀芯、叶片、柱塞、活塞等）运动时的摩擦增加，造成动作迟缓，甚至动作错乱的现象。

（2）严重的液压卡紧，使液压元件内的相对移动件完全卡住，不能运动。造成不能动作（如换向阀换向，柱塞泵柱塞不能运动而实现吸油和压油等）的现象，手柄的操作力增大。

5.4.5.2 产生液压卡紧和其他卡阀现象的原因

产生液压卡紧和其他卡阀现象的原因如下。

（1）阀芯外径、阀体（套）孔形位公差大，有锥度，且大端朝着高压区，或阀芯阀孔失圆，装配时又不同心，存在偏心距 e，如图5-11（a）所示，则压力 p_1 通过上缝隙 a 与下缝 b 时产生的压力降曲线不重合，产生一向上的径向不平衡力（合力），使阀芯加大偏心上移。上移后，上缝隙 a 缩小，下缝隙 b 增大，向上的径向不平衡力更增大，最后将阀芯顶死在阀体孔上。

（2）阀芯与阀孔因加工和装配误差，阀芯在阀孔内倾斜成一定角度，压力 p_1 经上下缝隙后，上缝隙值不断增大，下缝隙值不断减小，其压力降曲线也不同，压力差值产生偏心力和一个使阀芯阀体孔的轴线互不平行的力矩，使阀芯在孔内更倾斜，最后阀芯卡死在阀孔内，如图 5-11（b）所示。

（3）阀芯上因碰伤而有局部突起或毛刺，产生一个使突起部分压向阀套的力矩，如图 5-11（c）所示，将阀芯卡在阀孔内。

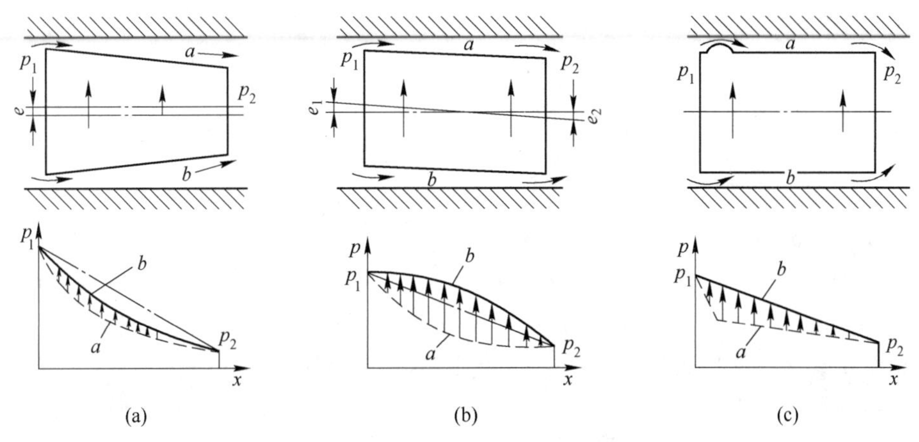

图 5-11 各种情况下的径向不平衡力

（4）为减少径向不平衡力，往往在阀芯上加工若干条环形均压槽。若加工时环形槽与阀芯外圆不同心，经热处理后再磨加工后，使环形均压槽深浅不一。

（5）污染颗粒进入阀芯与阀孔配合间隙，使阀芯在阀孔内偏心放置，形成图 5-11（b）所示状况，产生径向不平衡力，导致液压卡紧。

（6）阀芯与阀孔配合间隙大，阀芯与阀孔台肩尖边与沉角槽的锐边毛刺清理的程度不一样，引起阀芯与阀孔轴线不同心，产生液压卡紧。

（7）其他原因产生的卡阀现象：

1）阀芯与阀体孔配合间隙过小；

2）污垢颗粒楔入间隙；

3）装配扭斜别劲，阀体孔阀芯变形弯曲；

4）温度变化引起阀孔变形；

5）各种安装紧固螺钉压得太紧，导致阀体变形；

6）困油产生的卡阀现象。

5.4.5.3 消除液压卡紧和其他卡阀现象的措施

消除液压卡紧和其他卡阀现象的措施：

（1）提高阀芯与阀体孔的加工精度，提高其形状和位置精度。目前液压件生产厂家对阀芯和阀体孔的形状精度，如圆度和圆柱度能控制在 0.03 mm 以内，达到此精度一般不会出现液压卡紧现象；

（2）在阀芯表面开几条位置恰当的均压槽，且保证均压槽与阀芯外圆同心；

（3）采用锥形台肩，台肩小端朝着高压区，利于阀芯在阀孔内径向对中；

（4）有条件者使阀芯或阀体孔作轴向或圆周方向的高频小振幅振动；

（5）仔细清除阀芯台肩及阀体沉割槽尖边上的毛刺，防止磕碰而弄伤阀芯外圆和阀体内孔。

（6）提高油液的清洁度。

5.4.6　液压系统漏油

5.4.6.1　液压系统漏油的原因分析

A　液压系统的污染引起的漏油

液压系统的污染会导致液压元件磨损加剧，密封性能下降，容积效率降低，产生内泄外漏。液压元件运动副的配合间隙一般在 5~15 μm，对于阀类元件来说，当污染颗粒进入运动副之间时，相互作用划伤表面，并切削出新的磨粒，加剧磨损，使配合间隙扩大，导致内漏或阀内串油；对泵类元件来说，污染颗粒会使相对运动部分（柱塞泵的柱塞和缸孔、缸体、配流盘，叶片泵的叶片顶端和定子内表面等）磨损加剧，引起配合间隙增大，泄漏量增加，从而导致泵的容积效率降低；对于液压缸来说，污染颗粒会加速密封装置的磨损，使漏量明显加大，导致功率降低，同时还会使缸筒或活塞杆拉伤而报废；对于液压导管来说，污染颗粒会使导管内壁的磨损加剧，甚至划伤内壁．特别是当液体的流速高且不稳定（流速快和压力脉动大）时，会导致导管内壁的材料受冲击而剥落，最终将导致导管破裂而漏油。

当液压油中含有水时会促使液压油形成乳化液，可降低液压油的润滑和防腐作用，加速液压元件及液压导管内壁的磨损和腐蚀。当液压油中含有大量气泡时，在高压区气泡将受到压缩，周围的油液便高速流向原来由气泡所占据的空间，引起强烈的液压冲击，在高压液体混合物的冲击下，液压元件及液压导管内壁受腐蚀而剥落。以上这些情况最终都会使液压元件及液压导管损坏产生内外泄漏。

B　油温过高引起的漏油

液压系统的温度一般维持在 35~60 ℃最为合适，最高不应超过 80 ℃。在正常的油温下，液压油各种性能良好。油温过高，会使液压油黏度下降，润滑油膜变薄并易损坏，润滑性能变差，机械磨损加剧，容积效率降低，从而导致液压油内泄漏增加，同时泄漏和磨损又引起系统温度升高，而系统温度升高又会加重泄漏和磨损，甚至造成恶性循环，使液压元件很快失效；油温过高，将加速橡胶密封圈的老化，密封性能随之降低，最终将导致密封件的失效而漏油；油温过高，将加速橡胶软油管的老化，严重时使油管变硬和出现龟裂，这样的油管在高温、高压的作用下最终将导致油管爆破而漏油。因此，应控制系统油温，使之保持在正常范围之内。

C　油封存在问题引起的漏油

油封广泛应用在运动件与静止件之间的密封（如齿轮泵的轴端的密封、液力耦合器轴端的密封等都是靠油封来实现密封的），油封的种类很多，但其密封原理基本相同。它可防止内部油液外泄，还可以阻止外界尘土、杂质侵入到液压系统内部。

如油封本身质量不合格（主要存在的问题有：油封结构设计不合理、油封选材不当、油封制造工艺不合理或尺寸精度差等）时，这样的油封就起不到良好密封作用，从而导致油液的渗漏；油封使用时间过长，超过了使用期限，就会因老化、失去弹性和磨损而导致油封渗漏；油封装配压入不到位，导致唇口损伤或划伤唇口，而引起油液的渗漏；在安装油封时，未将油封擦拭干净或油封挡尘圈损坏，导致泥沙进入油封工作面，使油封在工作时加速磨损而失去密封作用，而导致油液的渗漏。

D 液压管路装配不当引起的漏油

a 液压管路弯曲不良

在装配液压硬导管的过程中，应按规定半径使管路弯曲，否则会使管路产生不同的弯曲应力，在油压的作用下逐渐产生渗漏。硬管弯曲半径过小，就会导致管路外侧管壁变薄，内侧管壁产生皱纹，使管路在弯曲处存在很大的内应力，强度大大减弱，在强烈振动或冲击下，管路就易产生横向裂纹而漏油；如果弯曲部位出现较大的椭圆度，当管内油压脉动时就易产生纵向裂纹而漏油。

软管安装时，若弯曲半径不符合要求或软管扭曲等，皆会引起软管破损而漏油。

b 管路安装固定不符合要求

常见的安装固定不当如下。

(1) 安装油管时，不顾油管的长度、角度、螺纹是否合适强行进行装配，使管路变形，产生安装应力，同时很容易碰伤管路，导致其强度下降。

(2) 安装油管时不注意固定，拧紧螺栓时管路随之一起转动，造成管路扭曲或与别的部件相碰而产生摩擦，缩短了管路的使用寿命。

(3) 管路卡子固定有时过松，使管路与卡子间产生的摩擦、振动加强；有时过紧，使管路表面（特别是铝管或铜管）夹伤变形，这些情况都会使管路破损而漏油。

(4) 管路接头紧固力矩严重超过规定，使接头的喇叭口断裂，螺纹拉伤、脱扣，导致严重漏油事故。

E 液压密封件存在问题引起的漏油

密封件在装配过程中，如果过度拉伸会使密封件失去弹性，降低密封性能；如果在装配过程中，密封件的翻转划伤密封件的唇边，将会导致泄漏的发生；如果密封件的安装密封槽或密封接触表面的质量差，那么密封件安装在尺寸精度较低、表面粗糙度和形状位置公差较低的密封副内，将导致密封件的损伤，从而产生液压油的泄漏；如果密封件选用不当也会造成液压油的泄漏，例如在高压系统中所选用的密封材质太软，那么在工作时，密封件极易挤入密封间隙而损伤，造成液压油泄漏；如果密封件的质量差. 则其耐压能力低下、使用寿命短、密封性能差，这样密封件使用不长就会产生泄漏。

F 由于管路质量差而引起的漏油

在维修或更换液压管路时，如果在液压系统中安装了劣质的油管，由于其承压能力低、使用寿命短，使用时间不长就会出现漏油。硬质油管质量差的主要表现为管壁薄厚不均，使承载能力降低；劣质软管主要是橡胶质量差、钢丝层拉力不足、编织不均，使承载能力不足，在压力油冲击下，易造成管路损坏而漏油。

5.4.6.2 预防液压系统漏油的对策

为预防液压系统的漏油，需注意这几项原则：正确使用维护，严禁污染液压系统；采取有效措施，降低温度对液压系统泄漏的影响；正确安装管路，严禁违规装配。

(1) 软管管路的正确装配。安装软管拧紧螺纹时，注意不要扭曲软管，可在软管上画一条彩线观察；软管直线安装时要有 30%左右的长度余量，以适应油温、受拉和振动的需要；软管弯曲处，弯曲半径要大于 9 倍软管外径，弯曲处到管接头的距离至少等于 6 倍软管外径；橡胶软管最好不要在高温有腐蚀气体的环境下使用；如系统软管较多，应分别安装管夹加以固定或者用橡胶隔板。

（2）硬管管路的正确安装。硬管管路的安装应横平竖直，尽量减少转弯，并避免交叉；转弯处的半径应大于油管外径的3~5倍；长管道应用标准管夹固定牢固，以防止振动和碰撞；管夹相互间距离应符合规定，对振动大的管路，管夹处应装减振垫；在管路与机件连接时，先固定好辅件接头，再固定管路，以防管路受扭，切不可强行安装。

（3）在维修时，对新更换的管路，应认真检查生产的厂家、日期、批号、规定的使用寿命和有无缺陷，不符合规定的管路坚决不能使用。使用时，要经常检查管路是否有磨损、腐蚀现象；使用过程中橡胶软管一旦发现严重龟裂、变硬或鼓泡现象，就应立即更换。

（4）为了保证密封质量，对选用的密封件要满足以下基本要求：应有良好的密封性能；动密封处的摩擦阻力要小；耐磨且寿命长；在油液中有良好的化学稳定性；有互换性和装配方便等。

实际工作中，按以下要求安装各处的密封装置。

（1）安装O形密封圈时，不要将其接到永久变形的位置，也不要边滚动边套装，否则可能因形成扭曲而漏油。

（2）安装Y形和V形密封圈，要注意安装方向，避免因装反而漏油。对Y形密封圈而言，其唇边应对着有压力的油腔；此外，对Y形密封圈还要注意区分是轴用还是孔用，不要装错。V形密封圈由形状不同的支撑环、密封环和压环组成，当压环压紧密封环时，支撑环可使密封环产生变形而起密封作用，安装时应将密封环开口面向压力油腔；调整压环时，应以不漏油为限，不可压得过紧，以防密封阻力过大。

（3）密封装置如与滑动表面配合，装配时应涂以少量的液压油。

（4）拆卸后的O形密封圈和防尘圈应全部换新。

5.4.7　液压系统油温升高

5.4.7.1　温升的不良影响

液压系统的温升发热和污染一样，也是一种综合故障的表现，主要通过测量油温和少量液压元件来衡量。

液压系统是用油液作为工作介质来传递和转换能量的，运转过程中的机械能损失、压力损失和容积损失必须转化成热量释放，从开始运转时接近室温的温度，通过油箱、管道及机体表面，还可通过设置的油冷却器散热，运转到一定时间后，温度不再升高，而是稳定在一定温度范围内达到热平衡，二者之差便是温升。

温升过高会产生下述故障和不良影响。

（1）油温升高，会使油的黏度升高，泄漏增大，泵的容积效率和整个系统的效率会显著降低。油的黏度降低，滑阀等移动部位的油膜会变薄和被切破，摩擦阻力增大，导致磨损加剧，系统发热，带来更高的温升。

（2）油温过高，使机械产生热变形，既使液压元件中热膨胀系数不同的运动部件之间的间隙变小而卡死，引起动作失灵，又影响液压设备的精度，导致零件加工质量变差。

（3）油温过高，也会使橡胶密封件变形，加速老化失效，降低使用寿命，丧失密封性能，造成泄漏，泄漏会进一步发热产生温升。

（4）油温过高，会加速油液氧化变质，并析出沥青物质，降低液压油使用寿命。析出物堵塞阻尼小孔和缝隙式阀口，导致压力阀调压失灵、流量阀流量不稳定、方向阀卡死不换向、金属伸长变弯，甚至破裂等诸多故障。

（5）油温升高，油的空气分离压降低，油中溶解空气逸出，产生气穴，致使液压系统工作性能降低。

5.4.7.2 造成温升的原因

油温过高有设计方面的原因，也有加工制造和使用方面的原因，具体如下。

（1）液压系统设计不合理，造成先天性不足。

1）油箱容量设计太小，冷却散热面积不够，而又未设计安装有油冷却装置，或者虽有冷却装置但装置的容量过小。

2）选用的阀类元件规格过小，造成阀的流速过高而使压力损失增大导致发热，例如差动回路中如果仅按泵流量选择换向阀的规格，便会出现这种情况。

3）系统中未设计卸荷回路，停止工作时油泵不卸荷，泵的全部流量在高压下溢流，产生溢流损失发热，导致温升，有卸荷回路，但未能卸荷。

4）液压系统背压过高。例如在采用电液换向阀的回路中，为了保证其换向可靠性，阀不工作时（中位）也要保证系统有一定的背压，以确保有一定的控制压力使电液阀可靠换向，如果系统为大流量，则这些流量会以控制压力的形式从溢流阀溢流，造成温升。

5）系统管路太细太长；弯曲过多，局部压力损失和沿程压力损失太大，系统效率低。

6）闭式液压系统散热条件差等。

（2）使用方面造成的发热温升。

1）油品选择不当。油的品牌、质量和黏度等级不符合要求，或不同牌号的液压油混用，造成液压油黏度指数过低或过高。若油液黏度过高，压力损失过大，则功率损失增加，油温上升；如果黏度过低，则内、外泄漏量增加，工作压力不稳，油温也会升高。

2）污染严重。作业现场环境恶劣，随着机器工作时间的增加，油中易混入杂质和污物，受污染的液压油进入泵、马达和阀的配合间隙中，会划伤和破坏配合表面的精度和粗糙度，使摩擦磨损加剧，同时泄漏增加，引起油温升高。

3）液压油箱内油位过低。若液压油箱内油量太少，将使液压系统没有足够的流量带走其产生的热量，导致油温升高。

4）液压系统中混入空气。混入液压油中的空气，在低压区时会从油中逸出并形成气泡，当其运动到高压区时，这些气泡将被高压油击碎，受到急剧压缩而放出大量的热量，引起油温升高。

5）滤油器堵塞。磨粒、杂质和灰尘等通过滤油器时，会被吸附在滤油器的滤芯上，造成吸油阻力和能耗增加，引起油温升高。

6）液压油冷却循环系统工作不良。通常，采用水冷式或风冷式冷却器对液压系统的油温进行强制性降温。水冷式冷却器会因散热片太脏或水循环不畅而使其散热系数降低；风冷式冷却器会因油污过多而将冷却器的散热片缝隙堵塞，风扇难以对其散热，导致油温升高。

7）零部件磨损严重。齿轮泵的齿轮与泵体和侧板，柱塞泵和马达的缸体与配流盘、缸体孔与柱塞，换向阀的阀杆与阀体等都是靠间隙密封的，这些元件的磨损将会引起其内泄漏的增加和油温的升高。

8）环境温度过高。环境温度过高，高负荷使用的时间又长，都会使油温太高。

5.4.7.3 防止油温升高的措施

（1）合理的液压回路设计。

1）选用传动效率较高的液压回路和适当的调速方式。目前普遍使用着的定量泵节流调速系统的效率是较低的（<0.385），这是因为定量泵与油缸的效率分别为85%、95%左右，方向阀及管路等损失为5%左右，所以即使不进行流量控制，也有25%的功率损失。而且节流调速时，至少有一半以上的浪费。此外还有泄漏及其他的压力损失和容积损失，这些损失均会转化为热能导致温升，所以定量泵加节流调速系统只能用于小流量系统。为了提高效率、减少温升，应采用高效节能回路。

另外，液压系统的效率还取决于外负载。同一种回路，当负载流量与泵的最大流量比值大时，回路的效率高。例如可采用手动伺服变量、压力控制变量、压力补偿变量、流量补偿变量、速度传感功率限制变量、力矩限制器功率限制变量等多种形式，力求达到负载流量与泵的流量相匹配。

2）对于常采用定量泵节流调速回路，应力求减少溢流损失的流量，例如可采用双泵双压供油回路、卸荷回路等。

3）采用容积调速回路和联合调速（容积+节流）回路。在采用联合调速方式中，应区别不同情况而选用不同方案：对于进给速度要求随负载增加而减少的工况，宜采用限压式变量泵节流调速回路；对于在负载变化的情况下进给速度要求恒定的工况，宜采用稳流式变量泵节流调速回路；对于在负载变化的情况下，供油压力要求恒定的工况，宜采用恒压变量泵节流调速回路。

4）选用高效率的节能液压元件，提高装配精度。选用符合要求规格的液压元件。

5）设计方案中应尽量简化系统和元件数量。

6）设计方案中应尽量缩短管路长度，适当加大管径，减少管路口径突变和弯头的数量。限制管路和通道的流速，减少沿程和局部损失，推荐采用集成块的方式和叠加阀的方式。

（2）提高精度和质量。提高液压元件和液压系统的加工精度和装配质量，严格控制相配件的配合间隙和改善润滑条件。采用摩擦因数小的密封材质和改进密封结构，确保导轨的平直度、平行度和良好的接触，尽可能降低油缸的启动力。尽可能减少不平衡力，以降低由于机械摩擦损失所产生的热量。

（3）适当调整液压回路的某些性能参数。例如在保证液压系统正常工作的条件下，泵的输出流量应尽量小一点，输出压力尽可能调得低一点，可调背压阀的开启压力尽量调低点，以减少能量损失。

（4）调节溢流阀的压力。根据不同加工要求和不同负载要求，经常调节溢流阀的压力，使之恰到好处。

（5）选用合适的液压油。选用液压油应按厂家推荐的牌号及机器所处的工作环境、气温因素等来确定。对一些有特殊要求的装备，应选用专用液压油；当液压元件和系统保养不便时，应选用性能好的抗磨液压油。

（6）根据实际情况更换液压油。一般在累计工作1000多小时后换油。更换液压油时，注意不仅要放尽油箱内的旧油，还要替换整个系统管路、工作回路的旧油；加油时最好用0.125 mm（120目）以上的滤网，并按规定加足油量，使油液有足够的循环冷却条件。如遇因液压油污染而引起的突发性故障时，一定要过滤或更换液压系统用油。

（7）使油箱液面保持规定位置。在实际操作和保养过程中，严格遵守操作规程中对液压油油位的规定。

（8）保证进油管接口密封性。经常检查进油管接口等封处的良好密封性，防止空气进入；同时，每次换油后要排尽系统中的空气。

（9）定期清洗、更换滤油器。定期清洗、更换滤油器，对有堵塞指示器的滤油器，应按指示情况清洗或更换滤芯；滤芯的性能、结构和有效期都必须符合其使用要求。

（10）定期检查和维护液压油冷却循环系统。定期检查和维护液压油冷却循环系统，一旦发现故障，必须立即停机排除。

（11）及时检修或更换磨损过大的零部件。及时检修或更换磨损过大的零部件，据统计，在正常情况下，进口的液压泵、马达工作五六年后，国产产品工作两三年后，其磨损都已相当严重，须及时进行检修。否则，就会出现冷机时工作基本正常，但工作1~2 h后，系统各机构的运动速度就明显变慢，须停机待油温降低后才能继续工作。

（12）应避免长时间连续大负荷地工作。应避免长时间连续大负荷地工作，若油温太高可使设备空载转动10 min左右，待其油温降下来后再工作。

5.4.8 空穴现象

5.4.8.1 空穴的危害

液压封闭系统内部的气体有两种来源：一是从外界被吸入到系统内，称为混入空气；二是由于空穴现象产生的来自液压油中溶解空气的分离。

A 混入空气的危害

（1）油的可压缩性增大（1000倍），导致执行元件动作误差，产生爬行，破坏了工作平衡性，产生振动，影响液压设备的正常工作。

（2）大大增加了油泵和管路的噪声和振动，加剧磨损，气泡在高压区成了“弹簧”，系统压力波动很大，系统刚性下降，气泡被压力击碎，产生强烈振动和噪声，使元件动作响应性大为降低，动作迟滞。

（3）压力油中气泡被压缩时放出大量的热，局部燃烧氧化液压油，造成液压油的劣化变质。

（4）气泡进入润滑部分，切破油膜，导致滑动面的烧伤与磨损及摩擦力增大（空气混入，油液黏层大）。

（5）气泡导致空穴。

B 空穴的危害

所谓空穴，是指流动的压力油液在局部位置压力下降（流速高，压力低），达到饱和蒸气压或空气分压时，产生蒸气和溶解空气的分离而形成大量气泡的现象，当再次从局部低压区流向高压区时，气泡破裂消失，在破裂消失过程中形成局部高压和高温，出现振动，且发出不规则的噪声，金属表面被氧化剥蚀，这种现象称为空穴。空穴多发生在油泵进口处及控制阀的节流口附近。

空穴除了产生混入空气的危害外，还会在金属表面产生点状腐蚀性磨损。因为在低压区产生的气泡进入高压区突然破灭，产生数十兆帕的压力，推压金属粒子，反复作用使金属急剧磨损。因为气泡（空穴），泵的有效吸入流量也减少了。

另外空穴会使工作油的劣化大大加剧。气泡在高压区受绝热压缩，产生极高温度，加剧了油液与空气的化学反应速度，甚至燃烧、发光发烟、碳元素游离，导致油液发黑。

5.4.8.2　空穴产生的原因

A　空气的混入途径

空气的混入途径：

（1）油箱中油面过低或吸油管未埋入油面以下，造成吸油不畅而吸入空气。

（2）油泵吸油管处的滤油器被污物堵塞，或滤油器的容量不够，网孔太密，吸油不畅形成局部真空，吸入空气。

（3）油箱中吸油管与回油管相距太近，回油飞溅搅拌油液产生气泡，气泡来不及消泡就被吸入泵内。

（4）回油管在油面以上，停机时，空气从回油管逆流而入（缸内有负压时）。

（5）系统各油管接头，阀与阀安装板的连接处密封不严，或因振动松动等，吸入空气。

（6）密封破损、老化变质或密封质量差，密封槽加工不同心等原因，在有负压的位置（例如油缸两端活塞杆处、泵轴油封处、阀调节手柄及阀工艺堵头等处），由于密封失效，吸入空气。

B　产生气穴的原因

产生气穴的原因：

（1）上述空气混入油液的各种原因，也是可能产生气穴的原因。

（2）油泵产生气穴的原因：

1）油泵吸油口堵塞或容量选得太小；

2）驱动油泵的原动机转速过高；

3）油泵安装位置（进油口高度）距油面过高；

4）吸油管管径过小，弯曲太多，油管长度过长，吸油滤油器或吸油管浸入油内过浅；

5）冬天开始启动时，油液黏度过大等。

上述原因使油泵进口压力过低，当低于某温度下的空气分离压时，油中的溶解空气便以空气泡的形式析出，当低于液体的饱和蒸气压时，就会形成空穴现象。

（3）节流缝（小孔）产生空穴的原因：根据伯努利方程可知，高速区即为低压区，而节流缝隙流速很高，在此行区段内压力必然降低，当低于液体的空气分离压或饱和蒸气压时，便会产生空穴。与此类似的有通径的突然扩大或缩小、液流的分流与汇流、液流方向突然改变等，使局部压力损失过大造成压降而成为局部低压区，也可能产生空穴。

（4）气体在液体中的溶解量与压力成正比，当压力降低时，处于过饱和状态，空气就会逸出。

5.4.8.3　防止空气进入和气穴产生的方法

A　防止空气混入的方法

防止空气混入的方法如下。

（1）加足油液，油箱油面要经常保持不低于液位计低位指示线，特别是对装有大型油缸的液压系统，除第一次加入足够的油液外，当启动液压泵，油进入油缸后，油面会显著降低，甚至使滤油器露出油面，此时需再向油箱加油，油箱内总的加油量应确保执行元件充满后液位不低于液位计下限，执行元件复位后液位不高于液位计上限（注意：这一项与液位计的确定有关）。

（2）定期清除附着在滤油器滤网或滤芯上的污物。如滤油器的容量不够或网纹太细，应更换合适的滤油器。

（3）进回油管要尽可能隔开一段距离，按照油箱的有关要求，防止空气进入产生噪声。

（4）回油管应插入油箱最低油面以下（约 10 cm），回油管要有一定的背压，一般为 0.3~0.5 MPa。

（5）注意各种液压元件的外漏情况，往往漏油处也是进气处。

（6）拧紧各管接头，特别是硬性接口套，要注意密封面的情况。

（7）采取措施，提高油液本身的抗泡性能和消泡性能，必要时添加消泡剂等添加剂，以利于油中气泡的悬浮与破泡。

（8）在没有排气装置的油缸上增设排气装置或松开设备最高部位的管接头排气。

B 防止液压泵空穴的方法

防止液压泵空穴的方法如下。

（1）按液压泵使用说明书选择泵驱动电动机的转数。

（2）对于有自吸能力的泵，应严格按油泵使用说明书推荐的吸油高度安装，使泵的吸油口至液面的相对高度尽可能低，保证泵进油管内的真空度不超过泵本身所规定的最高自吸真空度，一般齿轮泵为 0.056 MPa，叶片泵为 0.033 MPa，柱塞泵为 0.016 MPa，螺杆泵为 0.057 MPa。

（3）吸油管内流速控制在 1.5 m/s 以内，适当加大进油管路直径、缩短其长度，减少管路弯曲数，管内壁尽可能光滑，以减少吸油管的压力损失。

（4）吸油管头（无滤油器时）或滤油器要埋在油面以下，随时注意清洗滤网或滤芯。

（5）吸油管裸露在油面以上的部分（含管接头）要密封可靠，防止空气进入。

C 防止节流空穴的措施

防止节流空穴的措施如下。

（1）尽力减少上下游压力之差（节流口）。

（2）上下游压力差不能减少时，可采用多级节流的方法，使每级压差大大减少。

（3）尽力减少通过节流口的流量。

（4）采用薄壁节流或喷嘴节流形式。

D 其他防空穴措施

其他防空穴措施如下。

（1）对液压系统其他部位有可能产生压力损失而导致空穴的部位，应保证该部位的压力高于空气分离压力，例如可采取减少管路程突然增大或突然缩小的面积比，避免不正确的分流与汇流等。

(2) 工作油液的黏度不能太大，特别是在寒冷季节和环境温度低时，需更换黏度稍低的油液，选用流动点低的油液及空气分离压稍低的油液。

(3) 减缓变量泵及流量调节阀的流量调节速度。不要太快太急，应缓慢进行。

(4) 必要时采用加压油箱或者将油泵装于油箱油面以下，倒灌吸油。

6　机械装备电气控制系统故障诊断

随着武器装备现代化的发展，电子系统在装备中的应用越来越广泛，主要表现在两个方面。一是单体电子设备的品种数量显著增加，二是各类武器装备组成系统中所包含的电控成分越来越多，电子系统已成为通用机械装备的重要组成部分。当前机械装备正处于机械化、半自动化向智能化、信息化的转变过程中，电子系统已成为机械装备的灵魂和效能倍增器，因此加强机械装备电子控制系统的技术保障是装备使用与发展的必然要求。

机械装备电气系统可分为电气设备和电气控制系统两大部分，其中电气设备与一般的工程机械电气设备大同小异，而机械装备的电气控制系统则随装备类型和装备功能不同而有较大差别。机械装备的电控系统通常可分为底盘电子控制分系统、作业控制分系统和电子信息分系统三部分。大多数机械装备上，这三部分可通过车载总线（CAN、MIC 等）网络连接，实现数据共享与交流。其中底盘电子控制系统用于对履带式及轮式装备的操纵和行进控制；电子信息分系统主要用于通信指挥、情报传输、定位导航和状态监视等；机械装备作业控制（上装电气控制）系统主要用于控制机械装备的作业装置（下文简称上装），如布雷装备的装定、发火和发射，桥梁装备的架设与撤收，扫雷装备的火箭扫雷弹的发射、机械扫雷与微波扫雷装置的工作等。本书主要介绍机械装备上装电气控制系统的结构原理、故障特点及诊断技术。

6.1　机械装备电气控制系统组成与工作原理

机械装备的上装电气控制系统一般是由负责提供信息输入的传感器、负责信息处理的控制器和负责信息输出的执行器组成。电气控制系统在机械装备中所起的作用相当于神经系统在人体中一样，主要实现机械装备作业的自动化和智能化，保障作业的安全可靠。

机械装备电控系统的核心是其控制器，各种控制器的原理、结构、性能及复杂程度等差别也比较大。如轮式推土机、挖掘机和装载机等工程装备上的控制器，大多以单片机或嵌入式微控制器等微电脑为核心构成电子监测单元，结合工况参数采集传感器、信号调理电路和简单的总线设备等，构成机械装备的电控监测系统，其功能相对比较简单，侧重于故障监控与报警。对于像布（扫）雷装备、渡河桥梁装备、伪装侦察装备、破障装备等功能复杂的机械装备，其电控系统的组成要复杂得多，通常包括主控计算机（工控机）、可编程控制器（工业 PLC 或专用工程机械控制器）、各种电子控制单元、MIC/CAN 总线及其接口设备、其他附件等，另外，广义上电控系统还包括操作系统软件、总线通信协议和应用软件等模块。本节介绍几种典型的机械装备电控系统的结构与组成原理。

6.1.1　机械装备控制的分类

机械装备的控制是一个非常大的概念，对其没有一个标准的分类方法，分类方式不同结果也不同。如果按被控制的物理量来分类，可将机械装备的控制大致按机械、音响、频率、电气、磁性、温度、光信息等物理量分类。这些物理量或被测量数量众多，究竟哪一种在机械装备中占主要地位呢？有关调查结果表明，在所有的机械装备组成系统的控制中较多的是针对温度、位移、速度、力、时间、光、声、电等的控制。本节举几个典型的控制方式做简单介绍。

6.1.1.1　温度的控制

温度在机械装备中是个非常重要的物理量，在很多的控制中都需要用到对温度的控制。例如机械装备液压系统、发动机、电机、变矩器等工作温度的控制，温度控制不好轻则导致装备作业效率下降，重则引起装备零部件失效或产品损坏报废。

在发动机的工作过程中，为了保证发动机的各零部件间隙、燃油系统等的正常状态，零部件或系统的工作温度是关键因素，温度过高过低都会导致发动机工作异常或引起装备损坏，因此温度的控制是非常重要的。

6.1.1.2　位移、速度和加速度的控制

位移、速度和加速度是三个相互关联的物理量，在机械装备各个组成系统中，往往要对其中的一个或全部进行控制。例如在机械装备作业装置（桥梁架设、机械扫雷等）的作业过程中，对液压油缸、马达等执行机构的移动速度和移动距离关系到装备作业的安全性和作业效率，必须对执行机构（油缸、马达、伺服电机）的位移和速度进行控制。对精度要求高时还必须对加速度进行控制。再比如火箭破障车定向器的控制中，高低、方向角度参数的控制必须精确、快速，对电机角位移、角速度和角加速度的控制都非常严格，控制好才能保证破障弹发射的安全、准确与高效。

6.1.1.3　力的控制

力的控制分许多种，在机械装备中均有应用。绝大多数过程控制系统均包含对液压或气体压力的测量与控制。如火箭布雷车气动系统，可用于固定和解脱发射装置的高低及方向固定器、装填机的弹架、千斤顶的卡销等装置。该气动系统需要对气体压力进行控制，以维持气体压力在给定的数值范围之内。同时，该装备配备有液压系统，包括千斤顶液压系统和装填机液压系统。在液压系统中必须对压力进行控制，保证千斤顶和装填机能够可靠稳定工作。

6.1.1.4　流量的控制

在机械装备运行过程中，经常需要测量液压系统等的流量和各种流速。监测和控制流体（如气体和液体燃料）的流速。对于发动机或液力变矩器等系统，在温度控制的基础上，还需要监测和控制燃油、液压油或冷却液的流速。

6.1.1.5　液面控制

液压系统在机械装备中应用非常广泛，当液压油箱油面过低时，液压泵吸油阻力变大（液压泵吸空时，常伴有刺耳的噪声），导致液压系统流量不足、压力偏低。另外，油箱油面低于规定值时，液压泵吸入空气后，导致液压系统的容积模数降低，引起执行元件产生爬行故障。因此，机械装备运行过程中必须对油液和其他润滑剂的液压进行监测，并保持这些介质在正常的范围内，以保证机械装备的正常有效运转。

最简单的油面监测和控制方式就是“通/断”控制。还有一些液面传感器能够连续地监测和控制实际的液面。

机械装备中往往不是只控制一个物理量，而是需要对多个物理量进行控制，以达到最好的控制效果。

6.1.2　机械装备电气控制系统控制原理与基本组成

电控系统的核心是控制，即电子控制单元 ECU，而控制是需要判断的，完成判断的前提是必须获得足够的输入电信号（表征输入物理状态的变化），控制功能完成的质量则取决于执行器（输出装置）及反馈的完善程度。因此，机械装备控制系统的基本结构主要由输入装置、控制器和执行机构三部分组成。

最基本的电控系统可以只有传感器、控制器与执行器而无反馈装置，这就是平常所说的开环控制系统；而带有反馈装置的电控系统模型，则称为闭环控制系统。闭环控制系统由于采用了反馈装置，因此主要用于控制精度要求高的场合，闭环控制系统的质量则取决于反馈控制的稳定性。

6.1.2.1　电控系统的输入装置

常见的输入装置主要有传感器与开关两种，由于传感器是主要的输入装置，因此电控系统的输入装置大多情况下俗称传感器。实际上，电控系统的输入装置是基于物理状态变化的，它把原始的机电、液压、气压等物理状态变化（如温度变化、压力变化、角度变化等）转化为电控单元所能识别的电信号。通俗地讲，电控系统的输入装置相当于人的感知器官，用于感受来自外界的各种信息。因此，在实际检修过程中，对电控系统的传感器信号的检测一定要注意不同物理状态变化下的电信号变化是否吻合，切忌只以单一物理状态下有电信号检测作为判断的依据。

因为机械装备的被测参数种类繁多，测量范围宽且检测原理与技术多种多样，所以传感器的种类、规格十分繁杂。机械装备常用传感器可按被测参数的种类、输出量的种类和测量原理加以分类。

传感器的输入信号有机械量（线位移、角位移、力、力矩、速度等）、过程量（温度、压力、流量、湿度、成分等）、电工量（电气、电压、电阻、电容、电感、磁通量、磁场强度）、光学量（光通量、光强度等）等。下面针对机械装备中常用的检测量所用的检测元件进行简单的介绍。

A　温度测量元件

温度测量元件是利用物体的某些物理量（如几何尺寸、压力、电阻、热电势、辐射强度等）随温度变化而变化的特性来测量温度的。机械装备常用温度测量传感器见表 6-1。

表 6-1　机械装备常用温度测量传感器

种类	原　理	特　点	典型应用
热电阻	物质的电阻随环境温度变化而变化	精度高	机械装备发动机、液压系统、冷却系统等
热敏电阻	利用热电效应	灵敏度高、响应速度快，分辨率高，形小体轻，但互换性差，测量范围小	远距离测量
辐射式高温计	将辐射能转换为电信号	测温上限高，响应迅速，但精度低	腐蚀性高纯物体及运动物体

图 6-1 所示是某机械装备液压系统中所用的铂热电阻温度传感器，表 6-2 为其技术规格。

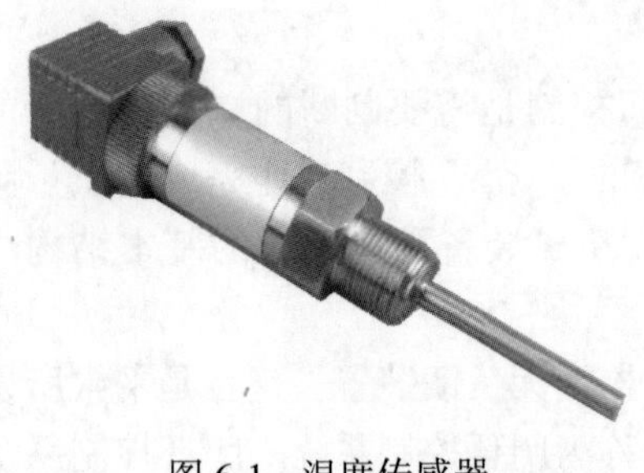

图 6-1　温度传感器

表 6-2　温度传感器技术规格

序号	参　数	指　标
1	工作电压	DC 24 V ±20%
2	量程	−50~150 ℃
3	输出信号	1~5 V（三线制）
4	精度	0.5%
5	螺纹接口	M16×1.5
6	插入深度 L	200 mm（含螺纹）

B　压力测量传感器

机械装备中压力传感器通常是由弹性元件和电压或电容组合成电气式压力变换装置。弹性元件首先将压力信号转换成位移等机械量，然后经过各种电气元件构成电气式压力变换器将其转换成电信号。表 6-3 是机械装备系统控制中常用的压力测量传感器。

表 6-3　机械装备系统控制中常用的压力测量传感器

种类	原理	特点	缺点	适用范围
电阻应变式	将应变转换成电阻	量程范围宽，分辨率高，尺寸小，价格低	应变大时有非线性，输出信号小	静动态测量，温度低于 1000 ℃
压电式	利用压电效应	分辨率高，结构简单	对温度敏感	动态测量
电容式	电容两极距离或面积发生变化电容量对应发生变化	结构简单，灵敏，动态响应快	屏蔽性能要求高	测量系统中分布电容少的场合
电感式	利用线圈的自感和互感的变换	分辨率高，输出信号强，重复性好，结构简单可靠	存在交流零位信号	不宜高频动态测量
压阻式	元件电阻率与压力之间的关系	灵敏，精确，体积小，工作可靠，寿命长		

图 6-2 是某型机械装备所用的液压系统压力传感器，该传感器安装于液压系统中液压泵的出口处，用于检测液压系统的泵出口压力，压力传感器的技术规格见表 6-4。

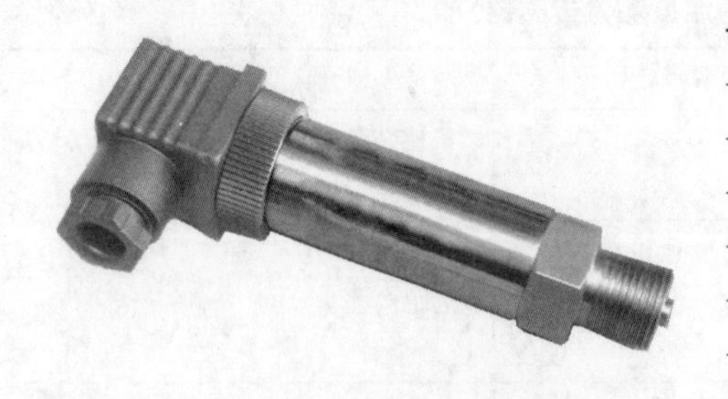

图 6-2　液压系统压力传感器

表 6-4　压力传感器技术规格

序号	参数	指标
1	工作电压	DC 24 V ±20%
2	量程	0~40 MPa
3	输出信号	1~5 V（三线制）
4	精度	0.5%
5	螺纹接口	G1/4×10 mm
6	使用温度	介质−40~125 ℃ 环境−40~85 ℃

图 6-3 是某型机械装备上的气象仪组合中的压力传感器，用来与温度、湿度等传感器配合，以准确地测量环境条件。其技术规格见表 6-5。

图 6-3 大气压力传感器

表 6-5 大气压力传感器技术规格

序号	参数	指标
1	工作电压	DC 24 V ±20%
2	量程	-0.1~1 MPa
3	输出信号	0~5 V
4	精度	0.5%FS
5	安全过载	150%
6	使用温度	介质-20~85 ℃ 环境-20~85 ℃
7	密封等级	IP65

C 位移、角度、速度与加速度测量传感器

位移测量传感器在机械装备作业装置的控制系统中有很多应用，如综合扫雷车、履带式冲击桥等装备液压系统中的液压缸位移测量所使用的磁致伸缩式位移传感器，扫雷犁仿形靴角度测量使用的角位移传感器，火箭破障车高低位置和定向器方向位置测量用的双通道旋转变压器。机械装备的控制中常用的位移（角度、速度、加速度）测量传感器见表 6-6。

表 6-6 机械装备的控制中常用的位移（角度、速度、加速度）测量传感器

种类	原理	特点	缺点	适用范围
磁致伸缩式位移传感器	磁致伸缩效应	高精度、抗干扰、迟滞小，适应高速液压运动		一般用于液体的测量，如液压缸位移、液位等测量
旋转变压器	电磁感应原理	耐冲击、耐高温、耐油污、高可靠、长寿命	输出为调制的模拟信号，输出信号解算较复杂	航空航天、船舶、兵器、精密机械等需求高精度控制的领域的角度测量
增量编码器	光电转换原理、磁电转换原理等	输出脉冲信号，噪声容限大，容易提高分辨率	不耐冲击，不耐高温，易受辐射干扰，	直线或角位移测量，主要应用于数控机床及机械附件、机器人、测角仪、雷达等
磁电式转速传感器	磁敏感效应	频响宽，稳定性好，抗干扰能力强，坚固耐用		用于车辆、船舶和机械装备等
倾角传感器	磁敏感效应等	反应灵敏，动态响应快，重复性好，精度高		用于车辆、船舶与机械装备等
拉线式位移传感器	光电转换原理等	体积小、使用方便，密封性好，精度高，温度误差小，寿命长	输出信号相对较弱，不耐冲击振动等	坦克、装甲车、高速舰船、机械装备

a　旋转变压器

图 6-4 是某装备的多极旋转变压器 J36XZ015，其作为测角装置，将爆破扫雷器发射装置和扫雷犁系统的轴转角位置转换成模拟电压值，然后再通过 RDC 轴角数字转换模块完成对位置信号（模拟电压值）的采集、处理、数字编码，从而得到负载位置转角的精确数字量并送入计算机，其技术规格见表 6-7，其原理框图如图 6-5 所示。

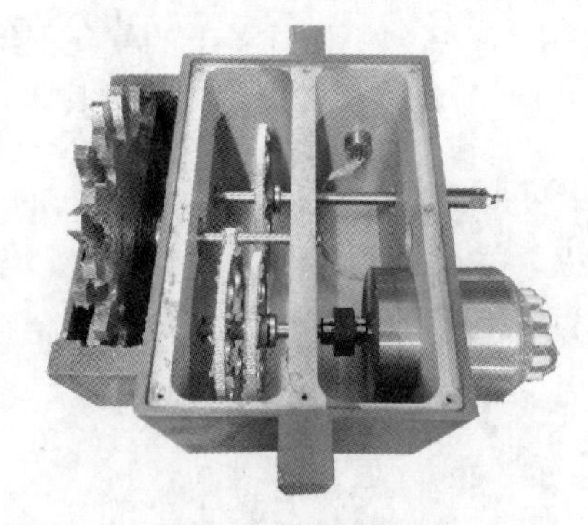

图 6-4　旋转变压器

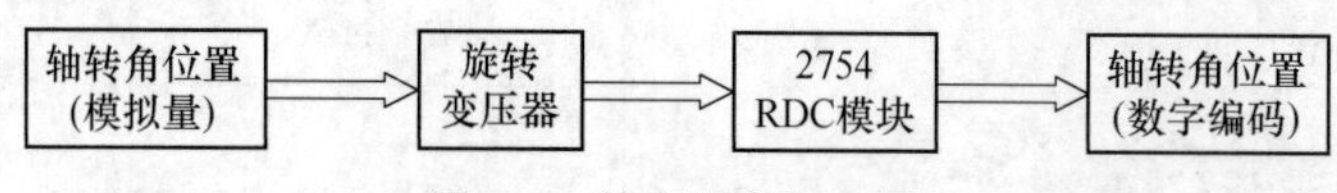

图 6-5　数字测角原理图

表 6-7　多极旋转变压器技术规格

序号	参　数	指　标	
1	工作电压	(36±0.36) V	
2	频率	(400±4) Hz	
3	空载电流	≤30 mA	
4	消耗功率	≤0.5 W	
5	变压比	1±0.03	
6	零位电压	基波	≤21 mV
		总值	≤26 mV
7	函数误差	≤0.10%	
8	精度	≤0.5 mil	

b　增量型编码器

图 6-6 是某桥梁装备用推桥计数传感器，该传感器是一种增量型编码器，基于新型磁敏感元件设计，工作时测量轴转动，带动内部的计数齿轮转动，造成内部磁路的变动，通过后续电路将磁通量的变化调整后输出，每转可输出 30 个 2 路位相差 90°左右的方波脉冲信号和每转一个脉冲的零脉信号。架桥车电控系统通过对双向脉冲的相位可以鉴别旋转方向及推收桥的脉冲个数（即距离）。该传感器技术规格见表 6-8。

图 6-6　推桥计数传感器

c　磁致伸缩式位移传感器

为了检测油缸的位移与动作控制，在某型装备的后摆架、前悬臂、辅助臂动作油缸内部嵌入了直线位移传感器，如图 6-7 所示。

表 6-8　推桥计数传感器技术规格

序号	参　数	指　标
1	工作电压	DC 5~28 V
2	输出电流	≤10 mA
3	输出信号	NPN 型，双路方波脉冲信号 30PPR
		A：30PPR
		B：30PPR
		A、B 相位差$\frac{\pi}{2}$+20°
		N：零脉冲 1PPR
4	测量频率	0~100 kHz
5	测量精度	±1 个脉冲
7	使用温度	-40~80 ℃
8	湿度范围	0~95% RH
9	防护等级	IP65
保护特性		极性，短路

该传感器由波导管和一个决定位置的磁铁构成，采用磁致伸缩原理，基于威德曼/Wiedemann 效应和维拉瑞/Villari（磁致弹性）效应。威德曼/Wiedemann 效应的产生过程：一个电流脉冲通过波导管被发射，这一电流脉冲将围绕波导管产生一个以光速传播的圆形磁场，当这个磁场与纵向运动的位置磁铁的磁场叠交时所产生的扭力将使波导管触发一个应变脉冲，这个应变脉冲将在传感器内的波导管内以音速运动。通过传感器尾部电子仓内的检测元件检测到这个应变脉冲的返回，通过计算被发射出的电流脉冲与应变脉冲返回时之间时间差，就可确定位置磁铁和电子仓之间的距离。该传感器技术规格：工作电压：DC 5~28 V；输出信号：4~20 mA；使用温度：- 40~80 ℃；保护：极性，短路。

d　倾角传感器

某机械装备上的倾角传感器（见图 6-8），装于其底盘车左侧甲板，用于检测该装备的前后俯仰角度和左右倾斜角度。倾角传感器技术规格见表 6-9。

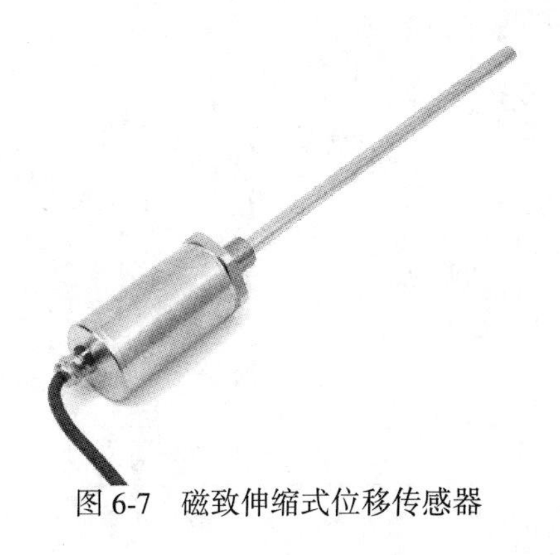

图 6-7　磁致伸缩式位移传感器

图 6-8　倾角传感器

表 6-9　倾角传感器技术规格

序号	参　　数	指　　标
1	工作电压	DC 24 V±20%
2	线性量程	±20°（双轴）
3	输出信号	1 V 5 V（双轴）
4	分辨率	≤±0.01°（理论上连续）
5	回零重复性	≤±0.05°
6	使用温度	-40~60 ℃
7	阻尼方式	硅 油

D　油液品质传感器

油液品质传感器是一种新型的传感器，可检测机械装备润滑油、发动机燃油、传动油、刹车液、液压油和齿轮油、冷冻液和溶剂等流体的多个物理属性间的直接和动态的关系。这种传感器可为用户提供流体的在线检测功能，利用这种多参数的分析能力可监控装备的健康状态，对装备故障进行预测、诊断和故障报警。图 6-9 是 DQD-300 油液品质传感器。

图 6-9　油液品质传感器

E　开关、手柄等其他信号输入器件

机械装备控制系统的人机交互器件经常使用电比例手柄这种手动作业操纵器件，如某型装备操纵手柄即为电比例手柄，用来进行前悬臂、辅助臂、后摆架及推桥液压马达的速度控制，摆动幅度小即速度小，摆动幅度大即速度大。手动作业时按提示操作可以控制执行机构动作。图 6-10 为该装备的主控盒面板，其下部左右两侧分别安装有两个电比

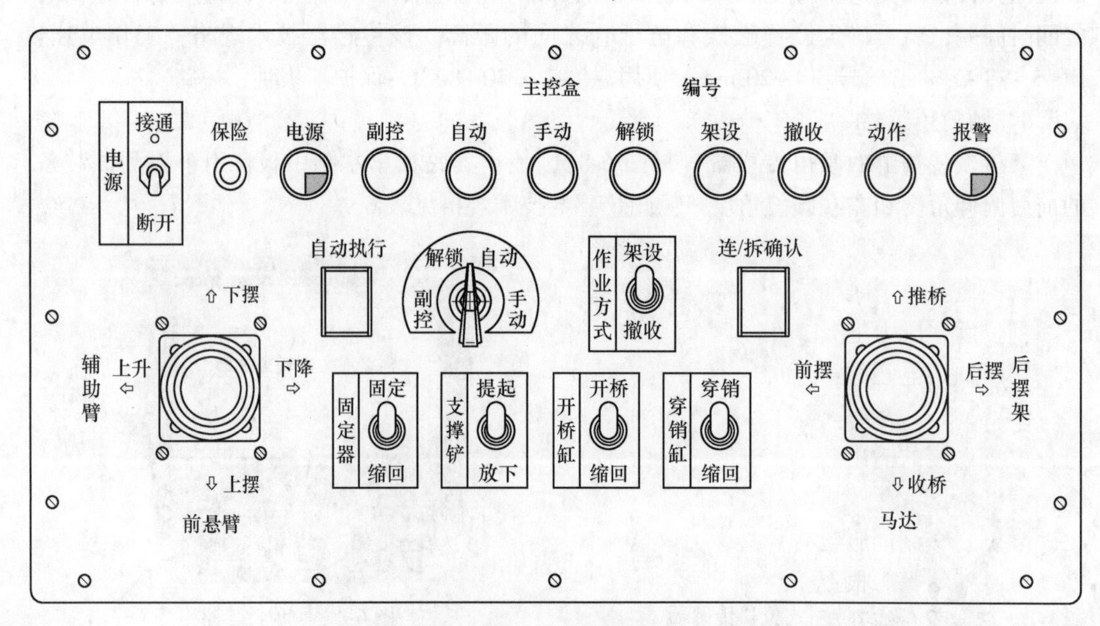

图 6-10　主控盒面板

例手柄，其中左侧手柄输出的信号控制辅助臂和前悬臂的上升与下降，而右侧手柄输出信号控制后摆架的上升与下降和马达的正转与反转。电比例手柄的技术规格见表 6-10。

表 6-10 电比例手柄技术规格

机械特性		
启动力	5 N	满偏，距法兰 55 mm
操作力	15 N	满偏，距法兰 55 mm
允许最大力	50 N	满偏，距法兰 55 mm
操作使用寿命	>5000000 次	
质量	50 g	
防护等级	IP23～IP56	
联动操纵性能	*X-Y* 方向可双轴联动操纵，可同时输出两路可变信号	
环境特性		
工作温度	−25～70 ℃	
存储温度	−40～80 ℃	
法兰以上防护等级	IP65	
电气特性		
最大负载电流	200 mA	
最大功耗	0.25 W，25 ℃	
输入信号	DC 10 V	
输出信号	−5～5 V	
电气行程	320°±5°	
模拟轨道总阻抗	1K 6 Ω（N），2K Ω（R），3K 2 Ω（Q）	误差±20%
输出电压范围	0～100%Vs，10%～90%Vs，25%～75%Vs（Vs 为输入电压）	误差±20%
中心抽头输出电压	50%Vs	误差±2%

各种开关也属于人机接口信号输入器件，常见的有钮子开关、接近开关、微动开关、电平开关、压力继电器、堵塞传感器等。图 6-10 所示面板上就分布有钮子开关、带灯按钮、拨码开关等。

如某装备千斤顶支架翻转油路（见图 6-11），其中压力继电器 SP1、SP2 用于检测液压系统翻起和放下时油缸内部油液压力，判断千斤顶翻转的动作状态。当千斤顶两个油缸伸缩到位后，压力上升，触发压力继电器内部微动开关，主控制器根据检测到的开关信号，切断油路电磁阀，停止进油。压力继电器的外形如图 6-12 所示。

6.1.2.2 电控系统的输出装置

电控系统的输出装置的主要作用是带动电控系统的控制对象按输入信号规律运动，以做出各种动作。因此机械装备电控系统的输出装置也称为执行器，常用的执行元件有直流伺服电机、交流伺服电机、直流力矩电机、步进电动机（用于数字控制系统）、电液比例阀、电磁气阀等。根据电控单元对执行器的控制方式，可分为火线端控制和地线端控制两种。以下简单介绍几种机械装备电控系统的输出装置。

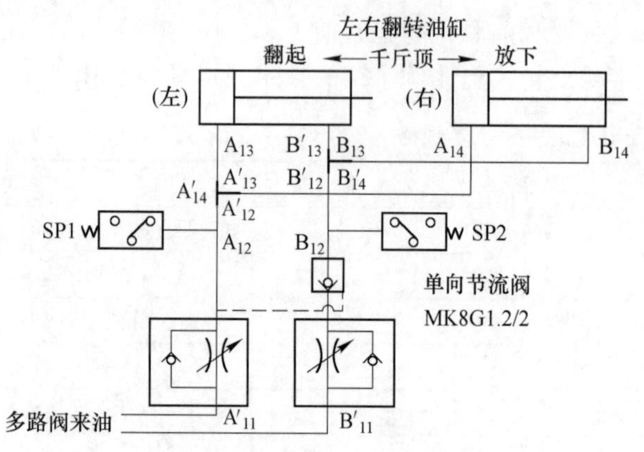

图 6-11　千斤顶支架翻转油路

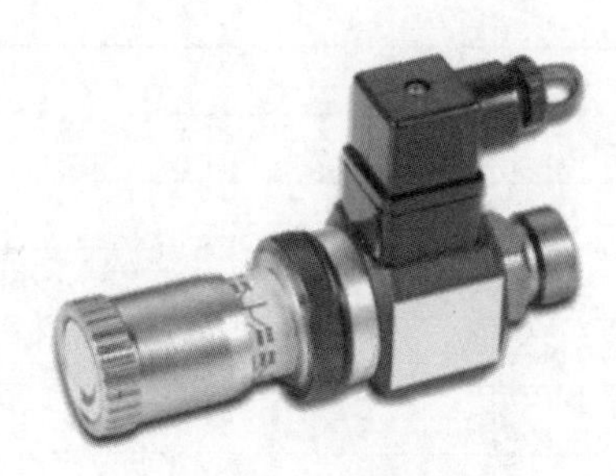

图 6-12　压力继电器

A　伺服电机

伺服电机分为直流伺服电机和交流伺服电机，在机械设备的控制系统中得到了广泛的应用。

直流伺服电机的结构与直流测速发电机相同，其基本原理可用图 6-13 来说明：电磁铁（属于电动机的定子）产生恒定磁场，其磁通为 Φ。控制电压 V 经过电刷与整流器加到电枢绕组（转子线圈），使绕组中出现电流 I，载流导体在磁场中受到电磁力 F 的方向由左手定则来确定。根据图 6-13 中电枢绕组中电流 I 的方向及磁通 Φ 的方向，电枢在电磁力的作用下将逆时针旋转，转动角速度为 Ω，当控制电压 V 的极性不变时，为了保证电枢转动时所受的电磁力矩方向不变，绕组中的电流必须在一定的位置改变方向，这一电流换向的任务由换向器和电刷完成，因为在电机转动时，定子电磁铁与电刷保持静止，而换向器与转子同步转动，改变控制电压 V 的大小即可改变电枢电流 I 的大小，也就是改变电枢所受电磁力矩的大小，因而改变电枢的转速来加以平衡；改变控制电压的极性，则改变电枢绕组电流 I 的方向，也就是改变电枢所受电磁力矩的方向，因而改变电枢的转向，此即伺服直流电机的基本原理。

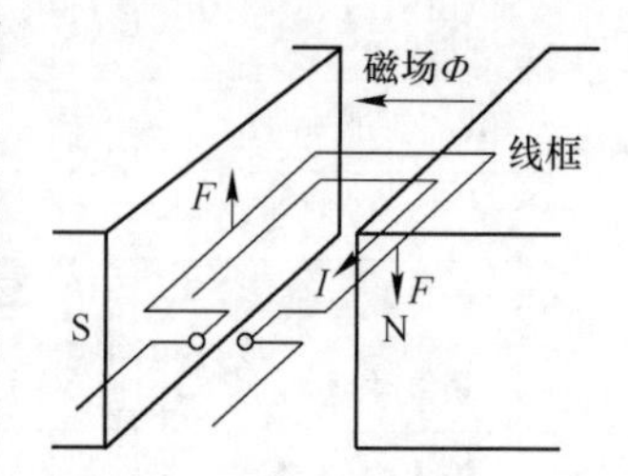

图 6-13　直流电动机原理图

实际的电机结构要复杂得多，电枢绕组回路也不是只有单个线圈，而是多个线圈，与电枢绕组相连接的换向器的整流子算数也是很多对，以便产生更均匀的电磁力矩，使得电枢匀速转动。磁极（即电磁铁）可以是一对或多对，相邻磁极的极性呈 N 极和 S 极交替地排列，通常情况下磁场不是靠永久磁铁产生，而是由绕在磁极上的激磁绕组通以恒定激磁电流来建立。直流伺服电机具有起动转矩较大、调速范围广、机械性能的线性度好和便于控制等优点，但其低速稳定性较大，因此在机械装备电控系统中的应用受到限制。

不同于直流伺服电机，交流伺服两相电机无换向器和电刷，具有输出功率大、摩擦力矩小、易维护、坚固耐用等优点，加之交流电机调速技术的迅速发展，使得交流伺服电机逐渐推广应用至布扫雷车、破障车和其他机械装备的控制系统中。其他的电机还有直流力矩电机、步进电机等。

图 6-14　交流伺服电机

图 6-14 是某装备所用高低和方位交流驱

动伺服电机。该电机为科尔摩根公司产品，型号为 B-604-C-B1，具有极致性能，是具有快速的加速/减速性能和较大的惯量失配能力的低惯量电机，旋转变压器反馈，其规格见表 6-11。

表 6-11 Goldline 无刷交流伺服电机规格

序号	参 数	指 标
1	失速控制转矩	31.2 N·m/39.4 A（有效值）
2	失速极限转矩	86.4 N·m/114.8 A（有效值）
3	电压	230 V AC
4	最大转速	4300 r/min
5	温度极限	155 ℃
6	K_B	50.8 V/(kr·min^{-1})
7	最佳环境温度	40 ℃

B 负载敏感多路换向阀

负载敏感多路换向阀在机械装备中应用非常广泛，这种阀可以用电信号控制也可用手柄控制，并且流量可按控制电流的大小或手柄开度的大小进行线性比例控制，这样就可控制油缸或马达的速度。如某装备上液压系统的控制阀，其型号为 PSV55S1/270-3，由德国哈威（HAWE）公司生产，额定压力为 35 MPa。

图 6-15 为该电磁阀的外形示意图，这种阀是 PSV 型比例多路阀，用于控制机械装备液压系统中执行元件的运动方向和运动速度（无级调速，且不取决于外部负载），这样可使得多个执行元件，如控制发射架升起和放下动作的电磁阀片，其电路接线图如图 6-16 所示，由 PLC 输出模块直接输出 PWM 驱动信号至该联电磁阀的两个线圈，V1 和 V2 是两个线圈的续流二极管。通过改变 PLC 模块输出 PWM 信号波形的占空比来调节信号输出电流的大小，从而改变电液比例阀的开度来控制发射架油缸起升和放下的执行速度。电磁阀芯的方向是通过分别接通线圈 1 和线圈 2 而实现执行机构的换向动作。

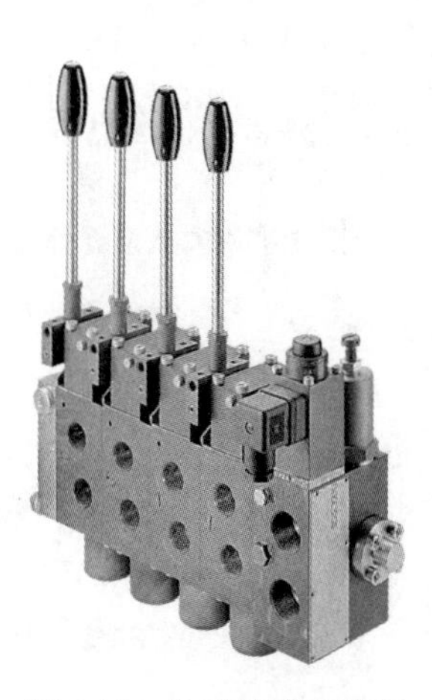

图 6-15 负载敏感多路阀

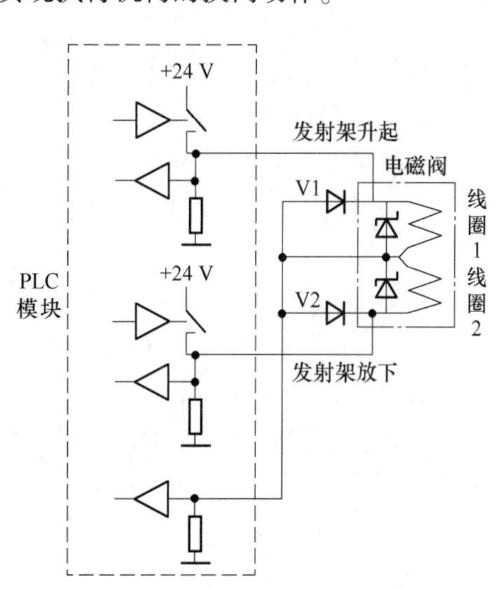

图 6-16 比例电磁阀的接线原理图

6.1.2.3　电控系统的控制器

机械装备电控系统的控制器相当于人的大脑，专门用于接收外界的各类信息，进行计算、比较、判断等处理，并向执行机构发出运转指令。电控系统的控制器即电子控制单元(electronic control unit)，也称车载电脑。机械装备电控系统常用的控制电脑可分为三大类：嵌入式计算机（PC104 总线嵌入式计算机)、PLC 可编程控制器（包括 EPEC 工程机械控制器等）和单片微控制器/处理器。

A　嵌入式计算机

机械装备电控系统的嵌入计算机一般由硬件和软件两大部分构成，硬件单元主要包括输入接口（回路)、输出接口（回路)、存储器（RAM、ROM）和控制器 CPU 等，软件系统则主要包括操作系统（嵌入式或通用操作系统）和应用软件两部分。某装备的主控计算机箱内装有整个控制系统的核心部分 PC104 嵌入式计算机系统，包括与 IBM-PC/AT 兼容的 CDM-1398 CPU 模块、CDM-1040B 计算机主板、DMM-16-AT 数据采集模块、CAN 总线接口模块，另外还有爆破器信号解码插板、扫雷犁位置和仿形靴信号解码插板、通标计数控制插板、底板等。底板位于机箱的底部，用于实现各功能模块之间的数据总线、地址总线、电源等的连接，各功能板输入、输出信号引出端与机箱面板插座的连线，其他各印制板均插在底板的插槽上。主要完成调炮解算、扫雷犁随动控制等模型的计算，控制和指挥各功能模块完成规定的任务。

主控计算机箱内还集成有 EL 显示器、键盘、按钮开关、钥匙选择开关、指示灯等，其中显示器选用 12.1 寸分辨率 640×480EL 显示屏，可方便地显示中西文字、表格、图形。操作键盘选用薄膜按键，设置有公共键区、爆破扫雷器键区、通标扫雷犁键区，可方便输入各种参数、功能命令。通过操作薄膜键盘、按钮开关、钥匙选择开关可以实现扫雷犁自动扫雷、自动调转爆破扫雷器发射装置、控制通路标示等距投放标示器、与倾斜传感器通信、发射通路检测、点火等功能。

主控计算机软件采用 DOS 6.22 操作系统，采用 Borland C++3.1 编写控制软件，操作界面为中文，操作方式为快捷键的方式。

B　可编程控制器

可编程控制器（PLC）是一种专为在工业环境下应用而设计的数字运算操作的电子系统。采用一种可编程序的存储器，在其内部存储执行逻辑运算、顺序控制、定时、计数和算术运算等操作的指令，通过数字式或模拟式的输入输出来控制各种类型的机械或装备。

可编程控制器自诞生以来已发展到很高的水平，目前市场上生产 PLC 的厂家很多，产品种类丰富，既有几个 I/O 点的微型可编程控制器，也有上千个 I/O 点的大型可编程控制器。

某装备的 PLC 采用通用电气公司的 S90-30 系列 PLC（见图 6-17），其主要功能为：控制伺服驱动系统伺服放大器的输

图 6-17　PLC 安装图

入端；判断、控制电液传动系统在允许调炮区域内调转；控制其工作装置的状态转换；控制通路标示装置密封盖的打开和关闭，以及通路标示器投放；控制各运动装置动作安全互锁。

6.1.2.4 电控系统的伺服控制电路

伺服控制电路单元是机械装备电控系统中的一种典型电路。某装备伺服控制单元由爆破扫雷器伺服放大板、扫雷犁伺服放大板、爆破扫雷器检测发射插板、底板及机箱组成。伺服放大器电路包括前置放大电路、调零电路、速度和加速度反馈电路和差动功率放大电路等。

前置放大电路主要作用是匹配比例阀的负载，对输入的主控计算机中 D/A 端输出电压信号、速度反馈信号和加速度反馈信号进行调理。由于主控计算机中的 D/A 端输出电压信号是±5 V，而电液比例阀的控制是电流控制型，其额定电流为 10 mA，因此在电路调试中，应确保 D/A 端控制输出电压信号最大时，对应比例阀的最大流量及在整个工作区间电路的线性度。

为了改善控制系统的动态响应特性，设计了速度反馈和加速度反馈电路。其中速度反馈信号由位置模数转换模块 RDC 得到，而加速度反馈由速度反馈信号微分得到。为确保反馈极性的正确和反馈深度的合适，设计了极性变换电路，可以通过电位器调整反馈的大小。同时为了滤除速度反馈和加速度反馈中的交流信号，设计了滤波电路。

调零电路的作用是使计算机输出 0 V 时，比例阀关闭，爆破扫雷器发射装置静止。

差动放大电路能够有效抑制功放管参数漂移对系统特性的影响，提高共模抑制比。

6.1.2.5 输入、输出接口

机械装备控制电路中所要采集的输入信号的电平、速率等是多种多样的，系统所控制的执行机构所需要的电平、速度也是千差万别，而微电脑、PLC 等控制器所能处理的信号只有是 TTL 或其他的标准电平，所以必须设计输入输出的信号调理与转换电路来完成电平转换、速度匹配、驱动功率放大、电气隔离、A/D 或 D/A 转换等任务。输入输出接口相当于电控系统的眼、耳、手，是控制器 CPU 和外部设备（元件）联系的桥梁。总之，输入输出电路是将外部输入信号变换成控制器能接收的信号，将控制器的输出信号变换成需要的控制信号去驱动控制对象，从而确保整个系统的正常工作。下面以机械装备使用较多的 PLC 控制器为例，说明其接口电路的工作原理与设计特点。

A 输入接口电路

PLC 的内部电路按电源性质分三种类型；直流输入电路、交流输入电路和交直流输入电路。为保证 PLC 能在恶劣的现场环境下可靠地工作，三种电路都采用了光电隔离、滤波等措施。图 6-18 是某直流输入接口的内部电路和外部接线图。图 6-19 中的光电耦合器能有效地避免输入端引线可能引入的电磁场干扰和辐射干扰；光敏管输出端设置的 RC 滤波器能有效地消除开关类触点输入时抖动引起的错误动作，但 RC 滤波器也会使 PLC 内部产生约 10 ms 的响应滞后（有些 PLC 某几个输入点的滤波常数可以通过软件来设定）。可编程控制器是以牺牲响应速度来换取可靠性，而这样所具有的响应速度在机械装备控制中是足够的。外部电路主要是指输入器件和 PLC 的连接电路。输入器件大部分是无源器件，如常开按钮、限位开关、主令控制器等。随着电子类电器的兴起，输入器件越来越多地使用有源器件，如接近开关、光电开关、霍尔开关等。有源器件本身所需的电源一般采

用 PLC 输入端口内部所提供的直流 24 V 电源（容量允许的情况下，否则需外设电源）。当某一端口的输入器件接通有信号输入时，PLC 面板上对应此输入端的发光二极管（LED）发光，但有的 PLC 外部电路需外界提供电源。

B　输出接口电路

为了能够适应各种各样的负载需要，每种系列可编程控制器的输出接口电路按输出开关器件来分，有以下三种方式。

（1）继电器输出方式。由于继电器的线圈与触点在电路上是完全隔离的，所以它们可以分别接在不同性质和不同电压等级的电路中。利用继电器的这一性质，可以使可编程控制器的继电器输出电路中内部电子电路与可编程控制器驱动的外部负载在电路上完全分割开。由此可知，继电器输出接口电路中不再需要隔离。实际上，继电器输出接口电路常采用固态电子继电器。其电路如图 6-19 所示。图 6-19 中与触点并联的 RC 电路用来消除触点断开时产生的电弧；因为继电器是触点输出，所以它既可以带交流负载，也可以带直流负载。继电器输出方式最常用，其优点是带载能力强，缺点是动作频率与响应速度慢（响应时间 10 ms）。

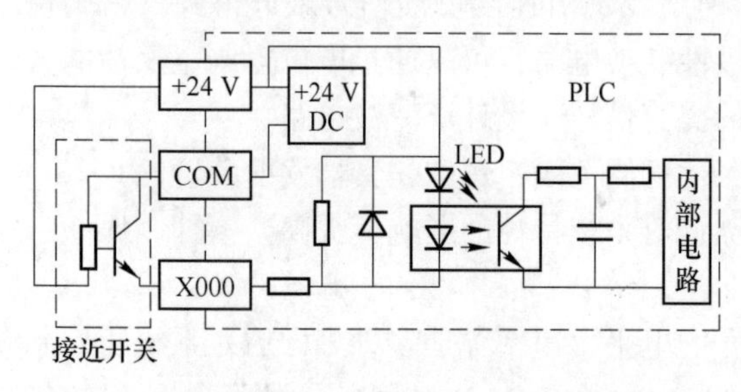

图 6-18　PLC 直流输入接口的内部电路和外部接线图

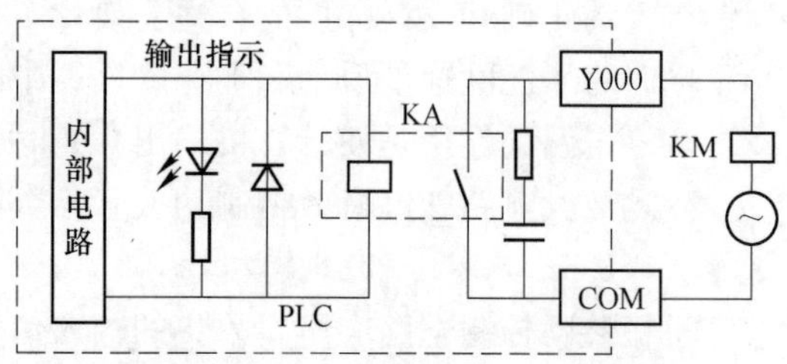

图 6-19　继电器输出接口电路

（2）晶体管输出方式。其电路如图 6-20 所示，输出信号由内部电路中的输出锁存器传给光电耦合器，经光电耦合器送给晶体管。晶体管的饱和导通状态和截止状态相当于触点的接通和断开。图 6-20 中稳压管能够抑制关断过电压和外部浪涌电压，起到保护晶体管的作用。由于晶体管输出电流只能朝一个方向，所以晶体管输出方式只适用于直流负载。其优点是动作频率高，响应速度快（响应时间 0.2 ms），缺点是带载能力小。

（3）晶闸管输出方式。其电路如图 6-21 所示，晶闸管通常采用双向晶闸管，双向晶闸管是一种交流大功率器件，受控于门极触发信号。可编程控制器的内部电路通过光电隔离后去控制双向晶闸管的门极。晶闸管在负载电流过小时不能导通，此时可以在负载两端

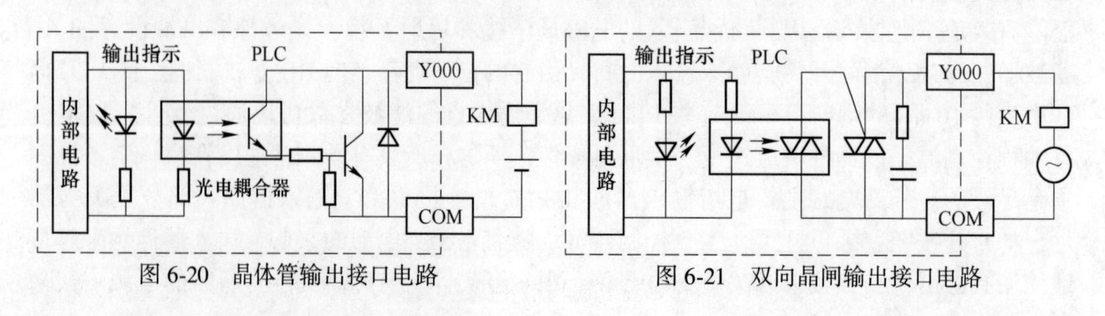

图 6-20　晶体管输出接口电路

图 6-21　双向晶闸输出接口电路

并联一个电阻。图 6-21 中，RC 电路用来抑制晶闸管的关断过电压和外部浪涌电压。由于双向晶闸管为关断不可控器件，电压过零时自行关断，因此晶闸管输出方式只适用于交流负载。其优点是响应速度快（关断变为导通时间小于 1 ms，导通变为判断的延迟时间小于 10 ms），缺点是带负载能力小。

6.1.3 典型机械装备电控系统组成与工作原理

典型装备电控系统采用工控机、单片机和 PLC 的混合式电控系统，主要由工控机、工业 PLC 模块和基于单片机的嵌入式设备等装置混合组成，可分为三个子系统，即自动控制系统、PLC 电液控制系统和发火系统。其中自动控制系统是该装备的重要组成部分，主要由主控计算机、显控台、姿态角传感器及控制软件等组成。自动控制系统是通过自动控制电传动系统的传动，完成布雷车射角和射向的自动赋予，实施火箭布雷弹的装定和发射，实现武器系统的全自动化操作。PLC 电液控制系统由千斤顶液压系统和装填装置液压系统构成，千斤顶液压系统主要控制千斤顶从行驶位置翻转到作业位置、千斤顶支撑、千斤顶收回、千斤顶从作业位置翻转到行驶位置的动作，装填机液压系统则用于控制装填机升起、弹架推弹、弹架返回、装填机下落的动作。这两种液压系统均可采用电控或手动方式进行控制。发火系统由装定发火仪和车外发射装置等组成，其中装定发火仪通过与装备主控计算机通信完成对布雷弹引信的装定、地雷的装定、引信的检测、地雷的检测及布雷弹的发射等工作，车外发射装置主要用于在车外发射布雷弹。车外发射装置主要由电缆盘、钥匙开关、电子引信按钮、药盘引信开关等组成。

6.1.3.1 自动控制系统工作原理

该装备自动控制系统的结构原理图如图 6-22 所示。自动控制系统以工控机构成的主控计算机为核心，把指挥通信系统、定位定向仪、控制盒、发火仪、各种工况采集传感器和发射装置连接起来。主控计算机是自动控制系统的中枢，由 PC104 CPU 主板、RDC I/O 板、液晶显示屏和薄膜键盘等组成，其作用是通过外围的传感器和指挥车来射击诸元，对信息进行处理后，通过控制发火仪和发射装置实施布雷车的瞄准与发射操作；同时，主控计算机通过 PLC 控制器控制液压与气动系统可完成布雷弹的自动装填等操作。

电源模块主要负责为主控计算机内部的控制板、RDC（角度数字转换卡）、信号调理卡、各种传感器等提供工作电源。指挥通信系统主要负责接收指挥车下达的发射指令及参数和数传通话系统的信息，经处理后传输至主控计算机，供其进行发射操作使用。横倾、侧倾、高低、方向旋转变压器（角度传感器）则主要采集布雷车的横向倾斜、侧向倾斜、发射装置的高低角、方向角等参数，这些信号经 RDC 调理卡进行角度数字转换，得到数字信号通过主控计算机内部总线传输给 CPU 和存储单元，为布雷车发射作业提供初始解算参数并与指挥车传送的射击诸元结合以进行发射准备。定位定向仪用于布雷车进入发射位置后的定向定位解算，当布雷车进入阵地支好千斤顶并确认定向管被行军固定器可靠锁定后，火控系统即可向定位定向仪发送定位定向指令，定位定向仪解算出的位置和方位角通过串口发送到主控计算机。显控台（控制盒）是自动控制系统中除主控计算机外另一个重要的人机接口和控制单元，通过信号电缆与定位定向仪、主控计算机、PLC 控制器和发射装置进行信息交互或指令控制，并通过 PLC 控制器、液压/气压系统控制推弹架、发射装置、千斤顶的锁紧与解脱等，同时显示布雷车的状态。

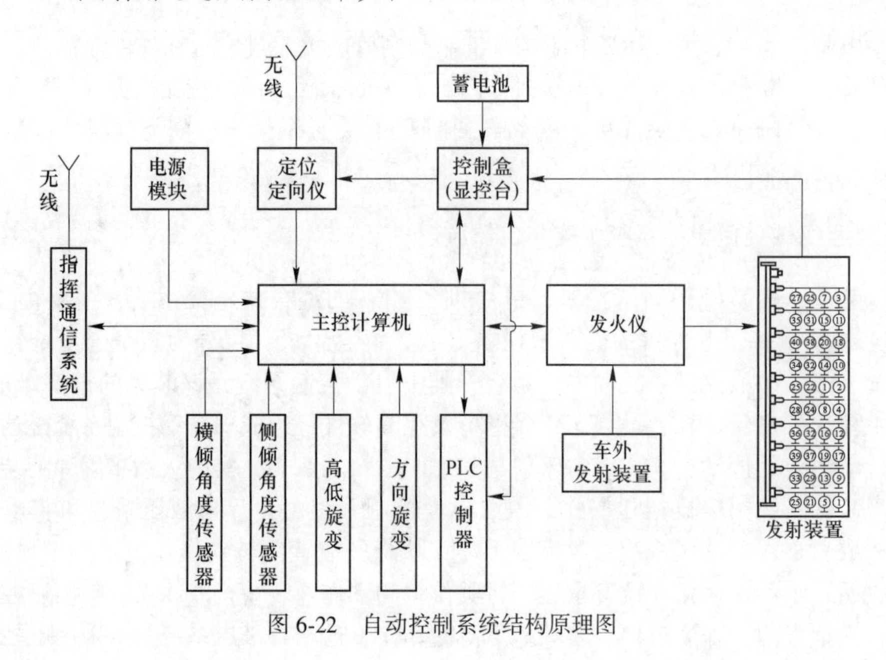

图 6-22　自动控制系统结构原理图

6.1.3.2　PLC 电气液控制系统组成与工作原理

A　PLC 控制系统的组成

以 PLC 可编程控制器为中心的电气液控制系统，主要负责布雷车发射前的千斤顶的解脱、支撑操作，装填装置的解脱、锁定与装填操作，发射架的解脱，高低、方向电机扩大机的启停操作，以及辅助半自动调炮操作等，结构原理如图 6-23 所示，图 6-24 是 PLC 系统机架结构与端子接线图。

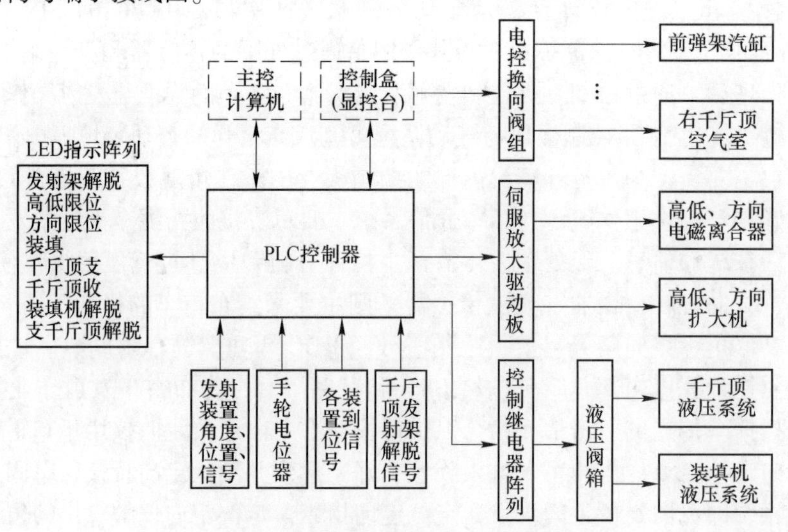

图 6-23　PLC 电液控制系统结构原理图

该装备的 PLC 控制器选用美国通用公司的 GE Fanuc 90-30 系列 PLC，机架底板为 5 槽机架和单槽模块，CPU 机架上设置专门的 CPU 插槽（占用一个槽位），CPU 模块型号

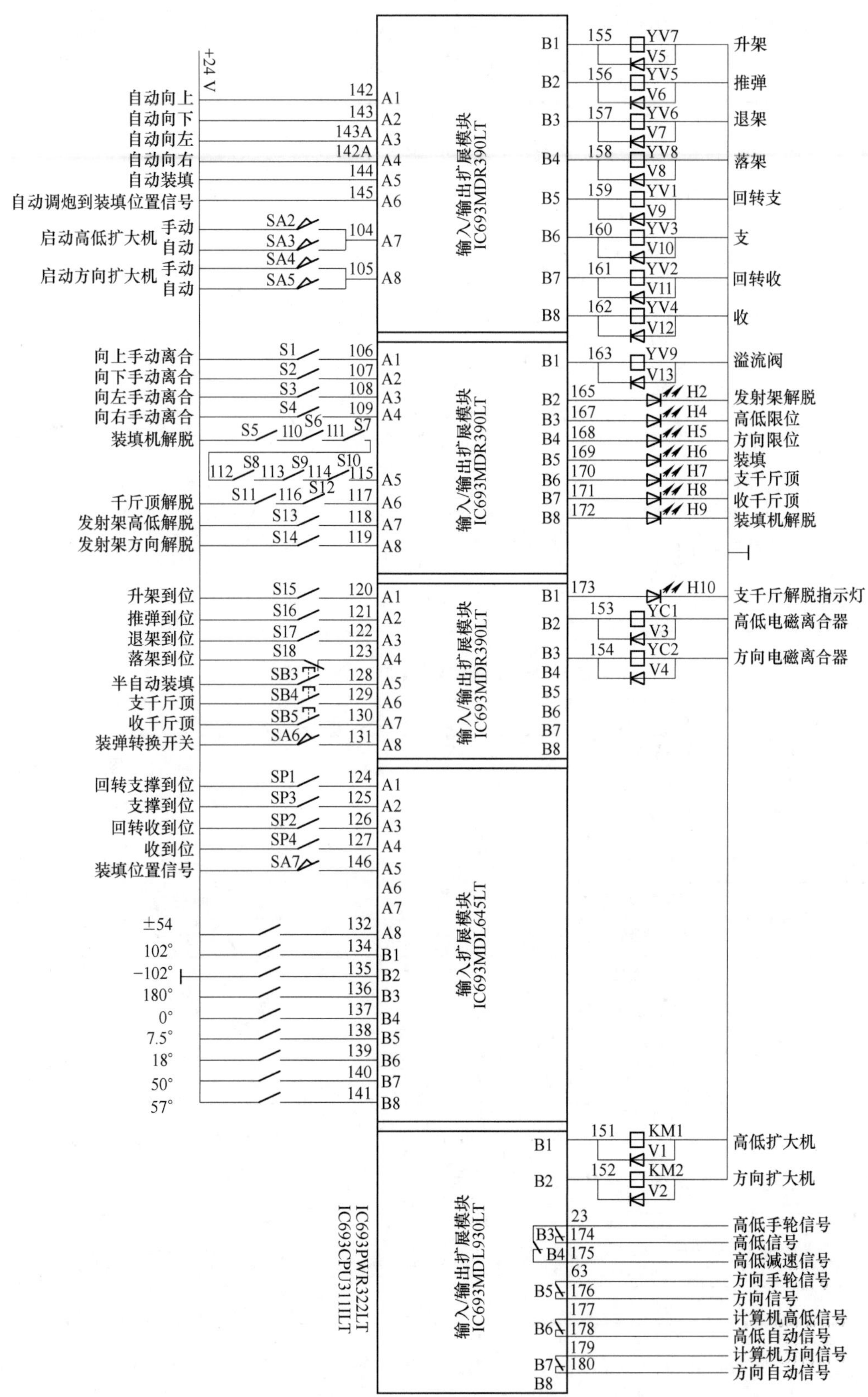

图6-24 PLC系统机架结构与端子接线图

为IC693CPU311ILT，电源模块IC693PWR322LT安装在机架的最左端，不占用槽位，如图6-24所示。GE Fanuc 90-30系列PLC常用电源模块的性能参数见表6-12，CPU模块的性能参数见表6-13。

表6-12　常用电源模块型号参数

型　号	IC693PWR321	IC693PWR330	IC693PWR322	IC693PWR331
输入电源	-180~264 V AC（240 V AC额定） 频率：47~63 Hz	-85~264 VAC（120~240 V AC额定） 频率：47~63 Hz -90~150 V DC（125 V DC额定）	-18~56 V DC（24~45 V DC额定值）	18~56 V DC（24~45 V DC额定值）
输入功率	50 W	交流输入时150 V A 直流输入时为50 W	50 W	50 W
输出功率	共30 W 15 W 5 V 15 W 24 V继电器 20 W 24 V隔离	共30 W 30 W 5 V 15 W 24 V继电器 20 W 24 V隔离	共30 W 15 W 5 V 15 W 24 V继电器 20 W 24 V隔离	共30 W 30 W 5 V 15 W 24 V继电器 20 W 24 V隔离
24 VDC输出电流特性	0.8 A	0.8 A	0.8 A	0.8 A

表6-13　IC693CPU311ILT性能参数

名　称	参　数　值
I/O点数	80/160
AI/AO点数	64In-32Out
寄存器字	512
用户逻辑内存	6K字节
程序运行速度	18 ms/K
内部线圈	1024
计时/计数器	170
高速计数器	有
轴定位模块	有
可编程协处理器模块	没有
浮点运算	无
超控	没有
后备电池时钟	没有
口令	有
中断	没有
诊断	I/O、CPU

PLC控制系统的输入模块作为接口模块，用于连接PLC控制器和布雷车的输入传感装置及其他外设输入信号，如布雷车弹架固定器、升起装置上的行程开关，按钮开关、钮

子开关、位置检测开关及主控计算机和控制盒等输出的信号的连接。PLC 系统设置安装了 3 只输入/输出继电器扩展模块 IC693MDR390LT（其性能参数见表 6-14），占用了机架上连续 3 个槽位，用于连接主控计算机的输入信号、主控盒的高低和方向扩大机启动信号、手轮电位器的输入信号等（见表 6-15）。其输出主要通过电磁阀、液压油缸等控制发射装置的升架、推弹、退架、千斤顶翻转、千斤顶翻回、千斤顶伸出、千斤顶收回、溢流阀关闭、高低电磁离合器解脱、方向电磁离合器的解脱等动作的执行，发射架解脱、高低限位、方向限位等的状态指示（见表 6-16）。

表 6-14　开关量输入模块指标参数

型号	说明	输入电压/V	点数	响应时间/ms		输入电流/A	触发电压/V	共地点个数	负载/mA	
				ON	OFF				5 V	24 V
IC693MDL645	24 V 正/负	0~30	16	7	7	7	11.4~30	16	80	125
IC693MDR390	DC 输入/输出继电器	-30~30	8 入/8 出	1	1	7.5	14~32	8	80	70

表 6-15　开关量输出模块指标参数

型号	说明	负载电压/V	点数	响应时间/ms		每点负载电流/A	输出类型	共地点个数	负载/mA	
				ON	OFF				5 V	24 V
IC693MDL931	24 V 常开/常闭隔离	4~30	8	15	15	8	继电器	1	6	70

表 6-16　PLC 控制器输入参数

序号	地址	代号	信号电平	功　能
1	%I00001	自动向上		主控计算机（142 引脚），自动向上
2	%I00002	自动向下		主控计算机（143 引脚），自动向下
3	%I00003	自动向左		主控计算机（143A 引脚），自动向左
4	%I00004	自动向右		主控计算机（142A 引脚），自动向右
5	%I00005	自动装填		主控计算机（144 引脚），自动装填
6	%I00006	自动调炮到装填位置		主控计算机（145 引脚），自动调炮到装填位置信号
7	%I00007	SA2、SA3	24 V	显控台操作面板或手轮控制器上的高低扩大机面板上的钮子开关 SA2、SA3
8	%I00008	SA4、SA5	24 V	显控台操作面板或手轮控制器上的方向扩大机面板上的钮子开关 SA4、SA5
9	%I00009	S1	24 V	高低手轮电位器向上手动离合
10	%I00010	S2	24 V	高低手轮电位器向下手动离合
11	%I00011	S3	24 V	方向手轮电位器向左手动离合
12	%I00012	S4	24 V	方向手轮电位器向右手动离合
13	%I00013	S5、S6、S7、S8、S9、S10	24 V	小型密封开关 S5、S6、S7、S8，弹架固定器限位开关 S9、S10

续表 6-16

序号	地址	代号	信号电平	功　能
14	%I00014	S11、S12	24 V	千斤顶解脱小型密封开关 S11、S12
15	%I00015	S13	24 V	发射架高低解脱小型密封方向开关 S13
16	%I00016	S14	24 V	发射架方向解脱小型密封方向开关 S14
17	%I00017	S15	24 V	升架到位小型密封方向开关 S15
18	%I00018	S16	24 V	推弹到位限位开关 S16
19	%I00019	S17	24 V	退架到位小型密封方向开关 S17
20	%I00020	S18	24 V	落架到位限位开关 S18
21	%I00021	SB3	24 V	半自动装填按钮开关 SB3
22	%I00022	SB4	24 V	支千斤顶按钮开关 SB4
23	%I00023	SB5	24 V	收千斤顶按钮开关 SB5
24	%I00024	SA6	24 V	装弹转换开关钮子开关 SA6
25	%I00025	SP1	GND（地）	压力继电器 SP1，千斤顶翻转油缸放下到位检测
26	%I00026	SP2	GND（地）	压力继电器 SP2，千斤顶翻转油缸翻起到位检测
27	%I00027	SP3	GND（地）	压力继电器 SP3，千斤顶支撑到位检测
28	%I00028	SP4	GND（地）	压力继电器 SP4，千斤顶收起到位检测
29	%I00029	SA7	GND（地）	到装弹位密封开关 SA7
30	%I00032	K1	GND（地）	±54°位置限位器开关 K1
31	%I00033	K2	GND（地）	102°位置限位器开关 K2
32	%I00034	K3	GND（地）	−102°位置限位器开关 K3
33	%I00035	K4	GND（地）	180°位置限位器开关 K4
34	%I00036	K5	GND（地）	0°位置限位器开关 K5
35	%I00037	K6	GND（地）	7. 5°位置限位器开关 K6
36	%I00038	K7	GND（地）	20°位置限位器开关 K7
37	%I00039	K8	GND（地）	50°位置限位器开关 K8
38	%I00040	K9	GND（地）	57°位置限位器开关 K9

PLC 机架第 4 槽位安装的是扩展输入模块 IC693MDL645LT，其主要特性见表 6-14，该模块的主要功能是采集千斤顶翻转支架驱动油缸的翻起和放下到位、千斤顶油缸的支撑和收回到位 4 个压力继电器的开关信号，推弹架油缸的推弹到位检测密封开关的信号，以及发射装置的高低角度和方向角度位置传感器的开关信号（见表 6-16）。

PLC 机架第 5 槽位安装的是开关量输出模块 IC693MDL931，其性能指标参数见表 6-15。该模块是开关量继电器输出型 8 通道输出模块，前 2 个通道的第 2 与第 4 接线端与 24 V电源线连接，第 1 与第 3 引脚分别与高低扩大机和方向扩大机控制电路的直流接触器驱动线圈连接，当模块内部常开触点闭合时，对应的第 1 或第 3 引脚输出 24 V 电压使 KM1/KM2 线圈通电，使其常开触点闭合而接通高低或方向扩大机。该模块的其他 6 个通道分别控制高低手轮信号、方向手轮信号、计算机高低信号和计算机方向信号等。

B PLC 控制系统的工作流程

PLC 控制器工作时的执行流程主要包括输入采样、程序执行和输出刷新三个步骤，如图 6-25 所示。

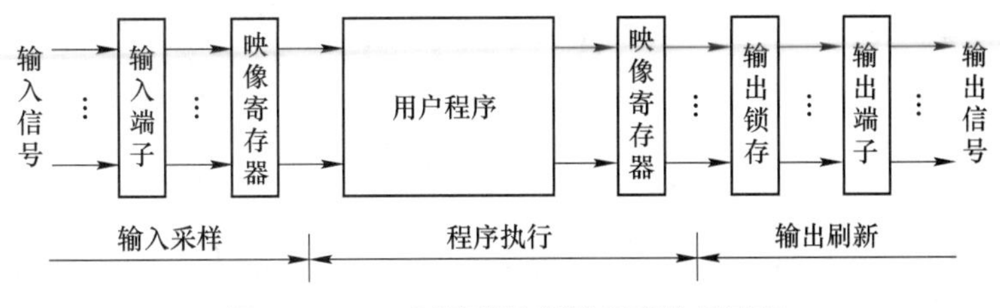

图 6-25 PLC 可编程控制器程序执行流程

a 输入采样

PLC 控制器接通电源后首先进行初始化，然后开始执行周期性扫描流程。每次扫描开始时，控制器检测布雷车电控系统的输入设备的状态，PLC 控制系统的输入设备主要主控计算机、控制盒（显控台）、发射装置中的各种位置或角度检测开关/传感器、装填装置中的位置检测开关等。PLC 控制器的输入采样阶段读取这些传感器、开关或设备的状态数据（见表 6-16），来自主控计算机的自动向上、自动向下、自动向左、自动向右，来自显控台操作面板上的手动/自动启动高低扩大机或方向扩大机的钮子开关信号等，并将这些状态信号写入映像寄存器内。在 PLC 程序执行阶段，运行系统往往在输入映像区内读取数据并进行程序运算。在一个程序执行周期内，输入的刷新只发生在扫描开始阶段，在扫描过程中，即使输出状态改变，输入状态也不会发生变化。

b 程序执行

在扫描周期的程序执行阶段，PLC 从输入映像区或输出映像区内读取状态数据，并依照指令进行逻辑和算术运算，运算的结果保存在输出映像区相应的单元中。在这一阶段，只有输入映像区的内容保持不变，其他映像寄存器的内容会随着程序的执行而变化。图 6-26 所示是千斤顶支撑动作的 PLC 程序，PLC 控制器在输入采样阶段获取 SB4 状态，当用户按下显控台面板上的千斤顶支撑按钮（SB4）时，SB4 闭合，此时如果千斤顶未支撑到位，则压力继电器 SP3 处于闭合状态，此时 YV3（千斤顶油缸支撑电磁阀线圈）得电，PLC 将 YV3 的状态数据送入输出映像区内并锁存起来。图 6-26 中的按钮、线圈及地址的定义参见表 6-16 和表 6-17。

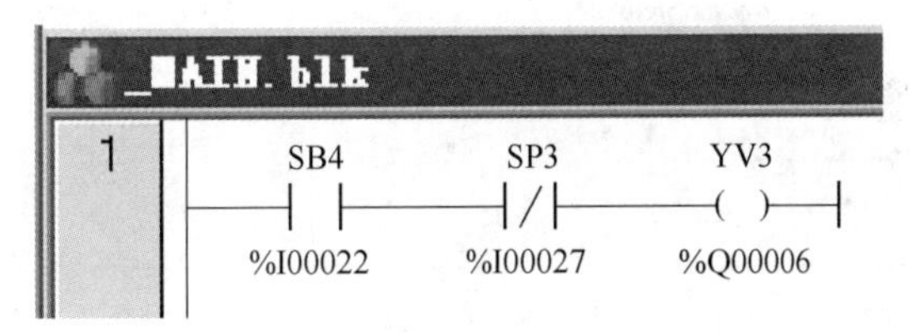

图 6-26 千斤顶支撑动作 PLC 程序

表 6-17 PLC 控制器输出参数

序号	地址	代号	输出电压/V	输出电流/mA	说 明
1	%Q00001	YV7	24	70	弹架升降缸电磁阀举升线圈 YV7
2	%Q00002	YV5	24	70	推断油缸电磁阀推弹线圈 YV5
3	%Q00003	YV6	24	70	推断油缸电磁阀退回线圈 YV6

续表 6-17

序号	地址	代号	输出电压/V	输出电流/mA	说　明
4	%Q00004	YV8	24	70	弹架升降缸电磁阀落下线圈 YV8
5	%Q00005	YV1	24	70	千斤顶翻转油缸电磁阀翻出线圈 YV1
6	%Q00006	YV3	24	70	千斤顶支撑油缸电磁阀伸出线圈 YV3
7	%Q00007	YV2	24	70	千斤顶翻转油缸电磁阀收回线圈 YV2
8	%Q00008	YV4	24	70	千斤顶支撑油缸电磁阀收回线圈 YV4
9	%Q00009	YV9	24	70	溢流阀断开电磁线圈 YV9
10	%Q00010	H2	24	70	发射架解脱指示 LED 灯 H2
11	%Q00011	H4	24	70	高低限位指示 LED 灯 H4
12	%Q00012	H5	24	70	方向限位指示 LED 灯 H5
13	%Q00013	H6	24	70	装填指示灯 H6
14	%Q00014	H7	24	70	千斤顶伸出指示灯 H7
15	%Q00015	H8	24	70	千斤顶收回指示灯 H8
16	%Q00016	H9	24	70	装填机解锁指示灯 H9
17	%Q00017	H10	24	70	千斤顶翻转收回指示灯 H10
18	%Q00018	YC1	24	70	高低电磁离合器解脱线圈 YC1
19	%Q00019	YC2	24	70	方向电磁离合器解脱线圈 YC2
20	%Q00025	KM1	24	70	高低扩大机继电器线圈 KM1
21	%Q00026	KM2	24	70	方向扩大机继电器线圈 KM2
22	%Q00027	高低信号			伺服放大驱动器 115 引脚，高低信号
23	%Q00028	高低减速信号			伺服放大驱动器 114 引脚，高低减速信号
24	%Q00029	方向信号			伺服放大驱动器 176 引脚（23×1：28），方向信号
25	%Q00030	高低自动信号			伺服放大驱动器 178 引脚（23×1：26），高低自动信号
26	%Q00031	方向自动信号			伺服放大驱动器 180 引脚（23×1：28），方向自动信号

c　输出刷新

输出刷新阶段也称为写输出阶段，PLC 将输出映像区锁存的状态和数据传送到输出端子上，并通过一定的方式隔离和功率放大，驱动外部负载。对应图 6-26 所示程序，PLC 将 YV3 的状态数据在输出刷新阶段从输出锁存器传送至输出端子，由输出端子将驱动信号传送到电磁阀的线圈中，使电磁阀芯动作，高压油通过电磁阀和油路进入千斤顶油缸的无杆腔，使支腿伸出。当千斤顶伸出到位后，压力继电器断开，此时 SP3 断开，YV3 失电，电磁阀回中位，千斤顶不再动作。

6.1.4　机械装备电控系统的检修基础

组成电控系统的传感器、执行器和控制器各有特点，又相互联系，共同构成了一个完整的系统。因此，在检修电控系统时，要把握电控系统的电路特性，熟悉各器件的检修技巧。

电控系统采用了独立的控制方式，若干子回路交叉、重用、组合构成电控系统的某个子系统，子系统再交叉组合形成完整的整车电控系统。故每个传感器、执行器、控制器既是整个装备电控系统的组成，又是独立的子系统回路。从整体上看，有输入必有控制与输出；每个部件都有其自身的子系统回路。

6.1.4.1 传感器的检修基础

根据传感器的输入信号类型，切换不同的物理状态进行验证。如温度传感器，切换不同的温度，验证与温度对应的传感器电阻值或输入信号的电压；如开关信号，则切换不同的开关位置，验证开关对应位置的输入信号电压。

由于一般的电路图是没有电控单元内部的工作示意电路的，因此对传感器的电压主特性判断主要是依照传感器外围电路连接情况。目前机械装备上的传感器按是否需要工作电源可以分为有源传感器和无源传感器。在检查时，应根据传感器的不同类型按不同的方法进行检测。对于有源传感器，它有三个脚，即电源脚、接地脚和信号脚。电源脚一般是5 V或12 V，接地脚为0 V，而信号脚的电压介于两者之间。对于无源传感器来说，这不需要电控单元提供基准电源，而是直接提供两个针脚向电控单元输入信号，也有对其中一根通过电控单元内部进行了搭铁。在检修时，应检查其电源电压和信号电压或频率是否正常，如果能测量传感器的电阻，还需进行电阻的测量，检查其是否在规定的范围之内。对于开关型的传感器，检查在其工作范围内能否按照工作要求完成开关动作。

6.1.4.2 输出（执行）元件的检修基础

机械装备电控系统的常用执行器有：继电器、电动机、灯（包括指示灯）、电磁阀、电磁离合器、功率晶体管、线圈。电控单元输出接口的输出信号为数字信号，需要把数字信号转换成模拟信号，才能实现执行器的机电、液压、气压等物理控制。因此，控制器的输出信号控制可归结为开关控制、线性电流控制、占空比控制。依据执行器的输出信号类型，执行器的检修方法主要是验证不同信号输出下的物理状态。方法一是利用输入信号，检测控制器的输出信号对执行器的控制（或直观地观察执行器的动作情况）；方法二是断开控制器端子，人工模拟信号对执行器进行模拟控制，观察执行器的动作情况。

6.1.4.3 控制器的检修基础

由于控制器的控制功能及控制过程是检修的难点，外围线路的检查相对较简单，因此检修的方法为：检查时，要从整体功能出发，考虑电控系统工作的整体因素，设计检修方案。一般是先检查系统中的简单、常见的部位与线路，针对电控系统的特点，重点检查外围传感器与执行器的子系统线路，再检查控制器的控制功能。控制器的控制功能一定是通过对应的执行器来实现的，控制功能的触发条件是传感器的信号输入。

电控系统部件的检修和常规电气系统的检修方法类似，无非是把每个部件看成相对独立的子系统回路进行检修，检修方法参考常规电气系统检修，实际检修中也需要巧妙地运用推理。

6.2 电气控制系统故障诊断的一般原则

6.2.1 故障诊断的一般原则

为了提高判断故障的准确性，缩短查找线路的时间，防止增添新的故障，减少不必要的损失，经研究和归纳，应遵循下列原则。

6.2.1.1　胸有“成图”，先思后行

“胸有成图”是在分析故障时，脑海里要调出该装备（或相近装备）的这部分电路原理图，有图在手更好，在此基础上对故障现象先进行综合分析，在了解可能的故障原因的基础上，再进行故障检查，循线查找，不仅有条不紊，而且准确迅速，按电路规律办事，这样可避免检查的盲目性，不会对与故障现象无关的部位做作无效的检查，又可避免对一些有关部位漏检，从而迅速排除故障。

6.2.1.2　先外后内，先简后繁

在出现故障时，先对电控系统之外的可能故障部位予以检查。这样可避免本来是一个与电控系统无关的故障，却对电控系统的控制器、传感器、执行器及线路等进行复杂且费时费力的检查，而真正的部位却未找到。能以简单方法检查的可能故障部位应优先检查。比如，直观检查最为简单，可以用问、看、摸、听、嗅、试等直观检查方法，将一些较为显露的故障部位迅速找出来。随后再进一步解决难点问题，从而避免时间的浪费，减少不必要的拆卸。

A　问

问就是调查。除驾驶操作人员诊断自己所操纵装备的故障外，任何人在诊断之前，应先问明情况。如：装备已行驶的里程、行驶的道路状态、装备的作业状况、近期的维修情况、故障发生之前有何征兆，是突变还是渐变等。即便是经验丰富的诊断人员，不问清情况去盲目诊断，也会影响诊断的速度和质量。

某履带式综合扫雷车在使用中出现故障，操作人员反映磁场扫雷装置发出的磁场太弱，达不到要求。详细询问操作人员故障信息，反映该装置在操作一个磁扫棒时磁场强度正常，但两个磁棒一起打开时，磁场强度明显变弱。再仔细询问，反映有时两个磁棒一起打开时，如果一个棒磁场强度调整得小，另一个调整较大，整体磁场强度变化不大，只有两者强度同时开大时影响最为明显。

分析该扫雷车磁场扫雷的原理，该车是通过车体前部左右两侧的两个磁扫装置产生磁场进行扫雷的，正常情况下是两者的磁场叠加，使产生的磁场强度增强来增大扫雷效果。而根据操作人员反映的情况，可以看出两个磁扫装置的磁棒产生了互相抑制作用。这种情况下可能是两个磁扫装置的磁场线圈连接的方向不一致，磁场互为抵销了。因此，先分别打开两套磁扫装置的控制箱，任意断开一个磁棒的磁场线圈接线，打开另一个磁棒进行测试，判断好磁场线圈的正常接线方式，然后将另一磁场线圈的输入线的两个接头调换，再试就正常了，这说明一侧的磁场线圈方向接反了。所以在维修过程中，询问这一环节对于缩小故障范围、提高故障判断和排除的效率是非常重要的。

B　看

看即用眼睛查看线路是否松脱、断路，油路是否漏油，进气管是否破裂漏气，真空管是否漏插、错插，高压分线是否插错等。

某型桥梁装备在架设过程中出现过两种故障。第一种故障是撤收过程中上下桥节无法分开，开桥到位指示灯不亮。按照故障诊断的由简到繁的一般原则，首先检查操作显示终端和其他设备的电源与显示都正常，再进一步检查开桥到位信号电路是否有故障。操作手暂停操作，下车后观察左右两侧的开桥原理与开桥位检测传感器，发现开桥位检测传感器已拆断，如图 6-27（a）所示，EPEC2023 控制器无法获取开桥油缸到位信息，因此程序锁定，无法进行下一步操作。这时解除程序锁定，由操作人员在车外手工操作，进行桥梁的撤收。然后更换和安装到位相应的传感器。第二种故障是桥梁架设时丙丁落位传感器无输出信号，采用与第一种故障类似的检测步骤，发现丙丁落位传感器拆断，如图 6-27（b）所示。这两种故障都是通过观察的方式直接确定故障的。

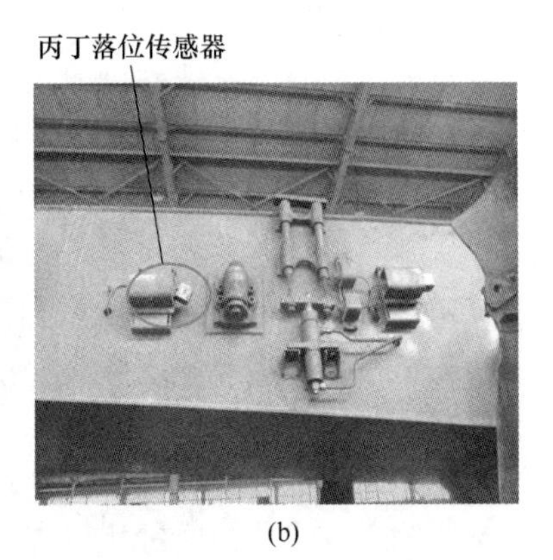

(a) (b)

图 6-27 桥梁装备位置检测传感器损坏故障示意图

（a）开桥故障；（b）桥节连接故障

C 摸

摸即用手摸一摸可疑线路插头是否松动；摸一摸电磁阀线圈的温度与振动情况、控制或驱动电机的温度与振动情况、喷油器或怠速控制阀的振动情况，以判断电磁阀、喷油器、怠速控制阀是否工作；摸一摸线路连接处是否有不正常的高温，以判断该处是否接触不良等。

D 听

听是用耳朵（或借助于螺钉旋具、听诊器等）听一听有无漏气声，发动机是否有异响，喷油器是否有规律的“嗒嗒”声，液压元件是否有不正常噪声等。

E 嗅

嗅就是根据装备运转时散发出的某些特殊气味，来判断故障的位置。这对于诊断电控系统线路故障、传动带打滑故障、尾气排放等处的故障是简便有效的。

F 试

试就是试验验证，如诊断人员亲自试车去体验故障的部位，可用电磁阀断电法检查所控制液压油路相关元件或机构的工作情况，或尝试更换电磁阀电控元件判断电磁阀体的故障状态，可用信号发生器来证实故障的部位。

6.2.1.3 探明构造，切忌随意

“探明构造，切忌随意”是指对于内部结构不清楚的总成部件，在测试和分解时要细心谨慎，要记住有关相互位置、连接关系，做上记号，或将拆下的零部件编上序号（如弹簧、垫圈等），不可丢失、错装，最好放在专门的盒内，并通过分解测试弄清工作原理，不可马虎从事，造成新的故障。

6.2.1.4 由表及里，先易后难

在对故障进行检查时，先检查外表或外露特征明显的故障元器件，后检测系统内部的

元件。由于结构特点和使用环境等原因，某些故障现象通常是某些总成或部件的原因引起的，应先对这些常见故障部位进行检查。若未找出故障，再对其他不常见的故障部位进行检查。这样可以迅速排除故障，省时省力。

6.2.1.5 回想电路，结合原理

“回想电路，结合原理”是以电路原理图为指导，以具体实物为根据，把实物与原理图结合起来，特别是在拆动了一些零件、总成，打开了内部结构之后仍然要按电路工作程序去思考问题，不要盲目乱碰乱试。

6.2.1.6 按系分段，替代对比

“按系分段，逐一排除”。完整的电路都有一定的电流路线，才能正常工作，在电路内按上一半、下一半分头查找，也可以从火线（熔断器）、开关开始一段一段地查找，逐渐缩小故障范围。“替代对比”就是用其他完好的元器件代替被怀疑有故障的元器件；用试灯、导线代替被怀疑的开关或插接件；如果故障状态发生变化，则说明问题就在于此。

6.2.1.7 代码优先

微电脑控制系统一般都有故障自诊断功能，当电控系统出现某种故障时，故障自诊断系统会立刻监测到故障，并通过故障警告灯向驾驶操作人员报警，与此同时以编码方式贮存该故障的信息。但是对于某些故障，自诊断系统只贮存该故障码，并不报警。因此，在做系统检查前，应先按制造厂提供的方法，读出故障码，再按照故障码的内容排除该故障。

6.2.1.8 先备后用

微电脑控制系统元件性能的好坏、电气线路是否正常，常以其电压或电阻等参数来判断。如果没有这些数据资料，系统的故障检测将会很困难，往往只能采取新件替换的方法，这些方法有时会造成维修费用增加且费工费时。所谓先备后用是指在检修该装备前，应准备好与装备有关的检测数据资料。除了从维修手册、专业书刊上收集整理这些检修数据资料外，另一个有效的途径是随时检测记录无故障装备的有关参数，这样逐渐积累，作为日后检修同类型装备的检测比较参数。如果平时注意做好这项工作，会给以后的故障诊断带来极大的方便。

6.2.2 防止过电压对电子控制单元的损伤

防止过电压对电子控制单元的损伤的注意事项如下。

（1）不能随意断开蓄电池的任何一根连线。

蓄电池本身的结构相当于一个大电容，它又与负载及发电机并联，因此，这可吸收电感性负载通、断电瞬间产生的浪涌电压，保护装备上连接的计算机等电子元器件。

不允许在发动机运转时或接通电路系统开关的情况下，拆掉蓄电池的连线，蓄电池正、负极桩的连线一定要接触良好。只有在切断电路系统开关的前提下才可拆下蓄电池的连线。蓄电池正、负极桩的连线一定要接触良好。图 6-28 是蓄电池电极桩检测的线路连接示意图。

（2）电控系统的计算机单元要使用独立的供电线路。为了防止机械装备上脉冲式用电、供电设备对控制计算机的干扰，计算机的供电线路和搭铁接头应和蓄电池其他的供电系统的接头分开。否则计算机会受其他电器的共性干扰，严重时使其无法正常工作。

(3) 应使用高阻抗的仪表检测计算机系统。

如果使用低阻抗的仪表测量计算机单元器件，计算机供入该仪表的电流往往会比较大，从而损坏计算机 I/O 口或其他部件；当检测仪表中的电源电压高于计算机系统的工作电压时，更不能直接用仪表对其进行测试；不能用高电压、低阻抗的欧姆表测量计算机、信号调理器件和传感器等敏感或弱信号器件；更不能用试灯代替与计算机连接的任何执行元件进行测试（除非试灯的电阻与测试对象的阻值大得多的情况）。

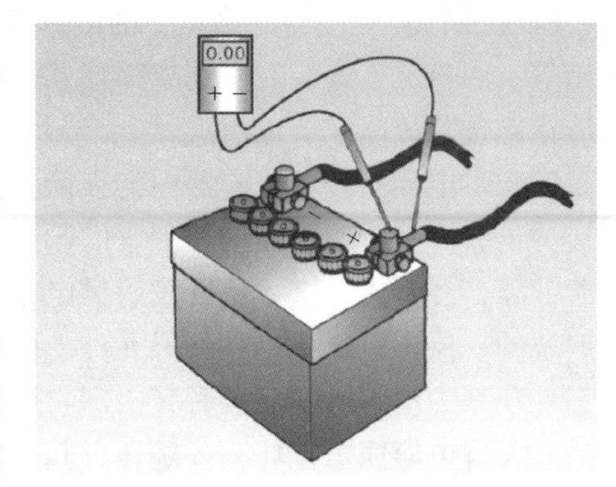

图 6-28 蓄电池电极桩检测的线路连接示意图

(4) 强磁场不能靠近计算机。带有较强磁场的扬声器不能靠近计算机等控制系统敏感单元，否则会使计算机或其他电路中的电子元器件损坏。在机械装备上进行电焊、电弧焊等损伤时，应把电控系统的电源开关断开。

(5) 要防止人体静电对电控系统的损伤。在线检测电控系统电路、计算机或更换芯片时，操作人员应将身体接地（铁），即带上搭铁金属带，将金属带一头缠在手腕上，另一头夹在装备上，以防止人体静电对电控系统内电子元器件的损伤。

6.3 电气控制系统故障检测诊断的方法与步骤

6.3.1 故障检测诊断方法

故障诊断的基本方法有很多，如简易诊断法、逻辑分析法和参数诊断法等。简易诊断法、逻辑分析法是一种定性分析方法，参数诊断法具有定量分析的性质。

6.3.1.1 直觉检查法

由于电气系统发生故障多表现为发热异常，有时还冒烟，产生火花、机械装备工况突变等。直观法是根据电气故障的这些外部表现，通过问、看、听、摸、闻等手段，检查判断故障的方法。问，就是向操作者和故障在场人员问明故障发生时的环境情况、外部表现、大致部位。看，就是观察有关电器外部有无损坏、烧焦，连线有无断路、松动，电器有无进水、油垢等。闻，就是凭人的嗅觉来辨别有无异常气味，有无腐蚀性气体侵入等。通过初步检查，确认通电不会使故障进一步扩大和造成人身、设备事故后通电，听有无异常声音。用手触摸元件表面有无发烫、振动、松动等现象。一经发现，应立即停车切断电源。运用直观法，不但可以确定简单的故障，还可以把较复杂的故障缩小范围。直观法可以分为通电（开机）检查法和不通电（不开机）检查法两种。

A 不通电（开机）检查法

采用不通电检查法对机械装备电气设备进行检查时，首先要打开电子设备外壳（仪器箱板），观察电子设备的内部元器件的情况。通过视觉可以发现如下故障：保险丝的熔断；电容器件、集成电路的爆裂与烧焦；印制电路板被腐蚀、划痕、搭焊；晶体管的断脚；元器件的脱焊；电子管的碎裂、漏气；示波管或整流管的阳极帽脱落；电阻器的烧坏

（烧焦、烧断）；变压器的烧焦；油或蜡填充物元器件（电容器、线圈和变压器）的漏油、流蜡等。用直觉检查法观察到故障元器件后，一般需要进一步分析找出故障根源，并采取相应措施排除故障。

发射供电箱是装备定向器中的火箭弹提供发射点火电源的装置，在工作过程中易受大电流冲击、浪涌干扰、振动等因素的影响产生故障。某装备在使用中出现火箭弹不能点火留膛故障，经分析检查，怀疑发射供电箱有故障。打开发射供电箱，发现上面一块板覆盖了厚厚的一层黑色灰尘，有一只元件上面出现絮状凸出物，初疑为引出线烧断残留物，触摸后发现其为电解电容爆裂后其内部物质溢出，如图 6-29（a）所示。将表面灰尘清除干净后，发现电容完全损坏，怀疑还有其他故障。将上层电路板拆卸后，露出下层板，发现下层板的排插中间约 3cm 宽已被烧熔，如图 6-29（b）所示。

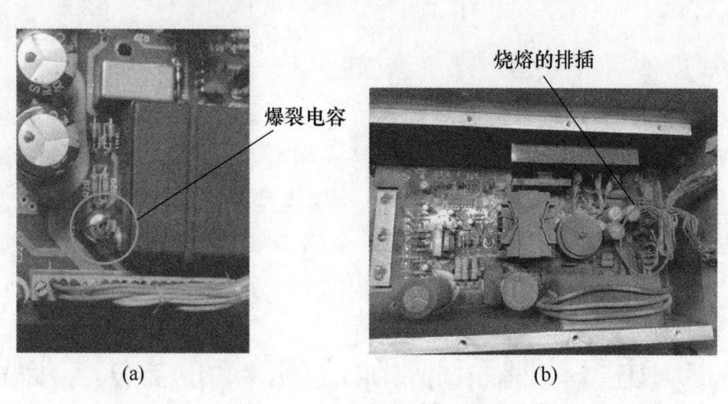

图 6-29　某装备发射供电箱电路元件烧毁故障示意图
（a）电容烧毁；（b）排插烧毁

B　通电（开机）检查法

在机械装备电气系统通电工作情况下进行直觉检查。首先，通过触觉可以检查低压电路的集成块、晶体管、电阻、电容等其他器件是否过热，鼓风机风力大小，螺丝是否固定紧等；其次，通过视觉可以检查设备上的各种指示设备是否正常，如电表读数、指示灯是否亮等，观察元器件（电阻器等）有没有跳火烧焦现象；电子管、整流管的灯丝亮不亮，板（屏）极红不红等。

通过嗅觉可以发现变压器、电阻器等发出的焦味；通过听觉可以发现导线和导线之间，导线和机壳之间的高压打火及变压器过载引起的交流声等。在雷达中常有一些特有的声响，如闸流管的导电声、火花隙的放电声、继电器的吸动声、电机及转动部件的运转声，此外还可用耳机来监听有无某低频脉冲。

一旦发现了上述不正常的现象，应该立即切断电源，进一步分析出故障根源，采取措施加以排除。

6.3.1.2　信号寻迹法

在电控系统故障的测试检修过程中，还经常采用“从输入到输出”检查顺序的信号寻迹法。信号寻迹法通常在电路输入端输入一种信号，借助测试仪器（如示波器、电压表、频率计等），由前向后进行检查（寻迹）。该法能深入地定量检查各级电路，迅速确定发生故障的部位。检查时，应使用适当频率和幅度的外部信号源，以提供测试用信号，加到待修电子设备有故障的放大系统前置级输入端，然后应用示波器或电压表（对于小失真放大电路还需要配以失真度测量仪），从信号的输入端开始，由电路的前级向后级，逐级观察和测试有关部位的波形及幅度，以寻找出反常的迹象。如果某一级放大电路的输入端信号是正常的，其输出端的信号没有、或变小、或波形限幅、或失真，则表明故障存在于这一级电路之中。

6.3.1.3 信号注入法

信号寻迹法寻找故障的过程是“从输入到输出”，与之相反的是“从输出到输入”检查顺序的信号注入法，信号注入法特别适用于终端有指示器（如电表、喇叭、显示屏等）的电气设备。信号注入法是使用外部信号源的不同输出信号作为已知测试信号，并利用被检的电子设备的终端指示器表明测试结果的一种故障检测方法。检查时，根据具体要求选择相应的信号源，获得不同指标（如不同幅度、不同波形等）的已知信号，由后级向前检查，即从被检设备的终端指示器的输入端开始注入已知信号，然后依次由后级电路向前级电路推移。把已知的不同测试信号分别注入至各级电路的输入端，同时观察待检测设备终端的反应是否正常，以此作为确定故障存在的部位和分析故障发生原因的依据。对于注入各级电路输入端的测试信号的波形、频率和幅度，通常宜参照被检电子设备的技术资料所规定的数值。特别要注意，由于注入各级电路输入端的信号是不一致的，在条件允许的情况下，应该完全按照被检设备技术资料提供的各级规定输入、输出信号要求进行检测。

6.3.1.4 同类比对法

同类比对法是指将待检测的电控系统的设备与同类型号的、能正常工作的电气设备进行比较、对照的一种方法。通常是通过对整机或对有疑问的相关电路的电压、波形、对地电阻、元器件参数、*V-I* 特性曲线等进行比较对照，从比对的数值或波形差别之中找出故障。在检修者不甚熟悉被检查设备电路的相关技术数据，或手头缺少设备生产厂给出的正确数据时，可将被检设备电路与正常工作的设备电路进行比对。这是一种极有效的电子设备检修方法，该方法不仅适用于模拟电路，也适用于数字设备和以微处理器为基础的设备检修。

6.3.1.5 波形观察法

波形观察法是一种对机械装备电气系统中各种设备的动态测试法。这种方法借助示波器，观察电子设备故障部位或相关部位的波形，并根据测试得到的波形形状、幅度参数、时间参数与电子设备正常与异常波形参数的差异，分析故障原因，采取检修措施。波形观察法是一种十分重要的、能定量的分析测试检修方法。

电子设备的故障症状和波形有一定的关系，电路完全损坏时，通常会导致无输出波形；电路性能变差时，会导致输出波形减小，或波形失真。波形观察法在确定电子设备故障区域、查找故障电路、找出故障元器件位置等测试检修步骤中得到广泛的运用。特别是查找故障级电路中具体故障元器件时，用示波器观察测量故障级电路波形形状并加以分析，通常可以正确地指出故障电路位置。波形观察法测得的波形应与被检设备技术资料提供的正常波形进行比较对照。当然，应该注意到，有些电子设备技术资料所提供的正常波形，通常并不一定都十分精确，因此在有些情况下，电子设备中实际测试所获得的波形与其相似时，就认为被测设备的电路已能正常工作。

6.3.1.6　在线（在路）测试法

在线（In-Circuit）测试，亦称在路测试，是在不将元件拆下来的情况下运用仪器仪表通过对电路中的电压值、电流值或元件参数、器件特性等进行直接测量，来判断电路好坏的一种方法，这种方法特别适宜在查找故障级电路中具体故障元件时采用。

万用表是维修中最常用的测试仪表，用万用表可在通电情况下进行电压电流测试，在不通电情况下可测量电阻值和 PN 结的结电压等。

进行电压测试时，若在具备被检电子设备技术资料的情况下，可将实际测得的电压值与正常值相比。通过电压的比较，能帮助找到有故障电路的位置。在不具备被检电子设备技术资料的情况下，亦可通过原理分析和估算，估算该电路或元器件在正常工作状态下数值（如晶体管各管脚的相对电压值等）。

电压测试通常是在短路输入端（即无外加输入信号）的情况下进行，即测量静态电压。在进行电压测量之前，应将电压表量程置于最高挡。进行测量时，应首先测量高电压，而后测量低电压，养成依电压从高到低顺序进行测试的良好习惯。

进行电阻测试时，可将实际测试得到的电阻值与正常值相比较。在测试某点对地电阻值时，可与被检设备技术资料给定的数据比较。通过对电阻的测试，或对可疑支路的点与点之间的电阻进行测试，以发现可疑的元器件。

6.3.1.7　分割测试法

分隔测试法又称电路分割法，即把电子设备内与故障相关的电路，合理地一部分一部分地分隔（分割）开来，以便明确故障所在电路范围。该法是通过多次的分隔检查，肯定一部分电路，否定一部分电路，这样一步一步地缩小故障可能发生的电路范围，直至找到故障位置。分隔测试法特别适用于包括若干个互相关联的子系统电路的复杂系统电路，或具有闭环子系统，或采用总线结构的系统及电路中。

6.3.1.8　逐步开路（或接入）法

多支路并联且控制较复杂的电路短路或接地时，不易发现其他外部现象。这种情况可采用逐步开路（或接入）法检查。其方法是：把多支并联电路，一路一路逐步或重点地从电路中断开，当断开某支路时故障消除，故障就在这条电路上，然后再将这条支路分成几段，逐段地接入电路。当某段接入电路时故障出现，那么故障就在这段电路及某电器元件上。这种方法能把复杂的故障缩小范围，但缺点是容易把损坏不严重的电器元件彻底烧毁。

6.3.1.9　电路短接法

电路短接法适合用在电控系统电路中的断路故障。它包括导线断路、虚连、松动、触点接触不良、虚焊、假焊、熔断器熔断、各种开关元件等。方法是用一根良好的导线由电源直接与用电设备进行短接，以取代原导线，然后进行测试。如果用电设备工作正常，说明原来线路连接不好，应再继续检查电路中串联的关联件，如开关、熔断器或继电器等。

6.3.1.10　更新替换法

更新替换法是一种将正常的元件、器件或部件，去替换被检系统或电路中的相关元件、器件或部件，以确定被检设备故障元件、器件或部件的一种方法。在机械装备电器系统的测试检修过程中，由于设备的模块化程度越来越高，单元或组件的维修难度越来越大，这种修理方法越来越多地被修理部门所采用。当被检设备必须在工作现场迅速修复、重新投入工作时，替换已经失效的元器件、印制电路板和组件是允许的。但是，必须事先进行故障分析，确认待替换的元器件、部件确实有故障时，才可以动手。更新替换法虽然是使电子设备在工作现场的修复时间缩到最短的有效方法，且被替换下来的印刷电路板或组件可以在以后的某个适宜时间和地点，从容地找出有故障的具体位置。但是在使用更新替换法时要注意以下两点。

（1）在换上新的器件之前，一定要分析故障原因，确保换上新的部件之后，不会再引起新部件故障，防止换上一个部件损坏一个部件的情况发生。

（2）替换元器件、部件时，一般应在电子设备断电的情况下进行。尽管有些电子设备即使在通电情况下替换部件也不一定造成损坏，但大部分情况下，通电替换器件或部件会引起不可预料的后果，因此，为了养成良好的修理习惯，建议不要在通电情况下替换器件或部件。

6.3.1.11 内部调整法

内部调整法是指通过调节电子设备的内部可调元件或半调整元件，如半调整电位器、半调整电容器、半调整电感器等，使电子设备恢复正常性能指标的方法。

通常，电子设备在搬运过程中，振动等因素引起机内可调元件参数的变化；或者是由于外界条件的变化，使电路工作状态发生了一些变化；或者是电子设备长期运行，造成电路参数和工作状态的小范围内的变化。上述这些情况造成的电子设备故障，一般通过内部调整法，可以排除。

电气设备故障的主要表现形式是断路、短路、过载、接触不良、漏电等，按其故障性质分为机械性故障、电气性故障和机电综合性故障。同一故障，可以有许多种不同的分析判断方案，不同的检测方法和手段，但都是根据这些故障的实质或性质从不同角度上的应用。所以在机械装备电气设备检修中遵循以上原则和方法，“多动脑，慎动手”做到活学活用。以上几种检查方法在具体的判断检测中是相辅相成的，每个故障都是需要各种方法配合使用，不可以简单运用一种或几种单一的方法进行果断的判定。所以在日常检修过程中善于学习和总结，活用这些检修原则、方法能够快速地检查判断故障范围和故障点是非常重要的。

6.3.2 故障检测诊断的一般步骤

电控系统故障的诊断一般按照先简单检查、后复杂检查；先初步检查、后进一步检查；先大范围检查、后小范围检查；最后排除故障的原则进行。

电路故障的实质不外乎断路、短路、接触不良、搭铁等，按其故障的性质分成两种故障：机械性故障和电气性故障。电气设备线路发生故障，其实就是电路的正常运行受到了阻碍（断路或短路）。

机械装备电气系统故障的判断应以电路原理图为依据，以线路图为根本。同一故障，可以有许多不同的判断分析方法和手段，但无论如何都必须以其工作原理为基础，并结合机械装备电路的实际情况，来推断故障点位置的过程。判断故障关键之处就是考虑以下三个方面的问题：判断故障应按电源是否有电，线路是否畅通（即电线是否完好，开关、继电器触点、插接器接触是否紧密等），单个电器部件是否工作正常，电气系统是否正常的步骤进行。从这三个方面来判断电气故障往往就显得简单、方便、快捷明了。

6.3.2.1　检查电源

简易的办法是在电源火线的主干线上测试，如蓄电池正负极桩之间、起动机正极接柱与搭铁之间、交流发电机电枢接柱与外壳搭铁之间、熔断器盒的带电接头与搭铁之间和开关正极接柱与搭铁之间。测试工具可用试灯，机械装备电控系统通常的工作电压是 24 V，采用 24 V 同功率的灯泡为宜，是因为电压与所测系统电压一致是最适合的。

测试中还可以利用导线划火，或拆下某段导线与搭铁做短暂的划碰，实质是短暂的短路。这种做法比较简单，但对于某些电子元件和继电器触点有烧坏的危险。在 24 V 电路中，短路划火会引起很长的电弧不易熄灭。

测试工具最精确的当然是测试仪表，如直流 30~50 V 电压表，直流 30~100 A 电流表，测电压、电阻和小电流数字万用表最方便。

6.3.2.2　检查线路

确定电源电压能否加到用电设备的两端及用电设备的搭铁是否能与电源负极相通，可用试灯或电压表检查，如果蓄电池有电，而用电设备来电端没电，说明用电设备与电池正极之间或用电设备搭铁与电池搭铁之间有断路故障。在检查线路是否畅通的过程中应注意以下几点。

(1) 熔丝的排列位置及连接紧密程度。现代机械装备电路日趋复杂，熔丝多至数十个，哪个熔丝管哪条电路一般都标明在熔丝盒盖上，如未标明，不妨由使用者自己查明写在上面，检查其是否连接可靠。

(2) 插接器件接触的可靠性。优质的插接器件拆装方便，连线准确，接触紧密，十分可靠。有些复杂的机械装备电路中，一条分支电路就要经过 3~6 个插接器才能构成回路。由于使用日久，接触面间积聚灰尘、油垢或腐蚀生锈，就可能会发生接触不良。有些厂家制造的插接器，黄铜片在塑料座上定位不牢，在插接时可能被推到另一头，甚至接触不上。在判断线路是否畅通时，如有必要可以用带针的试灯或万用表在插接件两端测试，也可以拨开测试。

(3) 开关挡位是否确切。有些电路开关如电源开关、车灯开关、转向灯开关、变光开关，由于铆接松动、操作频繁，磨损较快而发生配合松旷、定位不准确，在线路断路故障中所占比例较高。

(4) 电线的断路与接柱关系。接线柱有插接与螺钉连接等多种，电器元件本身的接线端是否坚固，有些接线柱因为接线位置关系，操作困难，形成接线不牢，时间长了便发生松动，如电流表上的接线。

有些电线因为受到拉伸力过大或在与车身钣金交叉部位过度磨损而断路或短路。蓄电池的正极桩与线缆之间，负极桩与车架搭铁之间，因为锈斑或油漆，都容易形成接触不良故障。

6.3.2.3　检查电气设备

如果电源供电正常，线路也都畅通而电气设备不能工作，则应对电气设备自身功能进行检查。检查的方法如下。

(1) 就装备检查。如检查发电机是否发电，可以在柴油机正常运转时，观察电流表、充电指示灯，也可测量发电机电枢接线柱上的电压，看其是否达到充电电压。如检查启动机是否工作，可以用导线或起子短接启动开关接线柱与电池接线柱，看启动机是否工作等。

某装备的定向器如图 6-30（a）所示，其回转方向固定器安装于回转盘右后侧，如图 6-30（b）所示。车体尾部平台上对应于固定器两锥形固定销位置处有两个销孔，定向器旋转机构的固定是通过方向固定器两个锥形固定销与回转平台上两个销孔之间的配合来实现的。如图 6-31 所示，固定器的空气室联杆通过叉形接头与曲臂用销轴铰接，曲臂另一端固定在轴的中间，而轴的两端固定着杠杆，轴可在固定器本体内转动，带弹簧的锥形固定销安装在本体中，与杠杆连接。空气室未充气时，固定销在弹簧力作用下插入旋转平台上的销孔中，回转机构部分被制动。固定器解脱的原理为：将压缩空气充入空气室内，则联杆外伸，促使曲臂及杠杆绕轴顺时针转动，杠杆的一端提升固定销解脱回转固定。

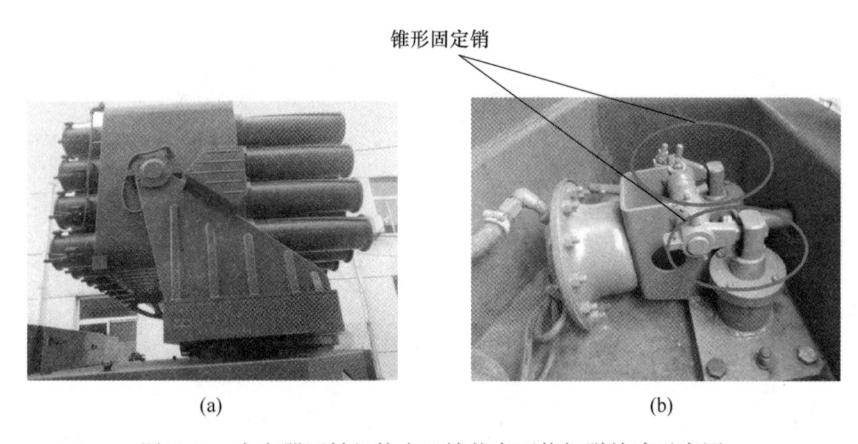

图 6-30 定向器回转机构在运输状态不能解脱故障示意图

（a）定向器；（b）方向固定器

在检修中发现，操作定向器回转控制按钮，定向器无回转动作。首先检查控制电路电源和按钮正常，拆下气管检查气压充足，基本可以排除电路和气路故障。然后操作手动解脱装置，观察两个固定销中的一个可以完全收回，而另一个基本没有动作。打开旋转平台上盖板，观察方向固定器，发现两个锥形固定销的连接杠杆相对轴的角度明显不同，如图 6-30（b）所示，可知只有下侧固定销可以解脱到位，而上面的固定销不能完全解脱。最后经拆检固定器，发现固定器上侧杠杆与轴连接的开口销断裂，导致杠杆不能随轴转动，无法拨动叉形接头使固定销上移解脱固定。

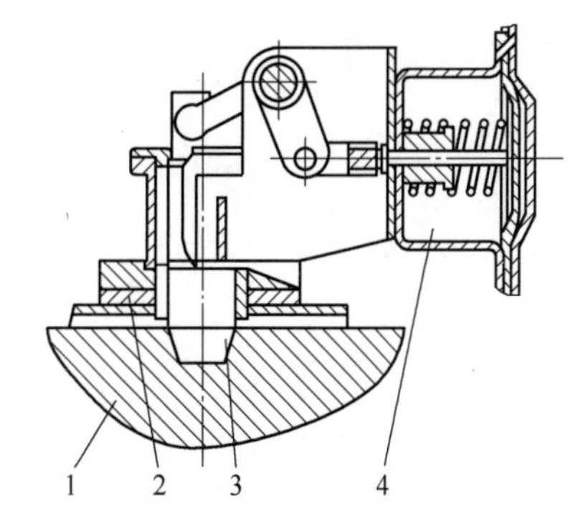

图 6-31 定向器回转固定器结构示意图

1—回转盘座圈（起落架）；
2—回转盘底座（回转盘支臂）；
3—行军固定器固定销；4—空气室

（2）从装备上拆下检查。当必须拆卸电气设备内部才能判断故障时，则需将电气设备从装备上拆下来单独检查，使故障分析的范围大大缩小。如发电机电枢绕组是否损坏、启动机磁场绕组是否损坏等都要拆卸检查。

6.3.2.4　利用电路原理图检查系统故障

当诊断较复杂的系统故障时，需利用该装备（或相近装备）的系统电路原理图，循线查找。对于一些不很清楚的系统线路，在检查和测试时要细心谨慎，记住有关相互位置、连接关系，并做上记号，切忌不顾电路连接和走向，乱碰乱查乱拆，造成新的故障。检查时只要思路符合电路原理，方法恰当，就能准确、迅速地查明故障原因。

7 机械装备总线网络故障检测与诊断

随着信息技术、计算机技术和现代制造技术的不断发展，机械装备上采用的控制计算机数量越来越多，机械装备上的发动机 ECU、换挡控制器（AMT）、中央充放气控制 ECU、空调 ECU、作业装置控制 ECU 等多个处理器之间相互连接、协调工作并共享信息构成了机械装备车载通信网络系统，简称车载总线网络。车载总线网络运用多路总线信息传输技术、采用多条不同协议或不同速率的总线分别连接不同类型的节点，并使用网关器件来实现整车的信息共享和网络管理。

由于机械装备车载总线网络应用的是计算机局域网技术和总线通信技术，里边涉及大量的计算机专业术语，如网络、总线、通信协议、网关、节点、多路传输等。所以有必要对这些基本概念进行简单介绍。

7.1 车载网络基本概念

7.1.1 计算机网络

7.1.1.1 定义

把分布在不同地点且具有独立功能的多个计算机系统通过通信设备和线路连接起来，在功能完善的软件和协议的管理下进行信息交换，实现资源共享、互操作和协同工作的系统称为计算机网络。

总体来看，计算机网络是具有资源共享和通信功能的计算机系统的集合体。随着计算机科学技术和计算机应用的发展，资源共享和网络通信的含义也在不断丰富，如资源共享由数据资源共享、存储系统共享，发展到分布计算及协同工作。而计算机网络中的“计算机”的概念也不像以往那样突出。网络的终端有很多并非传统概念上的计算机或终端设备，可能是一个控制模块，或是一个智能传感器。

车载网络侧重于通信含义。网络中，按一定通信协议连接的一些电控单元或智能装置（带协议控制器的传感器、执行机构或接口），发出控制信号和传感器信号，然后通过网络传送到目的系统。

7.1.1.2 分类

计算机网络有多种分类方法，根据不同的分类原则，可以将计算机网络分成不同的类型。

A 按地理覆盖范围划分

计算机网络按地理覆盖范围可分为局域网、城域网和广域网三种。

a 局域网

局域网（LAN）是由一系列用户终端和具有信息处理与交换功能的节点及节点间

的传输线路组成，限制在有限的距离之内，实现各计算机间的数据通信，具有较高的网络传输速率。局域网范围一般不超过 10 km，往往局限于企事业单位内。局域网具有组建灵活，成本低廉，运行可靠，速度快等优点。车载总线网络是多个局域网络的互联结构。

b　城域网

城域网也称都市网，其覆盖范围一般是一个城市，它是在局域网不断普及，网络产品增加，应用领域不断扩展等情况下兴起的。城域网可将一个城市范围内的局域网互联起来，从而得到较高的数据传输速率。

c　广域网

广域网覆盖范围广阔，又称远程网。广域网覆盖的地理范围可以是一个城市、一个地区、一个省、一个国家。最大的广域网是 Internet。广域网的传输速率相对较低。

B　按网络拓扑结构分类

计算机网络的拓扑结构，即是指网上计算机或设备与传输媒介形成的节点与线的物理构成模式。计算机网络的拓扑结构主要有星型、环状、总线型、树状、全连通型和网状型等，如图 7-1 所示。

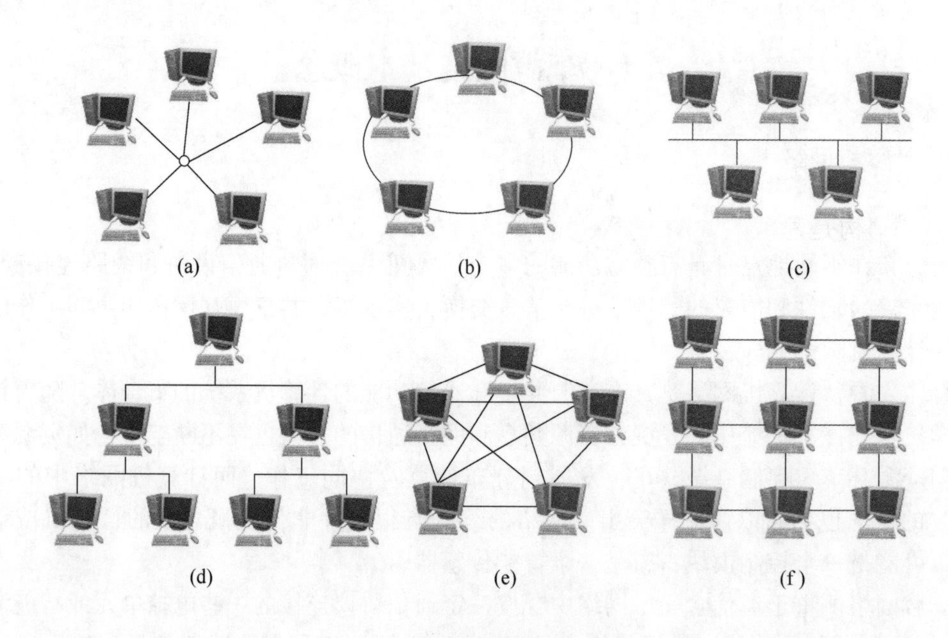

图 7-1　计算机网络的拓扑结构

(a) 星型；(b) 环状；(c) 总线型；(d) 树状；(e) 全连通型；(f) 网状型

a　星型结构

星型拓扑结构是一种以中央节点为中心，把若干外围节点连接起来的辐射式互联结构。这种结构适用于局域网，特别是近年来连接的局域网大都采用这种连接方式。这种连接方式以双绞线或同轴电缆作连接线路。

星型拓扑结构的特点是：安装容易，结构简单，费用低，通常以集线器（Hub）作为中央节点，便于维护和管理。中央节点的正常运行对网络系统来说是至关重要的。中央节点负荷重，扩充困难，线路利率低。

由于机械装备车载网络的应用目的之一就是简化线束，因此这种结构不可能成为整车网络的结构，但有可能在一个部件或总成上使用。

b 环状结构

环状结构由各节点首尾相连形成一个闭合型环路。环状网络中的信息传送是单向的，即沿一个方向从一个节点传到另一个节点；每个节点需安装中继器，以接收、放大、发送信号。这种结构的特点是结构简单，建网容易，便于管理。其缺点是节点过多时，将影响传输效率，不利于扩充；另外当节点发生故障时，整个网络就不能正常工作。

由于机械装备与车辆上电控技术要求实时性好的网络系统，有一些汽车或机械装备上的车载网络系统支持这种结构，采用冗余通道提高可靠性。

c 总线型结构

总线拓扑结构是一种共享通路的物理结构。这种结构中总线具有信息的双向传输功能，普遍适用于局域网的连接，总线一般采用双绞线或同轴电缆。

总线型拓扑结构的优点是：安装方便，扩展或删除一个节点很容易，不需停止网络的正常工作，节点的故障不会殃及系统。由于各个节点共用一个总线作为数据通道，信道的利用率高。但总线结构也有其缺点：由于信道共享，连接的节点不宜过多，并且总线自身的故障可以导致系统的崩溃。

机械装备尤其是工程装备和重型车辆上的网络多采用这种结构。

d 树状结构

树状结构是总线型结构的扩展，就像一棵“根”朝上的树，它是在总线网上加上分支形成的，与总线拓扑结构相比，主要区别在于总线拓扑结构中没有“根”。树状网络的传输介质可有多条分支，但不形成闭合回路，树状网是一种分层网，其结构可以对称，联系固定，具有一定的容错能力。一般一个分支和节点的故障不影响另外分支的节点的工作。任何一个节点送出的信息都可以传遍整个传输介质。树状结构是一种分级结构，在树状结构网络中，任意两个节点之间不产生回路，每条通道都支持双向传输。

树状拓扑结构的特点：优点是容易扩展，故障也容易分离处理，适合于分主次或分等级的层次型管理系统；缺点是整个网络对根的依赖性很大，一旦网络的根发生故障，整个系统就不能正常工作。

e 网状型结构

网状型结构（也称为蜂窝型结构或分布式结构）的网络是将分布在不同地点的计算机通过线路互联起来的一种网络形式。

网状型结构的网络具有如下特点：由于采用分散控制，即使整个网络中的某个局部出现故障，也不会影响全网的操作，因此具有很高的可靠性；网中的路径选择最短路径算法，故障网上延迟时间少，传输速率高，但控制复杂；各个节点间均可以直接建立数据链路，信息流程最短；便于全网范围内的资源共享。缺点为连接线路用电缆长，造价高；网络管理软件复杂；报文分组交换、路径选择、流向控制复杂；在一般局域网中不采用结构。

f 全连通型网络

全连通型网络结构是网状型结构的扩展，其优缺点与网状结构类似。在机械装备和车辆中一般不会采用这种网络结构。

7.1.2 车载计算机网络

7.1.2.1 简介

车载网络是指能使用电气或电子媒介发送或接收信息的控制模块和接线。有些网络允许电控模块共享输入信息，让多个模块一起工作，实现复杂的机械装备或车辆的各种操作。网络的使用也提高了车辆与装备的自诊断能力。

本书讨论的机械装备车载网络是指车辆与装备本身的内部网络系统，它由车载网络计算机（控制器）控制，通过数据总线连接多个子网，控制发动机、空调系统、上装作业控制系统及其他总成、仪表板显示器、换挡控制器等，各个子网可能具有不同的时钟速度及各自功能。

7.1.2.2 拓扑结构分类

拓扑结构的控制方式分为中控式控制、区域式控制和分配式控制。

(1) 中控式控制。这种控制方式中，唯一的中央计算机控制一切运行，因此需要中央计算机具有超强的工作能力，一旦其运行出现故障，整个网络都将瘫痪。

(2) 区域式控制。区域式控制在可靠性方面有了明显的改进，其网络分布比较完善，但其二级系统间仍缺乏有效的连接，而它们之间也是需要相互交流信息的。

(3) 分配式控制。分配式控制系统由一个具有充当“管理者”角色的电脑——网关负责二级系统之间的连接（见图 7-2）。图中的 1 号控制箱中的控制计算机（即 EPEC2024 工程机械控制器）为该网络中的网关设备，它不仅是两个 CAN 总线网络 1 和 CAN 总线网络 2 这两个网络系统之间信息的共同汇集点，而且还管理两个网络间信息的交流。这是目前机械装备上所采用的信息传输控制方式。

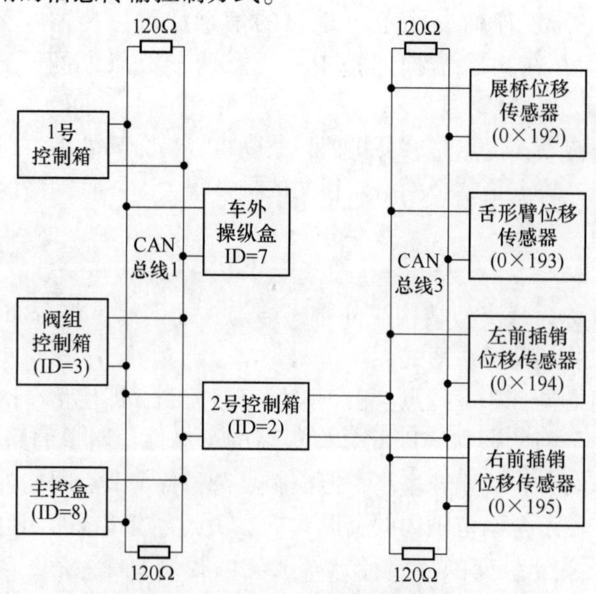

图 7-2 分配式控制方式网络结构

7.1.3 常用基本术语

7.1.3.1 数据总线

机械装备上的电子系统彼此依赖非常密切，其信息的交流也是非常频繁的（见图7-3）。因此数据总线用来进行电子系统各个控制单元之间的信息交流，并对信息交流的过程进行管理。通过总线传输的每一帧或信息都按照某种标准进行编码。在总线上传输的信息包括传感器的测量数值、故障信息及计算机运行的状态信息（正常或故障模式下运行）。

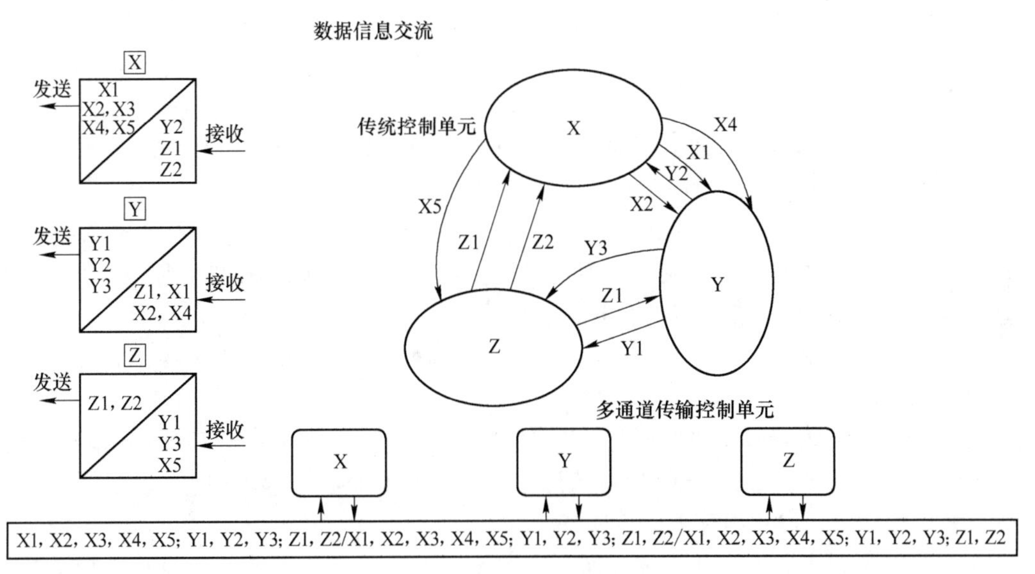

图7-3 节点间信息交换

传感器测量的信息具有以下特点：一个长度（格式）、一个解答或精度、有限度的数值（最大及最小）和被禁止的数值。

数据总线是模块（节点）间运行数据的通道，即所谓的信息高速公路。数据总线可以实现在一条数据线上传递的信号能被多个系统（控制单元）共享，从而最大限度地提高系统整体效率，充分利用有限的资源。例如，图7-2的主控盒，其上有多个手柄、开关和指示灯，可以发送或接收上百条指令，但主控盒与作业显示终端及其他控制器之间只有2根连接线，主控盒正是依靠这2根数据连线上所传输的电平组合（编码信号）来传递信号的。这种信号连接方式在机械装备上的应用，极大地简化了电子控制单元之间的电路连接。通过不同的编码信号来表示不同的开关动作信号，根据指令接通或断开电磁阀等执行机构，就将传统的一线一用的专线制改为一线多用制，大大减少了机械装备和车辆上的电缆线数量，缩小了线束直径。当然，数据总线还将使计算机技术融入整个装备系统之中，加速机械装备智能化发展。

众多的机械装备和车辆制造单位一直在设计各自的数据总线，但这些数据总线在使用中存在兼容问题，各个厂商自己的单独的数据总线称之为专用数据总线。如果按照某种国际标准进行总线的设计，则数据总线就是非专用的。为使不同的厂家生产的零部件能在同一机械装备上协调工作，必须制定标准，从而催生了通信协议标准。

7.1.3.2 通信协议

通信协议是指通信双方控制信息交换规则的标准、约定的集合，即指数据总线上的传输规则。在机械装备和车辆上，要实现其内部各 ECU 之间的通信，必须制定规则，即通信方法、通信时间、通信内容，保证通信各方能相互配合，使通信各方能共同遵守、可接受的一组规定和规则。就如现实生活中的交通规则一样，包括“交通标志”的制定方法。例如，国家元首乘坐的车辆具有绝对的优先通行权，其他具有优先权的依次是政府要员的公车、警车、消防车、救护车等，但只能在执行公务时才能有优先权，而驾车旅游、执行公务完毕时就无优先权可言。数据总线的通信协议并不是个简单的问题，但可举例简单说明。当模块 A 检测到发动机已接近过热时，相对于其他不太重要的信息（如模块 B 发送的最新的大气压力变化数据）有优先权。通信协议的标准蕴含唤醒访问和握手。唤醒访问就是一个给模块的信号（这个模块为了节电而处于休眠状态），信号使之进入工作状态。握手就是模块间的相互确认兼容并处在工作状态。

事实上通信协议的种类繁多，如：

(1) 在一个简单的通信协议中，模块不分主从，根据规定的优先规则，模块间相互传递信息，并且都知道该接收什么信息。

(2) 一个模块是主模块，其他则为从属模块，根据优先规则，决定哪个从属模块发信息及何时发信息。

(3) 所有的模块都像旋转木马上的骑马人，一个上面有“免费券”挂环的转圈绕着它们旋转。当一个模块需要用到挂环的信息，它便抓住挂环挂上这条信息，任何一个需要这条信息的模块都可以从挂环上取下这条信息。

(4) 通信协议中有个仲裁系统，通常这个系统按照每条信息的数字拼法为各数据传输设定优先规则。

7.1.3.3 多路传输网络分类和布置型式

(1) 网络分类：多路传输包括仅使用单个传输渠道传输各种部件之间不同的信息。这些信息表示为各种形式。根据传输速率及安全因素考虑，多路传输分成以下几种类型。

A 级：传感器、开关及控制单元多路传输（信号设备、舒适性设备）。

B 级：命令单元多路连接（车身控制、显示器、负载信息）。

C 级：实时控制单元多路传输（电控发动机、自动变速器、作业控制系统）。

D 级：针对视觉连接（使用计算机和相应的多媒体传输声音和图像文件）。

(2) 布置（布局）型式：需要组织和按等级来布置多路传输网络里的信息交流。某些计算机（控制器）属于主控系统，它们在网络里拥有发送数据的完全自主权。其他的一些计算机（控制器）只是执行系统，没有发送数据的主动权，只有在它们所依赖的主控系统要求下才可以发送。因此多路传输系统里有多种布局型式。

7.1.3.4 模块/节点

模块就是一种电子装置。简单一点的如温度和压力传感器，复杂的如计算机（微处理器）。传感器是一个模块装置，根据温度和压力的不同产生不同的电压信号或电流信号。这些信号在计算机的输入接口被转变成数字信号。在计算机网络传输系统中一些简单的模块被称为节点。各节点通过插接器连接到网络中。

7.1.3.5 网关

因为现代机械装备与车辆上有这么多电子控制模块或计算机，各个系统有可能采用的数据总线的传输速率不同，或是采用的通信协议不同，那么在这种情况下是不可能所有的计算机或是控制模块实现信息共享的，网关的作用就是为在不同的通信协议和不同的传输速率的计算机或是模块间进行通信时，建立连接和信息解码，重新编译，并将数据传输给其他系统。为了使采用不同协议及速度的数据总线间实现无差错数据传输，必须要用一种特殊功能的计算机，这种计算机就称之为网关。如 7.1.2 节图 7-2 中的 1 号控制箱模块，它负责连接和实现 CAN 总线网络 1（遵循 CANopen 协议）和 CAN 总线网络 2（CAN2.0B 标准帧协议）间的数据交互。

网关实际上就是一种模块，其工作的状态决定了不同的总线、模块和网络相互间通信的状态。对不兼容却需要互相通信的总线和网络来说，网关模块所起作用就是信号的通联和交互。但当信息不能传递时，不一定是网关出错，网络中的节点或模块的软件故障也会导致网关功能异常。

总之，网关是机械装备和车辆内部通信的核心，通过它可以实现各条总线上信息的共享及实现机械装备内部的网络管理和故障诊断功能。

7.1.3.6 帧

为了可靠地传输数据，通常将原始数据分割成一定长度的数据单元，这就是数据传输的单元，称其为帧。一帧内容应包括同步信号（例如帧的开始与终止）、错误控制（种类检错码或纠错码，大多数采用检错重发的控制方式）、流量控制（协调发送方与接收方式的速率）、控制信息、数据信息、寻址（在信道共享的情况下，保证每一帧才能正确地到达目的站，接收方也能知道信息来自何站）等。

7.1.4 车载网络信号的编码方式

数据编码是指通信系统中以何种物理信号的形式表达数据。目前在车辆网络中常用的编码方式有：不归零编码（NRZ）、曼彻斯特编码（Manchester）、可变脉宽调制（VPW）、脉宽调制（PWM）等。下面分别介绍这几种编码方式。

（1）不归零编码。不归零编码在一个比特时间内电平保持不变，这种编码方式容易实现，如图 7-4（a）所示。缺点是：存在直流分量，传输中不能使用变压器；不具备自同步机制，传输时必须使用外同步。奔驰、大众、戴姆勒克莱斯勒等公司采用不归零编码。

（2）曼彻斯特编码。在该编码方式中，将时间划分成等间隔的小段，每个小段代表一个比特。同时，每个小段时间又分成两半，前半个时间段表示所传输比特值的反码，后半段表示传输比特值本身。因此，在一个比特的时间段的中心点上总有一次电平转变，所以和脉宽调制编码一样，此类编码也不需要传输同步信号，波形如图 7-4（b）所示。法国雷诺、标致、雪铁龙公司的 VAN 协议采用曼彻斯特编码。

（3）可变脉宽调制编码。在该编码方式中，每位数据由两个连续跳变的时间和电平共同决定，并且两位连续比特的电平是不相同的。图 7-4（c）所示的例子是 J1850 定义的 VPW 波形，当传输速率为 10.4 kb/s 时，逻辑“1”定义为在总线上低电平持续 128 μs 或高电平持续 64 μs；与此相反，逻辑“0”为总线上高电平持续 128 μs 或低电平持续 64 μs。通用公司的 DLCS 协议采用 VPWM 编码。

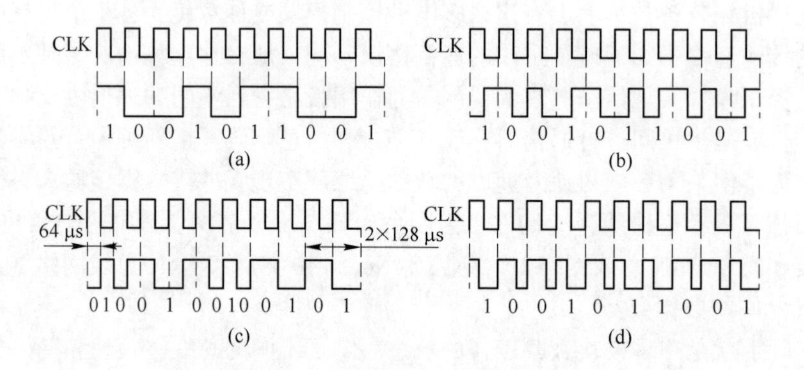

图 7-4　数据的编码方式波形图
（a）不归零编码；（b）曼彻斯特编码；（c）可变脉宽调制编码；（d）脉宽调制

（4）脉宽调制。在该编码方式中，每位数据由 PWM 信号的占空比决定。PWM 信号的频率决定了位传输速率，而相应的脉冲宽度决定了传输数据的值。通常占空比为 1/3 时表示传输的值为逻辑“1”，占空比为 2/3 时表示传输的值为逻辑“0”。因此，传输数据的每一位内必定有一次电平转变，故该类编码携带有信号传输的同步信息，不需要另外传输同步信号。福特公司的 HBCC：协议和马自达公司的 PALMENT 协议均采用 PWM 编码，波形如图 7-4（d）所示。

7.1.5　车载网络的介质访问控制方式

车载网络的介质访问控制方式主要有以下几种：CSMA/CR（载波监听多路访问/冲突检测）、CSMA/CR（载波监听多路访问/冲突解决）、主从访问控制方式、令牌访问控制方式及 TDMA（时分多路访问）等。

7.1.5.1　载波监听多路访问/冲突检测

载波监听多路访问/冲突检测（CSMA/CD，Carrier Sense Multiple Access/Collision Detection）方式对总线上的任何节点都没有预约发送时间，节点的数据发送是随机的，必须在网络上争用传输介质，故又称为争用技术。若同一时刻有多个节点向总线上发送信息，就会引起冲突。为了避免冲突，每个节点在发送信息前都要监听总线上是否有信息在传送，这就是载波监听。

载波监听 CSMA 的控制方案是“先听再讲”。一个节点要发送消息，首先要监听总线，检测总线上是否有其他节点正在发送消息，总线空闲则发送，如果总线忙，则等待一段时间后再重发。在监听总线状态后，可以选择不坚持、1-坚持或 P-坚持 CSMA 坚持退避算法进行重发。

由于传输线上不可避免地存在传输延迟，可能有多个节点同时检测到总线处于空闲状态并开始发送，从而导致冲突，所以在每个节点开始发送消息后，还要继续监听线路，判断是否有其他节点正在与本节点同时发送消息，一旦发现有便停止发送，这就是冲突检测。

CSMA/CD 协议已经广泛地运用于局域网中。在该介质访问方式中，每个节点在发送帧期间，同时有冲突检测功能，即所谓的“边讲边听”。一旦检测到冲突就立即停止发送，并向总线上发送阻塞信号，通知总线上各个节点已经发生冲突。

7.1.5.2 载波监听多路访问/冲突解决

与 CSMA/CD 不同的是，采用载波监听多路访问/冲突解决（CSMA/CR，Carrier Sense Multiple Access/Collision Resolution）访问机制可以从根本上避免冲突。尽管采用该访问机制时，在帧发送的开始阶段可能存在多个节点同时发送消息的情况，但是该机制可以保证经仲裁场后只有优先权最高的那个节点向总线上发送消息。仲裁期间，每个发送节点将从总线上的检测到的值与自己发送的值相比较，如果不同，就立即停止发送并马上变成接收节点。实际上在汽车或机械装备的网络中，大多数总线是以该访问机制为基础的。

7.1.5.3 主从访问控制方式

主从访问控制方式的优点是：（1）实现较为简单；（2）主节点定时向从节点发送询问帧，所以每个节点获得总线访问权的时间基本上是确定的。缺点是：（1）浪费带宽；（2）主节点出故障将导致整个网络瘫痪。

在该访问机制中，主节点通过周期性地询问从节点来控制基于节点通信的总线访问权限。在轮询周期，主节点向从节点发送询问帧，相应的从节点必须以一个应答帧为响应，如图 7-5 所示。经过一个循环，主节点询问过所有从节点后，将重新开始新一轮的询问。

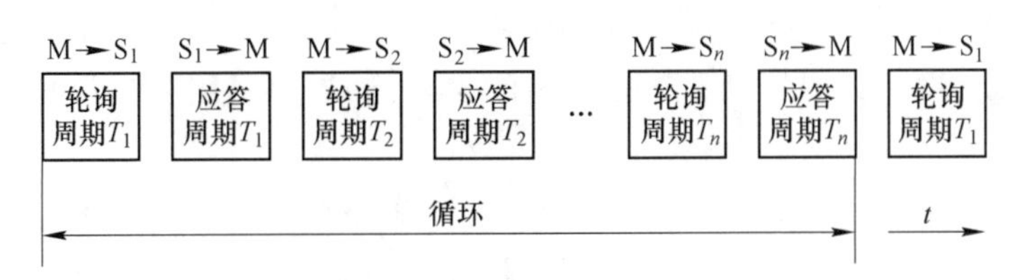

M：主节点　S_1：从节点1　S_2：从节点2　S_n：从节点n

图 7-5　主从介质访问方式的原理

7.1.5.4 令牌访问控制方式

CSMA 的访问机制中存在冲突，其原因是各个节点发送消息是随机的。为了解决冲突问题，可以采用令牌访问方式。令牌访问原理可用于环状网络，构成令牌环状网（token-ring），也可以用于总线网，构成令牌总线网（token-passing bus）。

在令牌环状网中，每个时刻只允许一个节点发送消息。令牌在网络环路中不断地传递，只有拥有此令牌的节点才允许向网络中发送消息，其他节点仅允许接收。拥有令牌的节点发送完消息后，将令牌传递给下一个节点，如果该节点没有消息要发送，便依次将令牌传给下一个节点。因此，表示消息发送权的令牌在环状信道上不断循环。环上每个节点都有机会获得介质访问权，而任何时刻只有一个节点利用环路传送消息，从而保证环路上不会发送冲突。

令牌传递总线方式与 CSMA/CD 方式一样，可采用总线网络拓扑结构，但不同的是，前者在物理总线上由网上的各个节点按照一定顺序形成一个逻辑环，每个节点在环中均有一个指定的逻辑位置，末节点的后继节点是首节点。该总线访问方式从物理上看是一个总线结构的局域网，各节点共享同一个信道。但从逻辑上看，这是一种环状结构的局域网，和令牌环一样，只有拥有令牌的节点才具有介质访问权。在正常运行时，节点完成发送后就将令牌传递给下一个节点。从逻辑上看，令牌是按照地址的递减顺序传递给下一个节点的，但从物理上看，带有目标地址的令牌帧广播至总线上的所有节点，当目标节点识别符合它的地址时才将该令牌接收。

7.1.5.5　TDMA

在该介质访问方式中，用于传输数据的周期被分成很多时间片，网络系统的各个消息按照事先规定的发送顺序，在发送周期的固定时间片内发送数据到总线上，因此各个节点访问介质的时间片是确定的。该介质访问方式的前提条件是每个节点的局部参考时间与统一的全局时间基准同步。

在车辆网络中，TDMA 访问控制方式主要用于 X-by-Wire 系统的网络协议，如 TTP、FlexRay 等。

7.2　机械装备总线技术

7.2.1　现场总线技术

现场总线是当今自动化领域技术发展的热点之一，被誉为自动化领域的计算机局域网，它的出现标志着工业控制技术领域又一个新时代的开始，并将对该领域的发展产生重要的影响。在机械车辆中所使用的 LIN 总线、CAN 总线、MIC 总线等均属于现场总线。

现场总线是 20 世纪 80 年代中期发展起来的。1986 年 2 月，Robert Bosch 公司在汽车工程协会（SAE）上介绍了一种新型的串行总线——控制器局域网（CAN，Control Area Network）。在欧洲 CAN 总线已广泛应用于车辆控制与通信系统，同时也在其他工业领域得到广泛的应用。

随着微控制器和计算机功能的不断增强和价格的急剧降低，计算机和计算机网络系统得到迅速的发展，而出自生产过程底层的测控自动化系统，采用一对一连线，用电压、电流的模拟信号进行测量控制，或采用自封闭式的集散系统，难以实现设备之间及系统与外界之间的信息交换，使自动化系统成为信息孤岛。实现整个企业的信息集成，实施综合自动化，就必须设计出一种能在工业现场运行、性能可靠、造价低廉的通信系统，形成工厂底层网络，完成现场自动化设备之间的多点数字通信，实现底层现场设备之间及外界的信息交换。现场总线就是在这种实际需求的驱动下产生的。

现场总线是应用在生产现场、在微机化测控设备之间实现双向串行多节点数字通信的系统，也称为开放式、数字化、多点通信的底层控制网络。现场总线技术将专用微控制器置入传统的测控装置，使其具有数字计算和数字通信能力，采用可进行简单连接的双绞线等媒介，把多个测控装置连接成为网络系统，并按照公开、规范的通信协议，在位于现场的多个微机化测控装置之间及现场仪表与远程监控计算机之间，实现数据传输与信息交换，形成各种适应实际需要的自动控制系统。简而言之，就是把单个分散的测控装置变成网络节点，以现场总线为纽带，把它们连接成可以相互沟通信息、共同完成自控任务的网络系统与控制系统。现场总线给自动化领域带来的变化，犹如众多分散的计算机被网络连接在一起，使计算机的功能、作用发生的变化一样。现场总线使自控系统与设备具有通信能力，把它们连接成网络系统，加入信息网络的行列。因此，现场总线可以说是控制技术新时代的开始。

现场总线控制系统既是一个开放的通信系统，又是一种分布式控制系统。它作为智能装置的联系纽带，把挂接在总线上、作为网络节点的智能装置连接为网络系统，并进一步构成自动化系统，实现基本控制、补偿运算、参数修改、报警、显示、监控、优化及管控一体化的综合自动化功能。这是一项以智能传感器、控制、计算机、数字通信、网络为主要内容的综合技术。

由于现场总线适应了工业控制系统向分散化、网络化、智能化方向的发展，一经产生便成为全球工业自动化技术的热点，受到全世界的普遍关注。现场总线的出现，导致目前生产的自动化仪表、集散控制系统（DCS）、可编程控制器（PLC）在产品的体系结构、功能结构方面的较大变革。传统的模拟仪表将逐步让位于智能化数字仪表，并具备数字通信功能，出现了一批集检测、运算、控制功能于一体的控制器；出现了带控制模块并能发送故障信息的执行器，并由此极大地改变了现有设备的维护管理方法。

7.2.2 现场总线的特点

现场总线的特点主要体现在两个方面：（1）体系结构上成功地实现了串行连接，克服了并行连接的许多不足；（2）在技术上解决了开放竞争的设备兼容这一难题，实现了机械装备与车辆的智能化、互换性和控制功能的彻底分散化。

7.2.2.1 现场总线的结构特点

现场总线的结构主要有以下 3 大特点。

（1）基础性。作为工业通信网络中最底层的现场总线，是一种能在现场环境下运行的、可靠的、廉价的和灵活的通信系统，向下其可以到达现场仪器仪表所处的装置、设备级，向上其可以有效地集成到 Internet 或 Ethernet 中，现场总线构成了工业网络中最基础的控制和通信环节。正是由于现场总线的出现与应用，才使得工业企业的信息管理、资源管理及综合自动化真正达到了设备层。

（2）灵活性。传统控制系统与现场总线控制系统的比较如图 7-6 和图 7-7 所示。传统的模拟控制系统采用的是一对一的设备连线。位于现场的测量变送器（传感器、执行器）与控制器之间，控制器与位于现场的执行器、开关、电机之间均为一对一的物理连接，系统的各输出控制回路也分别连接，这样就会增加大量的硬件成本，而且给将来的施工、维护增加难度。另外由于现场布线的复杂性和难度，也使得整个系统失去了柔性。由于现场总线控制系统中使用了高度智能化的现场设备和通信技术，在一条电缆上就能实现所有网络中的信号传递，系统设计完成或布设完成后，想去掉或增加 1 台或几台现场设备非常容易，这也使得整个系统具有极大的灵活性。

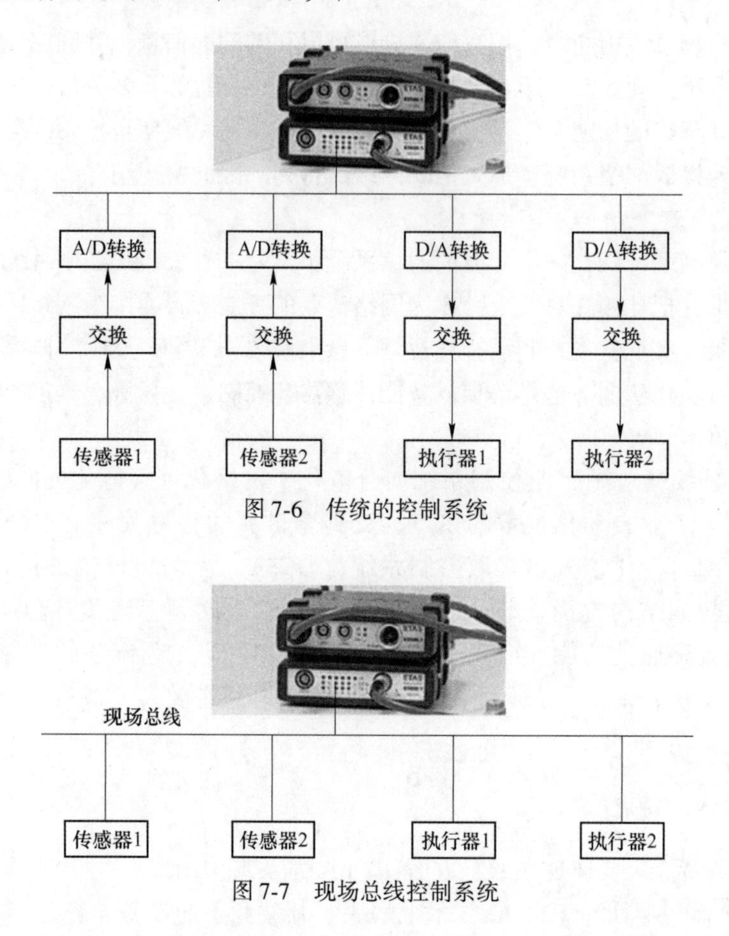

图 7-6　传统的控制系统

图 7-7　现场总线控制系统

(3) 分散性。由于现场总线控制系统采用了智能化的现场设备，原先传统控制系统中的某些控制功能、信号处理等功能都下放到了现场的仪器仪表等智能节点中，再加上这些设备的网络通信功能，所以在多数情况下，控制系统的功能可以在不依赖中心控制计算机的情况下直接在现场完成，这样就实现了彻底的分散控制。

7.2.2.2　现场总线的技术特点

现场总线的技术特点可归纳为以下 4 点。

(1) 开放性。开放性包括如下内容：一是指系统通信协议和标准一致性、公开性，这样可以保证不同厂家的设备之间的互联和替换，现场总线技术的开发者所做的第一件事就是致力于建立一个统一的底层开放系统；二是系统集成的透明性和开放性，用户可自主进行系统设计、集成和重构；三是产品竞争的公开性和公平性，用户可以根据自己的需要，选择不同的厂家，并且要求质量好、价格低的设备来搭建自己的控制系统。

(2) 交互性。交互性是指互操作性和互换性，这里也包含了几层意思：一是上层网络与现场设备之间具有相互沟通的能力；二是指设备之间也具有相互通信的能力，即具有互操作性；三是指不同厂家的同类产品可以实现相互替换，即具有互换性。

(3) 自治性。由于将传感测量、信号变化、补偿计算、工程量处理及部分控制功能下放到了现场设备中，因此现在的现场设备具备了高度的智能化。除实现了上述基本功能外，现场设备还能随时诊断自身的运行状态，预测潜在的故障，最终实现高度的自治性。

（4）适应性。工业现场总线是专为在工业现场使用而设计的，故具有较强的抗干扰性和极高的可靠性。甚至在一些特定的条件下，它还可以满足安全防爆的要求。

7.2.2.3 现场总线的优点

由于现场总线在系统结构上的根本改变，以及技术上的特点，使得现场总线的控制系统和传统的控制系统相比，在系统的设计、安装、投运到正常运行、系统维护等方面，都显示出了巨大的优越性。

A 降低硬件成本

由于现场总线系统中分散在机械装备前端的智能设备能直接执行多种传感、控制、报警和计算功能，因此可以减少变送器的数量，不再需要单独的控制器、计算单元等，也不再需要 DCS 的信号调理、转换、隔离技术等功能单元及其复杂接线，还可以用工控机作为操作站，从而节省了一大笔硬件投资。由于控制设备的减少，还可减小控制中心的体积。

现场总线打破了传统的控制系统的结构形式。传统的模拟控制系统采用一对一的设备连线，按控制电路分别进行连接，传统的控制系统每个控制节点都有对应的线缆，这样就会造成现场线缆较多，诊断故障工作量大，针对传统控制系统故障检测与诊断的困难，厂家和用户对其做了一定的改良，使用多芯单股线缆取代了原来的多根电缆，使得现场节点分布美观、线缆分布整洁，但其内部还是一根线缆的原理，如果出现故障，其诊断与排队过程还是相对比较困难的。

而采用现场总线的控制系统，各个控制设备具有智能性，能够把原来 DCS 系统中处于控制室或中心的控制模块、各输入/输出模块置入装备现场，加上机械装备具有通信能力，现场的测量变送仪表可以与电控比例阀、伺服电机等执行机构直接传送信号，因而控制系统功能能够不依赖控制中心的计算机或控制设备，只需使用一根通信线缆即可实现对所有节点的监测及控制，实现了彻底的分散控制。

B 节约维护成本

现场总线系统的接线十分简单，由于一对双绞线或一条电缆上通常可挂接多个设备（节点），因此电线、端子、槽盒、桥架的用量大大减少，连线设计与接头校对的工作量也大大减少。当需要增加现场控制节点时，无须增加新的电缆，可就近连接在原有的电缆上，这样既节省了投资，也减少了设计、安装的工作量，据有关典型试验工程的计算资料，可节约安装费用 60%以上。

C 降低维护开销

由于现场控制设备具有自诊断与简单故障处理的能力，并通过数字通信将相关的诊断维护信息上传，用户可以查询所有设备的运行和诊断维护信息，以便及时分析故障原因并快速排除故障，缩短了维护停机时间，同时由于系统结构简化、连线简单减少了维护工作量。

D 用户具有集成主动权

用户可以自由选择不同厂商所提供的设备来集成系统，从而避免因选择了某一品牌的产品被“框死”了设备的选择范围，不会为系统集成中不兼容的协议、接口而一筹莫展，使系统集成过程中的主动权完全掌握在用户手中。

E 提高系统可靠性

由于现场总线设备的智能化、数字化，与模拟信号相比从根本上提高了测量和控制的准确度，减少了传送误差。同时，由于系统的结构简化，设备与连线减少，仪器仪表内部功能增强，减少了信号的往返传输，提高了系统的工作可靠性。

7.2.3 机械装备车辆总线系统

在今天的机械装备及车辆中，作为一种典型应用，车身和舒适性控制模块都连接到 CAN（Controller Area Network）总线上，并借助于 LIN（Local Interconnect Network）总线进行外围设备控制。在很多情况下，机械装备高速控制系统（如动力系统控制），都是使用高速 CAN 总线连接在一起的。远程信息处理和多媒体连接需要高速互连，视频传输又需要同步数据流格式，这些都可由 D2B（Domestic Digital Bus）或 MOST（Media Oriented Systems Transport）协议来实现。无线通信则通过 Bluetooth 技术加以实现。而在未来的几年里，TTP（Time Trigger Protocol）和 FlexRay 将使汽车发展成百分之百的电控系统，完全不需要后备机械系统的支持。

图 7-8 为车辆装备网络中各种典型的总线形式，并显示了不同系统速率下的应用范围及其相应成本。其中，J1850 除了 Ford、Chrysler 和 GM 公司还在使用以外，未能获得广泛的接受。而 LIN 总线不仅能够完成 J1850 大多数功能，更兼具低成本的优势，它将会取代 J1850 成为低端通信的标准。而其他类型的总线在各自的系统应用范围内仍代表了当前市场的主流和未来发展的趋势。

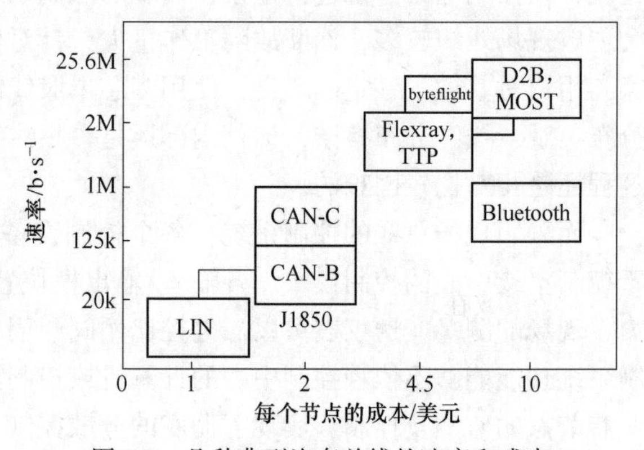

图 7-8 几种典型汽车总线的速率和成本

开放式架构的发展对于军事装备、车辆的控制系统和消费类电子产品来说都有重要的意义，它极大地推动了各种产品对于生产商和消费者的适用性。随着产业标准的扩充，设备及其组成部分的成本有望大幅下降。同样，OEM 厂商和修理用零配件市场上的安装成本也将大幅削减。

但是，到目前为止在装备和车辆行业仍没有一个通信网络可以完全满足未来装备和车辆的所有成本和性能要求。因此，车辆制造商和 OEM（Original Equipment Manufacture）商仍将继续采用多种协议（包括 LIN、CAN 和 MOST 等），以实现未来车辆装备上的联网。

美国汽车工程师协会（SAE）车辆网络委员会根据标准 SAE J2057 将汽车数据传输网划分为 A、B、C 三类。

7.2.3.1 A、B、C 类总线标准

（1）A 类总线的网络通信大部分采用 UART（Universal Asynchronous Receiver/Transmitter）标准，UART 使用起来既简单又经济，但随着技术的发展，在 2005 年以后已经从汽车通信系统中被淘汰。A 类目前首选的标准是 LIN（Local Interconnect Network），LIN 是用于汽车分布式电控系统的一种新型低成本串行通信系统，它是一种基于UART的数据格式、主从结构的单线12 V的总线通信系统，主要用于智能传感器（Smart Sensors）和执行器的串行通信，而这正是CAN总线的带宽和功能所不要求的部分。由于目前尚未建立低端多路通信的汽车标准，因此LIN正试图发展成为低成本的串行通信的行业标准。

（2）B类总线标准在轿车上应用的是ISO 11898，传输速率在100 kb/s左右，在卡车和大客车上应用的是SAE的标准J1939，传输速率是250 kb/s。GM、Ford和DC等公司目前在许多车型上都已经开始使用了基于ISO 11898的标准J2284，它的传输速率是500 kb/s。对于欧洲的各大汽车公司而言，它们从1992年起，一直都采用的是ISO 11898，所使用的传输速率范围为47.6~500 kb/s。近年来，基于ISO 11519-2的容错CAN总线标准在欧洲的各种车型中也开始得到广泛使用，ISO 11519-2的容错低速二线CAN总线接口标准在轿车中正在得到普遍的应用，它的物理层比ISO 11898要慢一些，同时成本也高一些，但是它的故障检测能力却非常突出。与此同时，以往广泛适用于美国车型的J1850已经逐步被淘汰。

B类中的国际标准是CAN总线。CAN总线是德国BOSCH公司从20世纪80年代初为解决现代汽车中众多的控制与测试仪器之间的数据交换而开发的一种串行数据通信协议，它是一种多主总线，通信介质可以是双绞线、同轴电缆或光导纤维，通信速率可达1 Mb/s。CAN总线通信接口中集成了CAN协议的物理层和数据链路层功能，可完成对通信数据的成帧处理，包括位填充、数据块编码、循环冗余检验、优先级判别等项工作。CAN协议的一个最大特点是废除了传统的站地址编码，而代之以对通信数据块进行编码，最多可标识2048（2.0A）个或5亿（2.0B）多个数据块。采用这种方法的优点可使网络内的节点个数在理论上不受限制。数据段长度最多为8字节，不会占用总线时间过长，从而保证了通信的实时性。CAN协议采用CRC检验并可提供相应的错误处理功能，保证了数据通信的可靠性。

（3）C类总线标准主要用于与车辆装备安全相关，以及实时性要求比较高的地方，如动力系统，所以其传输速率比较高，通常在125 kb/s~1 Mb/s，必须支持实时的、周期性的参数传输。

在C类标准中，欧洲的汽车制造商基本上采用的都是高速通信的CAN总线标准ISO 11898。而J1939则广泛适用于卡车、大客车、建筑设备、农业机械和重型军用装备等领域的高速通信。在美国，GM公司已开始在所有的车型上使用其专属的所谓GMLAN总线标准，它是一种基于CAN的传输速率在500 kb/s的通信标准。

当车辆装备的电子控制单元（ECU，Electronic Control Units）之间通信传输速率大于125 kb/s、最高1 Mb/s时，ISO 11898对使用控制器局域网络构建数字信息交换的相关特性进行了详细的规定。

J1939供卡车及其拖车、大客车、建筑设备、农业设备及重型军用车辆等使用，是用来支持分布在车辆各个不同位置的电控单元之间实现实时控制功能的高速通信标准，其数据传输速率为250 kb/s。J1939使用了控制器局域网协议，任何ECU在总线空闲时都可以发送消息，它利用协议中定义的扩展帧29位标识符实现一个完整的网络定义。29位标识符中的前3位用来在仲裁过程中决定消息的优先级，对每类消息而言，优先级是可编程的，这样原始设备制造商在需要时可以对网络进行调整。

7.2.3.2　诊断系统总线标准

使用排放诊断的目的主要是为了满足 OBD-Ⅱ（On Board Diagnose）、OBD-Ⅲ或E-OBD（European-On Board Diagnose）标准。目前，许多汽车生产厂商都采用 ISO 9141 和 ISO 14230（Keyword Protocol 2000）作为诊断系统的通信标准，它们满足 OBD-Ⅱ。美国的 GM、Ford、DC 公司广泛使用 J1850 作为满足 OBD-Ⅱ诊断系统的通信标准，但欧洲汽车厂商拒绝采用这种标准。到 2004 年，美国三大汽车公司对乘用车采用基于 CAN 的 J2480 诊断系统通信标准，它满足 OBD-Ⅲ的通信要求。在欧洲，以往诊断系统中使用的是 ISO 9141，它是一种基于 UART 的通信标准，满足 OBD-Ⅱ的要求。从 2000 年开始，欧洲汽车厂商已经开始使用一种基于 CAN 总线的诊断系统通信标准 ISO 15765，它满足 E-OBD 的系统要求。表 7-1 对目前一些主要诊断系统总线标准和协议及其特性进行了比较。

表 7-1　诊断系统总结标准和协议及其特性

项目	总线及协议名称						
特性	J2480	ISO 15765	J1850 ISO 11519-4			ISO 9141	KWP 2000
所属机构	SAE	ISO	OM	Ford	Chrysler	ISO	ISO
用途	诊断	诊断	通用/诊断	通用/诊断	通用/诊断	诊断	诊断
介质	双绞线	双绞线	单根线	双绞线	单根线	单根线	单根线
位编码	NRZ	NRZ	VPW	PWM	VPW	NRZ	NRZ
媒体访问	竞争	竞争	竞争	竞争	竞争	TEWTER/SLAVE	主/从
错误检测	CRC	CRC	CRC	CRC	CRC	奇偶校验	CS
帧头长度	—	11 位/29 位	32 位	32 位	8 位	—	4 字节
数据长度/字节	—	0~8	0~8	0~8	0~10	—	0~255
位速率/$\mathrm{kb \cdot s^{-1}}$	—	250	10.4	41.6	10.4	<10.4	0.005~10.4
总线最大长度/m	—	40	35	35	35	—	—
最大节点数	—	32	32	32	32	—	10
成本	低	中	低	低	低	低	低

ISO 15765 适用于将车用诊断系统在 CAN 总线上加以实现的场合。ISO 15765 的网络服务符合基于 CAN 的车载网络系统的要求，是遵照 ISO 14230-3 及 ISO 15031-5 中有关诊断服务的内容来制定的，因此 ISO 15765 对于 ISO 14230 应用层的服务和参数完全兼容，但并不限于只用在这些国际标准所规定的场合。

7.3　CAN 总线系统故障检测与诊断

由于 CAN 总线是当前汽车及其他机械装备高速网络的主要应用标准，因此，有必要总结一下目前 CAN 总线在机械装备和车辆网络中的应用情况。

7.3.1　CAN 总线的通信原理

机械装备上使用的高速网络系统采用的都是基于 CAN 总线的标准，特别是广泛使用的ISO 11898标准。CAN总线通常采用屏蔽或非屏蔽的双绞线，总线接口能在极其恶劣的环境下工作。根据ISO 11898的标准建议，即使双绞线中有一根断路或有一根接地甚至两根线短接，总线都必须能工作。

CAN总线是一种串行数据通信总线，其通信速率最高可达1 Mb/s。CAN系统内两个任意节点之间的最大传输距离与其位速率有关，如图7-9所示。

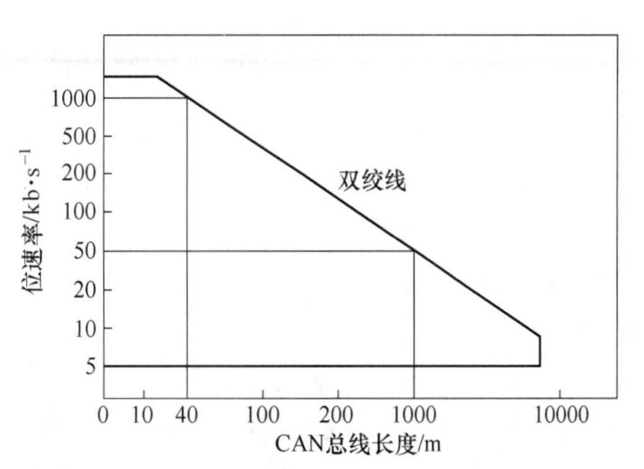

图7-9 CAN总线最大传输距离与其位速率的关系

从图7-9中不难看出，CAN的传输速率达1 Mb/s时，最大传输距离为40 m，对一般的实时控制现场来说足够使用。

CAN总线具有较高的错误检测能力，通过监视、循环冗余校验、位填充和报文格式检查，使得未检测出的出错概率小于4.7×10^{-11}。

通过故障界定，CAN节点还有自动识别永久性故障和短暂干扰的能力。在处于连续干扰时，CAN节点将处于关闭状态。而且，CAN中的节点可在不要求所有节点及其应用层改变任何软件或硬件的情况下被连于CAN网络中。

7.3.1.1 CAN总线的基本特点

本小节介绍CAN总线的基本特点。

(1) 总线访问基于优先权的多主方式。CAN总线的最大特点是任一节点所发送的数据信息不包括发送节点或接收节点的物理地址。信息的内容通过一个标识符（ID）作标记，在整个网络中，该标识符是唯一的。网络上的其他节点收到信息后，每一节点都对这个标识符进行检测，以判断此信息是否与自己有关。若是相关信息，则信息得到处理；否则被忽略。这一方式称为多主方式。采用多主的优点是可使网络中的节点数在理论上不受限制（实际上受限于电气负载），也可以使不同的节点同时接收到相同的数据。数据字段最多为8字节，既能满足一般要求，又可保证通信的实时性。

标识符还决定了信息的优先权。ID值越小，其优先权越高。CAN总线确保发送具有最高优先权信息的节点获得总线使用权，而其他的节点自动停止发送。总线空闲后，这些节点将自动重新发送信息。

(2) 非破坏性的基于线路竞争的仲裁机制。CAN采用带有冲突检测的载波侦听多路访问方法，它能通过无破坏性仲裁解决冲突。CAN总线上的数据采用非归零编码(NRZ)，数据位可以具有两种互补的逻辑值，即显性和隐性。显性电平用逻辑“0”表示，隐性电平用逻辑“1”表示。总线按照线与机制对总线上任一潜在的冲突进行仲裁，显示电平覆盖隐性电平。

CAN总线上的信息是用固定格式的帧来进行传送的，这些帧长度有限且不尽相同。总线空闲时，接在其上的任何节点都可以开始发送新的帧。

总线空闲时，任何节点都可以开始发送帧。如果两个和两个以上的节点同时开始发送帧，由此引起的总线访问冲突是利用基于线路竞争的仲裁对标识符进行判别来解决的。仲裁机制可以保证既不会丢失信息，也不会浪费时间。优先权最高的帧发送器将获得访问总线的权利。

(3) 利用接收滤波对帧实现了多点传送。在 CAN 系统中，节点可以不用任何有关系统配置（如节点地址）的信息。接收器对信息的接收或拒收是建立在一种称为帧接收滤波的处理方法上的。该处理方法能判断出接收到的信息是否和接收器有关联，所以接收器没有必要辨别出谁是信息的发送器，反过来也如此。

(4) 支持远程数据请求。通过送出一个远程帧，需要数据的节点可以请求另外一个节点向自己发送相应的数据帧，该数据帧的标识符被指定为和相应远程帧的标识符相同。

(5) 配置灵活。向 CAN 网络中添加节点时，如果要增添的节点不是任何数据帧的发送器或该节点根本不需要接收额外追加发送的数据，则网络中所有节点均不用做任何软件或硬件方面的调整。

(6) 数据在整个系统范围内具有一致性。使一个帧既可以同时被所有节点接收，也可以同时不被任何节点所接收，这在 CAN 网络内完全能够做到。因此，系统具有数据一致性的特征，而这一特征是利用多点传送原理和故障处理方法来获得的。

(7) 有检错和出错通报功能。在 CAN 总线中有位检测、15 位循环冗余码校验、填充宽度为 5 的位填充、帧校验等检测错误的措施。

(8) 仲裁失败或传输期间被故障损坏了的帧能自动重发。任何正在发送数据的节点和任何正在正常（或错误激活状态下）接收数据的节点都能对出现了错误的帧做出标记，并进行出错通报。这些帧会立即被放弃，此后，遵循系统所采取的恢复计时机制，它们将被适时重发。从检测出错误开始，到可以着手发送下一个帧为止的这段时间称为恢复时间，此后如果再未出错的话，恢复时间一般占 17~23 个位时间（在总线遭受严重干扰的场合，最多占 29 个位时间）。

所有接收器都会校验所接收帧的一致性，然后对具有一致性的帧做出应答，对不具有一致性的帧做出标记。

仲裁失败或在发送过程中被错误干扰了的帧将会在下次总线空闲期间被自动重发。要被重发的帧处理起来与别的帧完全一样。这意味着，为了获得对总线进行访问的权利，它不是要参与仲裁过程。

(9) 能区分节点的临时故障和永久性故障并能自动断开故障节点。CAN 节点能够区分出短期干扰和永久性故障，出故障的节点会被断开。断开意味着该节点脱离了与总线逻辑上的连接，因此它既无法发送，也无法收到任何帧。通常情况下，一个 CAN 节点必处于错误-激活、错误-认可或离线中的某一种状态。

处于错误-激活状态的节点可以正常参与总线通信活动，而且可以在检测到错误时送出活动错误标志。活动错误标志由连续的 6 个显示位构成，这违反了位填充规则及正常帧所具有的各种规定格式。

处于错误-认可状态的节点不能送出活动错误标志。它参与总线通信活动，但在检测到错误时送出的是认可错误标志。认可错误标志由连续的 6 个隐性位组成。发送完毕后，处于错误-认可状态的节点在起动下一次发送之前还要另外再等一定的时间。

节点因故障界定实体的要求而从总线上断开后就进入离线状态，处于离线状态的节点既无法发送，也无法接收任何帧，只有用户请求才能使该节点结束离线状态。

7.3.1.2 CAN的分层结构及功能

CAN遵循ISO/OSI标准模型，定义了OSI模型的数据链路层（包括逻辑链路控制子层（LLC）和媒体访问子层（MAC））和物理层。

遵循OSI参考模型，CAN的体系结构体现了相应于OSI参考模型的两层：数据链路层与物理层。

依照ISO 8802-2和ISO 8802-3（LAN标准），数据链路层被进一步细分为：逻辑链路控制（LLC）和介质访问控制（MAC）；物理层被进一步分为物理信令（PLS）、物理介质附件（PMA）和介质附属接口（MDI）。

MAC子层的运行由一个称为“故障界定实体（FCE）”的管理实体监控，故障界定是一种能区分短期干扰与永久性故障的自检验机制（故障界定）。

物理层可由一种检测并管理物理介质故障（比如总线短路或中断、总线故障管理）的实体来监控，如图7-10所示。

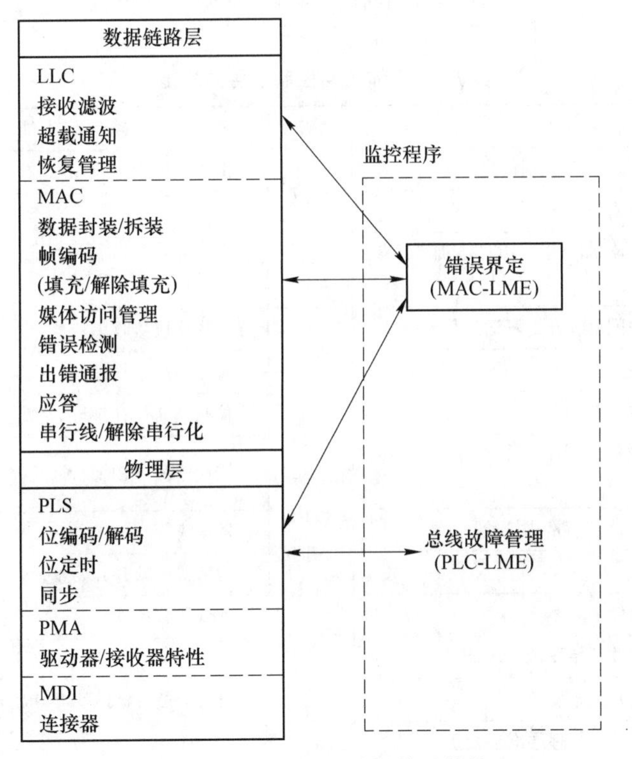

图7-10 CAN层级式的体系结构

其中，MAC（媒体访问控制子层）是其核心层。MAC子层可分为完全独立工作的两个部分，即发送部分和接收部分，其功能如图7-11所示。

这两个部分的具体功能列于表7-2。

物理层是实现ECU与总线相连的电路。ECU的总数取决于总线的电力负载。CAN能够使用多种物理介质，例如双绞线、光纤等，最常用的就是双绞线，信号使用差分电压传送，两条信号线被称为CAN_ H和CAN_ L。静态时均为2.5 V左右，此时状态表示为逻辑1，也可以称为隐性。用CAN_ H比CAN_ L高表示逻辑0，称为显性，此时通常电压值为

CAN_ H=3.5 V和CAN_ L=1.5 V。

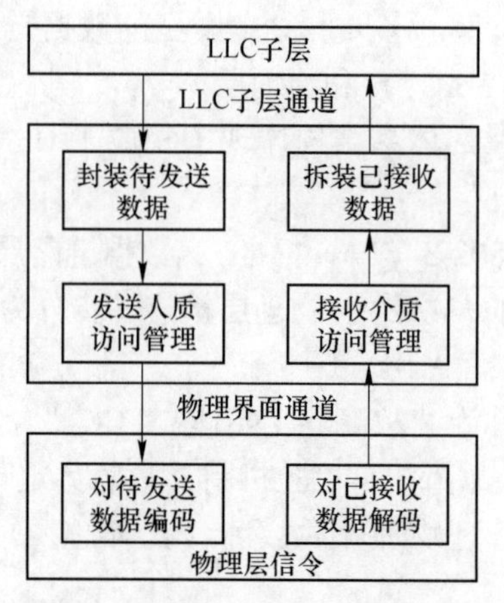

图 7-11 媒体访问控制子层（MAC）的功能

表 7-2 媒体访问控制子层的功能

发送功能		接收功能	
发送数据封装	接收LLC帧并接口控制信息	接收数据卸装	由接收帧中去除MAC特定信息
	CRC循环计算		输出LLC帧和接口控制信息至LLC子层
	通过LLC附加SOF、RTR、保留位、CRC、ACK和EOF构造MAC帧		
发送媒体访问管理	确认总线空闲后，开始发送过程	接收媒体访问管理	由物理层接收串行位流
	MAC串行化		解除串行结构并重新构筑帧结构
	插入填充位（位填充）		检测填充位（解除位填充）
	在丢失仲裁的情况下，退出仲裁并转入接收方式		错误检测（CRC、格式校验、填充规则校验）
	错误检测（监控、格式校验）		发送应答
	应答校验		构造错误帧并开始发送
	确认超载条件		确认超载条件
	构造超载帧并开始发送		重激活超载帧结构并开始发送
	构造出错帧并开始发送		
	输出串行位流至物理层准备发送		

7.3.1.3 CAN的消息帧

CAN有两类消息帧，其本质的不同在于ID的长度。图7-12为CAN2.0A的消息帧格式，也就是CAN消息帧的标准格式，它有11位标识符。基于CAN2.0A的网络只能接收这种格式的消息。

图7-13为CAN2.0B的消息帧结构，又称为扩展消息帧格式。它有29位标识符，前11位与CAN2.0A消息帧的标识符完全一样，后18位专用于标记CAN2.0B的消息帧。

CAN的消息帧根据用途分为4种不同类型：数据帧用于传送数据，远程帧用于请求发送数据，错误帧用于标识探测到的错误，超载帧用于延迟下一个消息帧的发送。

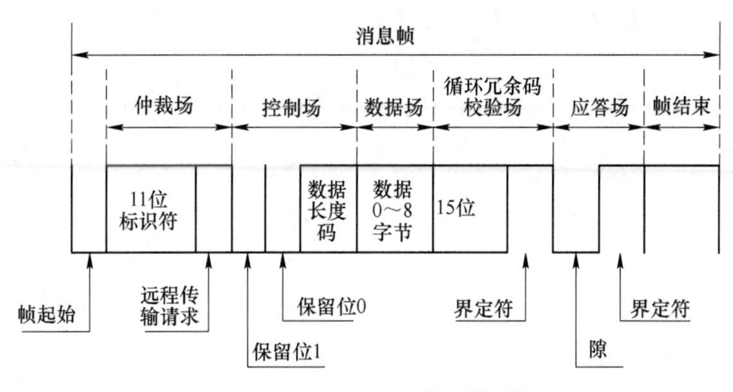

图 7-12 CAN 的标准信息帧结构

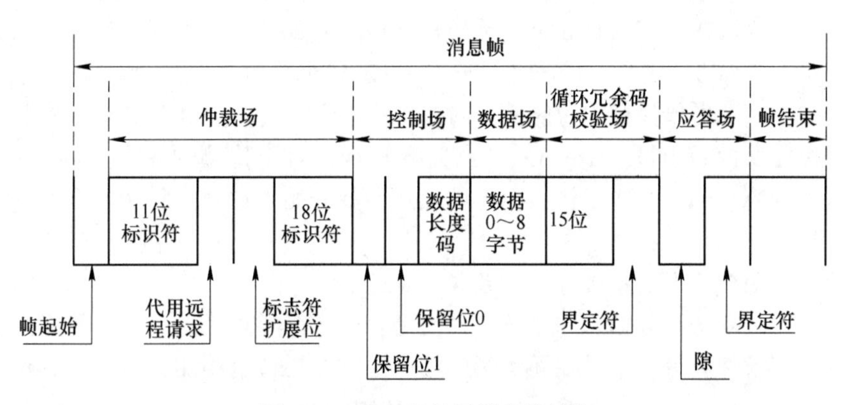

图 7-13 CAN 的扩展消息帧结构

A 数据帧

数据帧由 7 个不同的位场组成，即帧起始、仲裁场、控制场、数据场、CRC 场、应答场和帧结束，其中数据场长度可以为零。下面对这些场的功能做简要分析。

（1）帧起始（SOF，Start of Frame）：标志数据帧和远程帧的开始，它仅由一个显性位构成，只有在总线处于空闲状态时，才允许发送。所有站必须同步于首先开始发送的那个站的帧起始前沿。

（2）仲裁场：在标准格式中，仲裁场由 11 位标识符和 RTR 位组成；在扩展格式中，仲裁场由 29 位标识符和 SRR 位、标识位及 RTR 位组成。

1）RTR 位（远程传输请求位）：在数据帧中，RTR 位必须是显性电平，而在远程帧中，RTR 位必须是隐性电平。

2）SRR 位（替代传输请求位）：在扩展格式中始终为隐性位。

3）IDE 位（标识符扩展位）：IDE 位对于扩展格式属于仲裁场，对于标准格式属于控制场。IDE 在标准格式中为显性电平，而在扩展格式中为隐性电平。

（3）控制场：由 6 位组成。在标准格式中，一个信息帧中包括 DLC、发送显性电平的 IDE 位和保留位 r0。在扩展格式中，一个信息帧包括 DLC 和两个保留位 r1 和 r0，这两个位必须发送显示电平。

（4）数据场：由数据帧中被发送的数据组成，可包括 0~8 个字节。

（5）CRC 场：包括 CRC 序列和 CRC 界定符。

（6）应答场：包括 2 位，即应答间隙和应答界定符。在应答场中发送站送出两个隐性位。一个正确接收到有效报文的接收器，在应答间隙期间，将此信息通过传送一个显性位报告给发送器。所有接收到匹配 CRC 序列的站，通过在应答间隙内把显性位写入发送器的隐性位来报告。应答界定符是应答场的第二位，并且必须是隐性位。

（7）帧结束：每个数据帧和远程帧均由 7 个隐性位组成的标志序列界定。

B　远程帧

接收数据的节点可以通过发送远程帧要求源节点发送数据，它由 6 个域组成：帧起始、仲裁场、控制场、CRC 场、应答场和帧结束。它没有数据场，其 RTR 为隐性电平。

C　出错帧

出错帧由错误标志和错误界定符两个域组成。接收节点发现总线上的报文有错误时，将自动发出活动错误标志，它是 6 个连续的显性位。其他节点检测到活动错误标志后发送错误认可标志，它由 6 个连续的隐性位组成。由于各个接收节点发现错误的时间可能不同，因此总线上实际的错误标志可能由 6~12 个显性位组成。错误界定符由 8 个隐性位组成。当错误标志发生后，每一个 CAN 节点监视总线，直至检测到一个显性电平的跳变。此时表示所有的节点已经完成了错误标志的发送，并开始发送 8 个隐性电平的界定符。

D　超载帧

超载帧包括两个位场：超载标志和超载界定符。

存在两种导致发送超载标志的超载条件类型：一个是要求延迟下一个数据帧或远程帧的接收器的内部条件；另一个是在间歇场的第一位和第二位上检测到显性位。超载标志由 6 个显性位组成，超载界定符由 8 个连续的隐性位组成。

7.3.1.4　非破坏性按位仲裁

CAN 总线上的数据采用非归零（NRZ）编码，数据位可以具有两种互补的逻辑值，即显性和隐性。显性电平用逻辑“0”表示，隐性电平用逻辑“1”表示。总线按照“线与”机制对其上任一潜在的冲突进行仲裁，显性电平覆盖隐性电平。发送隐性电平的竞争节点和发送显性电平的监听节点将失去总线访问权而变为接收节点。

在 CAN 总线上发送的每一条报文都具有唯一的一个 11 位或 29 位数字的 ID。CAN 总线状态取决于二进制数“0”而不是“1”，所以 ID 号越小，则该报文拥有越高的优先权，因此一个全“0”标识符的报文具有总线上的最高级优先权。可用另外的方法来解释：在消息冲突的位置，第一个节点发送“0”而另外的节点发送“1”，那么发送“0”的节点将取得总线控制权，并且能够成功发送出它的信息。图 7-14 所示为 3 个节点竞争总线的情况。

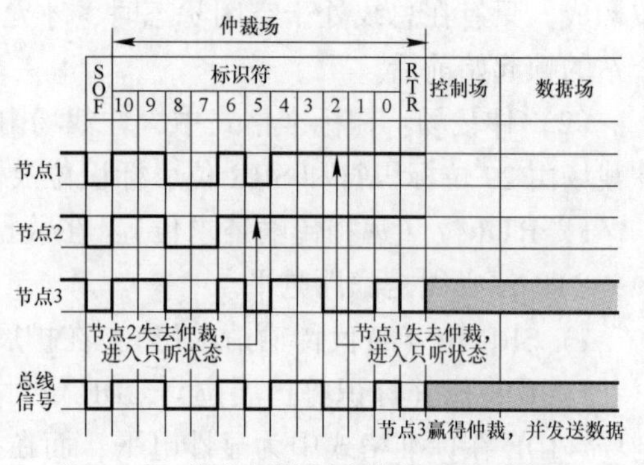

图 7-14　非破坏性逐位仲裁过程示意图

当发现总线空闲后，如果存在两个以上的总线节点同时开始发送数据，可利用 CSMA/CD 及“非破坏性的逐位仲裁”方法来避免消息冲突。每个节点发送它的消息标识符位，同时监测总线电平。

从图 7-14 中可以看出，在标识符的第 5 位处，节点 1 和节点 3 为显性电平，而节点 2 为隐性电平；根据“线与”机制，此时总线为显性电平，节点 2 发送隐性电平却检测到显性电平，于是节点 2 丢失总线仲裁，立刻变为只听模式，并且开始发送隐性位；同理，在数据第 2 位处，节点 1 将丢失仲裁，变为只听模式。通过这种方式，优先权高的节点 3 最终赢得总线仲裁并且开始发送数据。

7.3.2 CANopen 通信

CANopen 属于 CAN 现场总线协议，它是在 1990 年代末由 CiA 组织（CAN-in-Automation）在 CAL（CAN Application Layer）的基础上发展而来，一经推出便在欧洲得到了广泛的认可与应用。经过对 CANopen 协议规范文本的多次修改，使得 CANopen 协议的稳定性、实时性、抗干扰性得到了进一步的提高，并且 CiA 在各个行业不断推出设备子协议，使 CANopen 协议在各个行业得到更快的发展与推广。目前 CANopen 协议已经在运动控制、车辆工业、电机驱动、工程机械、船舶海运和武器装备等行业得到广泛的应用。

7.3.2.1 运行原理

图 7-15 所示为 CANopen 典型的总线型网络结构，该网络中有 1 个主节点和 3 个从节点，此外还有一个 CANopen 网关挂接的其他设备。每个设备都有一个独立的节点地址（Node ID）。从站与从站之间也能建立实时通信，通常需要事先对各个从站进行配置，使各个从站之间能够建立独立的 PDO 通信。

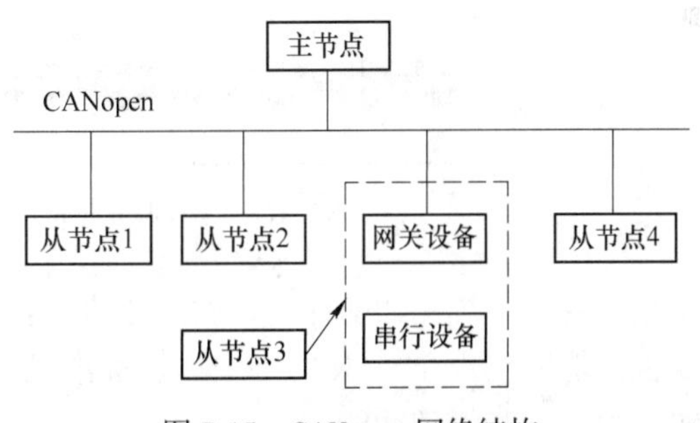

图 7-15 CANopen 网络结构

由于 CANopen 是一种基于 CAN 总线的应用层协议，因此其网络组建与 CAN 总线完全一致，为典型的总线型结构，从站和主站都挂在该总线上。通常一个 CANopen 网络中只有一个主站和若干个从站设备。

7.3.2.2 通信模型

CANopen 协议是 CAN-in-Automation（CiA）定义的标准之一，并且在发布后不久就获得了广泛的承认。CANopen 协议被认为是在基于 CAN 的工业系统中占据领导地位的标准。大多数重要的设备类型，例如数字和模拟输入/输出模块、驱动设备、操作设备、控制器、可编程控制器或编码器，都在被称为“设备描述”的协议中进行描述。在 OSI 模型中，CAN 标准、CANopen 协议之间的关系如图 7-16 所示。

从图 7-16 中可以看出，其 OSI 网络模型只实现了网络层、数据链路层及应用层。因为现场总线通常只包括一个网段，因此不需要传输层和网络层，也不需要会话层和描述层的作用。

由于 CAN 现场总线仅仅定义了第 1 层和第 2 层。实际设计中，这两层完全由硬件实现，设计人员无须再为此开发相关软件或固件。

由于 CAN 标准没有规定应用层，故其本身并不完整，需要一个高层协议来定义 CAN 报文中的 11/29 位标识符、8 字节数据的使用。而且，基于 CAN 总线的装备应用系统中，

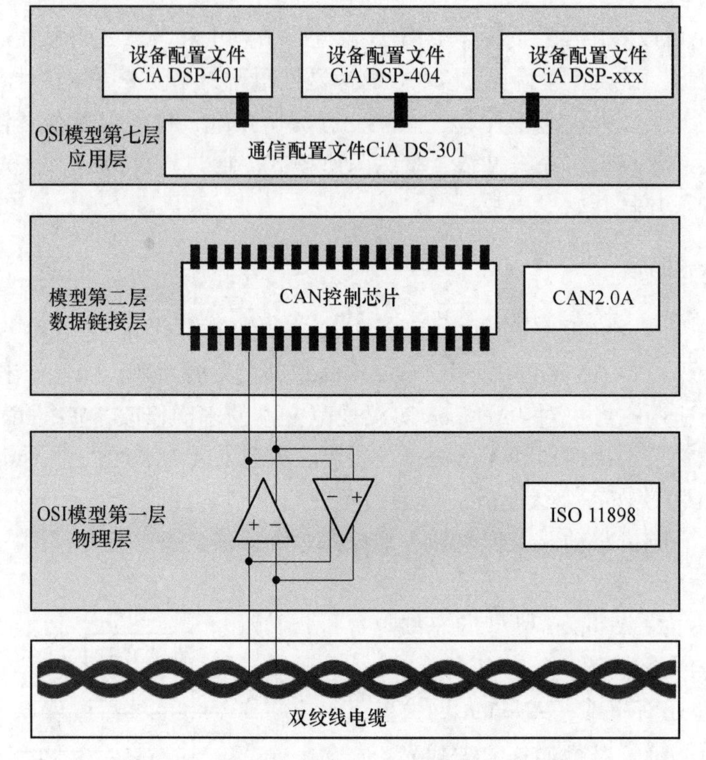

图 7-16　CANopen 标准在 OSI 网络模型中的位置

越来越需要一个统一的、标准化的高层协议：这个协议支持各种 CAN 厂商设备的互用性、互换性，能够实现在 CAN 网络中提供标准的、统一的系统通信模式，提供设备功能描述方式，执行网络管理功能，如图 7-16 所示。

应用层（Application Layer）：为网络中每一个有效设备都能够提供一组有用的服务与协议。

通信描述（Communication Profile）：提供配置设备、通信数据的含义，定义数据通信方式。

设备描述（Device Profile）：为设备（类）增加符合规范的行为。

7.3.2.3　对象字典

CANopen 的核心概念是设备对象字典（OD，Object Dictionary），在其他现场总线如 Profibus 及 Interbus 系统中也使用这种设备描述方式。

对象字典是一个有序的对象组。每个对象采用一个 16 位的索引来寻址，为了允许访问数据结构中的单个元素，同时定义了一个 8 位的子索引，对象字典的结构参照表 7-3。一个节点的对象字典的有关范围为 0x1000～0x9FFF。

表 7-3　对象字典的通用结构

索　引	对　象
0x0000	保留
0x0001～0x001F	静态数据类型（标准数据类型，如 Boolean、Interger 16）

续表 7-3

索　　引	对　　象
0x0020~0x003F	复杂数据类型 (预定义由简单类型组合成的结构，如 PDOCommPar、SDOParameter
0x0040~0x005F	制造商规定的复杂数据类型
0x0060~0x007F	设备子协议规定的静态数据类型
0x0080~0x009F	设备子协议规定的复杂数据类型
0x00A0~0x0FFF	保留
0x1000~0x1FFF	通信子协议区域（如设备类型、错误寄存器、支持的 PDO 数量）
0x2000~0x5FFF	制造商特定子协议区域
0x6000~0x9FFF	标准的设备子协议区域 （例如“DSP-401 I/O 模块设备子协议”：Read State 8 Input Lines 等）
0xA000~0xFFFF	保留

每个 CANopen 设备都有一个对象字典，对象字典包含了描述这个设备和它的网络行为的所有参数，对象字典通常用电子数据文档（EDS，Electronic Data Sheet）来记录这些参数，而不需要把这些参数记录在纸上。对于 CANopen 网络中的主节点来说，不需要对 CANopen 从节点的每个对象字典项都访问。

CANopen 协议包含了许多的子协议，主要划分为以下 3 类。

（1）通信子协议（Communication Profile）。CANopen 由一系列称为子协议的文档组成。通信子协议描述对象字典的主要形式和对象字典中的通信子协议区域中的对象（通信参数）。同时描述 CANopen 通信对象。这个子协议用于所有的 CANopen 设备，其索引值范围为 0x1000~0x1FFF。

（2）制造商自定义子协议（Manufacturer-specific Profile）。制造商自定义子协议，对于在设备子协议中未定义的特殊功能，制造商可以在此区域根据需求定义对象字典的对象。因此这个区域对于不同的厂商来说，相同的对象字典项其定义不一定相同，其索引值范围为 0x2000~0x5FFF。

（3）设备子协议（Device Profile）。设备子协议，为各种不同类型的设备定义对象字典中的对象。目前已有十几种为不同类型的设备定义的子协议，例如 DS401、DS402、DS406 等，其索引值范围为 0x6000~0x9FFF。表 7-4 列举了完整的 CiA 的设备描述名。

表 7-4　设备描述名

设备描述（CiA）	设 备 类 型
DS401	数字量及模拟量 I/O
DS402	驱动设备
DS403	传感器/执行器
DS404	PLC 控制设备
DS···	其他设备（医药、门控或电梯控制器等）

7.3.2.4 CANopen 预定义连接集

CANopen 预定义连接集是为了减少网络的组态工作量，定义了强制性的默认标识符（CAN-ID）分配表。该分配表是基于 11 位 CAN-ID 的标准帧格式（CAN2.0A 规范）。将其划分为 4 位的功能码和 7 位的节点号，如图 7-17 所示。在 CANopen 里也通常把 CAN-ID 称为 COB-ID（通信对象编号）。

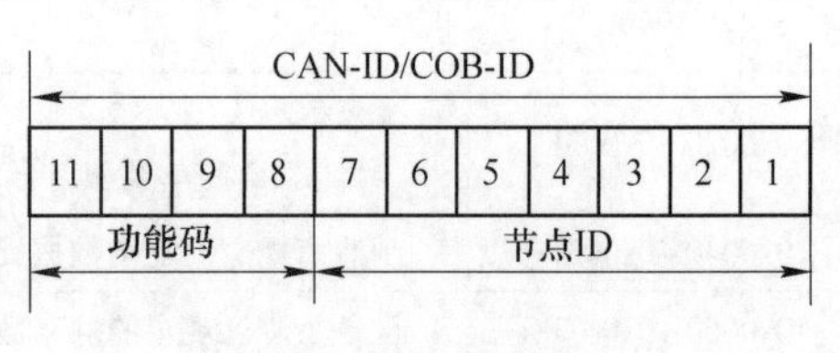

图 7-17 预定义连接 ID

CANopen 消息帧中的节点号由系统集成商给定，每个 CANopen 设备都需要分配一个节点号，节点号的范围为 1~127（0 不允许使用）。预定义连接集定义了 4 个接收 PDO（Receive-PDO）、4 个发送 PDO（Transmit-PDO）、1 个 SDO（占用两个 CAN ID）、1 个紧急对象和 1 个节点错误控制（Node-Error-Control ID）。也支持不需确认的 NMT 模块控制服务、同步（SYNC）和时间标志（Time Stamp）对象报文。表 7-5 列举了 CANopen 预定义主/从连接的广播对象。表 7-6 为 CANopen 主/从站连接集的对等对象。

表 7-5 CANopen 预定义主/从连接的广播对象

对象	功能码（ID-bits 10-7）	COB-ID	通信参数在 OD 中的索引
NMT	0000	000H	
SYNC	0001	080H	1005H、1006H、1007H
TIME STAMP	0010	100H	1012H、1013H

表 7-6 CANopen 预定义主/从连接的广播对象

对象	功能码（ID-bits 10-7）	COB-ID	通信参数在 OD 中的索引
紧急	0001	081H~0FFH	1024H、1015H
PDO1（发送）	0011	181H~1FFH	1800H
PDO1（接收）	0100	201H~27FH	1400H
PDO2（发送）	0101	281H~2FFH	1801H
PDO2（接收）	0110	301H~37FH	1401H
PDO3（发送）	0111	381H~3FFH	1802H
PDO3（接收）	1000	401H~47FH	1402H
PDO4（发送）	1001	481H~4FFH	1803H
PDO4（接收）	1010	501H~57FH	1403H
SDO（发送/服务器）	1011	581H~5FFH	1200H
SDO（接收/客户端）	1100	601H~67FH	1200H
NMT 错误控制	1110	701H~77FH	1016H~1017H

7.3.2.5 过程数据对象

过程数据对象（PDO，Process Data Object）在 CANopen 中用于广播优先级的控制和状态信息。它是用来传输实时数据的，数据从一个生产者传到一个或多个消费者。数据传送限制在 1~8 个字节（例如，一个 PDO 可以传输最多 64 个数字 I/O 值，或者 4 个 16 位的 AD 值）。PDO 通信没有协议规定。PDO 数据内容只由它的 CAN ID 定义，假定生产者和消费者知道这个 PDO 的数据内容，其模型如图 7-18 所示。

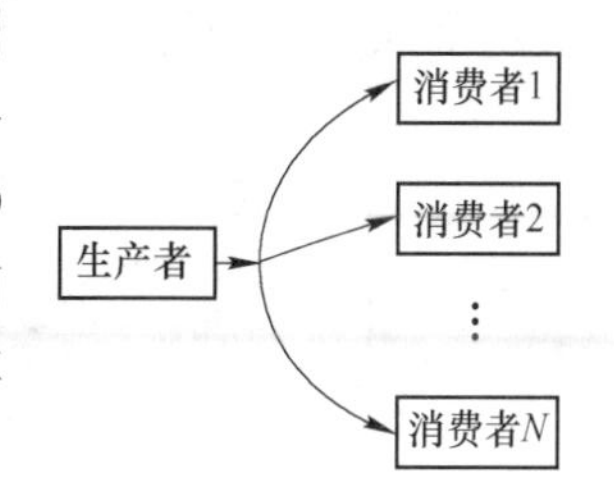

图 7-18 生产者和消费者模型

每个 PDO 在对象字典中用两个对象描述。

（1）PDO 通信参数：包含哪个 COB-ID 将被 PDO 使用，传输类型、禁止时间和周期。

（2）PDO 映射参数：包含一个对象字典中对象的列表，这些对象映射到 PDO 里，包括它们的数据长度。生产者和消费者必须知道这个映射，以解释 PDO 数据中的具体内容。

A PDO 参数设置

若要支持 POD 的传送/接收，则必须在该设备的对象字典中提供此 PDO 的相应参数设置。单个 PDO 需要一组通信参数（POD 通信参数记录）和一组映射参数（PDO 映射记录）。

在其他情况下，通信参数指出此 PDO 使用的 CAN 标识符及触发相关 PDO 传送的触发事件。映射参数指出希望发送的本地对象字典信息，以及保存所接收的信息的位置。

接收 PDO 的通信参数被安排在索引范围 1400H~15FFH 内，发送 PDO 的通信参数被安排在索引范围 1800H~19FFH 内。相关的映射条目在索引范围 1600H~17FFH 和 1A00H~18FFH 内进行管理。

B PDO 触发方式

PDO 分为事件或定时器驱动、远程请求、同步传送（周期/非周期）多种触发方式，如图 7-19 所示。

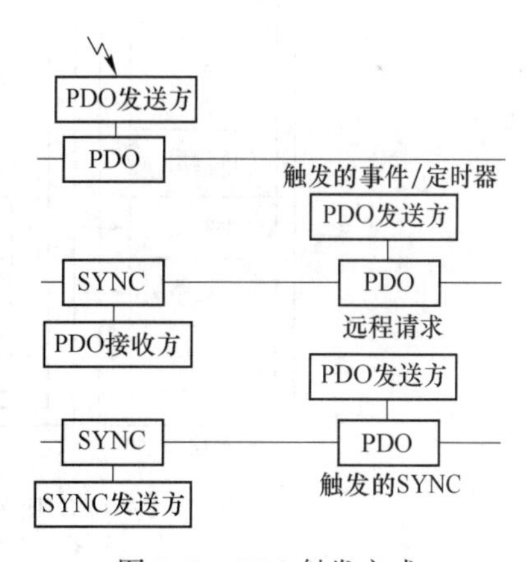

图 7-19 PDO 触发方式

7.3.2.6 服务数据对象

CANopen 设备为用户提供了一种访问内部设备数据的标准途径，设备数据由一种固定结构（即对象字典）管理，同时也能通过这个结构来读取。对象字典中的条目可以通过服务数据对象 SDO（Service Data Object）来访问，此外，一个 CANopen 设备必须提供至少一个 SDO 服务器，该服务器被称为默认的 SDO 服务器。而与之对应的 SDO 客户端通常在 CANopen 服务器管理器中实现。因此，为了让其他 CANopen 设备或配置工具也能访问 SDO 服务器，CANopen 管理器必须引入一个 SDO 管理器。

SDO 之间的数据交换通常都是由 SDO 客户端发起的，它可以是 CANopen 网络中任意一个设备的 SDO 客户端。SDO 之间的数据交换至少需要两个 CAN 报文才能实现，而且两个 CAN 报文的 CAN 标识符不能一样。如图 7-20 所示，COB-ID 为 16 进制数据 600+节点号的 CAN 报文包含 SDO 服务器所确定的协议信息。SDO 服务器通过 16 进制数据 580+节点号的 CAN 报文进行应答。一个 CANopen 设备中最多可以有 127 个不同的服务数据对象。

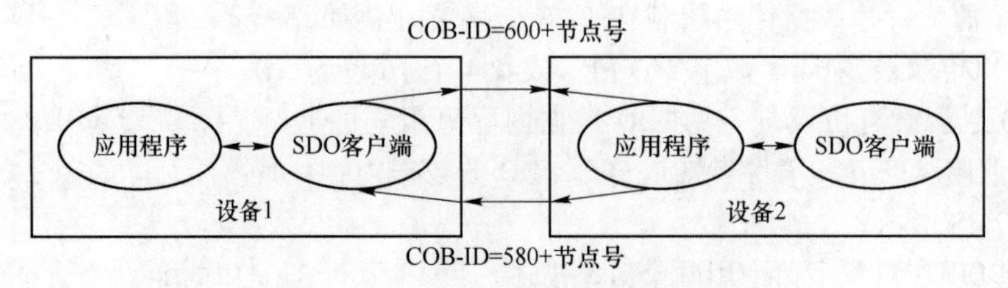

图 7-20　SDO 客户端读/写对象字典

7.3.3　SAE J1939 协议

SAE J1939 标准是美国等国家商用车辆动力系统与电控单元之间的通信标准，它是一种基于 CAN 总线的协议，波特率可达 250 kb/s，是一种传输速率较高的 C 类通信网络协议。SAE J1939 不但能够实现车辆装备电子控制单元之间的信息交换和故障诊断数据传送，还可支持分布在整个车辆装备中的电子控制系统间的实时性闭环控制及其通信。

SAE J1939 的物理层和数据链路层是以 CAN2.0B 协议为基础的，因此它和 CAN 网络一样，任何节点在总线空闲时可向总线上传输报文，每个报文都包含标识符，采用 CSMA/CD 非破坏仲裁机制解决冲突。图 7-21 为 SAE J1939 的分层结构。

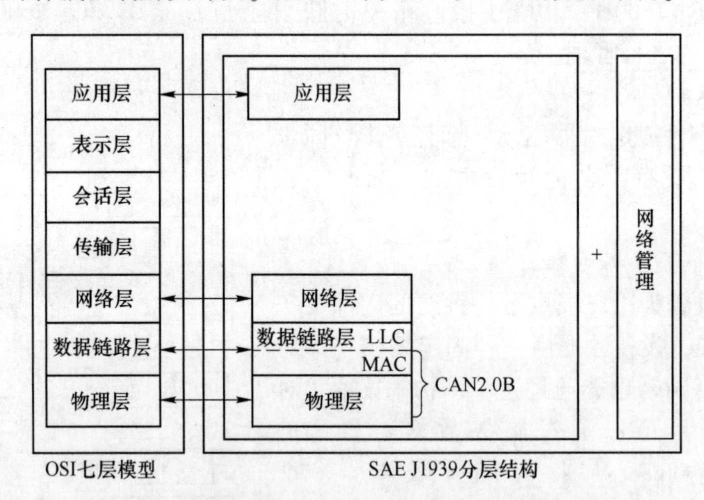

图 7-21　与 OSI 模型相对应的 SAE J1939 分层结构模型

从 7.3.2 节内容可知，CAN 协议在 OSI 模型中只定义了物理层和数据链路层的 MAC 层，从图 7-21 可以看出，SAE J1939 以 CAN2.0B 为基础，除此之外，它还定义了网络层和应用层的协议。但是，SAE J1939 为传输层、会话层和表示层预留了位置，以便将来进行扩展。

SAE J1939 标准根据分层结构模型分别定义了不同层面上的相应标准，目前其文件结构见表 7-7，随着 SAE J1939 应用范围的扩展，在未来其标准的内容也会有进一步的扩充。

表 7-7 SAE J1939 标准的文档构成

SAE J1939 协议	SAE J1939	SAE J1939 概述
	SAE J1939/0X	针对特定应用的说明文档，这里 X 指 J1939 特定的网络/应用版本
	SAE J1939/01	卡车、大客车控制和通信网络应用文档
	SAE J1939/11	物理层文档，250 kb/s，屏蔽双绞线
	SAE J1939/13	物理层文档，定义诊断接口
	SAE J1939/15	物理层文档，250 kb/s，非屏蔽双绞线
	SAE J1939/21	数据链路层文档，定义信息帧的数据结构、编码规则
	SAE J1939/4X	未定义的传输层文档
	SAE J1939/5X	未定义的会话层文档
	SAE J1939/6X	未定义的表示层文档
	SAE J1939/71	应用层文档，定义常用物理参数的格式
	SAE J1939/73	应用层文档，用于故障诊断
	SAE J1939/74	应用层文档，可配置信息
	SAE J1939/75	应用层文档，发电机组和工业设备
	SAE J1939/81	网络管理协议

SAE J1939-11 中描述的物理层可以用作主网或子网物理层。桥接器用来将子网与主网或子网与子网连接在一起。一种可行的放置方式是在需要提供地址分配和将拖车子网与主网进行电气分离的每个拖车或台车上放置一个桥接器。虽然没有明确说明，但台车使用与拖车相同的桥接器和子网是可行的，其网络拓扑结构如图 7-22 所示，图中的这些设备只是用来说明用途的，具体应用何种设备需要依照不同的车型来决定。

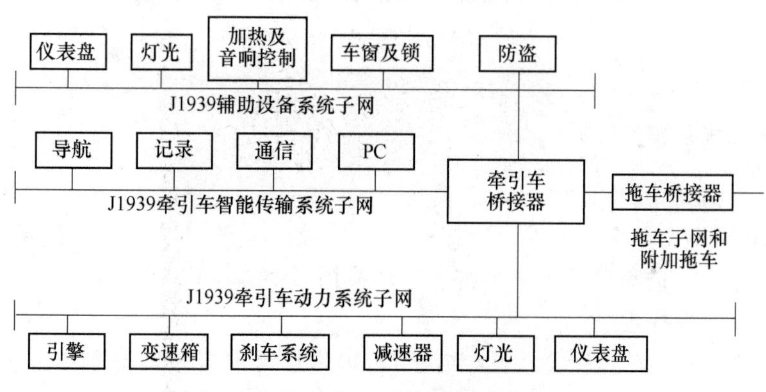

图 7-22 使用多重子网的机械装备网络

子网的数量及每个连接设备的选择由装备或车辆制造商决定。在被牵引车辆（装备）上使用 SAE J1939，将导致至少使用两个子网，一个用于牵引车而另一个用于被牵引车辆。

牵引车所支持设备的数量和类型可能对是否使用多重子网产生影响。在子网间的桥接器可以用来过滤它们之间的信息，这样除了被允许通过的桥接器的信息外，子网将被有效地隔离开。牵引车和拖车桥接器还拥有过滤来自任何一边信息的能力，该功能允许桥接器将不适用于桥接器另一边网络的信息过滤掉。例如，大多数的发动机和变速器信息就没有必要被传回给牵引车辆。

图 7-23 所示的拓扑结构是针对智能交通系统 ITS 在商用车辆用的应用，由于各主要系统与 ITS 应用之间有很多重叠的功能，而商用车辆制造商也愿意将某些辅助设备连接到车辆网络上，因为如果整个车辆能够被经常看作辅助设备的集合体，那么也反映了行业的横向整合能力。在商用车辆中如果为 ITS 提供单独的协议是没有益处的，基于这个原因，SAE J1939 在最初开发阶段就已经将 ITS 应用放入了考虑范围，因此可以预见的是所有 ITS 应用都有可能使用 SAE J1939。

在 SAE J1939 和 ITS 数据总线（IDB）之间有网关提供一个接口将其连接。制造商有权决定是否将这样的附加网络及相关的网关功能添加到车辆上，因为通常网关比桥接器复杂得多，也更昂贵。

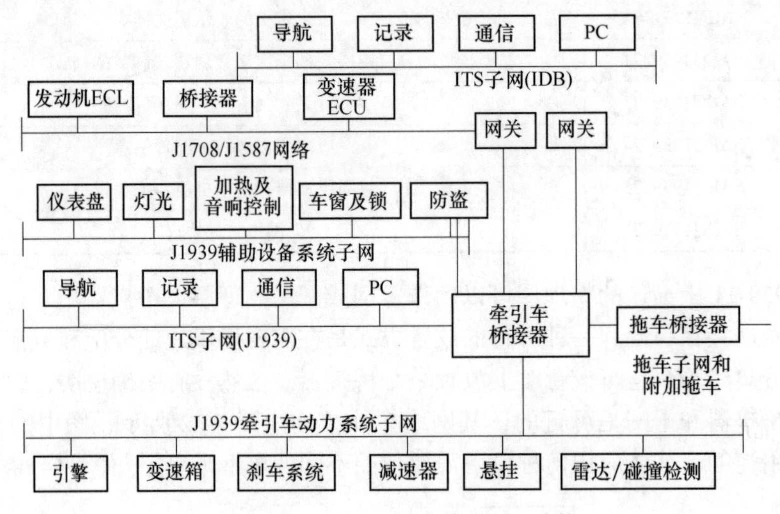

图 7-23　SAE J1939 支持的 ITS 功能

7.3.4　CAN 总线系统的检测

7.3.4.1　装备电控系统 CAN 总线简介

CAN 总线在机械装备上常用于连接作业装置控制系统、发动机控制单元、传感器、防抱死刹车系统、三防系统、灭火系统、自动换挡系统等。

A　CAN 总线数据生成

CAN 总线数据分为模拟信号和数字信号，模拟信号由机械装备上的传感器（角度传感器、压力传感器、位置传感器、温度传感器、转速传感器等）检测得到，并将获取的信号进行 A/D 转换，变成数字信号送给控制器，由控制器将生成的 CAN 报文发送到总线上。模拟信号可显示在指针表（或 LED 屏、数码管等）上，如制动气压、蓄电池电压、充电电流、机油压力、冷却液温度等。数字信号相对简单，可直接由控制器接收，然后将报文发送到 CAN 总线上，如发动机故障信号等，显示在仪表盘上。

B　CAN 信号线

前面内容已经介绍过，在通电状态，CAN_H、CAN_L 的测量值分别为（2.5 V，2.5 V）或（3.5 V，1.5 V）；在断电状态，CAN_H 和 CAN_L 之间应该有 60~62 Ω 的电阻值，两个 120 Ω 的电阻分别并联在一条 CAN 通信总线的两端，并联后阻值为 60 Ω 左右。

通常情况下用万用表是测不准 CAN_H 或 CAN_L 线路上的电压的，因为通电后 CAN 线路上的电压不断变化，而万用表的采样速率很慢，所以测得的电压并不是当前的动态电压而是电压的有效值。

7.3.4.2 线路和模块的基本检测

A 线路的基本检查分为输入和输出线路

对输入线路的检查，首先要找到输入的管脚（各种装备车辆的管脚定义是不同的），然后将输入的管脚与模块断开，最后对线路是否有信号输入进行检查。

对输出线路的检查，首先确定输出的线路是否断线或搭铁。将管脚与模块断开后测量，然后测量线路是否有输出，将模块和管脚连接后检查。

B 模块的基本检测包括对电源线、地线、唤醒线、CAN 线的检测

电源的检查：模块上一般有 4 根左右的电源线，在模块正常工作时，每个电源应该有 24 V 的电压。

地线的检查：模块上一般都有 2 根或以上的地线，在模块工作时，这些地线要和全车的地线接触良好。

唤醒线的检查：每个模块都要有一根唤醒线，在模块工作时有 24 V 的电压。

CAN 线的检查：CAN 线在工作时都是 2.4 V 左右的电压。

7.3.4.3 CAN 总线故障原因

每路 CAN 总线系统中均拥有一个 CAN 控制器、一个信息收发器、两个数据传输终端及两条数据传输总线，除了数据总线外，其他各元件都置于各控制单元的内部，分析 CAN 总线系统产生故障的原因一般有以下几种：

(1) 电源系统引起的故障：电控模块的工作电压一般为 12 V 左右或 24 V 左右，如果机械装备的电源系统提供的工作电压不正常，就会使得某些电控模块出现短暂的不正常工作，这会引起整个装备或车辆 CAN 系统出现通信不畅。

(2) CAN 总线系统的链路故障：当出现通信线路的短路、断路或线路物理性质变化引起通信信号误差或失真，都会导致多个电控单元工作不正常，使 CAN 总线系统无法工作。

(3) CAN 总线的节点故障：节点是机械装备 CAN 总线系统中的电控模块，因此节点故障就是电控模块的故障。它包括软件故障即传输协议或软件程序有缺陷或冲突，从而使汽车 CAN 总线系统通信出现混乱或无法工作，这种故障一般会成批出现；硬件故障一般是电控模块芯片或集成电路故障，造成机械装备 CAN 总线系统无法正常工作。

7.3.4.4 CAN 总线系统的检测

A 终端电阻值测量 120 Ω

电阻测量过程中应注意：先断开车辆蓄电池的接线，大约等待 5 min，直到系统中所有的电容器放完电后再测量，因为控制单元内部电路的电阻是变化的。

终端电阻测量结果分析：如图 7-24 所示，带有终端电阻的 4 个控制单元是并联的。单独测量一个终端电阻大约为 120 Ω，总值约为 60 Ω 时，据此可以判断终端电阻正常，但是总的电阻不一定就是 60 Ω，其相应阻值依赖于总线的结构，如 CAN 总线 1 的总电阻，就与网络上的底盘倾角传感器、作业显示终端和指控计算机等节点内部的电阻有关。因此，可以在测量总阻值时，将一个带有终端电阻的控制单元插头拔下，观察总阻值是否

发生变化来判断故障，如在 CAN 总线 1 回路中，拔下带有终端电阻的作业显示终端的航空插头，若测量的阻值没有发生变化，则说明系统中存在问题，可能是被拔下的控制单元电阻损坏（作业显示终端损坏）或是 CAN-BUS 出现断路。

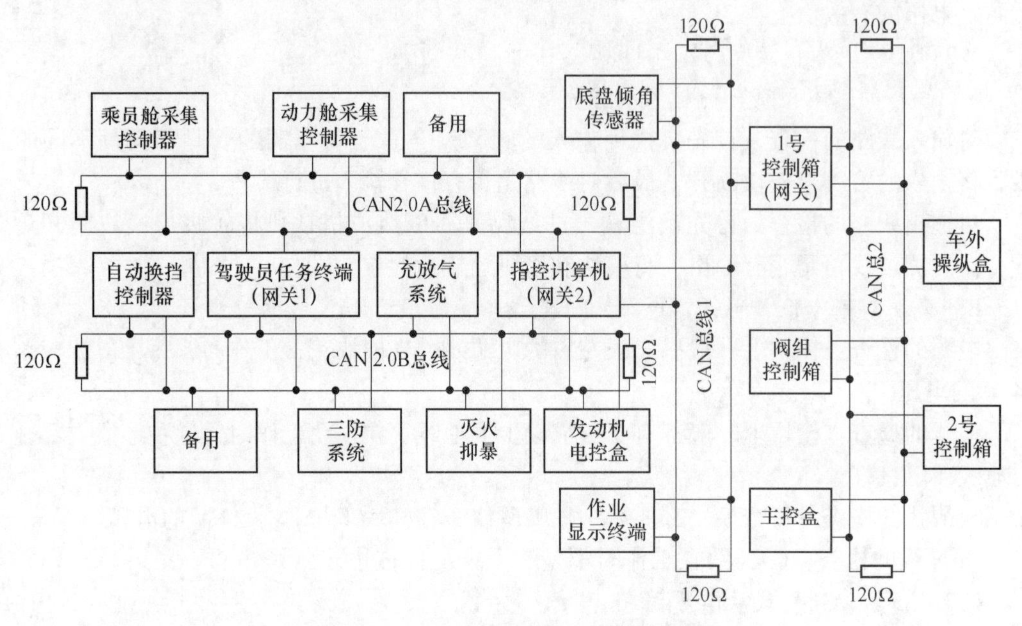

图 7-24　某装备 CAN 通信网络结构图

B　CAN 总线系统的波形测量

CAN 总线正常波形是 CAN_H 和 CAN_L 电压相等、波形相同、极性相反，通过使用 Fluke 123B 手持式示波器等设备测量波形可以轻松判断故障。

测量方法：将手持式示波器第一通道的红色测量端子接 CAN_H 线，第二通道的红色测量端子接 CAN_L 线，二者的黑色测量端子同时接地。此时，可以在同一界面下同时显示 CAN_H 和 CAN_L 的同步波形，如图 7-25 所示。

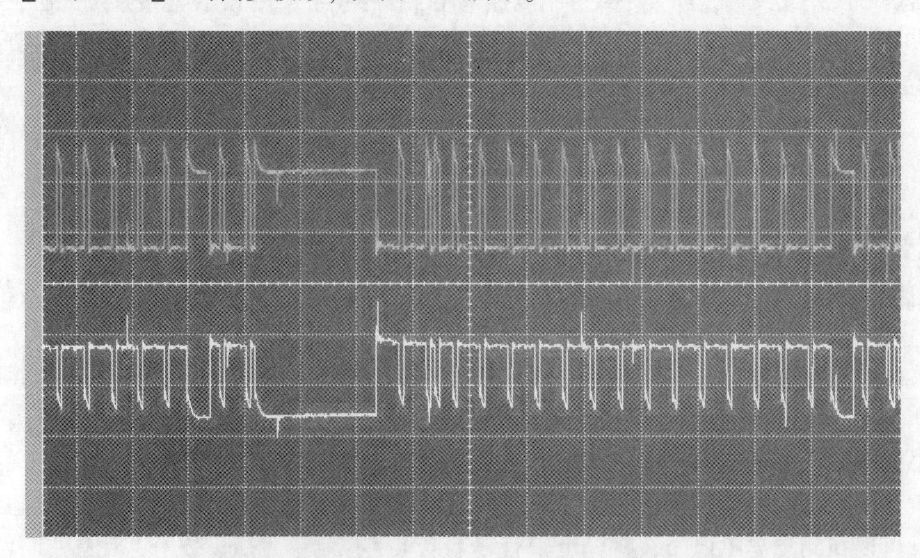

图 7-25　CAN_H 与 CAN_L 的对称波形图

波形分析：

（1）CAN_H对地短路：CAN_H的电压置于0 V，CAN_L的电压电位正常，在此故障下，变为单线工作状态，其波形如图7-26所示。从图7-26中可以明显看出，CH2的CAN_H信号为0，而CH1的CAN_L信号波形正常。

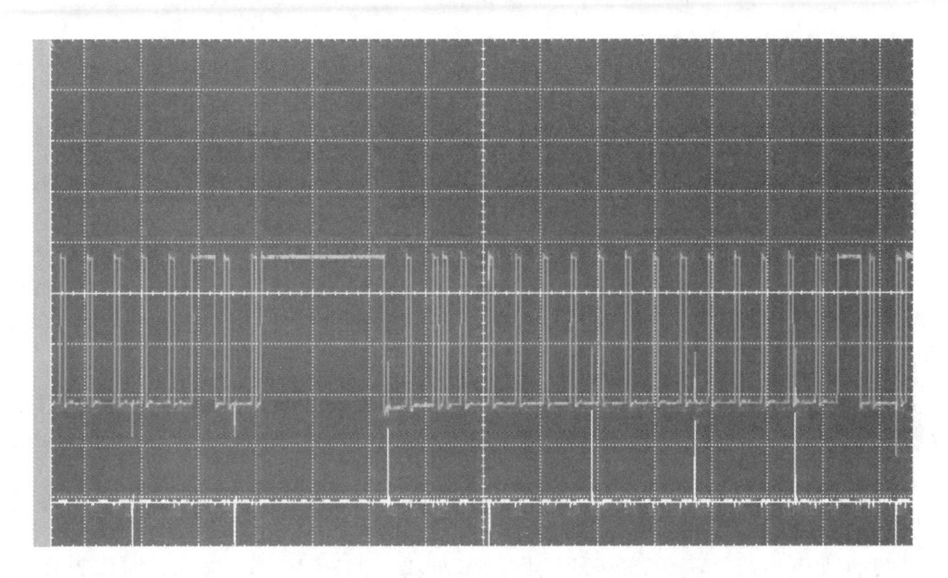

图7-26　CAN_H对地短路波形图（通道2接CAN_H）

（2）CAN_H对正极短路：CAN_H的电压大约为12 V，CAN_L的电压电位正常，在此故障下，变为单线工作状态。

（3）CAN_L对地短路：CAN_L的电压置于0 V，CAN_H的电压电位正常，在此故障下，变为单线工作状态。

（4）CAN_L对正极短路：CAN_L的电压大约为12 V，CAN_H的电压电位正常，在此故障下，变为单线工作状态。

（5）CAN_H对正极通过连接电阻短路：CAN_H线的隐性电压电位拉向正极方向，正常值应为大约0 V，受连接电阻所影响，电阻越小隐性电压电位越大，在没有连接电阻的情况下，该电阻值电压约等于蓄电池电压。

（6）CAN_H通过连接电阻对地短路：CAN_H的显性电位移向接地方向，正常值应大约为4 V，受连接电阻所影响，电阻越小，则显性电压越小，在没有连接电阻的情况下短路，则该电压为0 V。

（7）CAN_L对正极通过连接电阻短路：CAN_L线的隐性电压电位拉向正极方向，正常值应大约为5 V，受连接电阻所影响，电阻越小则隐性电压电位越大，在没有连接电阻的情况下，该电压值约等于蓄电池电压。

（8）CAN_L通过连接电阻对地短路：CAN_L的隐性电压电位拉向0 V方向，正常值应大约为5 V，受连接电阻所影响，电阻越小则隐性电压越小，在没有连接电阻的情况下，该电压位于0 V。

（9）CAN_H与CAN_L相交：两线波形呈现电压相等、波形相同、极性相同。

C　读取测量数据块

使用 Fluke 123B 手持式示波器或其他专用检测仪读取某控制单元数据块，如果显示波形正常，表明被测控制单元工作正常；如果显示波形过弱，则表明被测控制单元工作不正常。其原因可能是电路断路或该控制单元损坏。

7.3.5　常见故障举例

常见故障如下。

（1）上电后仪表盘液晶无显示。首先，检查装备电控系统供电电源是否正常；其次检查 Wakeup 线连接是否正确（Wakeup 电压约等于电源电压）；最后，检查 CAN_H、CAN_L 接线是否正常，之间是否有 60 Ω 电阻值，是否接反。

（2）仪表指针不走。故障的可能原因有：1）仪表不走，液晶显示传感器掉线，传感器坏或线束错、接口松动；2）步进电机坏。

（3）仪表指示灯不报警及常报警。故障的可能原因有：报警信号线接错或断。

（4）发动机启动，水温表不走。解决方法：当水温表不走时，可观察其他取自发动机的参数是否正常，通常转速和油压参数也取自发动机，如只有水温表不走，需更换仪表模块，如果转速、油压表也不走，需要检查桥模块的电源线、CAN 是否正常，还要检查后控模块的电源线、CAN 线是否正常（注：此方法也适用于其他取自发动机的信号）。

（5）发现油压表或气压表等不走或指示不准确。解决方法：断电，使用万用表测量该表头的模拟信号线对地之间是否有阻值，如没有测到阻值或阻值过小，说明线束错，或接口松动，或传感器坏；如测到阻值，但阻值不对，说明传感器坏。

（6）燃油表有问题。

1）油箱已加满油，但仪表指示不正确（较低或很低）。排查的思路为：把总线模块与传感器对接插件拔掉，然后测传感器的阻值，根据测得的阻值可以判断出仪表燃油指示是否正常，通常这样的情况都是传感器有问题，模块坏的可能性非常小。

2）仪表燃油指示灯常报警或不停闪烁。排查方法：应先检查线路是否正常，通常这样的情况是总线模块和传感器没有正常通信。

7.4　机械装备 CAN 总线网络故障诊断典型应用

了解和掌握机械装备中出现故障的系统或总成的逻辑模式，是进行装备故障诊断的前提条件。每种装备的车载电子系统都有其自身的运行逻辑，因此需要耐心细致地根据故障系统的逻辑模式进行相应的故障诊断。针对机械装备故障诊断，通常需要配备与其相应的专用工具与诊断仪器设备。对每个计算机传输的数据帧（总线报文）信息进行仔细解析，非常有助于故障的分析与诊断。辨别数据信息的来源、目的地和信息内容是诊断的基础。

7.4.1　故障诊断的方法、工具与手段

7.4.1.1　诊断基础

机械装备电气系统故障诊断的前提是理解诊断对象系统的逻辑性，每一个系统或子系统都有它自己的运行逻辑，故障诊断的方法也必须遵循系统的逻辑模式（见图 7-27）。

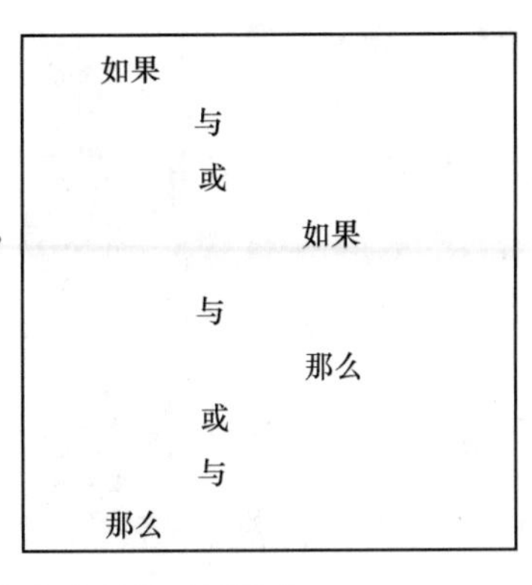

图 7-27　故障诊断的逻辑模式

在进行故障诊断时，无论采用何种方法，主要都是通过以下两种调查方式进行，即关系主导型调查和数据主导型调查。

诊断时选定一种程序，此程序确定诊断的步骤（先是整体性，而后是针对性）。通过研究系统软件运行流程，以了解被测系统是在运行状态、等待状态还是关闭状态。测试程序与时间、空间上的变量识别和介入点定位相互兼容。诊断人员应对故障（大小故障）进行分类，并应该了解故障发生时的表现。诊断人员在核实检测条件（以递降的方式启动降级功能）后，提出故障检测建议。

如果系统配备了显示设备以显示故障信息（永久性或临时性故障），诊断人员可以利用这些数据，通过故障树结构进行整体观察，对各种参数进行辨别，随后可以考虑分析各种可能造成故障的原因。

列出进行故障诊断时所需要提出的问题：何人、何事、何处、何时、何如、何故、何值。依次回答这些问题是成功、准确地进行故障诊断的基础，在后续章节中还会进一步说明。

7.4.1.2　诊断工具与手段

在机械装备通信网络的故障诊断中，专用或通用的诊断设备（CAN 信号分析仪）是必不可少的（见图 7-28）。诊断设备可以完成以下工作：

（1）电控系统的整体性能测试；

（2）读取电控系统的故障信息（故障码）；

（3）检测各个控制箱的故障状态；

（4）检测总线传感器的故障状态；

（5）检测各个机构的功能是否正确；

（6）为机械装备作业过程提供向导功能；

（7）提供故障报警功能；

（8）代替人机交互装置进行应急作业控制；

（9）检测机械装备作业装置的逻辑互锁关系；

（10）总线传感器的初始参数设置与调整。

当应用 CAN 分析进行故障诊断时，可根据电控系统的原理图，灵活选择信号接入点，利用 CAN 协议进行故障信息的读取、传感器的初始参数调整及检测系统功能的正确等。

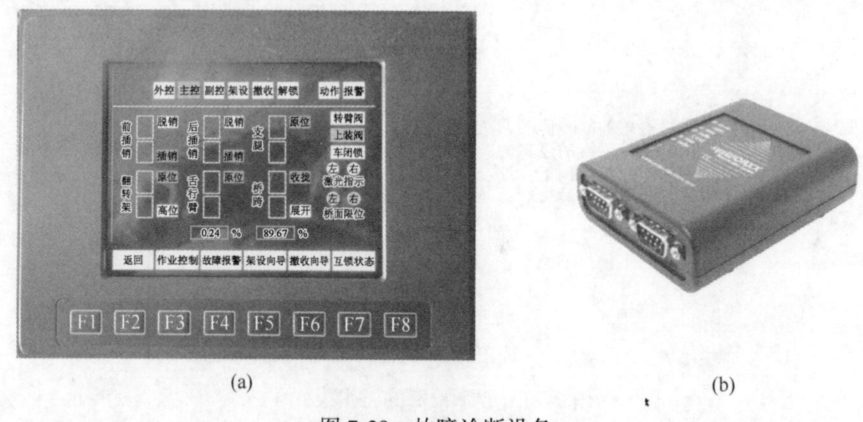

(a)　　　　(b)

图 7-28　故障诊断设备

（a）调试诊断仪；（b）CAN 分析仪

7.4.2　逻辑诊断实例分析

为了识别电控通信网络运行的故障状态，首先需了解电控系统运行的逻辑性。然后按照下述顺序进行；

（1）记录症状；

（2）数据分析；

（3）故障定位；

（4）原因的排除和确定；

（5）故障排除；

（6）系统确认。

例：一辆工程装备（某型轮式冲击桥），主控盒操作功能失效（见图 7-29）。下面给出逻辑诊断的典型步骤。

图 7-29　主控盒

(1) 记录症状。打开主控盒电源开关，电源指示灯亮，操作主控盒上的作业方式等开关，相应的指示灯亮，但报警指示灯亮，但操作最小排的手柄和开关时，动作指示灯未同步点亮。此时只能通过副控盒操作该装备。此时观察作业显示终端，其上报警指示灯也点亮。操作开关或手柄时作业显示终端上无对应显示。

(2) 分析数据。借助图7-30的CAN总线网络结构图，将双通道CAN分析仪接1号控制箱的CT航插（调试诊断仪接口），其中第3、4引脚接CAN1，第5、6引脚接CAN2，读取CAN1总线网络上的CANopen协议数据，发现ID为0x188的CANopen帧数据对主控盒的操作无变化，可以得到初步结果："总线网络与主控盒无通信。"

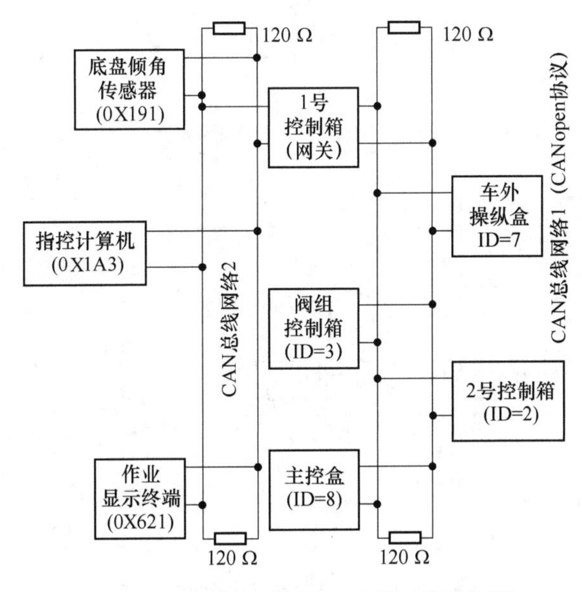

图7-30 主控盒相关CAN总线网络结构图

(3) 故障定位。在症状清单中已记录下故障状态，如操作手柄及开关系统无反应，故障指示灯亮，其他功能指示灯未正常反应等。通过（2）已经基本确定故障原因是主控盒与网络通信异常，还需再进一步确定是主控盒通信线路故障（断路、短路等），主控盒CAN接口模块故障，或是主控盒内部电路故障等。此时，可使用调试诊断仪与主控盒进行信息交互，或者装备维修人员通过计算机、CAN分析仪与主控盒进行数据交互，做进一步判断。

(4) 故障原因。首先检查主控模块的供电状况，借助该装备架设电控系统原理图，查实主控盒供电电源来自1号控制箱，电缆接头航插型号为Y50X6-1005TK2，其1、2引脚分别接电源正（PB）和电源地（PBG），利用万用表测量其电压为24 V，供电正常。其次，确定通信功能是否正常。上面同一航插的3、4引脚分别接CAN_H和CAN_L，用CAN分析仪读取其信号，可正常读取CANopen帧消息，则说明主控箱与1号控制箱之间的连接电缆出现故障。

(5) 解决故障。切断上装电源，拔下主控盒与1号控制箱连接电缆的两端的航插，仔细检查其端子连接情况，焊接修复其接头，然后恢复电缆与主控盒、1号控制箱的连接。

（6）验证系统。恢复电缆连接后，打开上装总电源和各个节点控制单元电源开关，操作主控盒开关及各个手柄，作业显示终端显示正常，架设机构的动作执行也恢复正常，故障现象消失。

（7）特殊情况：短路。在电路或电缆等元器件发生短路故障时，首先检查与短路电路相关的保险丝的状态。列出该保险丝所保护的电路部件清单。断开相关电控部件电路（拔掉或切断保险丝盒相应输出线路的接口）。为了确定问题出在哪一个电控系统部件，1对1地对线路进行检查直到找到短路处。通过断开电路检查确定线路问题所在。判断方法如图7-31所示。

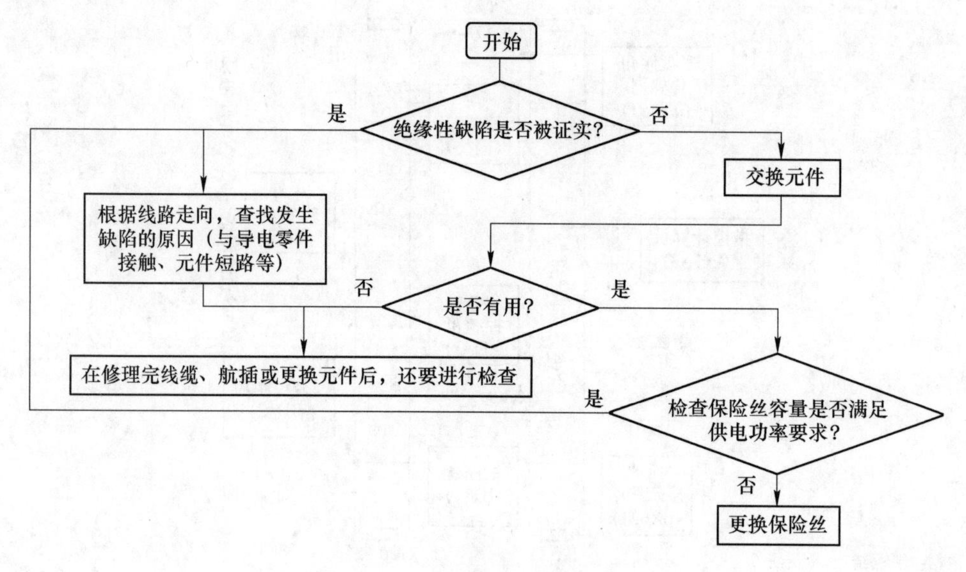

图7-31　线路短路的判断

逻辑诊断最常用的诊断方法有流程图法（见图7-32）、GNS图法和演变图法。

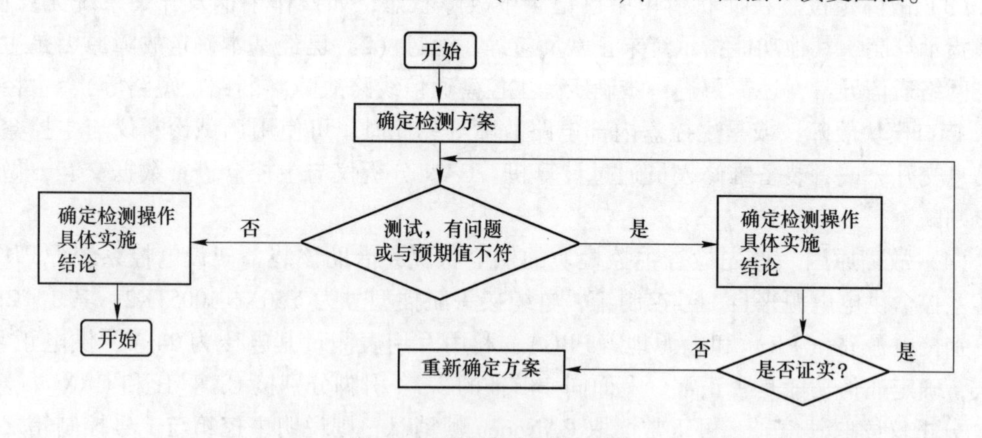

图7-32　逻辑诊断的流程图

另一种常见的逻辑诊断法GNS图如图7-33所示。

第3种逻辑诊断法是演变图法（见图7-34）。

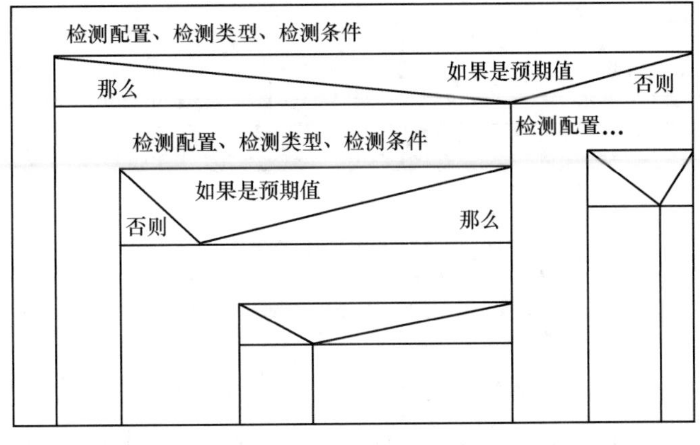

图 7-33 GNS 图形

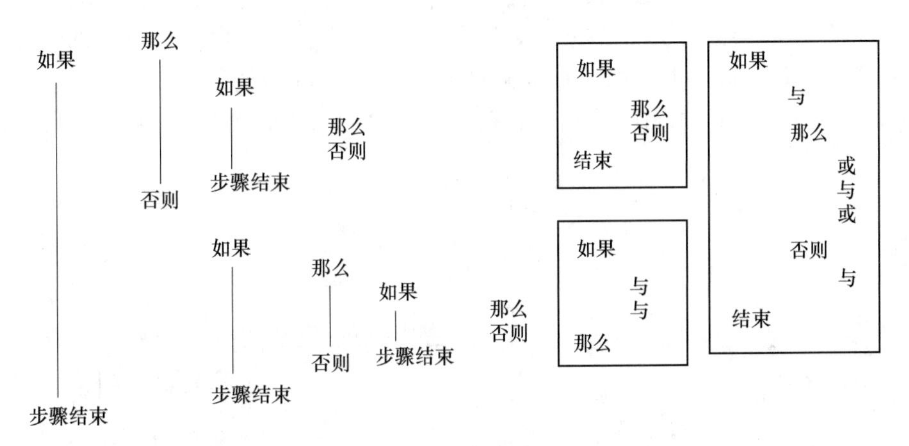

图 7-34 演变图

诊断故障时谨记：何人、何事、何处、何时、何如、何故，何值（表 7-8 给出了一个实例），详细回答表 7-8 中的每一个问题。按照图 7-35 所示进行调试诊断仪测量值和标定值的比较。

表 7-8 SAE J1939 标准的文档构成

问　　题	从传感器角度	从计算机（CAN 分析仪）角度
何人	传感器	计算机
何事	电子或物理的转变	供电状况
何处	地点或接线端子（信号）	地点或接线端子（供电）
何时	时间条件	时间条件
何如	检查连接的类型	检查连接的类型
何故	为电脑传输的信息	给传感器（ECU）供电的情况
何值	测量值/标定值	测量值/标定值

通过对测量值和标定值的比较，可以选择定向诊断或关联诊断。这个过程可以分为以下三个方面。

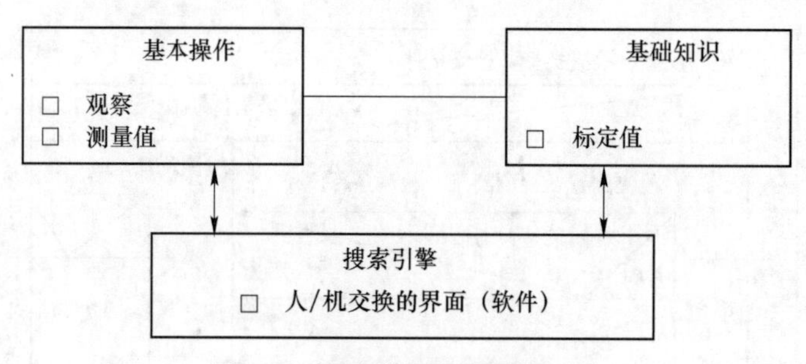

图 7-35　测量值和标定值的比较

（1）基础知识：标定值的集合，例如标准方法和预期值。

（2）基本结果：技术专家通过对系统状况的观察和记录测量值的集合。

（3）搜索引擎：前提和规则的集合，输入到人/机结合的界面，产生解决方案。

图 7-36 所示的结构分析图清楚地表明了机械装备电控系统中各子模块的结构及其之间传输的数据，以及故障的诊断流程与测试方法。图 7-36 中的 0、1、…、7 表示故障诊断的步骤。利用图 7-36 的诊断流程，可以诊断机械装备 CAN 总线网络系统的通信故障。

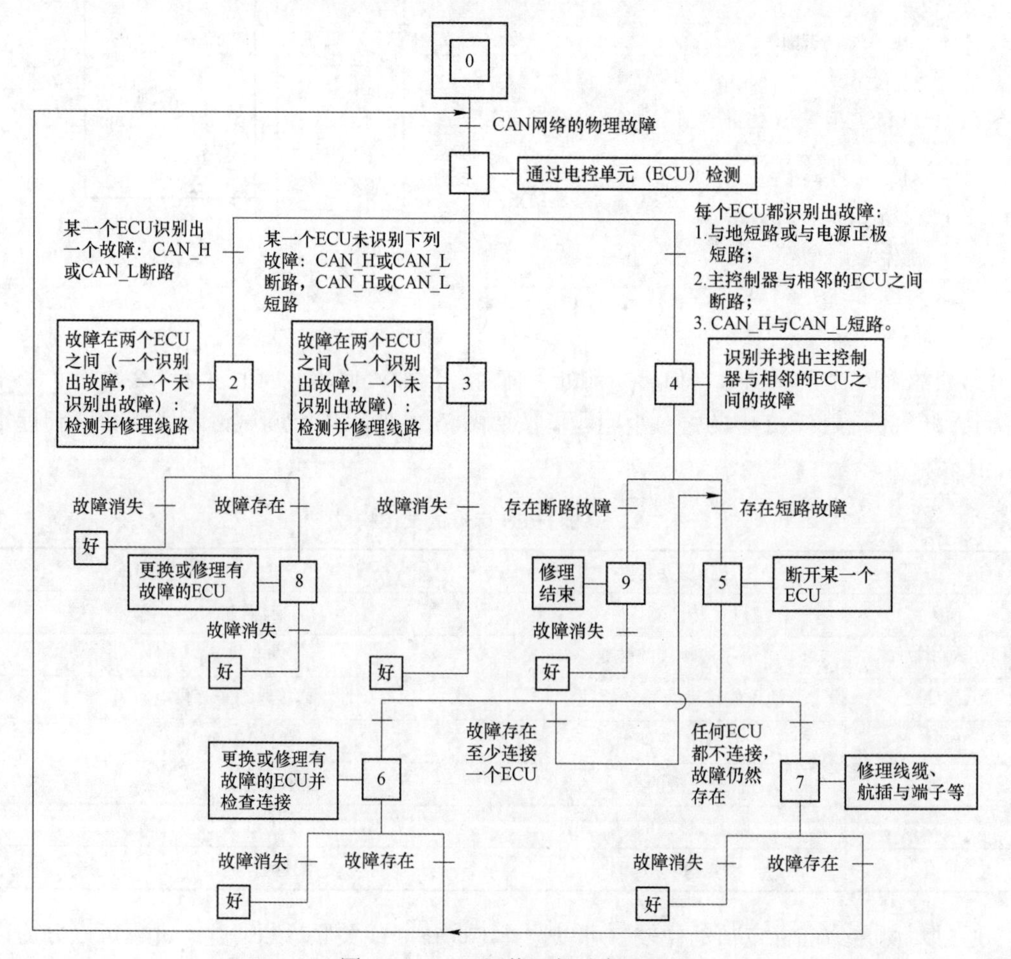

图 7-36　CAN 网络逻辑诊断流程

8　基于物联网技术的机械装备监测系统设计

本章以某机械装备作业装置中的液压系统和控制系统（含相关的底盘车电系统）作为主要研究对象，构建该机械装备液压与电控系统的参数监测硬件平台，开发故障检测与诊断应用程序，实现该装备的参数监测与故障诊断。

8.1　装备工况参数监测系统体系结构设计

该装备工况参数监测涉及的参数主要包括上装液压系统和车电及电控系统等两方面的参数。液压系统的监测参数包括工作压力、油液温度、油缸活塞杆位移与速度、旋转位移与角度、油液污染度参数、滤油器压差、油泵转速、液压泵流量与回油流量、液压泵振动加速度信号、液压泵表面温度等参数；车电与电控系统的参数通常包括位移传感器开路与短路故障、控制箱（盒）故障状态、操作手柄与开关故障状态、温度传感器开路与短路故障、压力传感器开路与短路故障等状态参数。

监测系统是利用上述参数检测传感器的系统集成和信息融合，基于多种故障识别与诊断算法、故障诊断规则、故障预测算法，进行轮式冲击桥架设液压和电控系统的健康状态的监控、诊断、预测和管理。所谓故障预测，即对架设系统的部件或子系统完成其功能的状态进行预先判别和诊断，其内容包括部件正常工作时间和剩余使用寿命的长度等。健康管理则是根据部件的状态检测信息、可用维修资源、装备使用需求对当前正在进行的保障任务和未来的维修保障活动做出适当决策的能力。监测系统的内涵包括：监测架设液压与电控系统的异常状态，以及各个部件（总成）的故障情况；快速准确地对故障进行定位和隔离；根据故障诊断和预测结果作出正确的维修保障决策，同时提供架设系统的故障监测、诊断和预测数据及维修保障指南。

监测系统主要由架设液压系统、电控系统和液压泵振动测试系统等的 PHM 监测系统组成，其体系结构如图 8-1 所示。

该监测系统可对装备架设液压与电控系统的运行状况、健康状态等进行监控，具有较强的故障诊断能力，其功能包括异常状态监测、故障现场诊断与隔离等；另外，它还可对液压系统核心部件——柱塞式液压泵的磨损故障等进行预测。架设系统作业过程中，若关键部件出现故障，该系统可对故障进行定位、隔离与报警，通过 WiFi 无线网络并借助互联网或其他方式将故障信息上传至装备维修中心的维修管理系统中。

8.1.1　网络通信方式选择

物联网（Internet of Things）的概念来自美国麻省理工学院，随着 2009 年温家宝总理倡导的“感知中国”的建设，物联网技术及其应用在中国广泛地开展起来。进入 21 世纪以来，物联网技术在军事上的应用也日益深入。

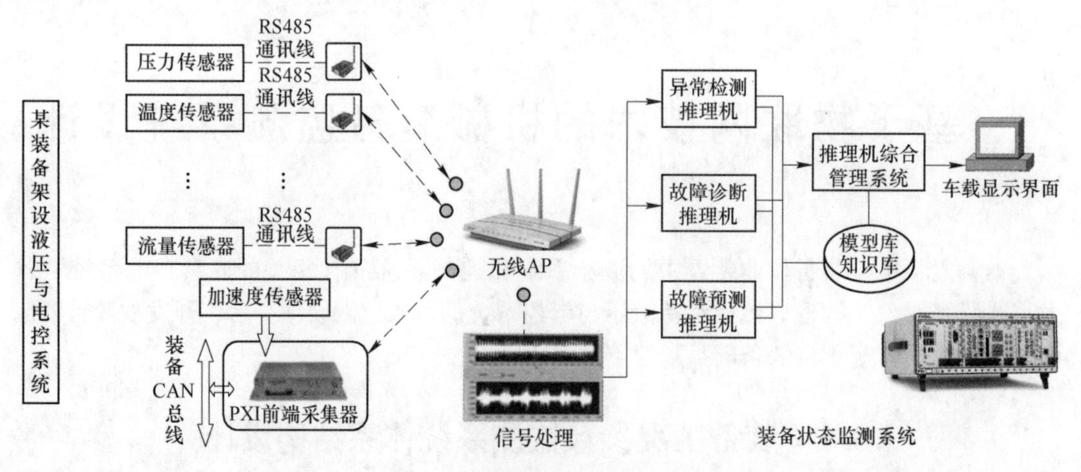

图 8-1 装备状态监测系统体系结构

所谓物联网，是指以互联网或其他网络技术为基础，利用各种各样的信息检测设备，如射频识别装置（RFID）、无线传感器或传感器与无线传输模块的组成系统、GPS 全球定位系统或北斗定位系统等对机械零部件、市场物品及其他事物状态感知、数据采集和汇总处理，将所获取的信息依托网络传输技术汇入互联网/局域网等，进行基于大量数据资源的智能决策和管理服务的信息处理综合平台。物联网技术涉及两方面的内容，一是其核心和基础是互联网技术；二是其在互联网上的延伸，将互联网植入几乎所有物品中，可实现物品与网络的信息交互及物品之间的信息互联互通。物联网遵循各种网络通信协议，通过各种可能的网络或无线通信，如无线传感网络、基于 WiFi 的局域网、4G/5G 无线网络、低功耗蓝牙（BLE）等，把物体接入互联网，实现物体与互联网之间的信息交换和通信。

可用于物联网系统的网络与传感器技术包括 ZigBee 无线传感技术、BLE 低功耗蓝牙技术、WiFi 无线传输技术和数值电台相关技术等。

8.1.1.1 WiFi 技术

WiFi（行动热点）是 Wi-Fi 联盟制造商的产品品牌商标，是一种基于 IEEE 802.11 标准的无线局域网技术。该技术的主要特点是在有限范围内，支持图像视频信息等的无线传输，所以 Wi-Fi 联盟将 WiFi 技术定义为：在有限的短距离范围内，能够可靠地实现信息的无线传输，并能将各种移动设备、数据终端和其他站点进行连接的技术。WiFi 技术的最主要功能为无线上网。WiFi 技术与低功耗蓝牙（BLE）技术均属于无线上网技术，但与 BLE 不同的是，WiFi 网络具有更大的覆盖范围和信号传输速率，因而在无线网络和互联网方面的应用更为广泛。

通过 WiFi 进行无线上网时，信息通过无线方式传输到笔记本电脑、无线转换模块、手机等各种 WiFi 终端，这些终端则是通过无线连接的方式与局域网内的 AP 相连，AP 则可以采用有线连接等方式连接服务器或交换机，再通网关使得服务器或交换机与互联网连接。图 8-2 为 WiFi 无线上网的原理框图。

8.1.1.2 低功耗蓝牙技术

低功耗蓝牙技术（BLE，Bluetooth Low Engergy）是蓝牙技术联盟推出的一种无线网络技术，其目的在于实现医疗保健、智能家居、健身设备、安防设备等领域的无线信息传

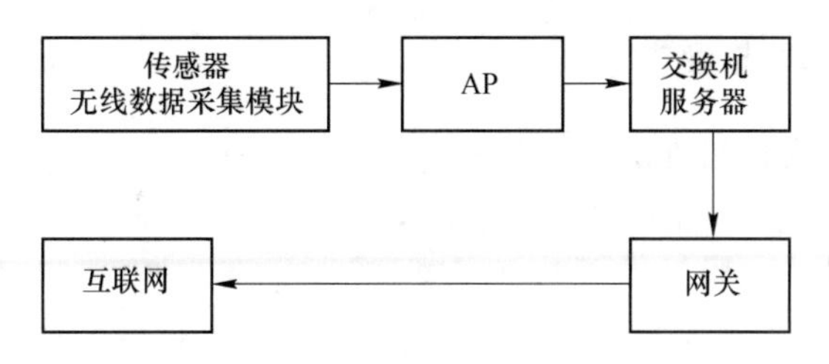

图 8-2 无线 WiFi 上网原理框图

输等应用。BLE 技术在保持经典蓝牙通信范围的基础上大幅度地降低了设备功耗和制造成本。低功耗蓝牙通过互联网协议支持规范（IPSP，Internet Protocol Support Protocol）实现蓝牙设备与互联网的连接，蓝牙设备在装备健康管理方面主要采用蓝牙传感器进行数据采集和传输，蓝牙传感器应遵循环境感应规范（Environment Sensing Protocol）和用户数据服务协议（User Data Service）。蓝牙技术联盟为低功耗蓝牙设备的开发规定了软件模型规范，即通用属性规范 GATT（General ATTributes），该规范涉及客户端、服务器、特征、服务、描述符等数据项。

8.1.1.3 ZigBee 无线通信技术

ZigBee（紫蜂）也是一种无线网上协议，与 WiFi 和 BLE 相比，其传输距离较短且传输速率也较低。ZigBee 主要用于电子元器件设备之间的低速短距离数据交互，其本质上是一种低速率双向无线网络技术。ZigBee 技术的优点是复杂度低、低成本、低功耗，尤其是其可伸缩嵌入式的优点，特别便于构建物联网开发平台，是实现物联网的一种简单途径。

ZigBee 具有如下特征：（1）ZigBee 技术的能源消耗与其他无线传输技术相比明显降低，当 ZigBee 进入休眠状态时功耗更低；（2）利用 ZigBee 技术开发无线传感网络系统、物联网系统或车联网系统所需成本相对较低，非常容易推广应用；（3）ZigBee 的安全可靠性明显高于其他无线传输技术。

表 8-1 是上述 3 种无线传输技术和特性比较结果。结合经济性、可靠性、使用性和安全性等方面综合考虑，选用 WiFi 技术构建装备的现场工况参数监测系统。

表 8-1 无线传输技术性能特点对比

特性参数	BLE	ZigBee	WiFi
标准号	IEEE 802.14.1		IEEE 802.11
数据传输速率	125 kbit/s-1 Mbit/s-2 Mbit/s	20~250 kbps	11~54 Mbps
距离/范围	>100 m	10~100 m	10~100 m
安全性	高	高	中等
功耗	0.01~0.5 W（取决于使用情况）	<0.125 W	0.25~12.5W
主要应用	移动电话、智能家居、可穿戴设备、汽车、个人电脑、安防、接近传感、医疗保健、运动健身、工业等。	计算机外设、消费类电子设备、智能家居设备、工控等	无线局域网、无线终端数据传输、分布式监测系统等

8.1.2　WiFi 路由器选型与设置

8.1.2.1　无线路由器的选型

选用普联技术有限公司的 TP-LINK 系列 450M 无线路由器，其采用高规格的 3 数据流并发、3 * 3MIMO 架构，3 个数据流通过 3 根天线同时进行收发，能够大幅提升无线性能，同时提高信号强度，增大覆盖范围，增强连接稳定性，其性能参数见表 8-2。

表 8-2　WiFi 无线路由器规格参数

类　型	参　数
型号	TL-WR886N
协议类型	IEEE 802.11b/g/n 无线协议
最高传输速率	450 Mbps
以太网端口	4 个 10/100 Mbps 速率自适应 LAN 口，1 个 10/100 Mbps 速率自适应 WAN 口
天线类型	外置全向天线：3 根 2.4G 天线
软件功能	无线桥接、信号调节、终端管理
管理方式	电脑/手机/Pad Web 管理
电源规格	DC 9V/0.6A

8.1.2.2　路由器的设置

在用电脑设置路由器之前，将计算机的网络连接方式设置为"自动获得 IP 地址"，如采用有线连接，则需用网络将计算机与路由器的 LAN 口连接起来，此时观察计算机和路由器的相应指示灯应全部亮起。如采用无线连接，则应保证已正常连接。然后进入 WiFi 局域网的设置。

（1）打开浏览器，输入地址 www.tplogin.cn，此时即打开了无线设置界面，如图 8-3 所示。在该界面上设置无线局域网的名称和密码，需要注意的是，无线局域网的名称即为

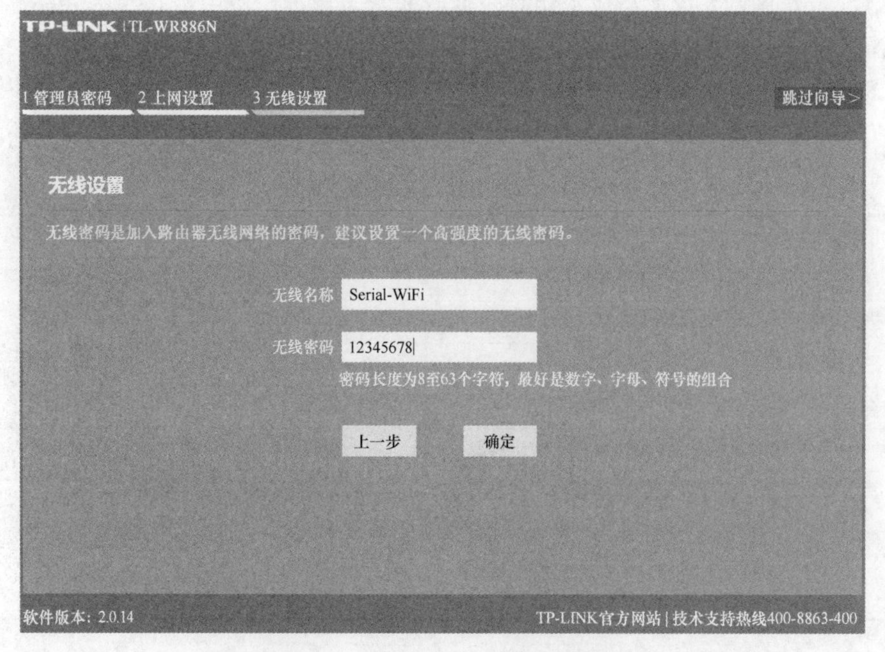

图 8-3　WiFi 用户名及密码设置

参数监测网络的名称，后续网络转串口模块中的设置应与此名称相同，本节将其设置为"Serial-WiFi"，密码设置为13345678。(2) 上网设置，由于该监测网络暂不与互联网相连，所以跳过此步。(3) 网络状态设置界面如图8-4所示，在此界面，检测网络名称和密码的设置，完成后点击保存网络配置的保存按钮，即完成了路由器的初步设定，可退出浏览器。

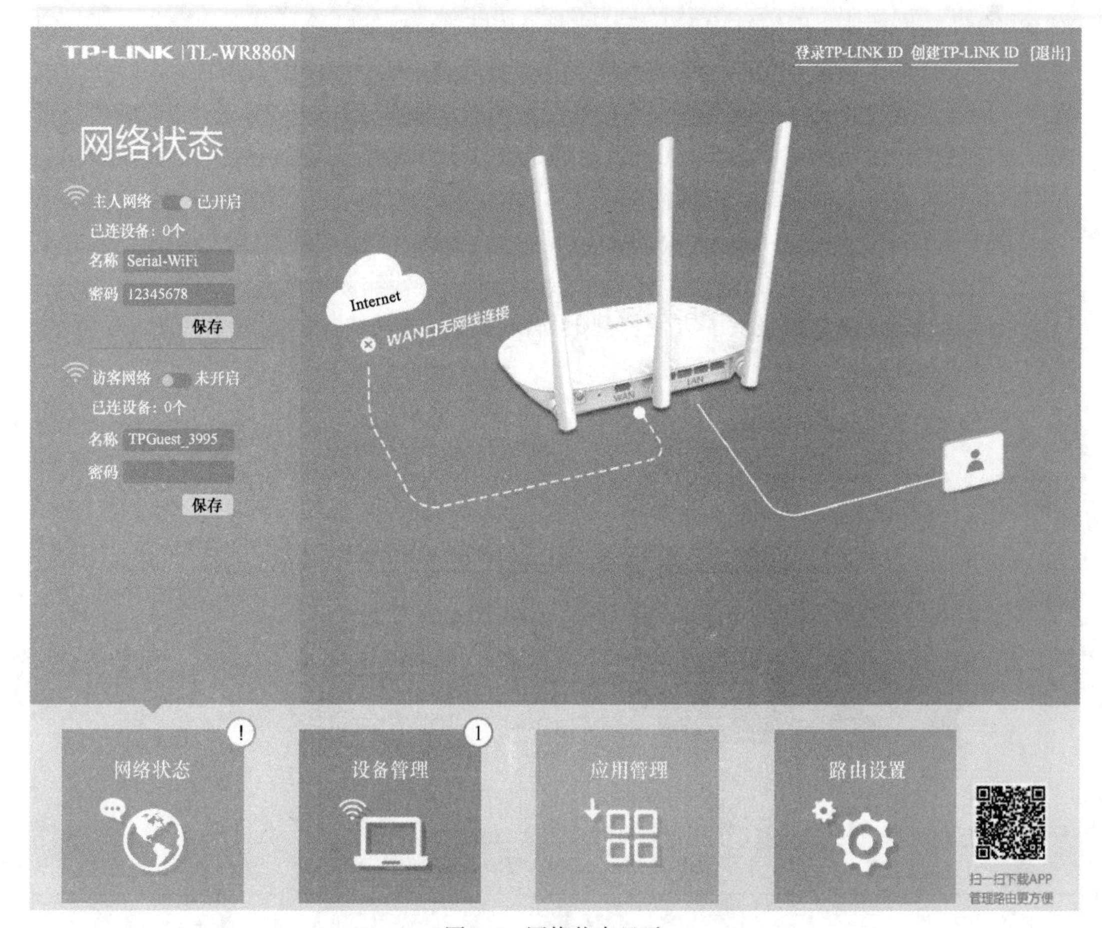

图8-4 网络状态显示

8.2 监测系统网络组态

健康监测网络系统数据采集节点主要由RS232/RS485转WiFi模块、RS485数据采集传感器和电源等附件组成。机械装备的工况参数，如液压系统压力、温度、流量、油液污染度等参数经RS485总线传感器采集转换为RS485串行总线信号，输入到转换模块中，由转换模块转换为WiFi信号上传至路由器，最后传送至信号处理机。因此网络系统组态时，首先应进行转换模块的选型与参数设置。

8.2.1 RS232/RS485 to RJ45&WiFi 数据转换器的选型

8.2.1.1 WiFi232S 数据转换器介绍

架设液压系统状态参数监测传感器均选用了RS485协议输出信号的传感器，因此传感器的 RS485 信号需转换为 WiFi 信号才能传送至上位机进行处理。本节内容选用了湖北宇联通信技术有限公司开发的 RS232/RS485 to RJ45&WiFi 数据转换器数据传输模块 WiFi232S，外形如图 8-5 所示，其内部集成了支持 ARP、ICMP、UDP、TCP/IP、DHCP 客户端及 DHCP 服务器等多种协议 TCP/IP 协议和 Wi-Fi 驱动，同时具备通用 RS232/RS485 自动转换功能。网络结构上，模块支持 AP 模式、STA 模式、以太网模式。由于灵活的结构设计使得模块在功能完备的前提下拥有更低的功耗和较高的数据吞吐率。可以实现串口传感器或设备到无线或有线网络的功能。该模块能够工作在-25～85 ℃的温度范围内，通信速率最高波特率可达 500000 bps，具有 TCP、UDP 数据传输模式，并且支持串口和网页两种配置参数的方式，方便使用。

通过 WiFi232S 模块，RS485/RS232 串口输入的传感器或其他数采集设备在不需要更改任何配置的情况下，即可通过无线网络或 Internet 网络传输测试与控制数据，为各种串口设备通过网络传输数据提供了方便快捷的解决方案，该模块的功能结果如图 8-6 所示，其规格参数见表 8-3。

图 8-5　Serial2Net 模块

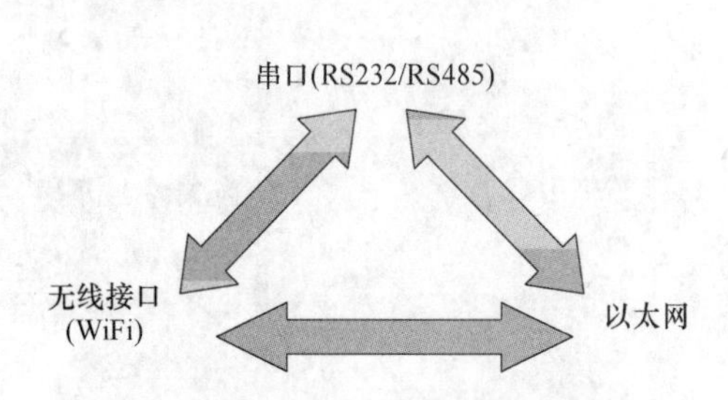

图 8-6　WiFi232S 模块功能结构图

表 8-3　Serial2Net 模块规格参数

规格类型	参　数
网络标准	无线标准：IEEE 802. 11n、IEEE 802. 11g、IEEE 802. 11b
	有线标准：IEEE 802. 3、IEEE 802. 3u
无线传输速率	11n：最高可达 150 Mbps 11g：最高可达 54 Mbps 11b：最高可达 11 Mbps
信道数	1～14
频率范围	2. 4～2. 4825 GHz
发射功率	13～15 dBm
接口	2 个以太网口、2 个串口、1 个 usb 口（host/slave）、GPIO
天线类型	板载天线/ 外接天线（二选一）
WiFi 工作模式	无线网卡/ 无线接入点/无线路由器
串口最高传输速率	500000 bps
TCP 连接	最大连接数大于 20

续表 8-3

规格类型	参　数
UDP 连接	最大连接数大于 20
串口波特率	1200~500000 bps（支持非标准波特率）

WiFi232S 模块将桥梁装备的现场采集传感器信号（如桥跨倾角、工作油缸压力、油液温度、液压泵出口流量与表面温度、油液污染颗粒计数值等），转换为无线 WiFi 信号传输到上位机，进行数据的处理、存储、报警和显示等工作。

8.2.1.2　应用模式与结构

A　系统框图

WiFi232S 是连接流量计、温度传感器等串口检测设备到监测网络的桥梁，通过该数据转换模块，能够实现装备现场检测仪器设备的联网管理和控制功能，其应用框图如图 8-7 所示。

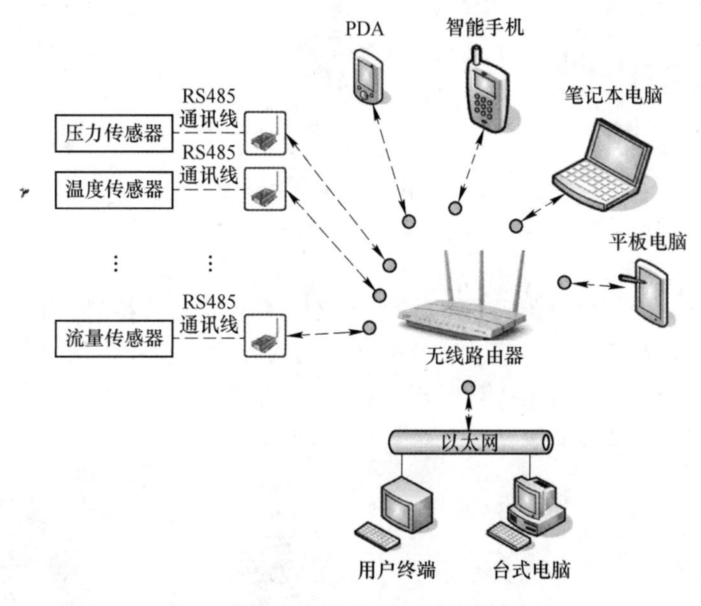

图 8-7　WiFi232S 应用框图

图 8-7 中，安装于桥梁装备上的压力、温度、流量、颗粒计数等传感器输出的 RS485 串行信号，通过数据转换模块后连接到无线路由器上，传感器采集的数据可以和连接到同一路由器上的其他设备，如 PDA、智能手机、笔记本电脑、平板电脑等进行通信，并且可以通过以太网与网络上的其他终端设备进行通信。

从安全性出发，数据转换模块通常只接受从设定的目标机器的 IP 地址和设定的目标机器端口传送的数据，且其上传的数据是往特定的目标位置的（维修中心服务器或现场主控制器）。数据转换模块的设置参数可通过主控制计算机进行修改，以适应监测任务的定制需求。

B　TCP Client 模式

数据转换模块 WiFi232S 在 TCP 模式下，上电后根据自己的设置主动去连接到 TCP Server 服务器端，然后建立一个长连接，之后的数据进行透明传输。此模式下，TCP

Server 的 IP 需要对串口服务器可见，可见的意思是通过模块所在的 IP 可以直接 PING 通服务器 IP，服务器端可以是互联网的固定 IP，也可以是和模块同一个局域网的内网 IP。图 8-8 为 WiFi232S 的 TCP Client 配置工作原理图。从图 8-8 可以看出，在 TCP Client 模式下，WiFi232S 将串口设备（如流量传感器）输出的 RS485 协议串口信号转换为 WiFi 无线信号，传送到数据采集控制器或维修中心的服务器等，而控制信息是反向传递的，数据采集控制器等终端设备通过 WiFi 信号下传至转换模块中。

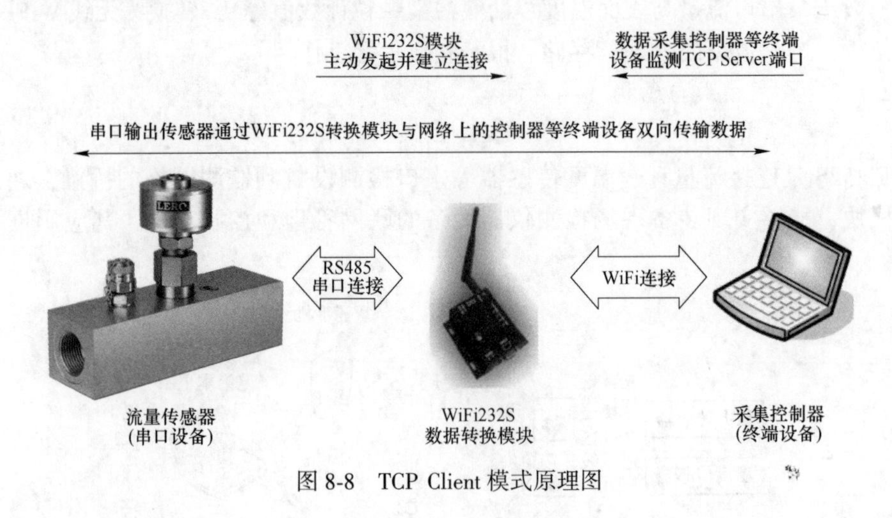

图 8-8　TCP Client 模式原理图

C　服务器采集模式

在数据采集网络中，由设备服务器对整个无线采集网络进行控制，服务器采集模式是参数监测数据采集最常用的一种模式，数据转换模块布设于工程装备的各个部位（与采集传感器连接），通过 WiFi 网络将数据统一上传至采集服务器，同时接收服务器的控制指令和其他数据，构成参数监测物联网，如图 8-9 所示。

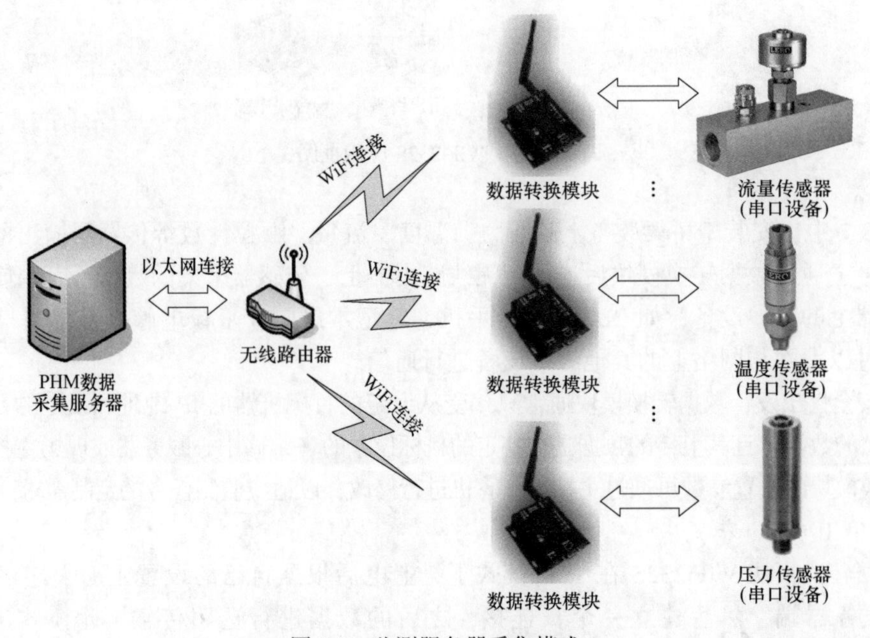

图 8-9　监测服务器采集模式

8.2.2 YL-WiFi232S 数据转换器的设置

YL-WiFi232S 转换器的设置无须通过路由器，而是采取计算机与转换器直接连接进行设置的方式。其各项参数可通过串口、软件设置工具和网页浏览器等 3 种方式设置。所设置的参数包括透明串口波特率、网络传输类型、远端和本地端口等。该模块在正常工作状态下将根据用户的最新配置进行工作。

8.2.2.1 通过网络浏览器进行 WiFi232S 的配置

通过网络浏览器设置该模块，要求使用的设置机器（手机或计算机）支持 WiFi 功能，本节以计算机为例说明数据转换模块的配置过程。

首先将 YL-WiFi232S 模块上电，待其指示灯“Ready”循环闪烁后，该模块会自动创新名为“Serial-WiFi”的网络。随后设置计算机的网络参数，计算机的无线网络连接属性设置为固定 IP 地址，如图 8-10 所示。然后将计算机与所创建的 Serial-WiFi 无线网络相连。由于 YL-WiFi232S 模块出厂的默认设置网关为地址 192.168.16.254，因此计算机地址一般设为同一 MAC 网段内，如设置为 192.168.16.100。在计算机的 Web 浏览器中打开 http：//192.168.16.254/ser2net.asp 页面，如图 8-11 所示。输入默认 admin 后，进入配置界面。

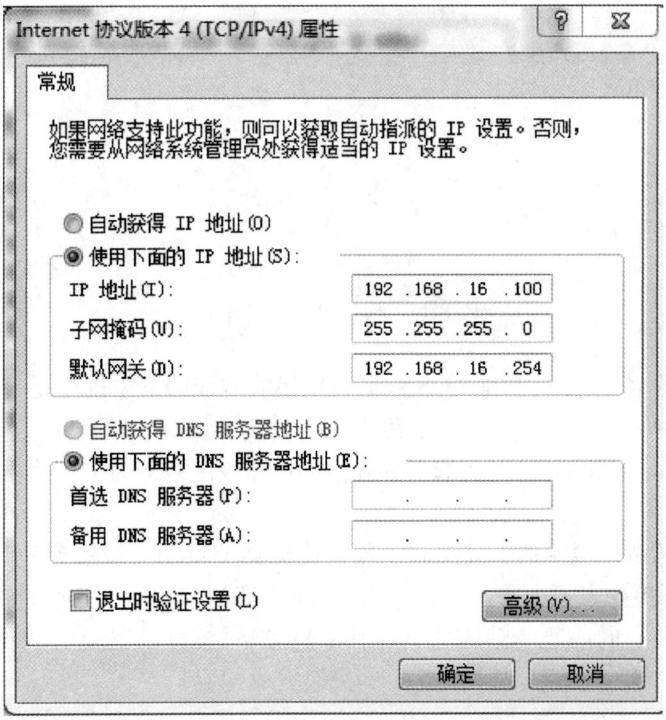

图 8-10 计算机无线连接属性配置图

在网络设置界面可设置该模块的各种参数。由于本节采用了服务器数据采集模式，每

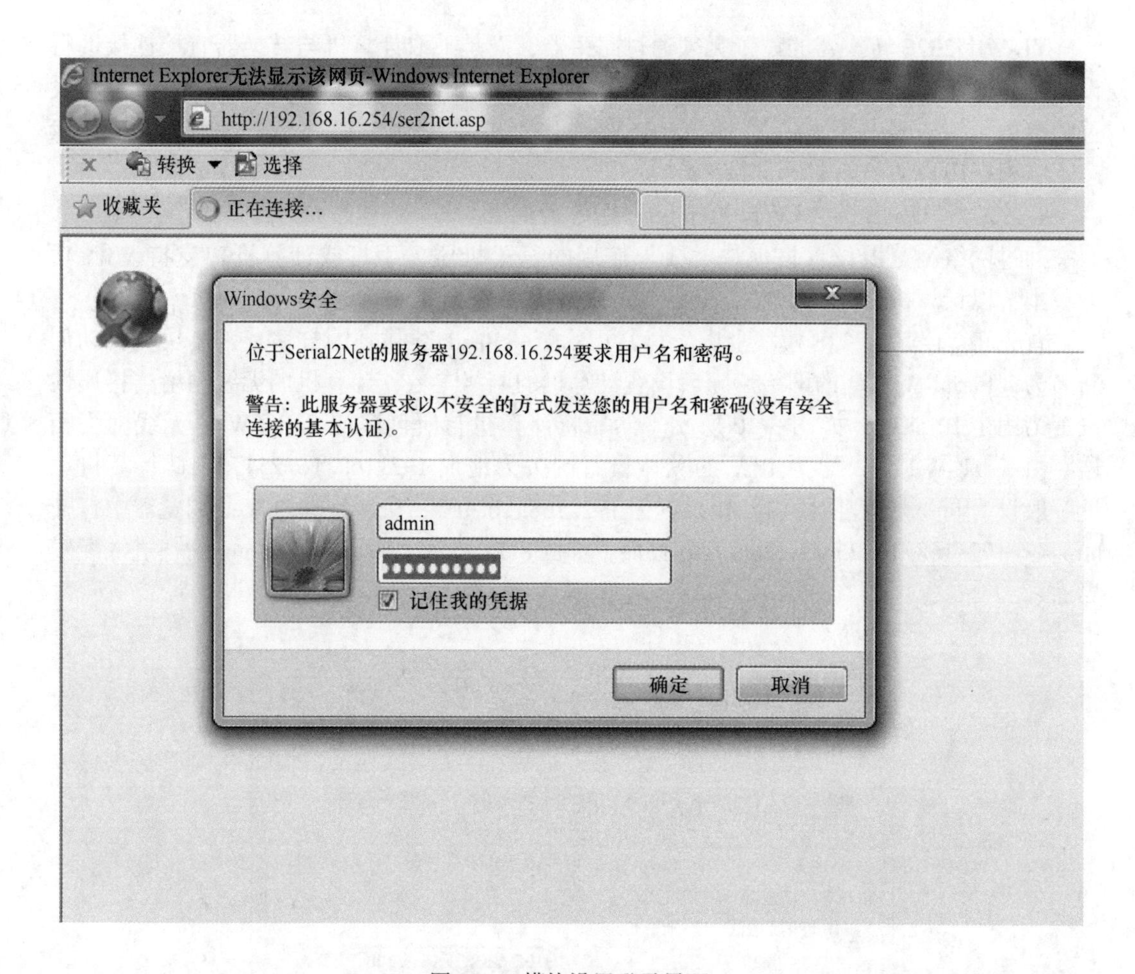

图 8-11　模块设置登录界面

个传感器（串口设备单元）、WiFi232S 数据转换模块构成的下位机单元都对应健康监测数据采集网络中的一个节点（Client），监测系统可视为 Server-Client 模式，因此 NetMode 模式选择 WiFi（Client）-Serial。SSID 选择 Serial-WiFi（该网络即为本节路由器创建的无线局域网）。

为便于健康监测局域网的管理控制，各个传感器节点的无线地址分配采用静态 IP 模式，即 IP Type 下拉列表框选择 Static，此时界面切换为如图 8-12 所示。在 IP Address 文本框输入传感器节点的地址（默认为 192. 168. 11. 245），可设置为 192. 168. 11. 60 或其他地址，如图 8-12 所示，然后点击“Apply”按钮完成配置。

8. 2. 2. 2　模块串口参数设置

图 8-12 的下部为串口参数的配置，配置位置为 Serial Configure 文本输入框，默认为 115200，8，n，1，其含义分别为波特率 115200 bps，8 位数据位，无校验，1 位停止位。该参数的设置需根据该模块所连接的配置分别完成。

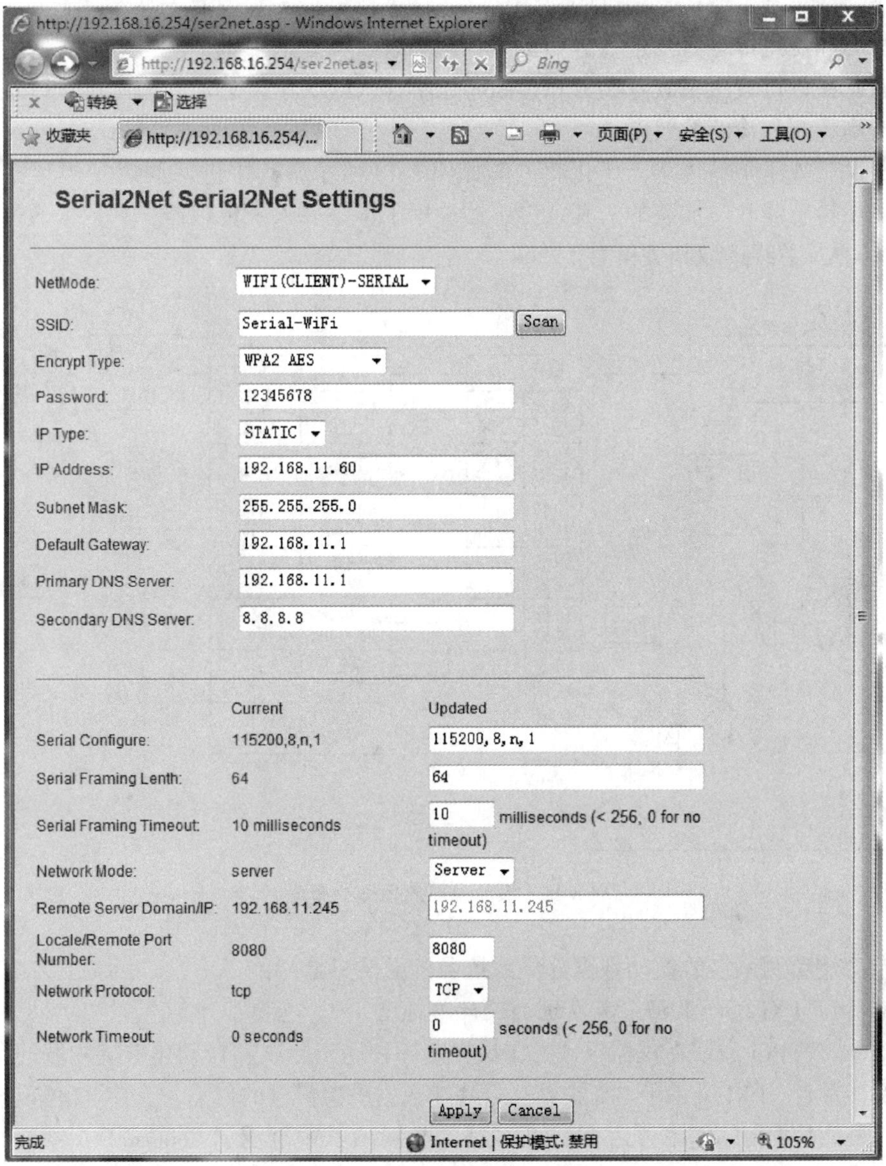

图 8-12 数据转换模块 IP 配置

8.3 状态参数监测与故障诊断系统硬件设计

8.3.1 液压系统监测与故障诊断系统硬件

根据液压系统柱塞泵的典型故障与工作原理，结合底盘车和架设液压系统的车载传感器，选择柱塞泵轴向、径向振动测量加速度计、进油压力传感器、出油压力传感器、回油压力传感器、泵体表面温度测量传感器、回油温度传感器、液压泵出油流量传感器和回油流量传感器、回油滤清器压差传感器等进行泵状态参数测量。在前期大量测量试验过程中，并结合液压泵生产厂家提供的故障诊断数据进行分析，发现液压泵入口压力、液压系统管路压力和压差传感器测量数据在正常状态和故障模式下区别不大，对液压泵的故障不敏感，因此在进行液压泵故障预测和诊断时，不计入这 3 个传感器的输入量，以减少数据冗余，提高预测和诊断的效率。

监测试验液压泵的传感器优化布局图如图 8-13 所示，其中进回油流量传感器和泵表面温度测量传感器专门加装的，其余传感器采用了车载嵌入式传感器，其数据通过架设电控系统的 CAN 总线读取相关信息。

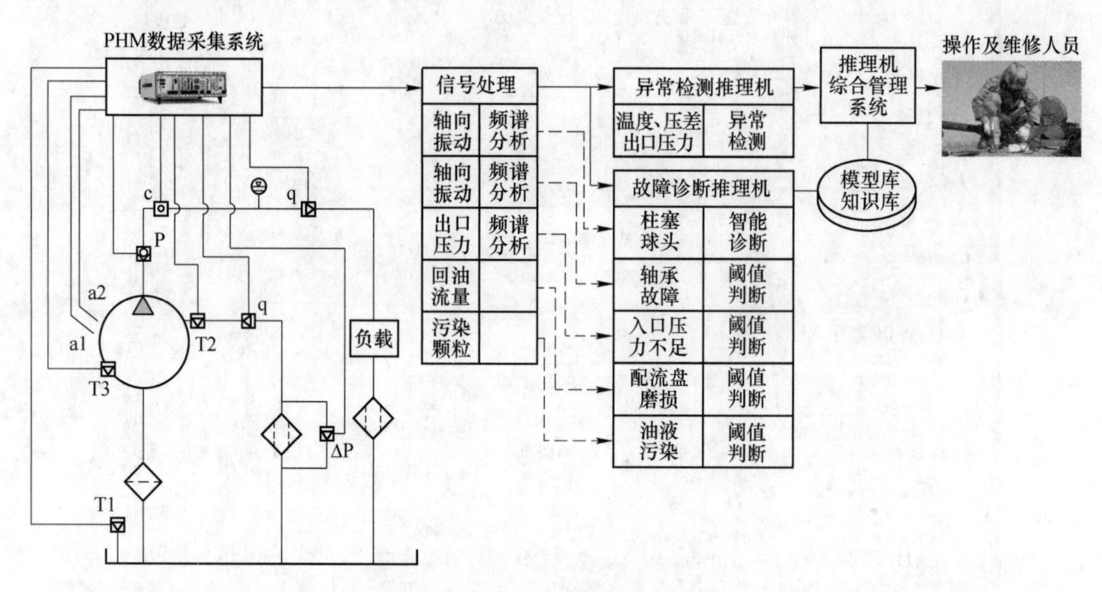

图 8-13　液压泵监测传感器布局

本节介绍监测系统的振动数据采集系统及各类传感器功能。

8.3.1.1　PXI 总线数据采集系统的设计与选型

PXI 总线是 PCI 总线在仪器领域的扩展，是一种用于测试和自动化系统领域的基于 PC 模块化仪器平台。PXI 继承了 PCI 总线适合高速数据采集传输的优点，支持 32 位或 64 位数据传输，最高数据传输速率可达 132 Mb/s 或 528 Mb/s；也继承了 CompactPCI 规范的坚固、模块化等优点，并且增加了适合仪器使用的触发总线、局部总线等硬件特性和关键的软件特性，使其扩展为一种用于测量、自动化和虚拟仪器的高性能、低成本的开发平台。

采用美国 NI 公司推出的 PXI 总线规范的数据采集系统进行振动信号的 PHM 现场数据采集与控制系统，由 NI PXIe-1092 四槽机箱、PXIe-8840 嵌入式控制器、PXIe-4492 八通道 IEPE 振动信号调理卡和其他附件组成。PXIe-4492 的主要技术参数见表 8-4。

表 8-4　NI PXIe-4492 调理卡主要技术规格

通道数	输入配置	耦合方式	采样频率	分辨率	数据转换模式
8	伪差分	AC/DC 可选	100 S/s~203.8 kS/s	≤181.9 μS/s	DMA

8.3.1.2　加速度传感器

加速度传感器主要用于测量柱塞泵的轴向和径向振动信号。泵体表面振动信号可用于泵的状态监测和故障诊断，其原因在于液压泵的动力输入连接装置、泵体内部的柱塞与柱塞套等配合件之间的间隙变化与松动、滑动件之间的磨损、柱塞与缸体上的疲劳裂纹、旋转轴承的损伤等都会产生振动并最终在泵壳上反映出来，这些振动信号包含了丰富的故障信息因而对液压泵故障的诊断非常关键。由于柱塞泵及传动装置在起动等过渡过程时状态不稳定，此时泵体的附加振动幅值往往较大，因此在选定加速度传感器时必须扩大量程选取，本节选取量程为 50g，同时根据 PXI 数据采集卡的规格确定了传感器的灵敏度等数值。

选用了扬州联能电子有限公司出口的压电式加速度传感器，传感器内部的微型 IC 放大器，将传统的压电加速度传感器和电荷放大器集于一体，可直接与数据采集卡及采集仪器连接，简化了测试系统并提高了测试精度和可靠性。该传感器为低阻抗输出，附加噪声小、抗干扰性强，可进行长电缆传输，安装方便、稳定可靠，抗潮湿与粉尘能力强，因此特别适合于复杂工程装备强电磁干扰、油污、振动等复杂作业环境。

其主要特性参数见表 8-5。

表 8-5 加速度传感器主要技术指标

型号	灵敏度 /mV·g^{-1}	量程/g	频率范围 (±10%)/Hz	分辨率/g	抗冲击/g	工作电压 (DC)/V	工作电流/mA	横向灵敏度/%
CA-YD-1182	99.3	50	1~10000	0.002	2000	18~28	2~10	<5

8.3.1.3 温度传感器

温度传感器主要用于采集液压系统的管道油温、油箱内部温度、出油口油温和柱塞泵表面温度。液压系统和液压泵正常工作时的油液温度和泵体表面温度的变化值在一定的范围内，当液压泵或液压系统出现故障时，温度参数的变化梯度和变化范围会出现异常。因此，通过监测液压油温度、泵体表面温度等参数，可以实现对液压泵和液压系统温度敏感故障的预测和诊断。当液压泵出现机械故障时，泵体表面温度会急剧上升。

A 油液温度测量传感器

采用雷诺公司生产的 TTP 温度传感器测量液压泵出口温度。TTP 温度传感器整体结构紧凑、采用了耐高压设计，尤为适合于工程装备液压系统的温度测量。传感器内部集成了 PT 热电阻和专业设计的放大电路，其采用的特有的密封方式和隔离电磁感应技术使其可承受 63 MPa 的高压环境。TTP 温度传感器的主要技术指标见表 8-6。

表 8-6 TTP 温度传感器主要技术指标

型号	量程	输出信号	供电电源（DC）	精度（FS）	保护等级	连接螺纹
TTP400-125-V	−25~125 ℃	0~5 V	9~28 V	±1.5%	IP65	M10×1

B 泵体表面温度测量传感器

采用 CWDZ21 型温度变送器进行泵壳温度测量。该变送器采用 PT100 铂热电阻（1/3B 级）作为信号测量元件，并经过计算机自动测试，用激光调阻工艺进行了宽温度范围的零点和灵敏度温度补偿。放大电路将传感器信号转换为标准输出信号，充分发挥了传感器的技术优势，使 CWDZ21 系列温度变送器具有优异的性能。它抗干扰、过载、温度漂移小、稳定性高，具有很高的测量精度，特别适合于工程装备液压系统及其他部件的温度测量。

该温度变送器是PT100传感器在温度影响下产生电阻效应，经专用处理单元转换产生一个差动电压信号，此信号经专用放大器，将量程相对应的信号转化成标准模拟或数字信号。其特点主要为：（1）宽电压供电、非线性修正、精度高；（2）体积小、重量轻、安装方便；（3）防雷击、截频干扰设计、抗干扰能力强；（4）反射保护、限流保护。

温度变送器的主要技术指标见表8-7。

表8-7 TTP温度传感器主要技术指标

型号	量程	输出信号	供电电源（DC）	精度（FS）	保护等级
TTP400-125-V	−25~125 ℃	RS 485（标准Modbus-RTU协议）	9~28V	±1.5%	IP65

8.3.1.4 压力传感器

压力传感器在液压系统中应用极广，用于测量柱塞泵出口压力、回油压力、多路比例换向阀进口压力等。多点压力的综合信息反映了液压泵、液压油缸、控制阀、滤油器等元件及系统的工作状态。监测液压泵的出口压力，可实现对液压系统压力异常、压力不可调、压力波动过大及压力不稳定等与压力信号敏感故障的预测与诊断。

A 液压泵出口压力测量传感器

液压泵出口压力测量传感器选用法国雷诺公司的SR-PTT400-05-0C压力传感器，该传感器内部使用了高精度、高稳定性的压力敏感组件，信号经过高可靠性的放大电路及精密温度补偿电路处理，将被液压系统的压力转换成0~3.3 V的直流电压。该传感器具有体积小、稳定性灵敏度高、防雷击、防射频干扰等特点，是一款非常适合工程装备液压系统压力测量的器件。其主要技术指标见表8-8。

表8-8 压力传感器主要技术指标

型号	测量范围	输出信号(DC)	过载压力	供电电压（DC）	介质温度	准确度（FS）
SR-PTT400-05-0C	0~40 MPa	0~3.3 V	2倍满量程	9~36 V	−30~85 ℃	0.5%

B 执行机构压力测量传感器

执行机构工作压力的测量选用了CYYZ11通用型压力变送器。该变送器采用不锈钢隔离膜片的OEM压力传感器作为信号测量元件，并经过计算机自动测试，用激光调阻工艺进行了宽温度范围的零点和灵敏度温度补偿。放大电路位于不锈钢壳体内，将传感器信号转换为标准输出信号，充分发挥了传感器的技术优势，使其具有优异的性能。它抗干扰、过载和抗冲击能力强、温度漂移小、稳定性高，具有很高的测量精度，适用于液压、气体和流程工业的压力测量。

压力传感器是在单晶硅片上扩散一个惠斯通电桥，被测介质（气体或液体）施压使桥臂电阻值发生变化（压阻效应），产生一个差动电压信号，此信号经专用放大器，将量程相对应的信号转化成标准模拟信号（见图8-14）或数字信号。

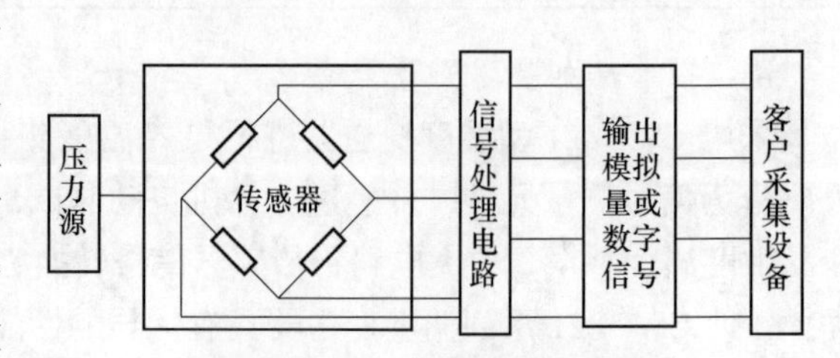

图8-14 压力传感器测量原理

该传感器的主要技术参数见表 8-9。

表 8-9 CYYZ11 通用型压力传感器主要技术参数

型号	测量范围	输出信号	精度等级(FS)	供电电压(DC)	介质温度	抗震性能
CYYZ11	0~40 MPa	RS485（标准 Modbus-RTU 协议）	0.5%	9~36 V	-40~85 ℃	10 g

8.3.1.5 流量传感器

流量传感器主要用于测量柱塞泵的出口流量和液压泵的回油流量。泵的回油流量实际反映了泵内部的泄漏情况，对其进行监测可预测和诊断泵内部柱塞、滑靴、配流盘等构件的性能状况，并根据失效准则和故障阈值判断零部件是否失效，同时，可通过回油量信号用于柱塞泵相关构件的寿命预测。轮式冲击桥液压系统属于高压系统，泵的转速较高，在运行过程中柱塞泵的配流盘磨损故障发生概率非常高。配流盘磨损程度的不断增加必然导致泵的容积效率降低。柱塞泵的转子与配流盘之间的间隙非常小，对其关键摩擦副磨损故障的预测和诊断只能通过回流量的监测来实施，并且分析推断出摩擦副的磨损规律。

选用了 CT 涡轮流量计（见图 8-15），其工作原理是流经管道的流量与涡轮转速成正比。涡轮转速由磁性转速传感器测取。内置的流量矫直器减少紊流并可使流量进行双向测量，使得由温度和黏度变化引起的影响最小化。该流量计有内置微处理器，保证了输出信号的线性度，减少了复杂校准或者查找图表。输出信号能够直接接入二次仪表、PLC 或 DAQ。涡轮流量计内部集成了加载阀，集成加载阀能在两个流向都提供平稳渐进的压力控制，确保液压缸、马达等元件无须重新管拉就能被测量。流量计的性能参数见表 8-10。

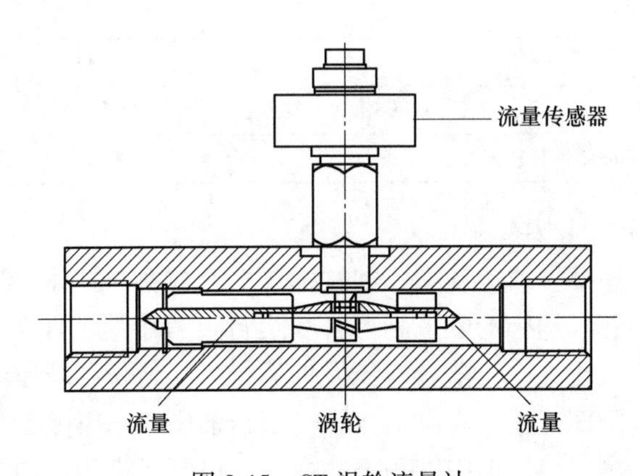

图 8-15 CT 涡轮流量计

表 8-10 流量传感器主要性能参数

型号	测量范围	工作压力	精度（FS）	介质温度	供电电压（DC）	输出（DC）	测量方向
CT400-B-B-6	10~400 L/min	42 MPa	1%	-20~90 ℃	12 V	0~5V	双向测量

8.3.1.6 温度压力及流量模块信号调理电路

由于流量传感器集成的温度、压力及流量信号本身输出信号均为模拟量，因此无法与无线数据转换模块直接连接，需进行模拟信号与 RS 485 信号的转换。本节选用了西安舟正电子科技有限公司的 RS 485 总线输出采集模块 DAQM-4206 进行信号的转换。DAQM-4206 是一款标准模拟量采集产品，支持 0~5 V、1~5 V、0~20 mA、4~20 mA 等量程 8 通道单端或差分输入。RS 485 通信接口光电隔离，应用层采用标准 Modbus-RTU 协议，符合工业标准。方便与上位机通信，可实现快速组网，构建监测系统。其技术参数见表 8-11。

表 8-11 DAQM-4206 技术参数

技术参数	描　述
输入量程	0~5 V，1~5 V，0~20 mA，4~20 mA，0~10 V（特别）
输入方式	8 通道单端或差分输入
采样频率	AD 采样率高达 1 MHz，8 通道同步采样
分辨率	12 位
精度等级	±1‰
输入阻抗	差分 200 kΩ，单端 20 MΩ
通信接口	光电隔离，RS 485 通信接口
通信协议	标准 Modbus-RTU，支持 8 位数据位、1 位停止位、无/奇/偶校验 3 种格式可选
通信波特率	1200 b/s、2400 b/s、4800 b/s、9600 b/s、19200 b/s、38400 b/s、57600 b/s、115200 b/s
通信距离	RS 485 通信距离小于 1000M
工作电压	12~30 V DC
保护等级	电源接口有极性保护，通信口隔离电压 2500 Vrms 500 DC 连续，+/-15 kV ESD 保护，防雷击，防浪涌
功率消耗	<2000 mW
质量	0.3 kg
使用环境	温度（-40~85 ℃），湿度［0~95%（不结露）］
安装方式	标准 35 mm U 形导轨安装

8.3.1.7 在线颗粒计数器

液压系统里有许多摩擦副或运动副，如柱塞泵中的柱塞与缸体、滑靴与配流盘、轴承组件、液压缸与活塞杆、马达中的摩擦副等，在运行过程中这些零件会因磨损产生磨屑，这些磨损微粒最后进入液压油中。随着液压元件运行时间增长，液压油中污染颗粒逐渐增加，当液压元件进入故障期或元器件发生故障，液压油中的污染颗粒会快速增加，这时通过在线颗粒计数器可以测出液压油中的污染物数量，以及污染物增加的速度，以此判断液压系统（液压油）的工作状态，并可预测和诊断液压系统的故障。本节选用上海罗湾实业有限公司的 LWL-5 型在线颗粒计数器（包括微量流量调节阀等相关附件）进行污染颗粒检测。

该计数器采用 ISO 111711/S04402 规定的遮光法原理进行油液清洁度检测。遮光法（light extinction）又可称为消光法或光阻法，最小检测粒径为 1 μm 或 4 μm（C）。遮光法具有检测速度快、抗干扰性强、精度高、重复性好等优点。

遮光法原理如图 8-16 所示，激光光源通过透镜产生一组平等光束，平等光束通过截

面积为 A 的样品流通室，照射到光电接收器件上，当液流中没有颗粒时，电路输出为 E 的电压，当液流中有一个投影面积为 a 的颗粒通过样品流通室时，阻挡了平行光速，使透射光衰减，此时在电路上输出一个幅度为 E_0 的负脉冲：

$$E_0 = -(a/A) \times E\ (\mathrm{V}) \tag{8-1}$$

若颗粒为球形，或以等效直径 d 描述该颗粒，且 E 等于 10 V，则

$$\begin{aligned} E_0 &= -(a/A) \times E(\mathrm{V}) \\ &= -[\pi \times (d/2)^2/A] \times 10(\mathrm{V}) \\ &= -(\pi d^2/4A) \times 10(\mathrm{V}) \\ &= -7.854 \times d^2/A(\mathrm{V}) \end{aligned} \tag{8-2}$$

即颗粒的投影面积和脉冲电压幅值呈线性关系。

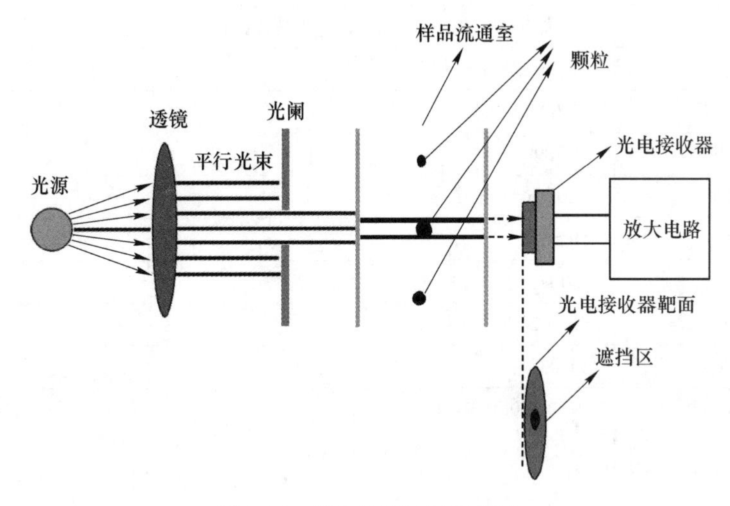

图 8-16　遮光法颗粒计数原理

这种颗粒计数系统具有下述特点：采用了光阻法原理，使用高精度激光传感器，体积小、精度高、性能稳定；适用于工程装备现场在线检测，能够实时监测液压系统中的颗粒污染度；内置数据分析系统，能显示粒径的真实数据自动判定样品等级；具有体积冲洗和时长冲洗模式，方便用户对设备的使用和维护；内置《液压系统固体颗粒污染物分级》(ISO 4406—2021)、《液压系统中使用的零件的清洁度要求》(NAS 1638—2011)、《航空航天液压油污染物分级标准》(SAE AS 4059F—2013)、《污染度等级标准》(GJB 420A—1996)、《航空工作液固体污染度分级》(GJB 420B—2015)、《工业清洁度　液体清洁度等级》(GOST 17216—2001)、《液压传动　油液　固体颗粒污染等级代号》(GB/T 14039—2002) 等颗粒污染度等级标准，一次测试可以给出所有内置标准结果；内置标准功能，可按《液压传动　液压在线自动颗粒计数系统校准移验证方法》(GB/T 21540—2008)、《液压传动　液体悬浮颗粒自动计数仪器的校准》(ISO 4402—1991)、《液压传动　液体自动颗粒计数器的校准》(ISO 11171—2020)、《液压传动　液体自动颗粒计数器的校准》(GB/T 18854—2015) 等标准进行校准；可独立设定所有标准任意报警级别，实现污染度或洁净度检测；坚固外形结构、适合野外等复杂工作环境；可连续测试也可任意设置测试时间间隔；RS 232/RS 485 接口，支持标准 Modbus 协议可连接电脑、上位机、

打印机、PLC 系统或其他设备进行数据监控与处理。其技术指标见表 8-12，其外形如图 8-17 所示。

表 8-12 LWL-5 颗粒计数器指标参数

技术指标	参数
光源	半导体激光器
流速范围	10~500 mL/min
检测样品黏度	≤350 Cst
在线检测压力	0.1~42 MPa
粒径范围	1~500 μm
接口	RS485
数据存储	提供 100 组数据存储空间，并支持优盘存储
灵敏度	1 μm 或 4 μm（C）
极限重合误差	40000 粒/mL
计数体积	1~999 mL
计数准确性	±0.5 个污染度等级
防护等级	IP56
响应时间	30 s
测试时间间隔	1 s~24 h
检测样品温度	0~80 ℃
工作温度	-20~60 ℃
供电	AC 220 V ±10%、50/60 Hz 或 DC 12~40 V
重量	1.1 kg
体积	115 mm×85 mm×60 mm

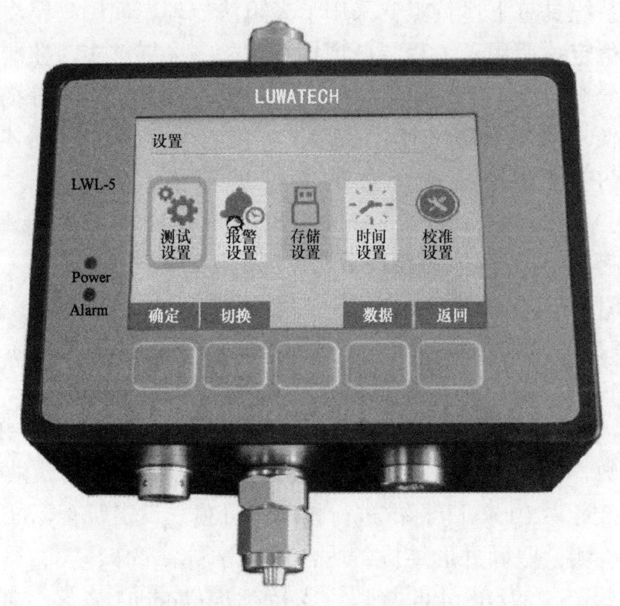

图 8-17 LWL-5 在线颗粒计数器

8.3.1.8 测试辅助设备的设计与制作

在液压系统故障检测中，需要用专用的接头和管路将传感器接入液压系统，在移动操纵盒的检测过程需要用专用线缆将操纵盒与检测仪连接。本节根据实车管路接头的型号、尺寸，在节约成本、方便诊断的条件下，设计加工测试液压油管与专用接头和连接线缆，保证液压参数测量的精确性。

A 连接油管与专用接头

在液压系统检测时，需要将三位一体传感器接入液压回路，为使三位一体传感器顺利连入被测回路，保证现场检测的要求，根据不同的检测需求制作了不同管径的油管和相应的专用接头。油管和专用接头按统一要求设计与制作标记。本节制作的连接油管与专用接头的实物图如图 8-18 所示。

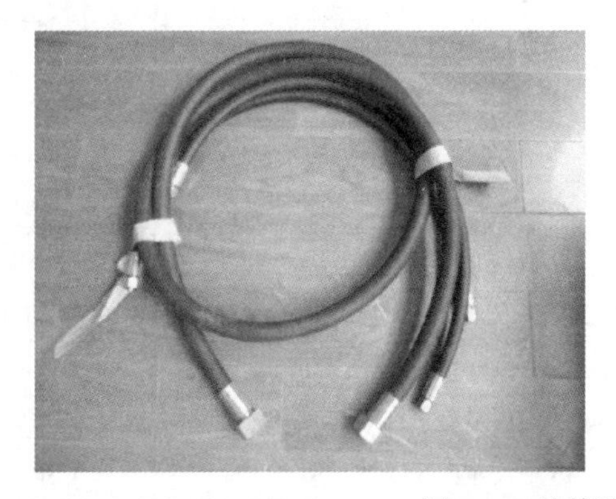

图 8-18 连接油管与专用接头

B 连接线缆

连接线缆的一端与移动操纵盒或三位一体传感器连接，另一端与检测主机相接。轮式冲击桥的现场试验环境为野外，现场的干扰因素较多，为了防止这些干扰信号对系统检测性能的影响，在系统的设计中，连接线缆均采用具有屏蔽功能的线缆，即在导线外面包了一层保护层。在此根据不同的检测需求制作了不同芯数的线缆，并通过击穿实验验证其满足该系统现场检测的要求。所制作的连接线缆的实物图如图 8-19 所示。

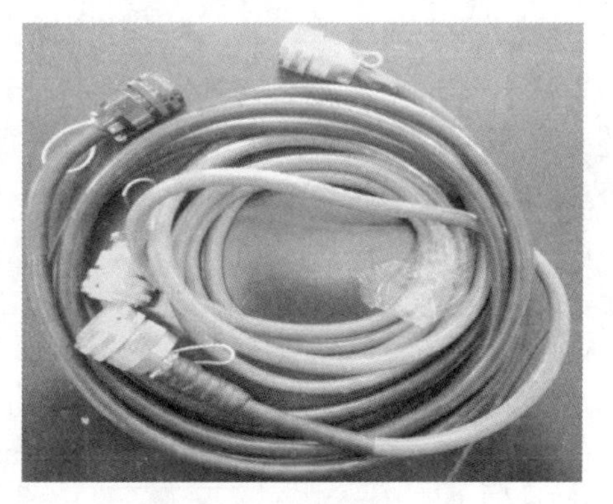

图 8-19 连接线缆实物图

8.3.2 架设控制系统车载健康监测系统

8.3.2.1 传感检测系统

架设控制系统通过车载传感器，将架设机构和电液系统的一些状态变送成电信号送给控制器，进行逻辑互锁等判断。架设控制系统的传感器主要有机构位置传感器（包括行程开关、接近开关、油缸位移检测）和液压系统状态传感器。传感器配置见表 8-13。

表 8-13　架设控制系统传感器配置表

序号	名　称	信号形式	信号特性	备注
1	底盘车倾角	CAN 总线输出	-3000~3000	±30°
2	油箱液位	AI	DC 0~8 V	0~170 L
3	系统压力	AI	DC 1~5 V	0~40 MPa
4	翻转架原位	DI	DC 24 V	
5	翻转架高位	DI	DC 24 V	
6	舌形臂原位	DI	DC 24 V	
7	支腿原位	DI	DC 24 V	
8	桥面限位	DI	DC 24 V	2 路
9	后插销脱销	DI	DC 24 V	2 路
10	后插销插销	DI	DC 24 V	2 路
11	转臂小腔压力	AI	DC 1~5 V	0~40 MPa
12	转臂大腔压力	AI	DC 1~5 V	0~40 MPa
13	支腿压力	AI	DC 1~5 V	0~40 MPa
14	舌形臂位移	CAN 总线输出	0~46600	2330 mm
15	展桥位移	CAN 总线输出	0~38600	1930 mm
16	左前插销位移	CAN 总线输出	0~4096	0~360
17	右前插销位移	CAN 总线输出	0~4096	0~360

8.3.2.2　系统的在线检测

架设控制系统工作时，系统控制器实时监测外围传感器的工作状态及挂接在通信总线上的各个智能节点的在线情况，不断地扫描系统控制输入，并且与设定的控制逻辑相比较，不满足条件则通过作业显示终端进行图形、文字及灯光报警。图 8-20 为架设控制系统健康监测信号接口示意图。

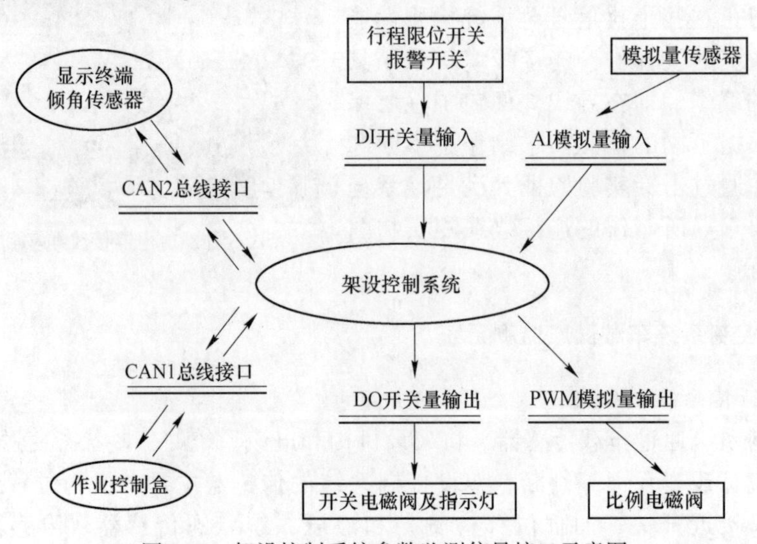

图 8-20　架设控制系统参数监测信号接口示意图

该装备架设控制系统的健康监测是通过主控系统完成的，主控系统的执行流程包括系统初始化、监测信号处理、系统信息处理、控制逻辑、输出控制、总线解析等模块设计与开发来实现，其构成关系如图 8-21 所示。

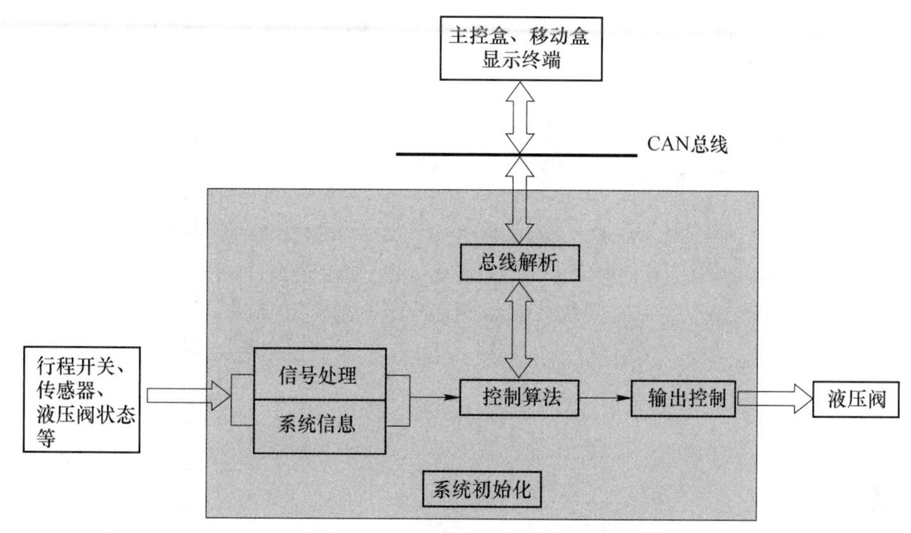

图 8-21 健康监测主控系统结构设计

8.4 状态参数监测与故障诊断系统软件开发

8.4.1 软件功能设计与开发平台选择

装备参数监测软件系统的功能需求如图 8-22 所示。

系统软件共分为两个主要模块，即液压泵状态监测与故障诊断模块、电控系统状态监测与故障诊断模块。

状态监测软件采用虚拟仪器技术开发。所谓虚拟仪器，其实质是用软件代替传统仪器的信号变换与处理功能，传统仪器的人机接口界面采用软件图形表达方式。虚拟仪器的核心是软件，基础是计算机（包括数据采集卡、通信总线等），虚拟仪器的 UI 既可以是计算机显示屏，也可以是 LED、LCD 及其他的人机交流器件。由于虚拟仪器的信号处理功能是基于软件实现的，可以充分发挥计算机软件和各种新型算法的强大功能，以及计算机硬件快速提高的优势，呈现出非常强大的功能。计算机软件的更新和各种新型算法不断涌现，以及集成电路技术的快速发展，使得虚拟仪器的功能不断增强，应用领域不断扩大。

虚拟仪器技术的主要开发平台包括基于文本的面向对象开发平台 LabWindows/CVI 和基于图形化 UI 的虚拟仪器开发平台 LabVIEW。两种开发平台各有千秋，前者以 C 语言为基础，兼容性、底层操作性和集成性都比较强，但开发难度稍大；后者以图形化界面为基础，采用框图（diagram）函数和流程概念进行虚拟仪器的开发，其核心为数据流，编程思路与领域工程师的设计图相近，特别适用于现场工程师应用，且界面优美，逼真度好，非常近似于实际测控仪器。LabVIW 平台提供了丰富的信号处理框图函数，可进行常规的各种信号处理与变换，同时提供了大量的扩展工具包或功能模块，如高级信号处理包（Advanced Signal

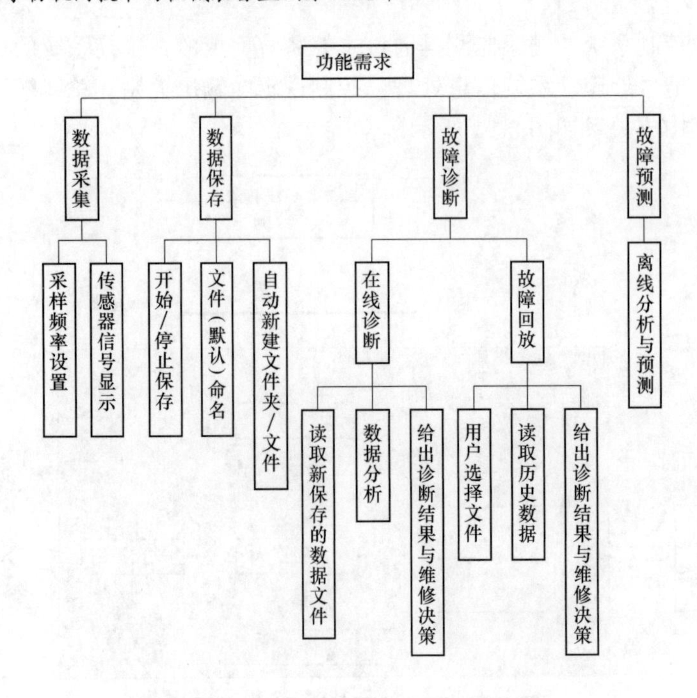

图 8-22　状态监测主控系统结构设计

Processing Toolkit)、DSC 扩展模块（Datalogging and Supervisiory Control Module)、报告生成工具包（Report Generation Toolkit for Microsoft Office）等。其中信号处理扩展包集成了小波分析、时间序列分析、时频联合分析、系统辨识等功能，特别适用于装备的故障监测与诊断分析。DSC 模块极大地扩展了 LabVIEW 在分布式测量、控制和多通道监测等方面的应用。选用 LabVIEW 开发状态监测软件平台，状态软件的主界面如图 8-23 所示。

图 8-23　软件系统主界面

8.4.2　液压泵状态监测模块

8.4.2.1　界面设计

液压泵状态监测模块的功能是以示波器的形式显示传感器采集到的液压泵的纵向和横

向振动数据，回油流量数据和污染颗粒数据等。液压泵健康监测的主界面如图 8-24 所示，图 8-24（a）是液压系统参数的显示界面，显示区域分为四大块，分别为污染颗粒计数器、压力显示（液压泵入口压力、出口压力和滤油器的压差信号）、流量显示（回油流量和出口流量、温度显示（液压油管路温度、油泵的出口液压油温度和液压泵的表面温度）。图 8-24（b）为液压泵的振动特性参数监测界面，分别显示了液压泵运行过程中的轴向和径向振动状态信号。

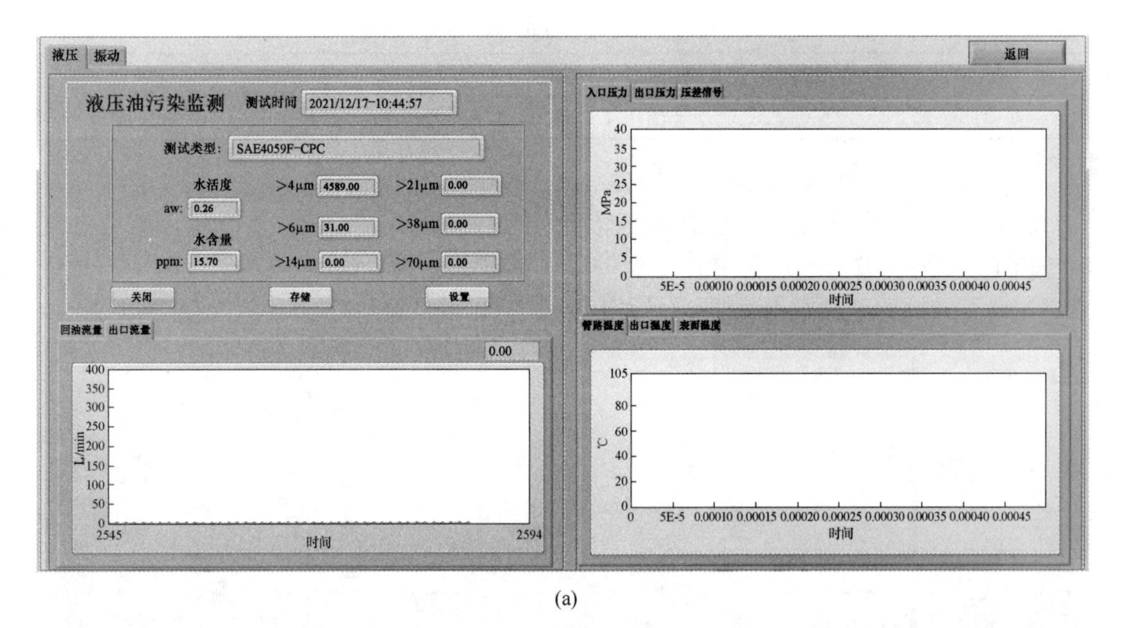

(a)

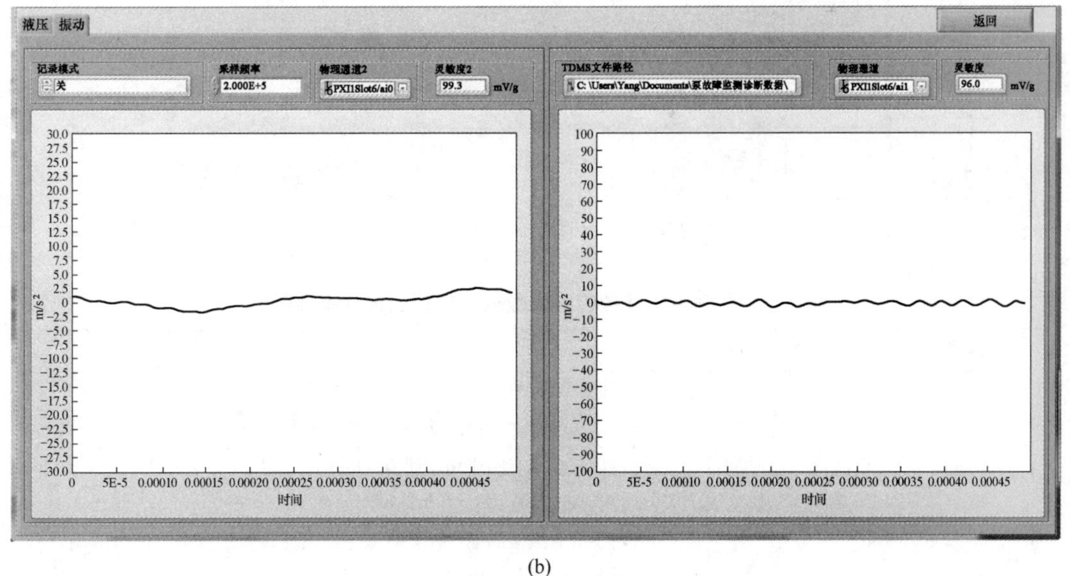

(b)

图 8-24 液压泵健康监测主界面

（a）液压状态参数监测；（b）振动状态参数监测

8.4.2.2　颗粒计数传感器数据采集程序的开发

A　通信协议

LWL-5 在线油液颗粒计数器信号输出采用 Modbus-RTU 模式，支持 Modbus 的功能码。传感器系统设置了参数寄存器，测试数据寄存器及仪器操作寄存器，以满足共通信功能。使用 Modbus 通信规约的功能码 03（读取单个或多个保持寄存器数据）、功能码 06（设置单个保持寄存器）、功能码 16（设置多个保持寄存器），功能码 05（写单个线圈寄存器）及功能码 04（读取输入寄存器）即可与传感器系统正常交互。传感器系统的通信格式见表 8-14。

表 8-14　LWL-5 颗粒计数传感器通信参数

标准	波特率	起始位	数据位	校验位	通信间隔	寄存器位数
Modbus-RTU 方式	9600 b/s	1 位	8 位	无	>50 ms	16

B　程序框图（block diagram）开发

颗粒污染计数传感器系统数据采集程序采用 LabVIEW 语言开发，其框图程序如图 8-25 所示。程序主要分为建立 TCP 连接、向 TCP 地址端口写入测试指令、读取 TCP 地址端口数据和关闭 TCP 资源等几部分，所调用的图标函数见表 8-15。

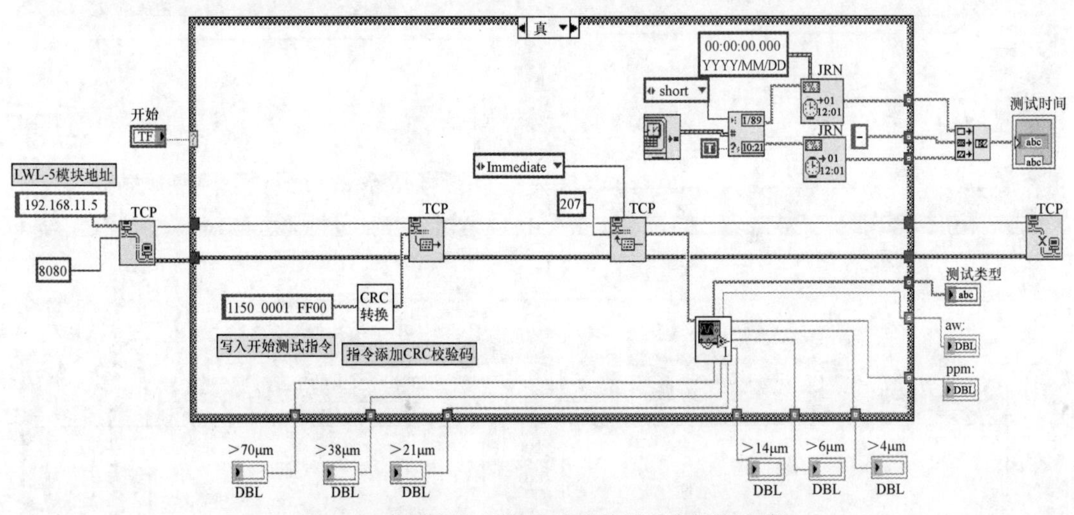

图 8-25　颗粒污染计数传感器数据采集框图程序

表 8-15　颗粒污染计数传感器数据采集框图程序主要函数

函数名称	主要 I/O 参数	说　明
打开 TCP 连接（函数）	地址	该地址为传感器的网络地址，指定为 192.168.11.5
	远程端口	采集与其确立连接的端口或服务的名称，设定为 8080
	超时毫秒	指定函数等待完成和返回错误的时间，以 ms 为单位
	错误输入	表明节点运行前发生的错误
	本地端口	用于本地连接的端口。某些服务器仅允许使用特定范围内的端口号连接客户端，范围由服务器确定
	连接 ID	唯一标识 TCP 连接的网络连接引用句柄。该连接句柄用于在以后的 VI 调用中引用连接
	错误输出	包含错误信息。该输出将提供标准错误输出功能

续表 8-15

函数名称	主要 I/O 参数	说　明
写入 TCP 数据（函数）	连接 ID	唯一标识 TCP 连接的网络连接引用句柄，与打开 TCP 连接函数对应连接
	数据输入	包含要写入连接的数据，程序中输入指令用于控制传感器的操作，指令后边应附加 CRC 校验码，程序中调用子 VI 完成此功能
	超时毫秒	与打开 TCP 连接（函数）参数相同
	错误输入	
	错误输出	
	连接 ID 输出	返回值与连接 ID 相同
	写入的字节	VI 写入连接的字节数
读取 TCP 数据（函数）	模式	表明读取操作的动作，该参数可取 Standard、Buffered、CRLF 和 Immediate 等 4 类输入，该程序中取为 Immediate，其功能为在函数接收到读取字节中所指定的字节前一直等待。如该函数未收到字节则等待至超时，返回目前的字节数。如函数未接收到字节则报告超时错误
	读取的字节	指要读取的字节数。参照 LWL-5 在线油液颗粒计数器的 Modbus 协议文档中内容，其当前测试数据总量为 207 字节，因而字节数取为 207
	数据输出	包含从 TCP 连接读取的数据，该程序中调用子 VI 对所读取的数据字符器进行转换处理
关闭 TCP 连接（函数）		主要参数与上述函数相同

8.4.2.3 温度、压力、流量集成传感器采集程序的开发

PHM 监测平台主回路流量传感器采用了雷诺公司生产的 CT400-B-B-6 一体化流量温度压力集成传感器，3 种传感器的输出信号均为电压型，不能直接接入串口 WiFi 转换模块，因此采用 DAQM-4206 模拟量采集模块将信号转换为符合 Modbus-RTU 协议的 RS485 信号。

A　DAQM-4206 Modbus 通信说明

DAQM-4206 数据采集模块的数据输入寄存器地址范围见表 8-16，读取输入寄存器数据的功能码为 0x04。主机发送格式为：“设备地址”“04”“寄存器地址高字节”“寄存器地址低字节”“寄存器数高字节”“寄存器数低字节”“CRC 低字节”“CRC 高字节”，如读取 8 个输入寄存器，主机发送 16 进制指令 01 04 00 00 00 08 F1 CC。

表 8-16　DAQM-4206 输入寄存器地址表

寄存器地址	寄存器功能说明	寄存器取值（寄存器类型为 16Bit）
40001	第 1 路模拟量输入	0x0000-0x0FFF（12 位分辨率）
40002	第 2 路模拟量输入	0x0000-0x0FFF（12 位分辨率）
40003	第 3 路模拟量输入	0x0000-0x0FFF（12 位分辨率）
40004	第 4 路模拟量输入	0x0000-0x0FFF（12 位分辨率）
40005	第 5 路模拟量输入	0x0000-0x0FFF（12 位分辨率）

续表8-16

寄存器地址	寄存器功能说明	寄存器取值（寄存器类型为16Bit）
40006	第6路模拟量输入	0x0000-0x0FFF（12位分辨率）
40007	第7路模拟量输入	0x0000-0x0FFF（12位分辨率）
40008	第8路模拟量输入	0x0000-0x0FFF（12位分辨率）
其他	未提及地址保留，不可用	

读取的寄存器值应转换为实际的模拟量，当传感器输出为5 V时，输入寄存器值为0xFFF，采集的值按此对应比例进行转换。

B　流量采集框图程序开发

液压泵出口流量数据采集框图程序如图8-26所示，该程序首先创建“打开TCP连接”函数，流量计的IP地址为192.168.11.7，然后主机向地址端口写入数据读取指令。DAQM-4206数据采集模块读取指令后，采集流量计的输出信号并将其转换为RS485信号输出至串口WiFi转换模块。主程序通过WiFi信号获取流量数据后，进行数据格式转换与标度变换，将数据在主界面显示出来，并根据程序控制进行数据的存储、故障诊断与报警等操作。

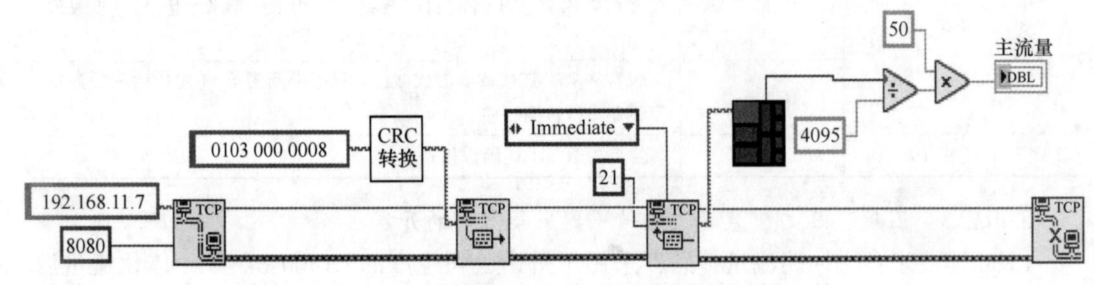

图8-26　液压泵出口流量信号采集框图程序

8.4.2.4　柱塞泵振动信号采集程序框图

振动信号采集框图程序可分为通道设置、定时设置、记录设置、触发设置、采集数据和资源释放等进程。其中通道设置主要进行接线端配置，任务类型、物理通道、IEPE电流值和IEPE激励源的设置，加速度测试值的上、下限设置，灵敏度及其单位设置等。定时设置主要进行采集模式、采样率、时钟源等的设定。记录设置进程完成文件记录通道、文件路径、记录模式等的设置。触发设置用于触发采集时的触发源、触发信号极性等的设定。采集数据进程对信号循环采样数和采样方式等进行设定并完成数据的采集，振动信号采集框图程序如图8-27所示。

8.4.3　液压泵故障诊断模块

液压泵的故障诊断包括两部分内容，即故障的在线诊断和故障回放。故障在线诊断除直接的液压参数越限报警外，同时采用基于功率谱分析的诊断算法进行故障诊断，因而在线诊断是一种半实时的故障诊断。状态数据采集系统在采集完成一段传感器数据后，实时保存状态数据。在线诊断模块读取存储的数据文件，根据设计的故障诊断算法程序识别液压泵的故障模式，得出诊断结果，并以波形曲线的方式显示出故障诊断的信号波形。故障

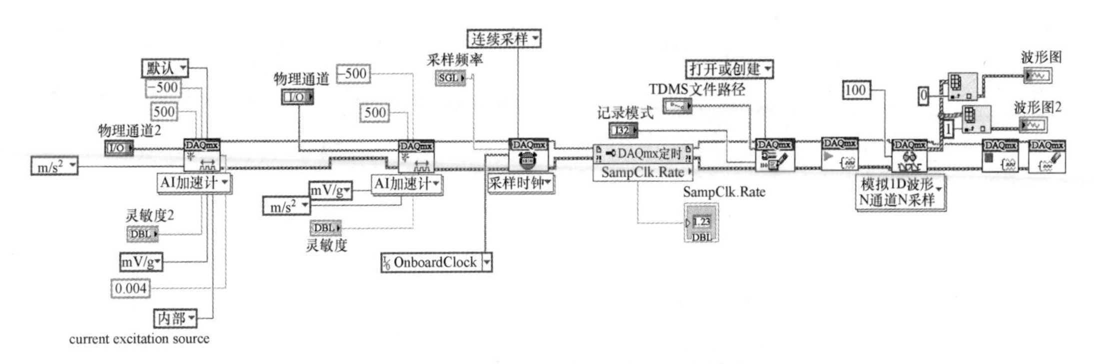

图 8-27 液压泵振动信号采集框图程序

回放模块属于离线分析诊断，用户选择读取计算机存储的液压泵振动信号数据，按照故障诊断算法对液压泵进行故障诊断，显示诊断结果和波形曲线，并根据故障诊断的结果给出自主式维修保障方案。液压泵故障回放主界面如图 8-28 所示。

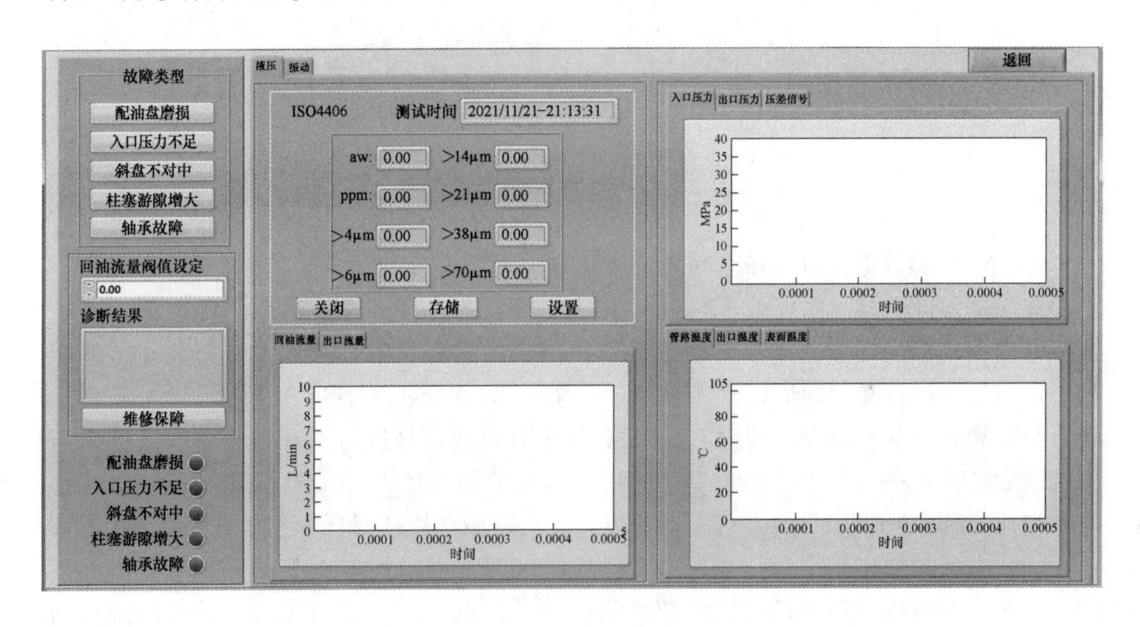

图 8-28 液压泵故障回放主界面

该装备液压系统主泵为斜盘式柱塞泵，其型号为 A11V75ODRS/10L-NZD12N00，排量为 74 mL/r，泵的最高工作压力为 35 MPa，最高允许转速 2550 r/min。这种柱塞式液压泵在工程装备中应用较多。这种泵常见的故障类型有 5 种，即配油盘磨损、吸油口压力不足、转子轴承故障、柱塞游隙增大和转子不对中等。这 5 种故障的故障特征各不相同，故障诊断的判据和算法相异，通过课题研究，开发了故障诊断的程序。

8.4.3.1 配流盘磨损故障诊断

柱塞泵的配流盘与缸体紧密配合，在其上形成封油区以使吸油口和压油口隔开，因此配流盘磨损故障将导致封油区的油液泄漏，使泵的回油流量发生变化。配流盘的磨损量越大，泵的回油流量也随之增加。图 8-29 为配流盘磨损故障的诊断流程。

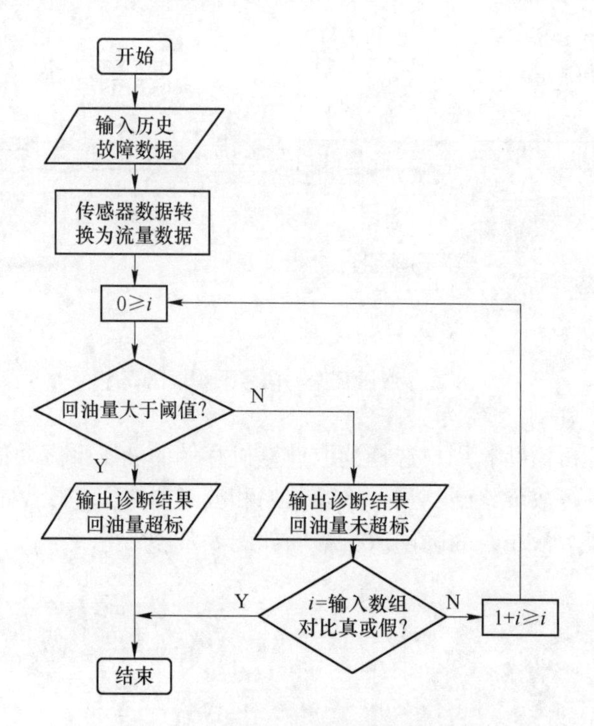

图 8-29　配流盘磨损故障诊断流程

8.4.3.2　液压泵入口油压不足故障诊断

液压泵入口压力（系统背压）过低或呈负压状态时，将导致油泵的出口压力产生大幅波动，稳定性变差，严重影响液压系统的正常运行。如泵的输出流量较小，此时出口压力呈现比较规则的周期性正弦波动，如图 8-30 所示。通过理论和试验分析，发现信号波动频率基本恒定，利用 LabVIEW 程序对时域信号进行功率谱变换，可得到压力曲线的波动频率，在该特征频率处的功率谱幅值明显增大，如图 8-31 所示。对比正常入口压力和 0 MPa 入口压力状态下的出口压力时域曲线（见图 8-32），可发现正常入口压力状态下的液压泵出口压力曲线为小幅值噪声曲线，没有明显的周期性。由此可确定利用压力曲线的功率谱峰值参数作为故障诊断的判据，入口压力不足的故障诊断流程如图 8-33 所示。

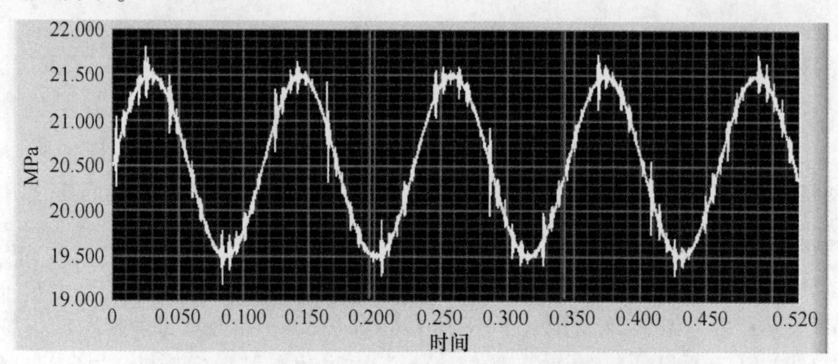

图 8-30　入口压力为 0 MPa 时液压泵出口压力曲线

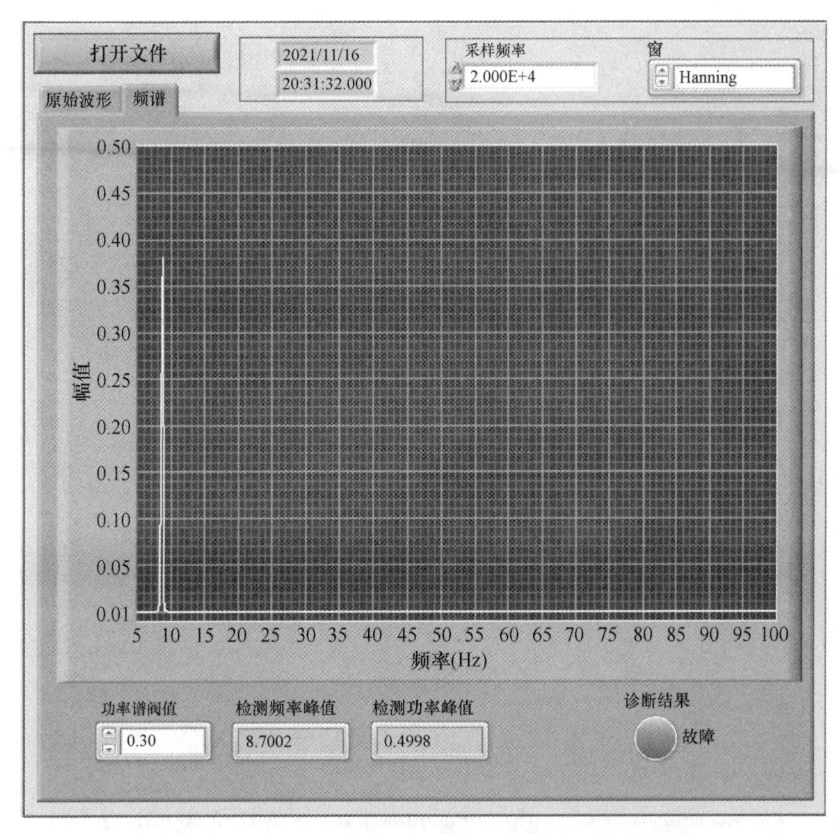

图 8-31 入口压力为 0 MPa 时液压泵出口压力功率谱图

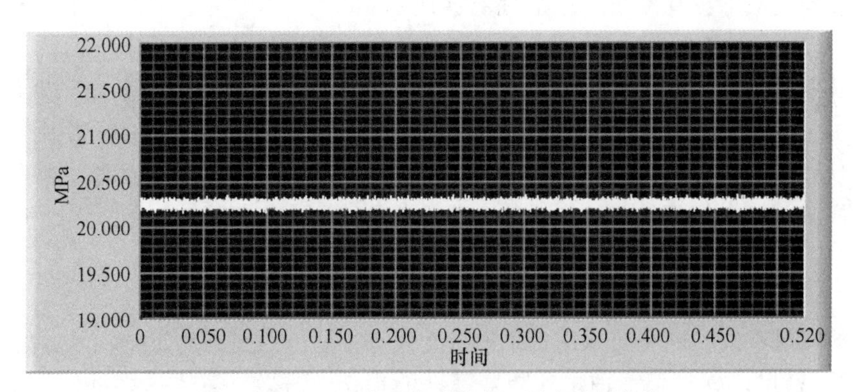

图 8-32 入口压力正常时的出口压力时域曲线

8.4.3.3 柱塞游隙增大故障诊断流程

油泵供油时其柱塞在缸体中处于往复运行状态，油泵每转动一周，柱塞头部都要经受两次振动冲击，随着液压泵工作时间的增长，柱塞球头和球窝因振动冲击次数的累积而导致游隙逐渐增大，当游隙量超过正常工作阈值时会导致液压泵性能明显劣化或性能下降影响使用。根据国内外相关的研究资料，该项目利用编制的虚拟仪器分析程序，分析了采集的液压泵柱塞游隙增大故障数据，发现当柱塞游隙增大时，所采集的壳体的纵向和轴向振动信号的功率谱，在特征频率的 1、2、4、5、7、8 倍频处，取特征频率处的最大能量与

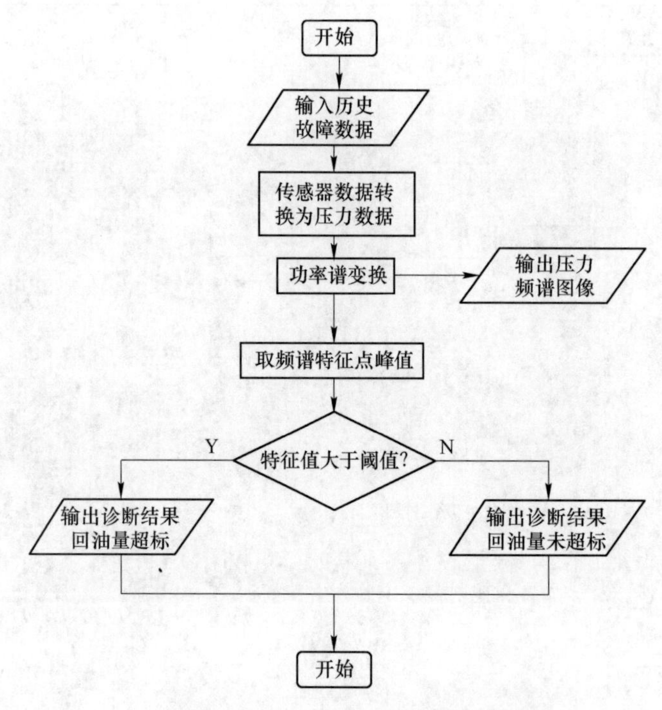

图 8-33　入口压力不足故障诊断流程

各自邻域±ε（ε 根据经验值确定）的平均能量比例的和为特征参量，这些不同倍频处的特征参量之和将会变小。因此，当这些特征参量之和低于设定阈值 100 时，可判定柱塞泵发生的柱塞相关故障，其诊断流程如图 8-34 所示。

8.4.3.4　斜盘不对中故障

柱塞泵发生斜盘不对中故障时，斜盘因偏心会造成轴向窜动，对泵体产生径向冲击。斜盘不对中主要造成柱塞泵的径向冲击，所以其轴向加速度测量值对故障不敏感。结合相关参考文献和试验研究，同样选取特征频率的 1、2、4、5、7、8 倍频作为特征频率点，采用与柱塞游隙增大故障类似的判断方法进行参数的计算和故障的判别，诊断流程可参照图 8-34。

8.4.3.5　转子轴承故障

轴承故障的在线诊断主要采用希尔伯特变换等方法。这是因为滚动轴承的故障一般表现为滚珠（液针）、保持架、轴承外圈等零件的损伤、失效等，当这些部件发生故障时，大多会诱发轻微的同期性振动，从而在频谱图上呈现出来。但由于多个轴承滚动体的振动与轴承本身的振动互为耦合，通常在其频谱图上难以清晰辨识出来。如果仅有单个滚珠发生故障，其固有的调制频率可采用式（8-3）进行计算。

$$f = \frac{f_r D}{d}\left(1 - \frac{d^2}{D^2}\cos\alpha\right) \tag{8-3}$$

式中，f_r 为滚动体自转频率；d 为滚动体直径；D 为轴承节圆直径；α 为轴承接触角。已知柱塞泵轴承为深沟球轴承，型号为 61902，其滚动体直径为 3.969 mm，轴承节点直径为 28 mm，滚动体自转速度为 5000 r/min，则通过式（8-3）可以得出滚动体故障的特征频率：

$$f = \frac{6000 \times 28}{60 \times 3.969}\left(1 - \frac{3.969^2}{28^2}\cos 0\right) = 14.1\ \text{Hz} \tag{8-4}$$

由此可知，如果某一滚子发生故障，则故障特征频率 14.1 Hz 处将有异常能量出现。实际运转过程中，式（8-4）计算出的特征频率会因为各种不确定性因素的干扰或其他因素的影响产生微量偏移，在实际计算和测定时需划定偏差区域，可设为［13，15］Hz。

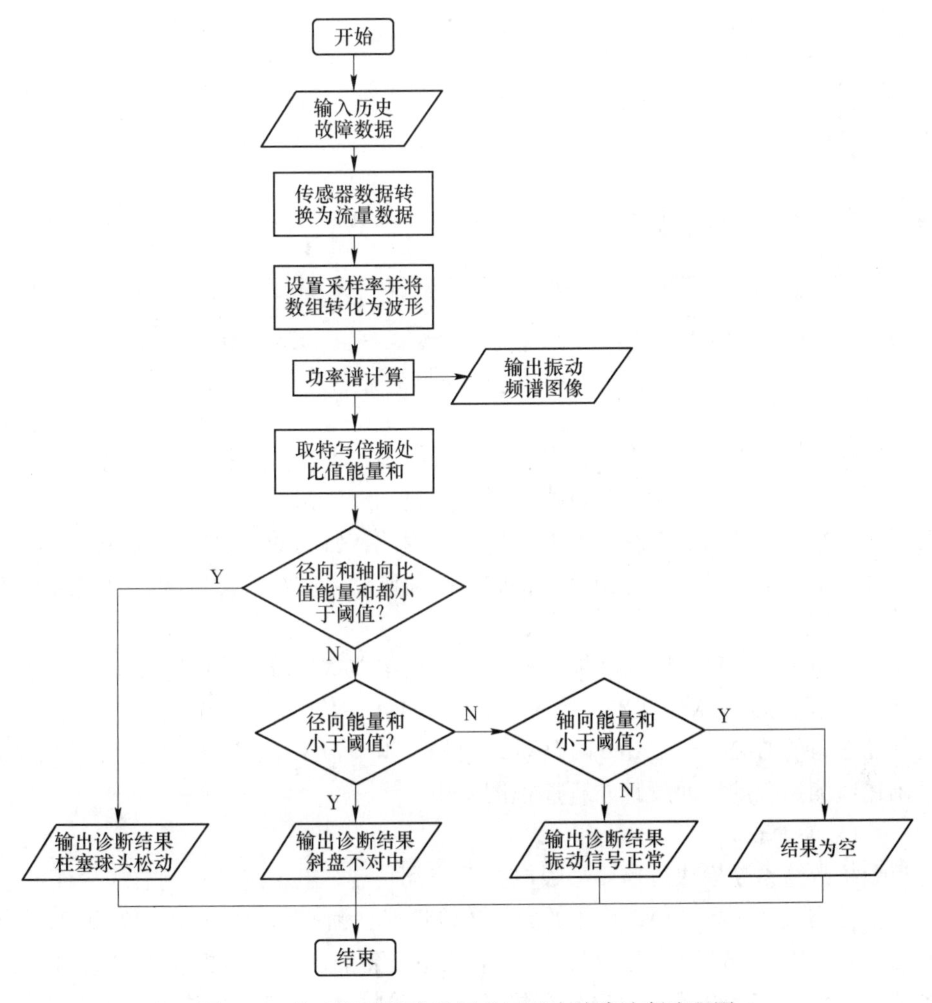

图 8-34 柱塞游隙增大及斜盘不对中故障诊断流程图

在实际的故障诊断过程中，由于滚动体的振动信号是通过轴承座和液压泵壳体传递给振动传感器的，滚动体的振动信号与轴承座和壳体的振动信号产生耦合或被干扰，此时直接测试壳体表面的振动信号进行功率谱变换，是难以区分故障的特征频率的。工程应用中往往通过对振动信号进行倒频谱分析，而获得分离性能良好的振动重构信号，并准确识别出振动的特征频率，如图 8-35 所示。

8.4.4 电控系统故障诊断模块

电控系统故障诊断模块架设控制系统工作时，系统控制器实时监测外围传感器的工作

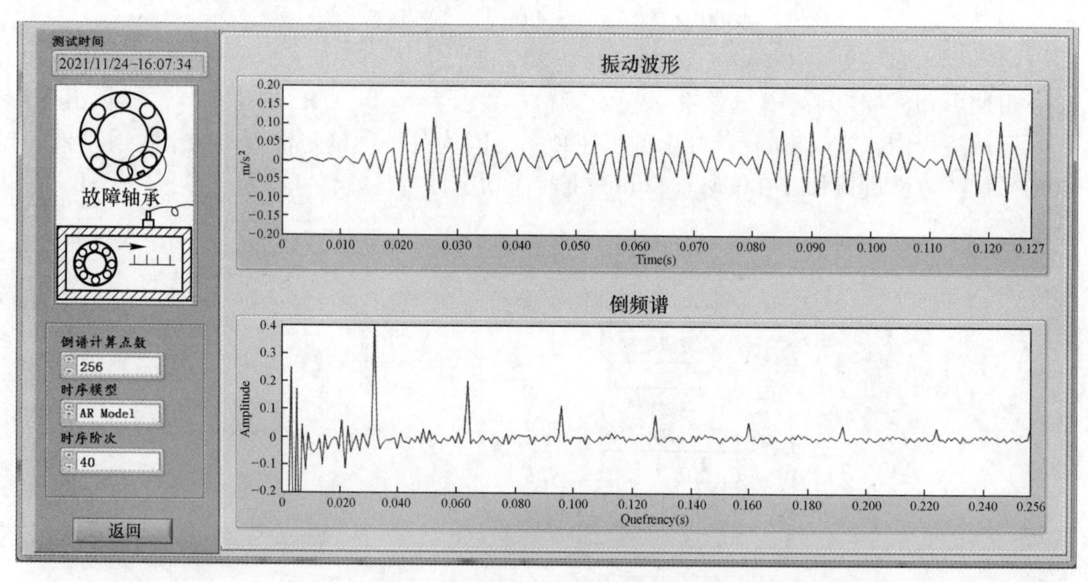

图 8-35 柱塞泵轴承的倒频谱

状态及挂接在通信总线上的各个智能节点的在线情况，不断地扫描系统控制输入，并且与设定的控制逻辑相比较，不满足条件则通过作业显示终端进行图形（文字）及灯光报警。状态监测系统必须实现其相应功能并有所增强。因此，研制的架设电控系统故障诊断模块共分为 4 部分，分别为系统故障报警、传感器故障监测、阀组故障监测、总线与网络故障监测等。

由于电控系统故障监测与诊断模块所有状态参数均来自该装备的车载 CAN 总线，CAN 数据分析仪选用 sysWORXX 型号的双通道 USB-CAN 模块，两个通道分别连接 1 号控制箱的外控接口的 CAN1 和 CAN2 两路总线信号，本节以 CAN 总线与网络部件监测模块为例，阐述监测系统的界面设计与程序框图实现。

8.4.4.1 界面设计

电控系统故障诊断模块可监测架设电控系统及底盘车电系统的控制总线、任务总线的工作状态，检测 CAN1 和 CAN2 总线的数据传输情况、帧速率与校验错误等信息，能够精确地判定 CAN 总线的故障状态。在总线通信状态监测的同时，该模块可诊断通信总线上的各个节点，包括显示终端、指控计算机、1 号控制箱、主控盒、移动操纵盒、阀组箱、2 号控制箱及部分传感器的故障情况，其界面如图 8-36 所示。

8.4.4.2 程序设计模式

电控系统故障诊断模块的程序设计通用了基于状态机的生产者消费者模式，CAN 总线的报文通过队列消息传递。

A LabVIEW 的状态机

有限状态机简称状态机（state machine），是用来表示有限个状态、各个状态之间的转移行为及状态动作的执行的模型，状态机的基本要素有 3 个，即状态、事件和响应或动作，在某一特定的时刻，系统可能处于一种状态。状态机中输入事件的状态变化有可能引起系统状态的变化，而输出事件的产生可能是任意的。

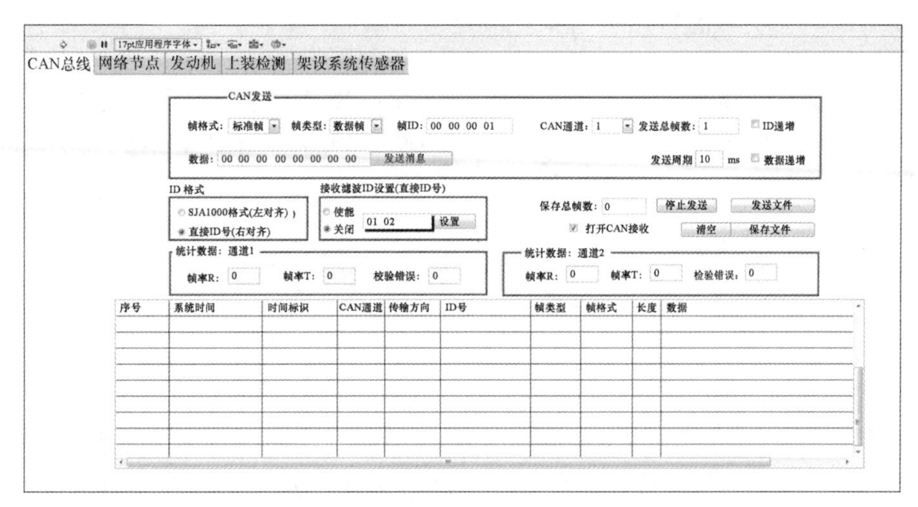

(a)

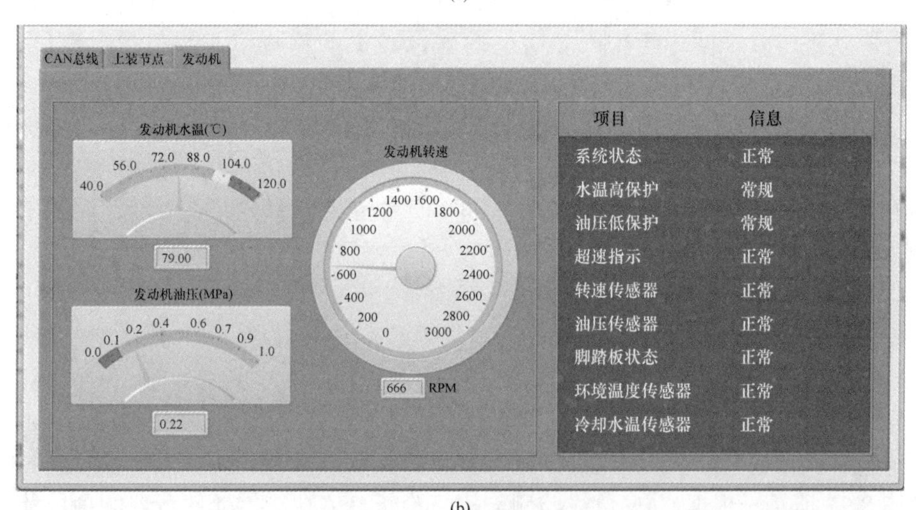

(b)

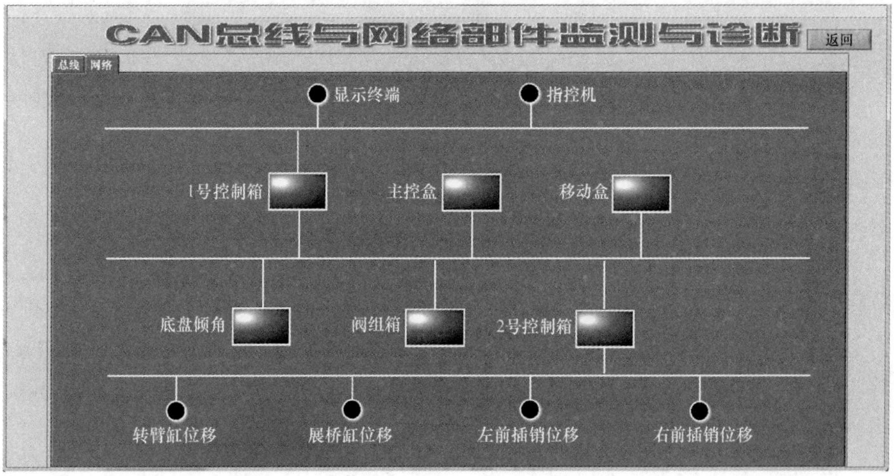

CAN总线与网络部件监测与诊断
返回
总线
网络
显示终端
指控机
1号控制箱
主控盒
移动盒
底盘倾角
阀组箱
2号控制箱
转臂缸位移
展桥缸位移
左前插销位移
右前插销位移

(c)

图 8-36　CAN 总线与网络部件监测与诊断界面

(a) 总线故障监测；(b) 发动机电控参数显示；(c) 控制网络节点监测

LabVIEW 语言的状态机结构包括：最外围的 While 循环结构、内部的条件结构和 While 循环上的移位寄存器。While 结构用于状态机系统的启动、退出和维持运行（run），While 循环的条件接线端可连接对应状态机各状态的枚举变量的当前值，当其不为退出条件时程序执行，而当其值为退出条件变量值时，程序退出执行。条件结构则用于判断和切换各个状态，其条件选择器连线端连接表示状态的枚举变量，状态机根据其输入枚举变量的当前值选择要执行的状态。移位寄存器则用于保存和传递状态枚举变量，使得状态机可以从一个状态转换到另一个状态；另外移位寄存器也用于保存和传递各个状态之间所要传递的中间数据。

B　生产者/消费者结构

CAN 总线报文的通信包括客户机发送/接收、报文处理分析和服务器接收/发送等 3 个主要步骤。如果将这一个步骤的数据流顺序连接起来形成一个进程，则每实施一个进程均需完成发送、显示和接收三个步骤才能进入下一进程，这将会导致数据处理和分析时间的延迟，无形中增大了数据收发的周期。如果程序采用生产者/消费者结构来开发，它是采用并行方式进行多个循环的执行（这也是 LabVIEW 数据流模式的固有优势），则能有效地克服这一难题。程序运行过程中，CAN 报文的发送用一个循环来完成（生产者），而 CAN 报文的接收则用另一个循环来完成（消费者），这两个循环采用队列消息处理机制进行数据交互，互相之间并不产生干涉。另外，生产者/消费者结构可以避免 CAN 报文发送、CAN 报文分析处理和 CAN 报文接收不同步时导致的数据丢失或传输数据的重复利用等问题。

C　状态机技术应用

由于该装备 CAN 总线本身比较复杂，电控系统配置有 CAN 总线 1、CAN 总线 2 两种 CAN2.0A 标准总线，以及 CAN2.0B 扩展帧格式总线。LabVIEW 程序控制 CAN 总线的原理也比较复杂，因此，程序设计时采用了嵌套状态机技术，开发了按模块化结构设计的多个子程序（子 VI）集成为主程序，完成 CAN 总线信息的获取、电控系统的故障检测诊断等任务。

如图 8-37 所示，根据 CAN 总线监测与故障诊断总体功能，软件系统的顶层状态机共包含 6 个状态，分为初始化、事件注册、主状态、事件注销、队列释放和退出等，上层状态机执行与此相同。初始化状态主要完成程序主菜单的动态生成、主界面控件的初始化等任务，该状态执行完成后切换至事件注册状态。事件注册状态完成 CAN 报文数据处理与分析子程序 UpdataCANData.vi 的界面控件初始化与程序运行、CAN 报文发送子程序 CAN_DEBUG_Send.vi 前面板控件的初始化与程序运行、CAN 报文接收子程序 ReceiveThread.vi 的界面部分控件初始化，以及发送完成动态事件（sendover）、取消保存动态事件（savecancel）和打开 CAN 接口动态事件（openCan）的注册等任务，执行完成后通过移位寄存器将状态枚举变量 run 传送给条件结构的条件选择器端子，使程序执行主进程状态 run。主进程状态嵌套了多个下层状态，如菜单选择、打开 CAN 接口、信息发送、文件存储等。在用户执行退出操作或程序因故退出主进程后，程序切换至事件注销状态，在该状态，程序主要完成 CAN 接口硬件的资源释放与关闭、取消注册事件、销毁用户事件、发送线程的释放等任务。事件注销状态执行完后，软件进入下一状态释放状态（release），该状态主要完成通信接收、通信发送、通信监测等队列的释放及用户界面状态信息的记录保存等任务。

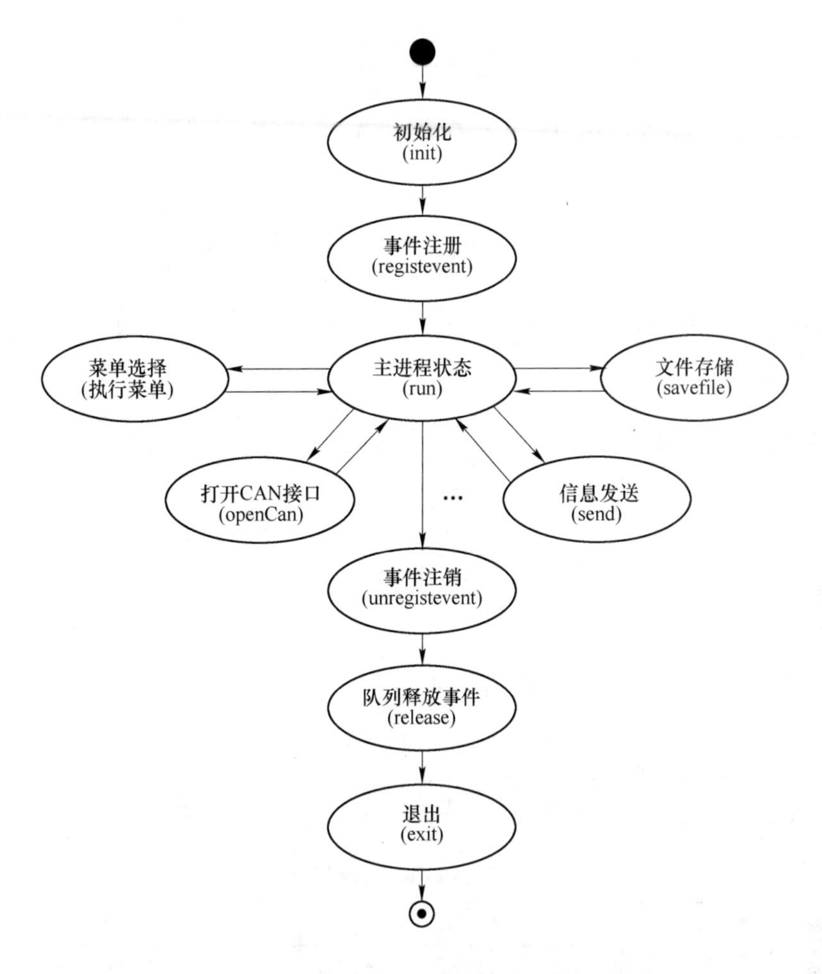

图 8-37 顶层状态机的结构示意图

上述内容说明，程序主进程状态采用了嵌套结构，在该状态下又包括了多个下层状态，各状态分别对应各种用户事件、控件触发事件和前面板过滤事件等。因此在主进程状态项下设计了子状态机，子状态机的切换是通过事件驱动（event-driven）原理来实现的，程序的整体管理由主进程状态机实施，包括上层的状态机和各个子状态机，从而在软件结构化的基础上实现了程序的面向对象特性。子状态机的主要事件包括 3 个用户事件 savecancel、sendover 和 openCan，1 个菜单选择状态（其下又对应若干个菜单项驱动事件，实质上是第三层状态机），前面板关闭过滤事件及主界面的如发送文件、保存文件、清除、ID 筛选等按键动作触发生成的值改变事件等。状态机的执行流程如图 8-38 所示。

8.4.4.3 通用数据类型定义与 LabVIEW 的自定义控件

CAN 数据采集设备驱动软件包动态链接库文件中定义了一些数据结构，便于硬件与用户编写应用程序的数据通信。另外，LabVIEW 程序中数据传递也用到了一些数据类型，将其作为自定义控件供编程调用。

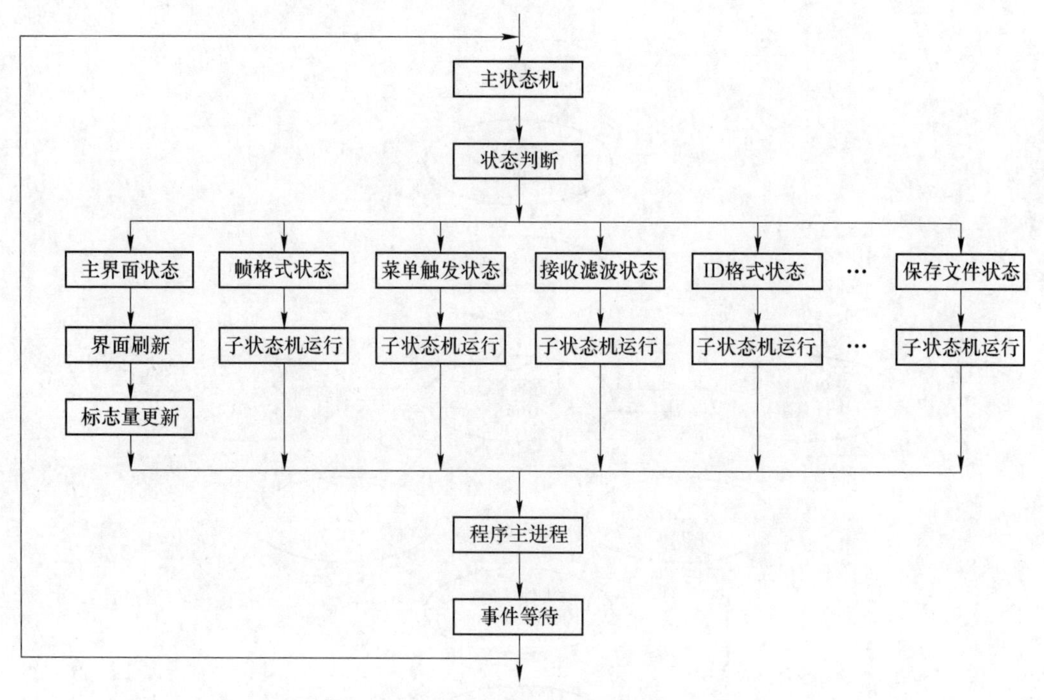

图 8-38　状态机执行流程

A　Device Type（CAN 通信设备类型）

Device Type 是硬件设备的型号参数，其定义见表 8-17。

表 8-17　Device Type 定义

类型定义	类型值	参数说明
VCI_ USBCAN2	4	USBCAN-2A USBCAN-2C CANalyst-Ⅱ

B　VCI_ CAN_ OBJ

VCI_ CAN_ OBJ 结构体是 CAN 帧结构体，即 1 个结构体表示一个帧的数据结构，每帧的长度为 24 字节。在发送函数 VCI_ Transmit 和接收函数 VCI_ Receive 中，被用来传送 CAN 信息帧。其定义为：

```
typedef struct _VCI_ CAN_ OBJ {
UINT ID;
UINT TimeStamp;
BYTE TimeFlag;
BYTE SendType;
BYTE RemoteFlag;
BYTE ExternFlag;
BYTE DataLen;
BYTE Data [8];
```

```
BYTE Reserved [3];
} VCI_CAN_OBJ, * PVCI_CAN_OBJ;
```

其成员函数定义见表 8-18。

表 8-18 VCI_ CAN_ OBJ 成员参数

参数名称	类型	参 数 说 明
ID	U32	CAN 报文 ID，数据格式为靠右对齐
TimeStamp	时间标识量	设备接收到某一帧的时间标识。时间标示从 CAN 卡上电开始计时，计时单位为 0.1 ms
TimeFlag	U8	是否使用时间标识，为 1 时 TimeStamp 有效，TimeFlag 和 TimeStamp 只在此帧为接收帧时有意义
SendType	U8	发送帧类型：=0 时为正常发送（发送失败会自动重发，重发最长时间为 1.5~3 s）；=1 时为单次发送（只发送一次，不自动重发）；其他值无效
RemoteFlag	U8	是否是远程帧。=0 时为数据帧；=1 时为远程帧（数据段空）
ExternFlag	U8	是否是扩展帧。=0 时为标准帧（11 位 ID）；=1 时为扩展帧（29 位 ID）
DataLen	U8	数据长度 DLC（≤8），即 CAN 帧 Data 有几个字节，约束了后面 Data [8] 中的有效字节
Data [8]	U8 一维数组	CAN 帧的数据。由于 CAN 规定了最大是 8 个字节，所以这里预留了 8 个字节的空间，受 DataLen 约束。如 DataLen 定义为 3，即 Data [0]、Data [1]、Data [2] 是有效的
Reserved [3]	U8	系统保留

C CAN 报文接收数据类型自定义类型（_USB_ CAN_ T_ R_ Unit. ctl）

该自定义类型是在 LabVIEW 队列中存储 CAN 报文信息的基本数据类型。程序设计时通过 VCI_ Receive () 接收到的 CAN 报文信息经解析后转换为该自定义类型的数据存储于接收队列中，LabVIEW 程序中的相关子 VI 通过读取队列元素获取该类型数据，经解析转换为相应的工况参数类型数据。该自定义类型为 LabVIEW 的簇结构（标签为 TR_ Unit)，共包括 9 个元素。由于该自定义类型为簇自定义类型，因此对这种类型的 CAN 报文数据能够用按名称捆绑函数和按名称解除捆绑函数访问其中的元素，非常便于程序中读取 CAN 报文中的各个参数信息。图 8-39 为该自定义类型的前面板，表 8-19 为其内部元素。

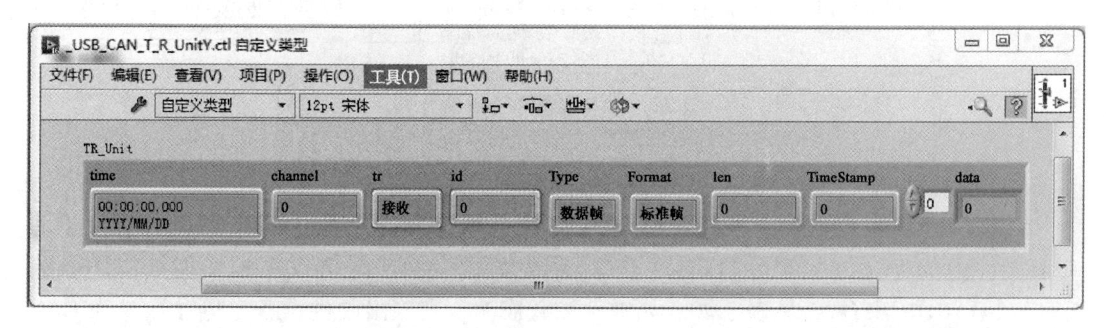

图 8-39 TR_ Unit 自定义类型的前面板

表 8-19　TR_ Unit 自定义簇类型的组成元素

参数名称	类型	参 数 说 明
time	时间标识量	用于存储 CAN 消息发送或接收的时刻，单位为 ms
channel	U16	CAN 设备的通道编号，如双通道 CAN 设备，其第 1 通道为 0，第 2 通道为 1
tr	枚举常量	CAN 设备处理消息类型，enum {接收，发送}
id	U32	CAN 消息 ID
Type	枚举常量	CAN 消息帧类型，enum {数据帧，远程帧}
Format	枚举常量	CAN 消息帧格式，enum {标准帧，扩展帧}
len	U8	数据长度 DLC，即 CAN 消息帧 Data 有几个字节
data	U8 一维数组	用于存储 CAN 帧的数据

8.4.4.4　CAN 总线报文处理框图程序设计

电控系统总线监控程序的核心模块是 CAN 报文的接收与发送功能模块，以 CAN 接收模块为例叙述程序的开发步骤。将 CAN 消息处理流程划分为下述几个步骤，即查找主控机上的 CAN 总线分析设备、设置 CAN 总线的波特率等参数（以与监测对象的通信速率一致）、打开 CAN 总线分析设备、初始化 CAN 分析设备和启动 CAN 分析设备等，在成功完成上述任务后，才能加载 CAN 总线接收和发送子 VI 程序，初始化这两个程序的前面板控件值，然后执行这两个进程，完成 CAN 总线报文信息的处理。CAN 总线信息处理流程规划如图 8-40 所示。

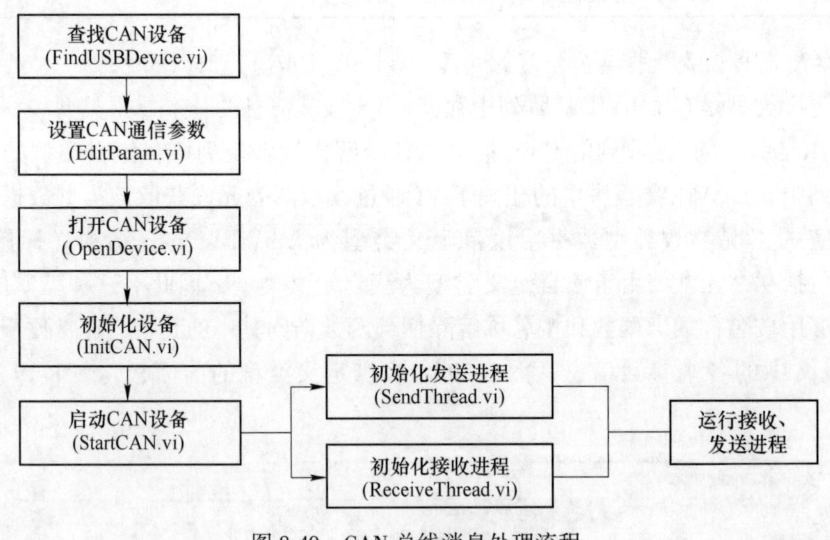

图 8-40　CAN 总线消息处理流程

A　查找 CAN 设备（FindUSBDevice. vi）模块

该模块的功能是查找主控计算机上的 CAN 分析仪设备，通过调用 CAN 分析仪驱动 DLL 文件中的 VCI_ FindUSB_ Device（ ）函数，读出 CAN 分析仪主板性能结构体参数（VCI_BOARD_ INFO），见表 8-20。如硬件加载成功，则输出硬件设备号等参数，为 CAN 分析设备的后续设置提供基础。

表 8-20 CAN 分析仪主板硬件参数

参数名称	类 型	参 数 说 明
hw_ Version	U16（16 进制）	硬件版本号
fw_ Version	U16（16 进制）	固件版本号
dr_ Version	U16（16 进制）	驱动程序版本号
in_ Version	U16（16 进制）	接口库版本号
irq_ Version	U16（16 进制）	保留参数
can_ Num	Byte	表示有几路 CAN 通道
str_ Serial_ Num	字节数组	此板上的序列号
str_ hw_ Type	字节数组	硬件类型，如“USBCAN V1.00”
Reserved	字数组	系统保留

B 设置 CAN 通信参数（EditParam. vi）模块

该模块主要功能是修改 CAN 分析仪的传输波特率等参数。由于 CAN 分析仪用于采集某装备的 CAN 总线信息，必须设置分析仪的通信速率与该装备的通信速率一致(250kbps)。其他设置的参数包括 CAN 通道号、CAN 报文验收滤波器 ACR 和报文屏蔽滤波器 AMR、波特率定时器 BTR0、波动特率定时器 BTR1、CAN 通信模式（正常、只听等）等参数的设置。

C 打开 CAN 设备模块（OpenDevice. vi）

该模块首先打开 CAN 设备硬件，打开方法为通过调用库函数节点调用 VCI_OpenDevice（ ）函数。该函数用于打开 CAN 总线分析仪设备，且一个设备只能打开一次，其主要参数见表 8-21。打开设备操作成功后，程序进入初始化 CAN 设备进程(InitCAN. vi)。

表 8-21 打开设备函数参数

参数名称	类 型	参 数 说 明
DevType	无符号 32 位整型（U32）	设备类型，对应不同的产品型号。当值为 4 时，对应 CANalyst-Ⅱ
DevIndex	无符号 32 位整型（U32）	设备索引，索引号从 0 开始递增
Reserved	无符号 32 位整型（U32）	保留参数，默认为 0
返回值	无符号 32 位整型（U32）	返回值=1，表示操作成功；=0 表示操作失败；=-1 表示 USB-CAN 设备不存在或 USB 掉线

初始化 CAN 设备进程的主要功能为初始化指定的 CAN 通道，当有多个 CAN 通道时，需要多次调用。其返回值若为 1，则该通道可以接收标准帧和扩展帧等所有格式；若为 2，则只过滤标准帧；若为 3，则只过滤扩展帧。

初始化 CAN 设备任务完成后，程序进入启动 CAN 设备进程，该功能通过调用库函数节点加载 VCI_StartCAN（ ）来实现，如图 8-41 所示。该函数用来启动 CAN 卡的某一个 CAN 通道，当有多个 CAN 通道时，同样需要多次调用。其输入参数中 DeviceType 和 DeviceInd 与 InitCAN（）函数相同，CANInd 参数是 CAN 通道索引值，表示第几路 CAN

通道，即对应的 CAN 通道号，CAN1 对应 0，CAN2 对应 1。当其返回值为 1 时表示操作成功，为 0 时表示操作失败。当返回值为 -1 时，则表示 USB-CAN 设备不存在或 USB 掉线。

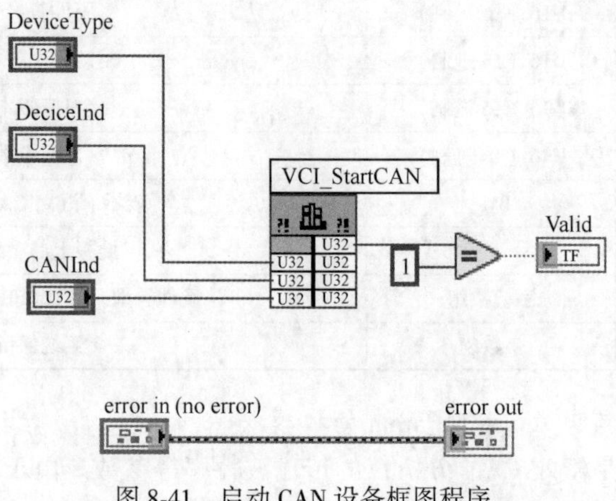

图 8-41 启动 CAN 设备框图程序

上述步骤就是打开 CAN 设备的主要步骤，当完成这些工作后，程序进入接收和发送进程的前面板控件初始化和程序运行过程。

D 发送/接收进程前面板控件初始化与运行框图设计

CAN 报文接收进程子 VI（ReceiveThread. vi）和发送进程子 VI（SendThread. vi）的前面板控件初始化和程序运行主要是通过调用节点来实现的。所谓调用节点，是 LabVIEW 提供的一种函数，它可以实现在引用上调用方法或动作，通常情况下方法都有其相关参数。调用节点编程时，连线引用句柄至“引用”输入端，可指定执行该方法的类。方法的参数值可以获取（读）和设置（写）。背景为白色的参数为必须输入端，背景为灰色的输入端为推荐输入端。如参数上的方向箭头位于右侧，说明正在获取参数值。如箭头位于左侧，说明正在设置参数值。右键单击调用节点，在快捷菜单中选择名称格式，可选择为方法使用长名称或短名称。无名称格式仅显示每个方法的数据类型。

程序的执行流程为：首先调用打开 VI 引用函数，连线发送/接收进程子 VI 字符串（SendThread. vi 和 ReceiveThread. vi）至其“VI 路径”接线端，其“VI 引用”输出端即为对应子 VI 的句柄（指针），再将 VI 引用输出连线至调用节点的引用输入端，调用节点的方法选择控件值设置方法，然后正确地输入发送/接收 VI 前面板的控件标签（控件标签字符串连线至调用节点的控件名输入接线端），再将需要对控件设置的值连线至调用节点的“值（value）”接线端，就完成了前面板上该控件的初始化。图 8-42 为 SendThread. vi 进程前面板 type 控件的初始化、VI 运行状态判断和执行等过程的框图程序示例。其中调用节点 1 用于设置 type 控件的值、属性节点用于判断发送程序（SendThread. vi）的运行状态，调用节点 2 用于执行 SendThread. vi 程序（等同于在前面板命令栏上按下 run 命令按钮）。图 8-43 说明了如何设置调用节点的控件值设置功能和属性节点的执行状态（均为鼠标左击方法和属性项）。

8.4.4.5 CAN 接收 VI 设计

CAN 总线接收子 VI 的框图程序通过调用函数 VCI_ Receive（DWORD DevType，

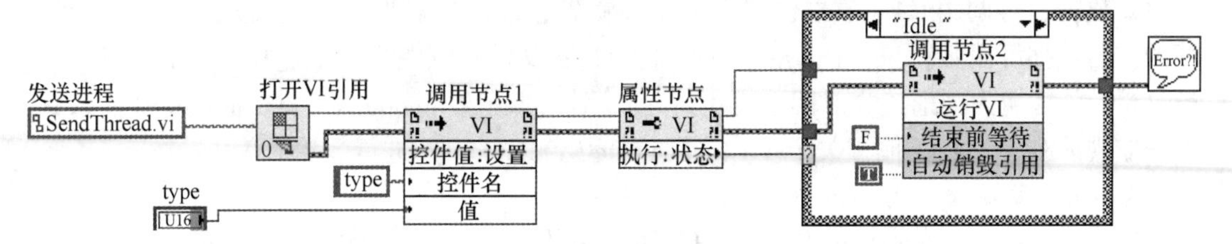

图 8-42 type 控件的初始化与发送程序运行框图程序

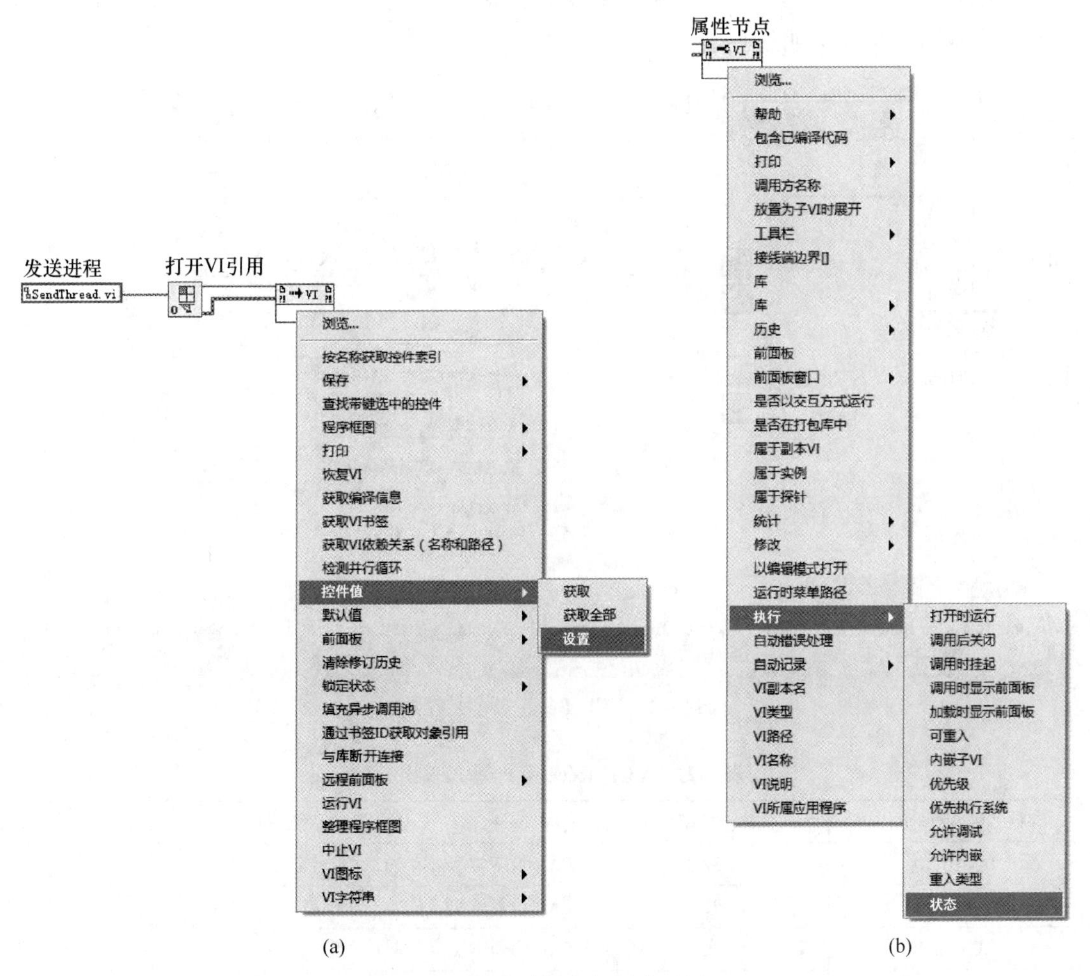

图 8-43 调用节点和属性节点的设置

（a）调用节点的控件值设置；（b）属性节点的 VI 执行状态设置

DWORD DevIndex, DWORD CANIndex, PVCI_CAN_OBJ pReceive, ULONG Len, INT WaitTime=-1）读取总线上的 CAN 报文信息，并将数据解析后放入队列中，由队列将数据传送至 CAN 消息分析处理程序（UpdateCANData.vi）。

程序设计流程为：当调用 VCI_Receive（）函数的返回值大于等于 1 时，说明应用程序已读取到总线上的帧数据，已知 CAN 消息数据单元 VCI_CAN_OBJ 的长度为 24 个字节（即每帧数据的长度），因此设计用 While 循环结构（循环步长为 24）和数组子集函数取得每帧数据，再调用 CAN 数据包析构函数将帧消息数据分解为各个组成元素，然后应用簇的按名称捆绑函数（bundle by name）将 CAN 报文消息帧单元（TR_ Unit）中的时间常量（time）替换为当前接收时间，再利用元素入队列函数（enqueue element）将其插入到通信监视队列中，与其他相关子 VI（如 UpdateCANData. vi）进行数据通信。

A 调用库函数节点 VCI_ Receive

VCI_ Receive 函数是 LabVIEW 中的调用库函数节点，其功能为直接调用 DLL 或共享库（从指定的设备 CAN 通道的接收缓冲区中读取数据），该函数的配置界面如图 8-44 所示。该函数有 6 个输入参数，2 个输出参数，函数的返回值表示 CAN 设备实际读取的消息帧数，输入输出参数明细见表 8-22。

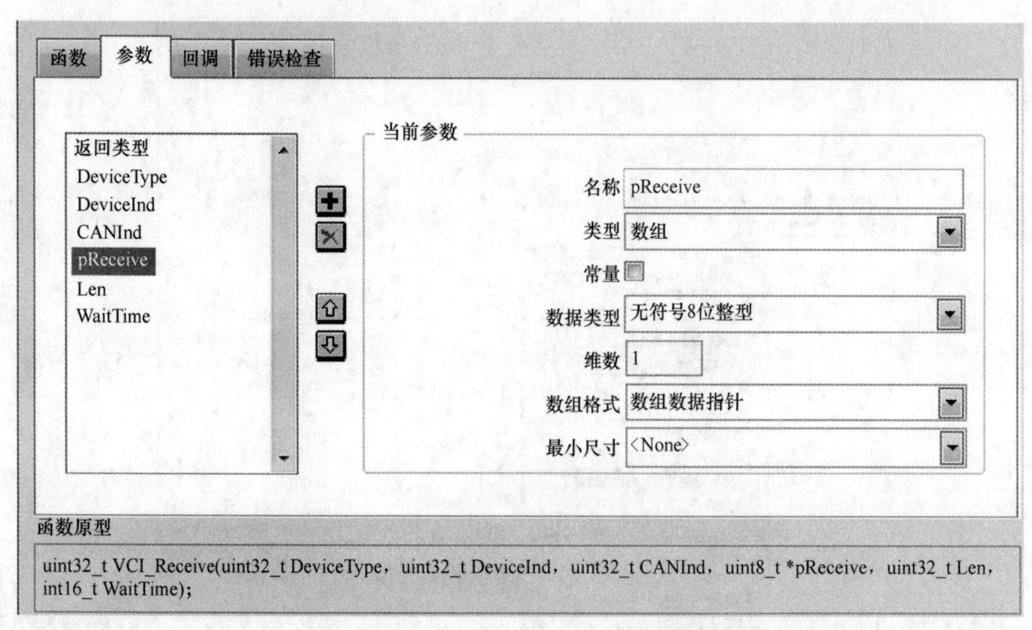

图 8-44 VCI_ Receive 的配置界面

表 8-22 VCI_ Receive 的输入输出参数

参数名称/返回值代码	类 型	参 数 说 明
DeviceType	U32	CAN 设备类型（单通道/双通道分析仪）
DeviceInd	U32	CAN 设备索引
CANInd	U32	CAN 通道索引（0 或 1 通道）
pReceive	数组数据指针（U8）	用来接收的帧结构体 VCI_ CAN_ OBJ 数组的首指针
Len	U32	用来接收的帧结构体数组的长度（此次接收的最大帧数，实际返回值小于等于这个值）。该值为所提供的存储空间大小，适配器中为每个通道设置了 2000 帧的接收缓存区，用户根据自身系统和工作环境需求，在 1 到 2000 之间选取适当的接收数组长度
WaitTime	I16	保留参数
返回值	U32	返回实际读取的帧数，=-1 表示 USB-CAN 设备不存在或 USB 掉线

B CAN 数据包析构 VI 设计

CAN 数据包析构 VI（_USB_CAN_UnPackage. vi）用于将 CAN 消息帧单元（TR_Unit）的进入分解以获取簇中的元素，其输入量为 CAN 消息帧类型（_VCI_CAN_OBJ）变量，输入为消息帧的各个组成元素：CAN ID、TimeStamp、CAN 消息帧格式（Format）、CAN 数据（Data）、CAN 数据长度 DLC（length）和 CAN 消息帧类型 Type，框图程序如图 8-45 所示。

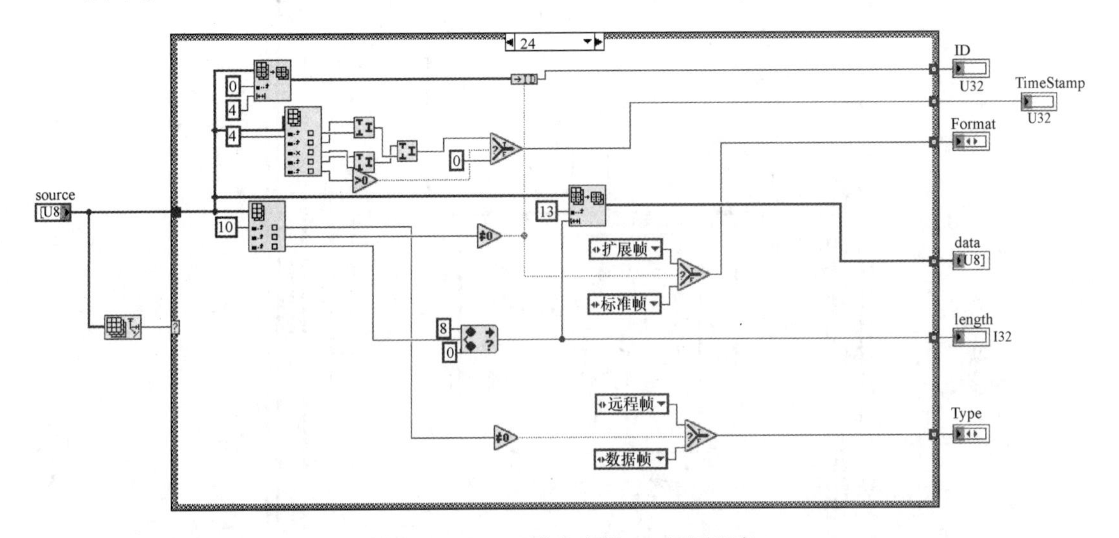

图 8-45 CAN 通信包析构 VI 框图程序

C 队列操作函数

LabVIEW 语言中的队列操作函数用于创建在同一程序框图的不同部分间或不同 VI 间进行数据通信。一般可采用通信监视子 VI 创建 CAN 消息帧队列，然后程序调用元素入队列函数将 CAN 消息帧数据置入队列，通过创建的队列与其他 VI 进行数据交互。

CAN 接收程序中调用了用于队列操作的通信监视子 VI（MonitorBuff. vi）。该子 VI 的输入参数是销毁确认布尔变量，其为真时执行释放队列资源的功能。输出参数为所创建的队列的引用句柄。该程序通过获取队列引用函数（Obtain Queue）创建了名称为 USB_CAN_M_BUF 队列，用于在应用程序的不同 VI 间（UpdateCANData. vi、ReceiveThread. vi、SendThread. vi 等）传送 CAN 消息帧数据。

8.4.4.6 CAN 发送 VI 设计

CAN 报文发送 VI 的框图程序如图 8-46 所示，程序的主要组成元素包括最外层的 While 循环、内层的条件结构、For 循环、通信监视与通信发送子 VI、队列操作函数等。其中通信发送子 VI（函数）通过队列从 CAN 总线监测主 VI 前面板获取发送的 CAN 消息帧数据信息，再由清空队列函数（Flush Queue）删除发送队列中的所有元素，同时将队列中的元素输出给后续的函数进行发送（Transmit. vi），并通过通信监测子 VI 和元素入队列函数（Enqueue Element）将发送的数据通过队列传输至 CAN 接收队列中，由 UpdateCANData. vi 传送至 CAN 监测主 VI 的前面板的多列列表框控件进行显示。需要注意的是，程序中的 2 个 For 循环都在条件接线端连接了控制变量，以在特定条件下（取消发

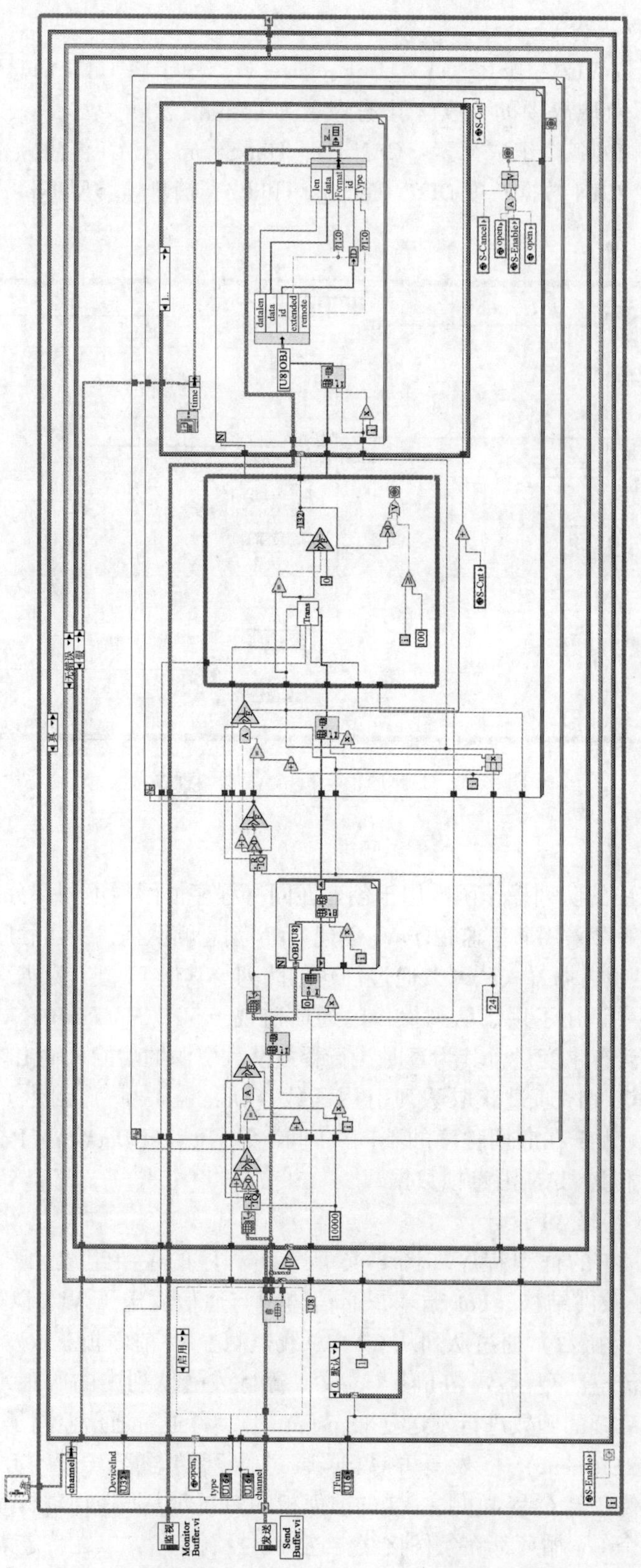

图 8-46　CAN 数据发送VI框图程序

送、关闭 CAN 设备等）终止 For 循环，提高 CAN 总线监测程序的可靠性和有效性。

该子程序的信息发送流程如下：首先由通信发送函数子 VI（SendBuff. vi）中的队列接收到 CAN 发送主控面板的发送数据，将队列数据输入到 While 循环的移位寄存器中，同时输入到清空队列（Flush Queue）函数中，清空队列函数在删除发送队列中的所有函数之前通过数组输出队列中的所有元素至后边的条件结构中，进行数据的转换、提取等处理，再将处理后的数据输出到发送子 VI（Transmit. vi）中，由其完成 CAN 消息的发送。

A VCI_Transmit（）函数

该函数调用了 CAN 分析仪的动态链接库函数，其输入输出参数，见表 8-23，其返回值为实际发送成功的 CAN 消息帧数量。

表 8-23 VCI_Transmit 的输入输出参数

参数名称/返回值代码	类 型	参 数 说 明
DevType	U32	CAN 设备类型，对应不同的 CAN 分析仪型号。当值为 4 时，对应 CANalyst-Ⅱ
DeviceIndex	U32	CAN 设备索引，索引编号规则为，第 1 个适配器为 0，后续的依次为 1，2，…
CANIndex	U32	CAN 通道索引，即第几路 CAN（对应的 CAN 通道号，CAN1 为 0，CAN2 为 1
pSend	数组数据指针（U8）	要发送的帧结构体 VCI_CAN_OBJ 数组的首指针
Len	U32	要发送的帧结构体数组的长度（发送的帧数量）。最大为 1000，高速收发时推荐值为 48
返回值	U32	返回实际发送的帧数，=-1 表示 USB-CAN 设备不存在或 USB 掉线

B 通信发送子 VI

通信发送子 VI（SendBuffer. vi）用于接收从主程序前面板控件上传输到队列中的 CAN 数据，同时也承担释放队列引用的功能，其前面板与框图程序如图 8-47 所示。从图 8-47 可知，CAN 消息发送队列名称为 VCI_USB_CAN_T_BUF_T，发送数据队列数据类型为 LabVIEW 自定义类型 _ USB _ CAN _ SEND _ BUFF _ UNIT. ctl，其数据为簇类型 VCI_CAN_BUF_T，簇元素为 CAN 消息帧数据长度 datalen、CAN 数据数组、CAN ID、是否扩展帧标识和是否远程帧标识等，该自定义类型的前面板如图 8-48 所示。

8.4.4.7 CAN 总线信息更新程序（UpdateCANData. vi）

UpdateCANData. vi 主要完成 CAN 总线故障检测主程序界面控件的状态更新和 CAN 报文数据的文件存储等功能。该程序通过通信监测子 VI 获取队列 CAN 报文队列引用句柄，再应用清空队列函数（Flush Queue）读取队列中的 CAN 总线数据同时清空队列。以图 8-49（b）中的发动机水温表控件 CAN 数据设置过程为例，阐述 CAN 报文队列数据的获取、处理与设置过程。

如图 8-49（a）所示，首先在前面板上旋转发动机水温传感器旋钮控件，设置其颜色属性为非插值颜色，并应用添加刻度功能设定好水温分段显示特性。然后按下述步骤进行设置。

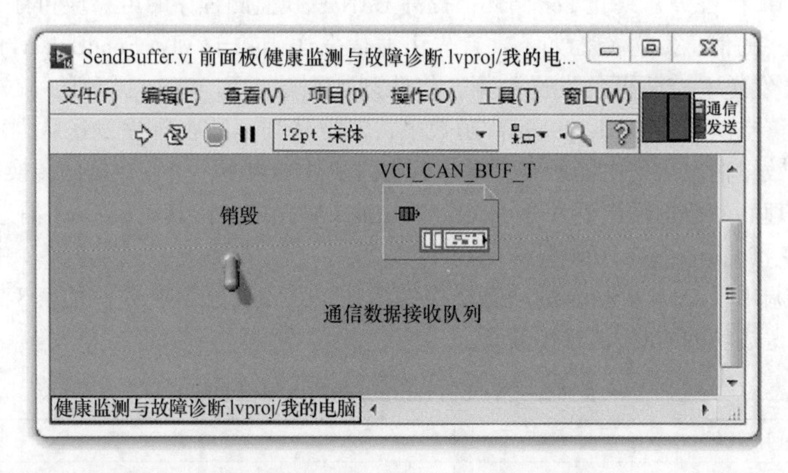

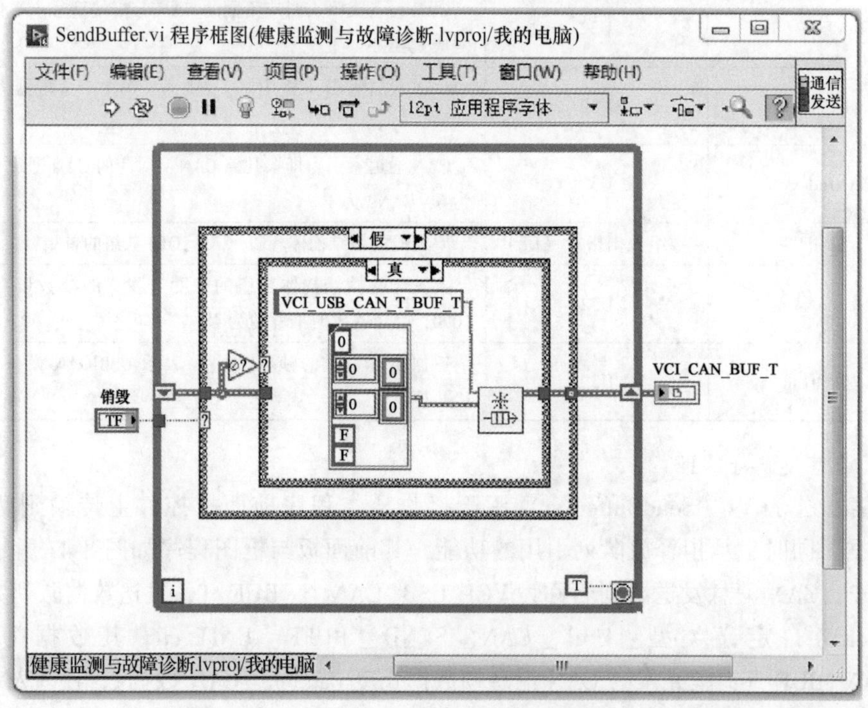

图 8-47 通信发送子 VI 的前面板和框图程序

(1) 在框图程序界面，创建发动机水温控件的引用（右击发动机水温接线端或其显示控件，在弹出的菜单中选择“创建>>引用”即可），如图 8-49（b）所示。

(2) 打开 UpdateCANData. vi 应用程序前面板，然后在图 8-49（b）应用程序的框图上的发动机水温引用图标上按住鼠标左键，将其拖动至 UpdateCANData. vi 应用程序前面板上，如图 8-50 所示，图中的 CoolTemp 控件即为发动机水温控件的引用句柄。

(3) 打开 UpdateCANData. vi 的框图程序界面，在其上放置属性节点，连接 CoolTemp 引用句柄至属性节点的引用输入端，鼠标左键点击属性节点的属性项，在弹出菜单中选择值选项，此时属性项标签转变为 Value（值）。右击 Value（值）属性，选择转换为写入，

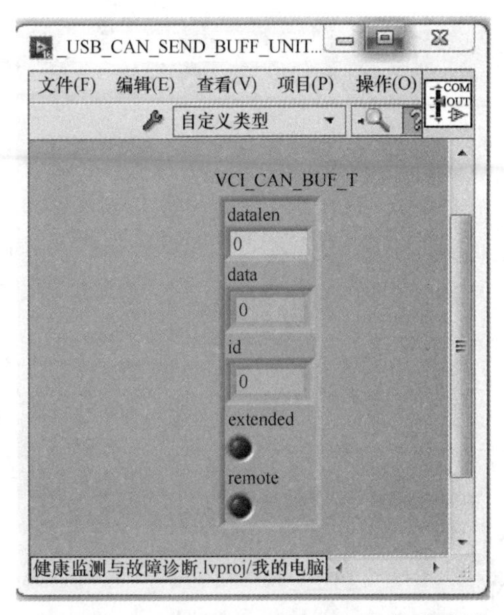

图 8-48 VCI_ CAN_ BUF_T 自定义类型面板

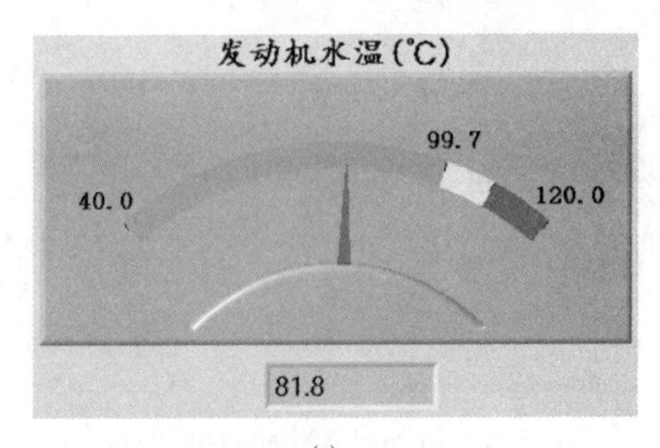

(a)

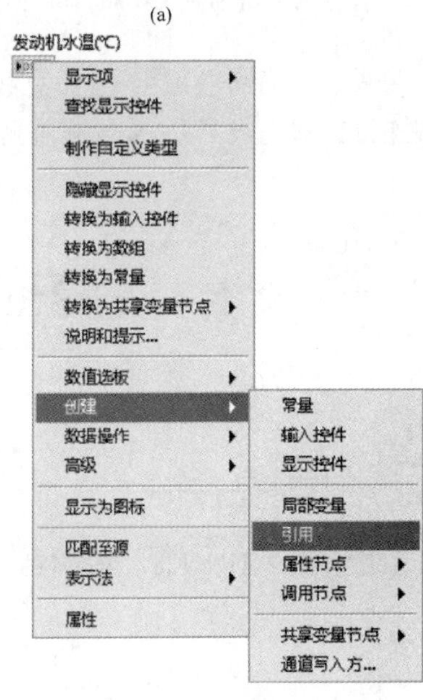

(b)

图 8-49 发动机水温 CAN 数据链接设置

（a）前面板；（b）属性设置

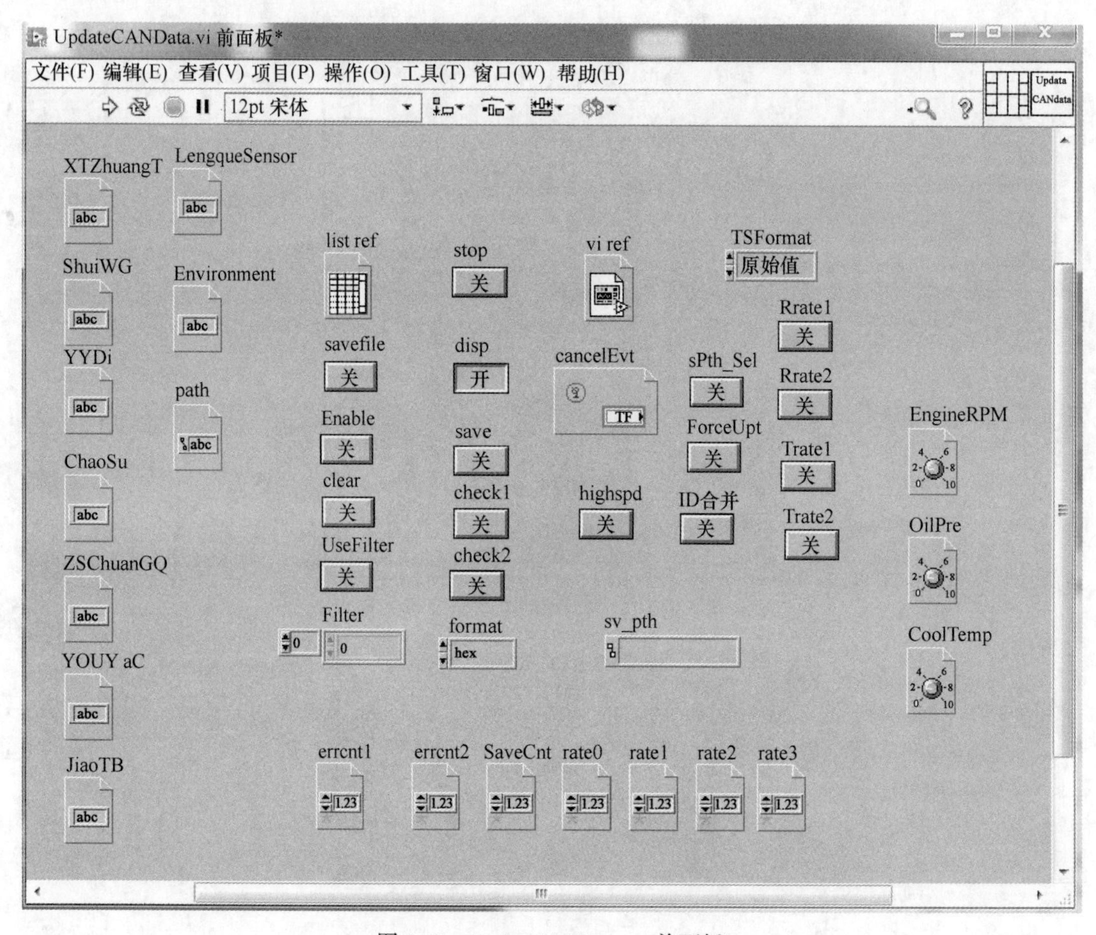

图 8-50　UpdateCANData. vi 前面板

将 Value 属性由读取转换为写入。然后将获取的 CAN 总线数据中的发动机水温数据输出端与 Value（值）的输入端连接，即完成了 CAN 数据监测主面板发动机水温控件的设定，如图 8-51 所示。

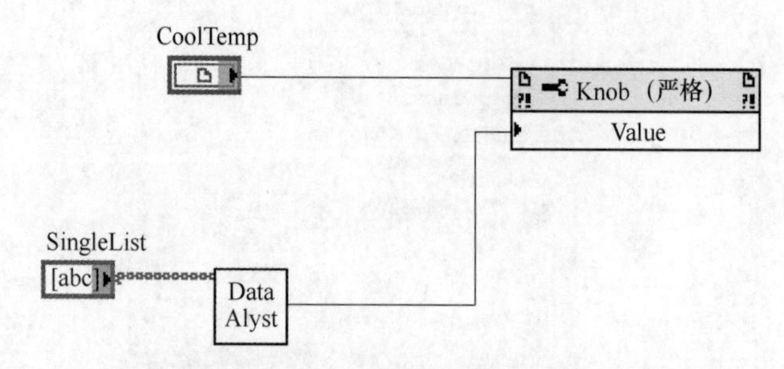

图 8-51　CAN 总线监测主界面发动机水温控件的 CAN 数据获取与设置

参 考 文 献

[1] 胡思德（Deniel ROUCHE）．汽车车载网络（VAN/CAN/LIN）技术详解［M］. 北京：机械工业出版社，2008.

[2] 南金瑞，金秋，刘波澜．汽车单片机及车载总线技术［M］. 北京：北京理工大学出版社，2013.

[3] 马立新，陆国金．开放式控制系统编程技术：基于 IEC61131-3 国际标准［M］. 北京：人民邮电出版社，2019.

[4] 李新德．液压系统故障诊断与维修技术手册．北京：中国电力出版社，2009.

[5] 杨小强，李焕良，李华兵．机械参数虚拟测试实验教程．北京：冶金工业出版社，2016.

[6] 杨小强，宫建成，安立周．基于集成精细复合多元多尺度模糊熵的齿轮箱故障诊断［J］. 机电工程，2023，40（3）：335-343.

[7] 宫建成，杨小强，潘凡．基于卷积神经网络的装备故障诊断系统研究［J］. 机电工程技术，2021，50（9）：45-48.

[8] 杨小强，韩金华，李华兵，等．军用机电装备电液系统故障监测与诊断平台设计［J］. 工兵装备研究，2017，36（1）：61-65.

[9] 韩金华，杨小强，张帅，等．基于虚拟仪器技术的布雷车电控系统故障检测仪［J］. 工兵装备研究，2017，36（2）：54-59.

[10] 杨小强，张帅，李沛，等．新型履带式综合扫雷车电控系统故障检测仪［J］. 工兵装备研究，2017，36（2）：60-64.

[11] 孙琰，李沛，杨小强．机电控制电路在线故障检测系统研制［J］. 机械与电子，2015（10）：34-37.

[12] 李剑斌，公丕平，孙琰，等．嵌入式 PLC 与现场总线的机械装备监控系统设计［J］. 机械与电子，2015（4）：40-43.

[13] 李沛，杨小强，彭川，等．某型抛撒布雷车弹位检测仪研制［J］. 工兵装备研究，2017，6（36）：54-58.

[14] 申金星，周付明，杨小强．基于嵌入式技术的某型桥梁装备故障检测系统［J］. 工兵装备研究，2020，4（39）：51-54.

[15] 刘宗凯，申金星，杨小强．基于卷积神经网络的重型冲击桥架设系统故障检测与诊断［J］. 工兵装备研究，2020，6（39）：40-43.

[16] 刘武强，宫建成，刘小林．某型冲击桥半实物仿真维修训练系统设计［J］. 工兵装备研究，2010，10（39）：38-42.

[17] ZHAO Y，YANG X Q. Fault diagnosis of new mine sweeping plough's electircal control system based on data fusion［C］//Applied Mechanics and Materials，2015，713/714/715：539-543.

[18] REN Y X，YANG X Q. Fault diagnosis system of engineering equipment's electrical system using dedicated interface adapter unit［C］//Key Engineering Materials，2013，567：154-160.

[19] XIONG Y，YANG X Q. Fault test device of Electrical system based on embedded equipment［J］. Journal of Theoretical and Applied Information Technology，2015，45（1）：58-62.

[20] CAO G H，YANG X Q. Intelligent monitoring systgem of special vehicle based on the Internet of Things［C］//Proceedings of Internatonal Conference on Computer Science and Information Technology, Advances in Intelligent and Computing 255, Springer，2013：309-316.

[21] HAN J H，YANG X Q. Error correction of measured unstructured road profiles based on accelerometer and gyroscope data［J］. Mathematical Problems in Engineering，2017：5670697. 1-5670697. 11.